Alkoholfreie Getränke

Rohstoffe

Produktion

Lebensmittelrechtliche Bestimmungen

Dr. Gunther Schumann

Im Verlag der VLB Berlin

Die Deutsche Bibliothek – CIP-Einheitsaufnahme

Schumann, Gunther:
Alkoholfreie Getränke : Rodhstoffe, Produktion, lebensmittelrechtliche
Bestimmungen / Gunther Schumann. [VLB Berlin, Versuchs- und Lehranstalt für
Brauerei in Berlin]. - 9. Aufl.. - Berlin : VLB, 2002
 (VLB-Fachbücher)
 ISBN 3-921690-46-3

ISBN 3-921 690-46-3

© VLB Berlin, Seestraße 13, D-13353 Berlin, www.vlb-berlin.org
Alle Rechte, insbesondere die Übersetzung in andere Sprachen, vorbehalten.
Kein Teil des Buches darf ohne schriftliche Genehmigung des Verlages in
irgendeiner Form reproduziert werden.

All rights reserved (including those of translation into other languages).
No part of this book may be reproduced in any form.
Printed in Germany
Herstellung: VLB Berlin, PR- und Verlagsabteilung
Druck: Digital PS Druck AG, Birkach

Inhaltsverzeichnis

1	**Überblick zur Geschichte der Erfrischungsgetränkeindustrie**	9
1.1	Die einschlägigen Gesetze und Vorschriften im Überblick	12
1.2	Die Verbände und Interessenvertretungen	13
1.3	**Die verschiedenen alkoholfreien Getränke**	13
1.3.1	Mineralwässer, Quellwässer, Tafelwässer und Heilwässer	13
1.3.1.1	Natürliche Mineralwässer	14
1.3.1.2	Quellwasser	14
1.3.1.3	Tafelwässer	14
1.3.1.4	Heilwässer	15
1.3.1.5	Sauerstoffangereichertes Wasser	15
1.3.1.6	Trinkwasser aus Zapfgeräten zum selbst zapfen	15
1.3.2	**Säfte und Nektare**	16
1.3.2.1	Fruchtsäfte	16
1.3.2.2	Frucht- und Gemüsenektare	17
1.3.3	**Erfrischungsgetränke**	18
1.3.3.1	Fruchtsaftgetränke	18
1.3.3.2	Limonaden	19
1.3.3.3	Brausen	19
1.3.3.4	Diätetische Erfrischungs-Getränke	19
1.3.3.5	Kalorienarme Getränke	19
1.3.3.6	Vitaminhaltige Erfrischungs-Getränke so genannte ACE-Getränke mit den Vitaminen A, C und E	20
1.3.3.7	Mineralstoffgetränke, Sportgetränke, Energy-Drinks	20
1.3.3.8	Mineralwasser mit Fruchtzusätzen, aromatisierte Wässer	21
1.3.3.9	Wellness- und Convenience-Getränke	21
1.3.4	Schorlen wie Apfelsaft-Schorle, Sportschorle u.a. sofern alkoholfrei.	22
1.3.4.1	Milch-Mischgetränke mit Ballaststoffen	22
1.3.5	Herstellungsübersicht	22
1.3.6	**Kennzeichnung**	23
1.3.6.1	Kennzeichnungselemente	23
1.3.6.2	Mindesthaltbarkeit, Zutaten/Zusatzstoffe, Kennzeichnungs-VO	24
1.3.7	**Verbrauchererwartung**	26
2	**Wässer als Getränke**	28
2.1	**Mineral-, Quell- und Tafelwässer**	28
2.1.1	Allgemeine Abgrenzung, Vorkommen und Entstehung	28
2.1.2	Stetigkeit und Überwachung	29
2.1.3	Unterscheidungsmerkmale der Mineralwässer gegenüber Trinkwasser	30
2.1.4	Verordnung über natürliches Mineralwasser, Quellwasser und Tafelwasser	30
2.1.5	Kennzeichnung natürlicher Mineralwässer	32
2.2	Quellwasser	33
2.3	Tafelwasser	33
2.4	Beispiele einiger überregionaler Mineralwässer	33
2.5	**Heilwässer**	34
2.6	Sauerstoffangereichertes Wasser	35
2.7	Trinkwasser aus Zapfgeräten zum selbst zapfen	36

3	**Rohstoffe, Zusatz- und Hilfsstoffe der Fertigerzeugnisse (Süßgetränke u.a.)**	**37**
3.1	**Wasser**	37
3.1.1	Rechtsvorschriften und Normen über die Anforderungen an das Wasser.	37
3.1.2	Die Trinkwasserverordnung (Verordnung über die Qualität von Wasser für den menschlichen Gebrauch) TrinkwV 2001 Anforderungen, Untersuchungen, zugelassene Zusatzstoffe zur Wasseraufbereitung	38
3.1.3	Wasser für die Erfrischungsgetränkeproduktion	47
3.1.4	Wasserversorgung/Brunnen	48
3.1.5	Wasserschutzgebiete	53
3.1.6	**Wasseraufbereitung**	55
3.1.6.1	Filtration, Enteisenung, Entmangangung, Entschwefelung	57
3.1.6.2	Entkeimung	60
3.1.6.3	Entkarbonisierung	69
3.1.6.4	Vollentsalzung mit Ionenaustauschern	72
3.1.6.5	Weitere Verfahren und Anwendungen	73
3.2	**Süßungsmittel**	78
3.2.1	Zucker: Qualitätskriterien, Kalt- und Heißlösung	78
3.2.1.1	Flüssigzucker	89
3.2.1.2	Invertflüssigzucker	90
3.2.1.3	Invertzuckersirup	90
3.2.1.4	Glucosesirup mit hohem Fructosegehalt (GSHF)	90
3.2.1.5	Filtration des Zuckersirups	91
3.2.2	Süßungseigenschaften natürlicher Süßungsmittel und künstlicher Süßstoffe in Erfrischungsgetränken	92
3.2.3	Süßstoffe und Zuckeraustauschstoffe	94
3.2.4	Diätetische Erfrischungsgetränke mit Süßstoffen	96
3.2.5	Brennwertverminderte Erfrischungsgetränke	96
3.3	**Genusssäuren, Fruchtsäuren**	98
3.3.1	Vorkommen	98
3.3.2	Herstellung und Handelsformen der Genusssäuren	98
3.3.3	Anwendung und Eigenschaften der Fruchtsäuren für das Getränk	99
3.4	**Weitere technische Hilfs- und Zusatzstoffe**	102
3.4.1	Die Haltbarkeitsverbesserung durch Zusatz von Dimethyldicarbonat DMDC oder Velcorin	102
3.4.2	Konservierungsstoffe	104
3.4.3	Antioxydantien – Ascorbinsäure – Glucoseoxydase	106
3.4.4	Farbstoffe: Lactoflavin, β-Carotin, Zuckerkulör u.a.	106
3.4.5	Chinin, Koffein, Taurin u.a.	107
3.4.6	Dickungsmittel/Ballaststoffe	107
3.4.7	Vitamine und Mineralstoffe	107
3.4.8	ADI-Wert für Zusatzstoffe und E- Nummern	108
3.4.9	**Kohlensäure**	109
3.4.9.1	Eigenschaften	109
3.4.9.2	Gewinnung und Transport	110
3.4.9.3	Das Imprägnieren des Wassers bzw. der Getränke mit Kohlensäure	116
3.5	**Essenzen, Grundstoffe und Rezepturen**	125
3.5.1	Essenzen und Rezepturen	126

3.5.2	Grundstoffe, Herstellung, Verarbeitung, Dosierung, Rezepturen	131
4	**Technologie der Getränkeherstellung (Ausmischung, Abfüllung, Verpackung, Kontrolle)**	**136**
4.1	Ausmischanlagen: Chargenmischung, Premixanlage, Dosierung in den Produktstrom, Arbeitsweise verschiedener Systeme	136
4.2	Abfüllung in Flaschen	146
4.2.1	PET-Flaschen	146
4.2.2	Reinigung der PET-Mehrwegflasche	149
4.2.3	Herstellung und Spülung der PET-Einwegflasche.	150
4.2.4	Abfüllvorgang in Glas- und PET-Flaschen	151
4.2.5	Abfüllung in Dosen	154
4.2.6	Sterilfüllung, Flaschenpasteurisation, Heißabfüllung	154
4.2.7	Abfüllung von Tetrapackungen, Blockpackungen	155
4.2.8	Kontrollsysteme, Füllstandskontrollsysteme	156
4.3	**Verschließung von Flaschen**	157
4.4	**Etikettierung**	159
4.5	**Ausschank von Saftgetränken unter CO_2- und N_2-Druck**	160
4.5.1	Zapfanlagen zum Ausschank kohlensäurehaltiger Getränke	160
4.5.2	Premixzapfgeräte für CO_2-haltige und CO_2-freie Getränke	160
4.5.3	Postmix-Zapfgeräte	160

Aspera Brauerei

RIESE GMBH

WIR BRAUEN FÜR DIE BIERE DER WELT

RÖSTMALZBIERE   MALZEXTRAKTE   BIERKONZENTRATE

BRAUSIRUPE   BRAUKULÖRE   FLÜSSIGE ZUCKER   SUGASWEET

HOPFENPRODUKTE   SPEZIALMALZE

Rheinstraße 146 - 152 • D-45478 Mülheim an der Ruhr
Tel.: +49 - 208 - 588 980 • Fax: +49 - 208 - 592 641
E-Mail: aspera@aspera-riese.de • http://www.aspera-riese.de

4.6	**Abfüllkontrolle**	162
4.7	**Weitere Maßnahmen zur Produktionskontrolle/Qualitätssicherung**	163
4.7.1	Dosiergenauigkeit durch kontinuierliche Konzentrationsmessung	163
4.7.2	Störungen bei der Abfüllung und deren Vermeidung	164
4.7.3	Qualitäts- und Maßhaltigkeitsanforderungen an die Flaschen einhalten	165
4.7.4	**Getränkefehler**, Schäden durch Oxidation, Schwermetalle, biologische Einflüsse, Bodensatzbildung, Fehlgeschmack, Sauerstoffrichtwerte, Betriebskontrollschema u.a.	168
4.7.5	Qualitätsmanagement und Zertifizierung nach DIN ISO 9000 ff	179
4.8	**Reinigungstechnik**	181
4.8.1	Flaschenreinigung	181
4.8.2	Flaschenreinigungsmittel, Steinbilder, Konzentrationen, Laugenverschleppung u.a.	184
4.8.3	Auswahl und Anwendung von Reinigungsmitteln	188
4.8.4	Verfahren zur Reinigung und Desinfektion von Behältern und Leitungssystemen sowie Maschinen, CIP	190
5	**Abwasser- und Abfallbeseitigung**	**193**
5.1	Einleitung	193
5.2	Abwasserbeschaffenheit durch unterschiedliche Zusammensetzung	193
5.3	Kennzeichnungsangaben der Abwasserbeschaffenheit	194
5.4	Kennzahlen der Abwässer aus der Erfrischungsgetränke-Industrie	196
5.5	Anforderungen an die Abwassereinleitung	199
5.6	Abwassergebühren, Beiträge und Abgaben	201
5.7	Erst Abwasservermeidung und dann die Abwasserklärung	203
5.8	Abwasserbehandlung: Sieben, Neutralisation, MAB	204
5.8.1	Betriebskläranlagen mit vollbiologischem aerobem Abbau für Direkteinleiter	207
5.8.2	Anaerobe Abwasserreinigungsverfahren und kombiniertes anaerobes/aerobes Verfahren	208
5.8.3	Störfallmanagement für die Abwasserbehandlung	208
5.8.4	Schlussbetrachtung zur Abwasserbeseitigung	209
5.9	Abfallbeseitigung	209
6	**Lebensmittelrechtliche Bestimmungen**	**212**
6.1	Das Lebensmittel- und Bedarfsgegenständegesetz	213
6.2	Texte der Verordnungen	217
6.2.1	Verordnung über natürliches Mineralwasser, Quellwasser und Tafelwasser (Mineral- und Tafelwasser-Verordnung)	217
6.2.2	Allgemeine Verwaltungsvorschrift über die Anerkennung und Nutzungsgenehmigung von natürlichem Mineralwasser	234
6.2.3	Verordnung zur Novellierung der Trinkwasserverordnung vom 21. Mai 2001.	245
6.2.4	Leitsätze für Erfrischungsgetränke (Fruchtsaftgetränke, Limonaden und Brausen)	283
Stichwortverzeichnis		**289**
Verzeichnis der Anzeigen		**294**

Hinweise auf weiterführende Literatur finden sich am Ende der Kapitel.

Vorwort

In den vergangenen Jahrzehnten zeichnete sich eine Entwicklung ab, die der alkoholfreie Erfrischungsgetränke herstellenden Industrie große Wachstumschancen einräumte. Der Strukturwandel von ehedem handwerklicher Betriebsgröße zu Industriebetrieben stellt an die Produktionsstätten immer größer werdende Anforderungen, die besonders in der hohen Abfüllleistung und hohem Mengenumsatz zum Ausdruck kommen. Jede Betriebsstörung, auch wenn sie zu verhältnismäßig kurzen Stillstandzeiten oder gedrosselter Leistung der Hochleistungsanlagen führt, verursacht schon erhebliche Verluste. Weitaus schlimmer sind für einen Betrieb aber die Folgen von Produktionsfehlern, die in Getränkefehlern zum Ausdruck kommen können, weil solche Getränke auf eine verminderte Abnahmebereitschaft in der Kundschaft stoßen. Die geschilderte Situation macht es erforderlich, dass alle Anforderungen gebührend berücksichtigt werden, die sonst bei Nichtbeachtung zu Problemen bei der Herstellung alkoholfreier Erfrischungsgetränke führen.

Die seit Erscheinen der letzten Auflage des Handbuches der Mineralwasser-Industrie von Dipl.-Ing. Dr. Rudolf Kühles auf dem Erfrischungsgetränkesektor erfolgte Weiterentwicklung, erwies eine Neubearbeitung und Erweiterung der Aufzeichnungen über dieses Stoffgebiet als dringend notwendig. Diese Aufgabe wurde mit Erscheinen meiner 1. Ausgabe im Jahre 1972 vollzogen und mit den folgenden Ausgaben 1975, 1977, 1979, 1980, 1981, 1986, 1994 und 2002 wurden weitere Anpassungen an die gesetzlichen und technologischen Veränderungen vorgenommen.
Das vorliegende Buch ist im Besonderen als Leitfaden für die in der Ausbildung stehenden und bereits ausgebildeten Erfrischungsgetränkehersteller, Getränkebetriebsmeister und Produktionsleiter für Brauwesen und Getränketechnik vorgesehen.(Das Berufsinformationszentrum BIZ beim Arbeitsamt hält für diese Ausbildung eine umfassende Informationsbroschüre bereit aus der Serie Blätter zur Berufskunde.)
Der Stoff ist in vielen wesentlichen Punkten dem einschlägigen Vorlesungs- und Übungsplan an der Versuchs- und Lehranstalt für Brauerei in Berlin angeglichen und trägt auch den einschlägigen Vorlesungen in den Braumeisterlehrgängen und den im Fachbereich Lebensmittelwissenschaft und Biotechnologie an der Technischen Universität Berlin gehaltenen Fachvorlesungen Rechnung. Darüber hinaus dürfte das Buch auch als Nachschlagewerk eine gewisse Bedeutung erlangen. Das sich anbietende Stoffgebiet wurde im Interesse des in Frage kommenden Leserkreises entsprechend ausgewählt und im Umfang begrenzt.

Das Buch widmet sich auch in erhöhtem Maße dem Themenkreis Wasser, Mineral- und Tafelwasser, da das Wasser Fertigerzeugnis und Rohstoff der Erfrischungsgetränkeindustrie ist und eine Eigenversorgung mit Wasser durch entsprechende Anlagen auch in Anbetracht der oftmaligen Diskreditierung des Leitungswassers öffentlicher Wasserversorgungsanlagen unbedingt vorrangige Bedeutung besitzt.
Zum Themenkreis Hygiene und Mikrobiologie sei auf das Fachbuch von Zeinecker verwiesen, das im Verlag Sachon in Mindelheim erschienen ist, sowie den Beitrag von W. Back über mikrobiologische Qualitätskontrolle von Wässern, AFG u.a. in Dietrich, Mikrobiologie der Lebensmittel und Getränke, im Behr's Verlag Hamburg 1993. Ein Fachbuch über Betriebs- und Qualitätskontrolle in Brauerei und alkoholfreier Getränkeindustrie liegt von den Verfassern E. Krüger und H.J. Bielig vor, erschienen im Paul Parey-Verlag, Berlin-Hamburg, 1976.

Die Lebensmittel-Kennzeichnungsverordnung wird in dem gleichnamigen Buch von M. Hagenmeyer kommentiert, erschienen am 1.6.2001 im Verlag C.H. Beck in München, ISBN 3-406-48157-4.

Der Kommentar zum Fertigpackungsrecht (Füllmengen, Preisangaben u.a.) von A. Strecker erscheint im Behr`s Verlag Hamburg unter ISBN 3-86022-315-1. Ebenfalls im Behr´s Verlag erschien die digitale Textsammlung Lebensmittelrecht (Klein, Rabe, Weis) von den Autoren M.Horst und A. Mrohs als CD-ROM oder Online im Internet.

Ferner ist auf das Lexikon für Lebensmittelrecht von Peter Hahn im Behr´s Verlag zu verweisen, ISBN 3-86022-334-8.

Hinweisen möchte ich auch auf die weiterführende, unter meiner Mitarbeit erschienene neuere Fachliteratur wie

- Handbuch der Getränketechnologie,
  Frucht- und Gemüsesäfte, Verlag Eugen Ulmer Stuttgart, 3. Auflage 2001,
  ISBN 3-8001-5821-3
- Handbuch der Lebensmitteltechnologie,
  Getränkebeurteilung, Verlag Eugen Ulmer Stuttgart, 1986,
  ISBN 3-8001-5811-6

Eine andere wesentlich später nach meinem Buch erschienene Literaturstelle besteht im Handbuch der Firma Südzucker über Alkoholfreie Erfrischungsgetränke. Zum betriebswirtschaftlichen Themenkreis sei ebenfalls auf die spezielle Fachbuchliteratur hingewiesen. Einigen Teilgebieten habe ich in Anbetracht der bereits vorliegenden Fachliteratur keine größeren Ausführungen gewidmet.

Auch in den Kapiteln Flaschenabfüllung Flaschenreinigung konnten wegen des großen Stoffumfanges nur Prinzipielles und keinesfalls alle Konstruktionsmerkmale berücksichtigt werden. Hierzu sei auf die einschlägigen Kundenzeitschriften verwiesen.

Der gleiche Hinweis gilt für die im vorliegenden Buch nur prinzipiell beschriebenen Etikettier- und Verpackungsautomaten sowie für die Transporteinrichtungen.

Wegen der gerade in den letzten Jahren erfolgten zahlreichen neuen Verordnungen im Bereich des Lebensmittel- und Bedarfsgegenständegesetzes (Trinkwasser-VO, Mineral-Tafelwasser-VO, Allgemeine Verwaltungsvorschrift über die Anerkennung und Nutzungsgenehmigung natürlicher Mineralwässer, der Zusatzstoff-VO, Aromen-VO, Fruchtsaft-VO, Lebensmittel- Kennzeichnungsverordnung, u.a.) sowie der Leitsätze für Erfrischungsgetränke, der Verordnung über Lebensmittelhygiene u.a. bedurfte es unbedingt einer Neubearbeitung, zumal auch weitere Neuerungen zu berücksichtigen waren wie Qualitätsmanagement und Zertifizierung nach DIN ISO 9000 ff, Produkthaftung, zahlreiche neue Getränke, neue Ausmischsysteme, Kunststoffflaschen aus PET, deren neue Maschinen und Anlagen und weitere Neuentwicklungen auf dem technologischen Gebiet.

Mein besonderer Dank gilt dem Ehrenmitglied der Wirtschaftsvereinigung Alkoholfreie Getränke e.V., Herrn K.H. Bittermann, meinem Vorgänger, Herrn Dr. K. Vogl, Herrn Dr. H.G. Schultze-Berndt und meinem Nachfolger, Herrn Dr. Alfons Ahrens, für die Förderung und Überprüfung der jeweiligen Auflagen dieses Buches.

Berlin im April 2002 *G. Schumann*

1 Überblick zur Geschichte der Erfrischungsgetränkeindustrie

In die geschichtliche Anfangszeit muss der Zuspruch der alten Mineralbrunnen, Heilbrunnen und Thermen eingeordnet werden, der auf der Erkenntnis der heilsamen Wirkung dieser besonderen Brunnenwässer beruhte und wahrscheinlich bereits lange vor der Römerzeit zum Ausdruck kam. Die alt-römischen Bäderanlagen in Aachen, Wiesbaden und Ems, die Verehrung der Wassergottheiten und Quellnymphen zeigen den Badekult als hauptsächliche Quellnutzung der damaligen Zeit an. Aus Scherbenfunden an Sauerbrunnen in der Wetterau ist aber auch auf die Abfüllung von diesen Wässern in Krügen und deren Versendung in ferner gelegene Orte zu schließen.

Die Quelle von Niederselters findet um das Jahr 771 unter dem Namen Saltrissa in den Chroniken Erwähnung, die Quelle in Ems um das Jahr 1172. Nach dem Dreißigjährigen Krieg und verstärkt im 18. und 19. Jahrhundert nehmen die Erschließung von Mineralquellen und der Versand von Mineralwasser in Krügen erheblich zu. Die Abfüllung des unveränderten Wassers erfolgte damals schon am Quellort. Die Krüge wurden danach sofort verkorkt und versiegelt.

Mit dem Studium der Mineralquellen befasste sich nach dem Dreißigjährigen Krieg Dr. Jacob Theodor aus Worms. Sein wissenschaftliches Werk „New Wasserschatz" erhöhte die Nachfrage nach den Wässern. Im Jahre 1727 erschien eine Schrift des Arztes Friedrich Hoffmann über den berühmten Brunnen von Selters. Mit bekanntwerden der Zusammensetzung der von der Natur bevorzugten Wässer erlangte ihre Nachbildung Bedeutung. Der Leibarzt des Kurfürsten von Brandenburg untersuchte Mineralwässer und befasste sich 1572 auch mit der Nachbildung von Schwefelwasser. Das Kohlendioxid, damals nur unter der Bezeichnung „Bergschwaden" bekannt, wurde in Mineralwässern zuerst von van Helmont festgestellt. Aber auch Boyle aus England sowie Urban aus Schweden betrieben Mineralwasseruntersuchungen. Mit der Imprägnierung von Wasser mit Kohlensäure beschäftigten sich dann Venel (1750), Demachy, Black, Bewley (Versuche 1768) und Priestley. Brauchbare Apparate wurden schließlich von Lavosier und Lachapelle konstruiert. Weitere Fortschritte auf diesem Weg wurden von den Henrys, dem Herzog von Chaulnes, von Nooth sowie Gosse und Paul erzielt.

Die beiden Letzten sind die Konstrukteure des sehr bekannt gewordenen „Genfer Apparates", der folgende Merkmale trug:
1) Entwickler zur CO_2-Erzeugung z.B. aus Kreide mit Schwefelsäure
2) Pumpe zur Druckerhöhung der CO_2
3) Waschvorrichtung für CO_2
4) Mischkessel mit Rührwerk für die Mischung von Wasser und CO_2.

Nun entstand eine ganze Reihe von Fabriken künstlicher Mineralwässer, u.a. 1787 Firma Meyer in Stettin und 1803 Firma Fries in Regensburg. Zahlreiche Apotheken nahmen ebenfalls die Produktion auf.

Die Erzeugnisse versuchten hauptsächlich Nachbildungen berühmter Quellen u.a. von Niederselters, Spa, Sedlitz etc. zu sein. Die zur analysengetreuen Nachbildung bestehenden Schwierigkeiten meisterte jedoch erst Dr. Friedrich Adolph Struve, wobei er zunächst die Vorbilder eingehend erforschte. Ein Trinkgarten in Dresden (1818) und Mineralwasseranstalten in Dresden, Leipzig und Berlin, diesbezügliche Privilegien für das Königreich Sachsen auf 40 Jahre, Mineralwasseranstalten in England, Warschau, Moskau, Petersburg und Kiew verdeutlichen Dr. Struves Erfolg, der seine wirtschaftliche Ursache auch in der damals mangelhaften Transportmöglichkeit hatte. Außerdem kamen dadurch auch minderbemittelte Personenkreise in den Genuss von Trinkkuren. Aus dieser Zeit (ca. 1820) stammt die Wortprägung „Selterswasser" für ein salzhaltiges, kohlensäurehaltiges, künstliches Mineralwasser als Erfrischungsgetränk.

Das naturgetreue Nachbildungsprinzip natürlicher Quellwässer wurde bei den Erfrischungsgetränken sehr bald wieder verlassen, und man beschränkte sich bewusst auf die Verwendung der den Wohlgeschmack fördernden Salze wie Kochsalz und Soda. In die Produktion aufgenommen wurden ferner süße alkoholfreie Erfrischungsgetränke („Brauselimonaden") aus Fruchtauszügen, Zucker, Fruchtsäure und Wasser, die damals künstlich stark gefärbt waren. Aber auch viele Brunnenbetriebe begannen ihre natürlichen Mineralwässer der neuen Geschmacksrichtung anzupassen, enteisenten, entschwefelten im Bedarfsfall und setzten Kohlensäure zu. Neben den natürlichen Mineralwässern gab es somit die manipulierten und die künstlichen Mineralwässer, und es entstanden sehr bald wegen ungeklärter lebensmittelrechtlicher Fragen Streitigkeiten, die Vereinsbildungen und Verbandsgründungen zur Folge hatten. Seitens der Mineralwasserhersteller wurde 1901 unter dem Vorsitz von Dr. Lohmann in Berlin der Reichsverband Deutscher Mineralwasser-Fabrikanten gegründet.

Auf der anderen Seite schlossen sich 1904 die Mineralbrunnen unter dem Vorsitz von Carl Meyer aus Rhens zum Deutschen Mineralbrunnen-Verband zusammen, aus dem 1917 der Reichsverband Deutscher Mineralbrunnen hervorging.

Als Erfolge der Verbandsarbeiten resultierten 1911 die sog. „Nauheimer Beschlüsse", die aus den bereits 1905 getroffenen Frankfurter Abmachungen hervorgingen und die rechtlichen Verhältnisse zwischen Mineralwasser (seinen erlaubten Manipulationen und Deklarationsfragen) sowie den künstlichen Mineralwässern einigermaßen klärten.

Empfindliche Rückschläge musste auch die Erfrischungsgetränke-Industrie hinnehmen durch die Folgen des 1. Weltkrieges mit der Einführung der Mineralwassersteuer und der Inflationszeit. Mit der anschließenden Aufwärtsbewegung und des aufkommenden Qualitätsbewusstseins für die Erzeugnisse wandte man sich von der bisher üblichen Färbung der süßen Getränke ab und verwendete für künstliche Mineralwässer vielfach Sole. Die durch die Soleverwendung aufkommenden Meinungsverschiedenheiten in den beiden Interessenverbänden wurden in den Nürnberger Beschlüssen beigelegt.

1931 mussten dann die Nauheimer Beschlüsse um den neuen Begriff mineralarmes Tafelwasser ergänzt werden, nachdem Wässer mit einem Mangel an gelösten Mineralsalzen sogar vielfach als ein Vorzug hingestellt worden waren und größere Umsätze verzeichneten.

Nach einer Zeit zahlreicher Neugründungen von Erfrischungsgetränke herstellenden Betrieben brachte die Einführung der zweiten Mineralwassersteuer 1929 eine Umsatzminderung, die 1932 60 % erreichte und 1933 eine Notverordnung zur Abschaffung dieser Steuer erforderlich machte. Der danach einsetzende wirtschaftliche Aufschwung

brachte auch eine Zusammenarbeit der Mineralwasserfabrikanten und der Mineralwasserbrunnen mit sich. Es folgte die Eingliederung der Mineralwasser-Industrie in den Reichsnährstand sowie in Organisationen der gewerblichen Wirtschaft, und schließlich kam es zur Bildung der Fachgruppe Mineralwasser-Industrie mit den beiden Fachuntergruppen Mineralbrunnen und Mineralwasserfabrikanten, denen dann auch die Heilbrunnen als Abteilung angegliedert wurden. Erfolge der Zusammenarbeit dieser Verbände waren die Tafelwasserverordnung, Normativbestimmungen hinsichtlich lebensmittelrechtlicher Fragen wie z.B. bei Brauselimonaden und die Einrichtung einer Fachschule für Mineralwasser-Industrie zur Fortbildung der Fachkollegen und Ausbildung des Berufsnachwuchses. Die Schule hatte zunächst ihren Sitz in Altenburg / Thüringen und wurde später an das Institut für Gärungsgewerbe nach Berlin verlegt. Dem tatkräftigen Einsatz des langjährigen Leiters der Fachschule, Dr. K. Vogl, ist es zu verdanken, dass die Fachschule den zweiten Weltkrieg überdauerte und danach ihren Betrieb fortsetzen konnte.
Allein vierzig Lehrgänge wurden von Dr. Vogl geleitet, später von seinem Nachfolger Dr. G. Schumann, dem Autor dieses Buches. Sie fanden dabei Unterstützung beim Bundesverband der Deutschen Erfrischungsgetränke-Industrie in Bonn, als deren Einrichtung die Fachschule sich betrachtet, und es muss besonders herausgestellt werden, dass gerade die Leitung des Berliner Verbandes bei der Ausrichtung der Lehrgänge große Initiative unter Beweis stellte.

Große Bedeutung in der Ausbildungs- und Seminartätigkeit erlangten in den letzten Jahrzehnten die Seminare von Coca-Cola und Nordgetränke in Berlin sowie die Firmenseminare der Grundstoff- und Essenzenhersteller Rudolf Wild in Heidelberg und Döhler in Darmstadt. In der Doemensschule in Gräfelfing bei München wird auch der nur von der Industrie u. Handelskammer München/Obb. geprüfte Getränkebetriebsmeister ausgebildet. Durch die zunehmende Industrialisierung der Branche verminderte sich der Bedarf an Fachleuten und somit auch die Nachfrage nach den Lehrgängen. Die Ausbildung konzentrierte sich auf die Brauerschulen an der VLB Berlin und bei Doemens und auf die einschlägigen Fortbildungsseminare.

Die deutsche Erfrischungsgetränke-Industrie hat nach dem Zweiten Weltkrieg eine erfreuliche Entwicklung gezeigt.
Der Pro-Kopf-Verbrauch an alkoholfreien Getränken (Erfrischungsgetränke, Wässer, Fruchtsäfte und Fruchtnektare) betrug 1938 6,8 Liter, 1960 33,2 Liter, 1970 71,8 Liter, 1980 130,4 Liter, 1990 209,6 Liter, 1992 212 Liter. Dieser Aufschwung war mit einer Entwicklung zu Großbetrieben und einer entsprechenden Wettbewerbsverschärfung verbunden, die einen Rückgang der Anzahl der Betriebe zur Folge hatte. Während 1950 noch 5200 Mitgliedsbetriebe des Bundesverbandes der Deutschen Erfrischungsgetränke-Industrie registriert werden konnten, belief sich diese Zahl Anfang der Siebziger Jahre nur noch auf ca. 1700 und verminderte sich weiter auf ca. 700 im Jahre 1984! Dieser Trend hielt auch in den Folgejahren bei zunehmenden Pro-Kopf-Verbrauch weiter an.

Tabelle: Der AfG-Konsum in Deutschland. Pro-Kopf-Verbrauch Angaben in Litern

Getränkeart Jahr	1991	1993	1996	1999	2000	2001
Wässer	79,0	84,6	95,8	*104,2	*107,7	*110,2
Erfrischungsgetränke	86,6	85,8	92,1	103,7	105,7	106,2
Säfte/Nektare	37,4	39,4	41,1	40,4	40,6	40,3
Gesamt	203,0	209,8	229,0	248,3	254,0	256,7

inklusiv Tafelwässer

1.1 Die einschlägigen Gesetze und Vorschriften im Überblick

Durch die Europäische Wirtschaftgemeinschaft, heute Europäische Union, bedurfte es einer Angleichung in der Lebensmittelgesetzgebung der verschiedenen europäischen Länder. Daraus resultieren als Bestandteil des Deutschen Lebensmittel- und Bedarfsgegenständegesetzes die

- Mineral- und Tafelwasser- Verordnung i.d.F. vom 14.Dezember 2000
- Allgemeine Verwaltungsvorschrift über die Anerkennung und Nutzungsgenehmigung von natürlichem Mineralwasser vom 9.3.2001
- Verordnung zur Novellierung der Trinkwasserverordnung vom 21.5.2001
- Verordnung über Fruchtsaft, konzentrierten Fruchtsaft und getrockneten Fruchtsaft (Fruchtsaftverordnung) in der Bekanntmachung vom 17.02.1982 mit Berücksichtigung neuerer Änderungen lebensmittel rechtlicher Verordnungen vom 29.1.1998 und 14.10.1999
- Leitsätze für Fruchtsäfte vom 28./29.10.1981
- Verordnung über Fruchtnektare und Fruchtsirup in der Neufassung vom 23.7.1993

sowie weitere einschlägige Bestimmungen in den Verordnungen des Lebensmittel- und Bedarfsgegenständegesetzes wie Zusatzstoff-Verordnung u.a. vgl. Kapitel 6: Lebensmittelrechtliche Bestimmungen.

Die Leitsätze (früher Richtlinie) für Erfrischungsgetränke (Fruchtsaftgetränke, Limonaden und Brausen) legen für die klassischen Erfrischungsgetränke die gegenwärtige Verkehrsanschauung fest, indem sie die einschlägigen Verordnungen des oben angeführten Lebensmittel- und Bedarfsgegenständegesetzes mitberücksichtigen. Sie entsprechen nicht mehr der einheitlichen Auffassung in der EU und müssen entweder überarbeitet werden oder entfallen. Vgl. Abschnitt 1.3.3 und Kapitel 6 dieses Buches über Erfrischungsgetränke.

Für die Heilwässer gelten die Anforderungen des Arzneimittelrechts und der Trinkwasser-Verordnung, aber nicht die Anforderungen der o.a. Mineral- und Tafelwasser-Verordnung. Beachtenswert sind die Begriffsbestimmungen für Kurorte, Erholungsorte und Heilbrunnen vom 30.06.1979.

1.2 Die Verbände und Interessenvertretungen

Die Interessenvertretungen liegen in den Händen der „Wirtschaftsvereinigung Alkoholfreie Getränke e.V." (vormals Bundesverband der Deutschen Erfrischungsgetränke-Industrie Bonn), Friedrichstraße 231, in 10969 Berlin (www.wafg-online.de), und des Verbandes Deutscher Mineralbrunnen e.V., Kennedyallee 26, in 53175 Bonn-Bad Godesberg, Deutsche Heilbrunnen im Verband Deutscher Mineralbrunnen, Kennnedyallee 28, in 53175 Bonn, (www.mineralwasser.com) sowie des Verbandes der Deutschen Fruchtsaftindustrie, Mainzer Str. 253, in 53179 Bonn (www.fruchtsaft.de).

1.3 Die verschiedenen alkoholfreien Getränke

Man unterscheidet bei den Getränken zwischen
Alkoholischen Getränken (Bier, Wein, Sekt, Spirituosen),
Nicht alkoholischen Getränken wie Hausgetränke (Milch, Kaffee, Tee) und
Alkoholfreien Getränken (Wässer, Erfrischungsgetränke, Säfte und Nektare)

Tabelle: Unterschiedliche Getränkegruppen

Wässer	Säfte / Nektare	Erfrischungsgetränke
Mineralwässer	Fruchtsäfte	Fruchtsaftgetränke
Quellwässer	Fruchtnektare	Limonaden, klar oder safthaltig,
Tafelwässer	Gemüsesäfte	Cola- oder Bittergetränke
Heilwässer	Gemüsenektare	Brausen
		Innovative Getränke, Wellness- oder Sportgetränke u.a.

Der Begriff „**alkoholfrei**" besagt, dass die Getränke nicht mehr als 0,3 Gewichtshunderteile Alkohol enthalten dürfen.
Nach den geschmacksgebenden und wertbestimmenden Bestandteilen unterscheidet man im Einzelnen:

1.3.1 Mineralwässer, Quellwässer, Tafelwässer und Heilwässer
(vgl. auch Kapitel 2 und Schlusskapitel 6 mit Verordnungstexten)

Mineral-, Quell- und Heilwässer sind Wässer aus unterirdischen und vor Verunreinigungen geschützten Wasservorkommen mit mehr oder weniger hohen Ionengehalt von Calcium, Magnesium, Natrium, Hydrogenkarbonat, Sulfat, Chlorid, u.a., zum Teil mit Kohlensäuregehalt.
Die Mineral-Tafelwasserverordnung, abgekürzt MTVO in der Fassung vom 14.12.2000 veröffentlicht BGBl I Nr. 55 vom 20.12.2000 Seite 1728 f.f. (vgl. vollständigen Text im Kapitel Lebensmittelrecht als letztes 6. Kapitel dieses Buches), untergliedert ihren Geltungsbereich für natürliche Mineralwässer, Quellwässer und Tafelwässer.

1.3.1.1 Natürliche Mineralwässer

Es handelt sich um die nach einem Zulassungsverfahren amtlich anerkannte und registrierte natürliche Mineralwässer, die aus unterirdischen und vor Verunreinigungen geschützten Wasservorkommen stammen, die aus einer oder mehreren natürlichen Quellen oder künstlich erschlossenen Quellen (sog. Brunnen) gewonnen werden und am Quellort abgefüllt werden müssen. Die wichtigste Charakterisierung sind ihre ursprüngliche Reinheit, die als Voraussetzung für die erforderliche amtliche Anerkennung gilt und durch die Ergebnisse umfangreicher chemischer und mikrobiologischer Nachweisverfahren dokumentiert sind. Von natürlichen Mineralwässern wird auf Grund der Mineralien, Spurenelemente oder sonstiger Inhaltsstoffe eine ernährungsphysiologische Wirkung (gesundheitsfördernde) erwartet. Diese Eigenschaft ist bei schwächer mineralisierten Wässern mit weniger als 1000 mg/l gelösten Mineralstoffen ggf. durch klinische Studien nachzuweisen (vgl. Allgemeine Verwaltungsvorschrift über die Anerkennung und Nutzungsgenehmigung von natürlichem Mineralwasser vom 9.3.2001 im Kapitel 6 dieses Buchs).

Ein natürliches Mineralwasser kann differenziert werden mit hohen Mineralstoffgehalt bei mehr als 1500 mg/l, oder mit einem geringen Gehalt bei weniger als 500 mg/l oder mit sehr geringen Gehalt bei weniger als 50 mg/l.

Es besteht ein striktes Verbot verunreinigtes Mineralwasser in den Handel zu bringen. Sie dürfen auch nicht entkeimt oder desinfiziert werden. Ihre ursprüngliche Reinheit ist beizubehalten. Es ist nur eine Enteisenung und Entmanganung bzw. eine Entschwefelung ausschließlich mit physikalischen Verfahren (Belüftung und Filterung) erlaubt, sowie die Entfernung und Zugabe von Kohlensäure.

1.3.1.2 Quellwasser

Ihre Anforderungen sind mit denen natürlicher Mineralwässer vergleichbar, sie sind jedoch nicht als solche amtlich anerkannt. Die mikrobiologischen Anforderungen und Untersuchungen sind dieselben wie für natürliches Mineralswasser vorgeschrieben, die chemisch physikalischen Anforderungen und Untersuchungen sind jedoch geringer, weil sie sich nur nach der Trinkwasser- Verordnung richten müssen. Es bestehen ebenso strenge Anforderungen und Aufbereitungsbeschränkungen vergleichbar wie bei natürlichen Mineralwässern.
Die Quellwässer haben zwar nicht den hervorgehobenen Status natürlicher Mineralwässer, können jedoch als besonderes Trinkwasser bezeichnet werden.

1.3.1.3 Tafelwässer

Es handelt sich um Erzeugnisse aus Wässern, also auch aus Trinkwasser mit genau definierten Zusatzstoffen. Diese hergestellten Tafelwässer unterliegen nicht den strengen Aufbereitungsbeschränkungen wie Mineralwässer. Bei ihrer Herstellung müssen die in Anlage 2 der Trinkwasser-Verordnung für Trinkwasser festgelegten Grenzwerte für chemische Stoffe eingehalten werden.

1.3.1.4 Heilwässer
(vgl. auch zwei Seiten vorher)

Die als natürliche Medizin zu verstehenden Heilwässer mit ihren Gehalt an Mineralstoffen und Spurenelementen richten sich auch hinsichtlich ihrer hohen Qualität nach den Anforderungen des Arzneimittelrechts. Heilwässer kommen wie natürliche Mineralwässer und Quellwässer aus Quellen oder Brunnen und dürfen wie vorgenannte nur eingeschränkt mit chemisch-physikalischen Verfahren aufbereitet werden. Heilwässer haben entweder insgesamt mehr als 1000 mg gelöste feste Bestandteile pro Kilogramm und/oder einen festgelegten minimalen Gehalt an einzelnen, bestimmten Inhaltsstoffen wie z.B. 20 mg Eisen je kg Wasser. Wässer mit einer Temperatur von mehr als 20 °C können als sog. Thermen ebenfalls als Heilwasser anerkannt werden.
H. Böhmer (Brauwelt 26 v. 29.6.2000) vom Forschungsinstitut für Balneologie und Kurortwissenschaft gab eine Übersicht über die wichtigsten **Heilwassertypen** anhand ihrer Inhaltsstoffe und ihrer wichtigsten Anwendungsgebiete. Hydrogenkarbonatreiche Heilwässer mit mehr als 1300 mg davon je Liter sorgen für ein stabiles Säure-Basen-Gleichgewicht im Körper, sind also gut gegen Sodbrennen. Sulfatreiche Heilwässer mit über 1200 mg Sulfat je Liter stimulieren die Galle und die Bauchspeicheldrüse und regen so die Produktion von Verdauungssäften an. Zur Vorbeugung von Zahnkaries eignen sich fluoridreiche Heilwässer mit mehr als 1 mg Fluorid je Liter. Für gesunde Zähne und geschmeidige Knochen sorgen Heilwässer mit mehr als 250 mg Calcium je Liter. Magnesiumreiche Heilwässer mit mehr als 100 mg Magnesium je Liter wirken sich positiv auf wichtige Enzyme aus, insbesondere auf die des Energiestoffwechsels, und schützen Herz und Kreislauf. Heilwässer sind somit auch die Functional Drinks auf dem Wassersektor.

1.3.1.5 Sauerstoffangereichertes Wasser
(vgl. auch Kapitel 2.6)

Sauerstoffangereichertes Wasser muss einen Sauerstoffgehalt von mindestens 45 mg/l enthalten, damit der Sauerstoff überhaupt in den Bauchraum gelangen kann, was in den bisherigen als Getränke dienenden Wässern nicht gegeben ist.
Das Sauerstoffwasser soll nach Meinung verschiedener Wissenschaftler u.a. die Glycogenherstellung in der Leber begünstigen, also die Energieversorgung des Körpers verbessern und dadurch sich auf die körperliche und geistige Fitness auswirken, aber auch die Entgiftungsprozesse der Leber verbessern. In entsprechenden Forschungsvorhaben müssten diese Dinge noch genau untersucht und bestätigt werden.

1.3.1.6 Trinkwasser aus Zapfgeräten zum selbst zapfen

Es handelt sich um Geräte mit aufgesetzten Glasbehälter für gefiltertes und gekühltes Trinkwasser, auf Wunsch auch ausgestattet mit einem Spender für Einweg- und Mehrwegbecher. Die Geräte werden in Büros, Warteräumen und anderen stark frequentierten Besuchsräumen aufgestellt und erreichten im Jahr 2001 immerhin schon in Deutschland einen Anteil am Wasserverzehr von 5 Liter pro Kopf und Jahr.
Zur Getränkeschankanlagen-VO ist auf Kapitel 4.5 zu verweisen und auf Kapitel 6.

Alkoholfreie Getränke

1.3.2 Säfte und Nektare

Frucht- und Gemüsesäfte sowie die daraus hergestellten Fruchtnektare und Gemüsetrunke werden ausschließlich mit physikalischen Verfahren hergestellt (z.B. Pressen, Extrahieren, Passieren) und haltbar gemacht mittels Erhitzung, Kühlung, Konzentrierung, Filtration. Die wesentlichen geschmackbestimmenden Inhaltstoffe sind alle Inhaltstoffe der jeweiligen Früchte u.a. Fruchtsäuren, Zucker.

1.3.2.1 Fruchtsäfte

Sie bestehen zu **100 Prozent aus Fruchtsaft** und enthalten weder Farbstoff- noch Konservierungsstoffzusätze. Man unterscheidet Direktsaft und Fruchtsaftkonzentrat. Fruchtsäfte werden mittels mechanischer Verfahren aus frischen oder durch Kälte haltbar gemachter Früchte gewonnen. Fruchtsaft kann auch aus konzentrierten Fruchtsaft hergestellt werden durch Hinzufügung der dem Saft bei der Konzentrierung entzogenen Menge an Wasser sowie der aufgefangenen flüchtigen Aromastoffe. Infolge der Frische und fehlender Entkeimung ist der Fruchtsaft ein gärfähiger, aber nicht gegorener Saft aus gesunden Früchten und durch Kälte haltbar gemachten reifen Früchten, der sich durch die den Fruchtsäften entsprechende charakteristische Farbe, deren charakteristisches Aroma und deren charakteristischen Geschmack auszeichnet, mit oder ohne Kohlensäure.

Die **zulässigen Behandlungsstoffe** sind Ascorbinsäure nur in der für die Oxidationshemmung erforderlichen Menge, Stickstoff, CO_2, diverse bestimmte Filterhilfsstoffe, Korrekturzuckerung bis maximal 15 g/Liter Saft ausgenommen Trauben- und Birnensaft, Süßzuckerung mit Ausnahme von Birnen- und Traubensaft mit bestimmten, je nach Fruchtart festgelegten Höchstwerten und Kennzeichnungsvorschriften. Die Haltbarmachung erfolgt ausschließlich mit physikalischen Verfahren. (Näheres siehe Fruchtsaft-Verordnung vom 17.02.1982 und Änderungen vom 14.10.1999, fernerhin Neue EU-Fruchtsaftrichtlinie mit Änderungen ab 2002 vgl. Brauwelt 20, Seite 845, 2000.)

Gemäß der Leitsätze für Fruchtsäfte darf das Wasser zur Rückverdünnung nur eine Leitfähigkeit von nicht mehr als 25 Mikro-Siemens/ml besitzen. Die Erzeugnisse sind nur unter Einhaltung der nachfolgenden **Höchst- bzw. Mindestwerte** verkehrsfähig:
- Alkoholgehalt max. 3 g/l
- flüchtige Säuren berechnet als Essigsäure max. 0,4 g/l
- Milchsäure max. 0,5 g/l
- relative Dichte oder °Brix bzw. Gewichtsprozent bei Apfel-, Birnen- und Orangensaft mindestens 1,045
- (11,18 °Brix), bei Grapefruitsaft mindestens 1,040 (9,97 °Brix) und bei Traubensaft mindestens 1,065 (15,88 °Brix)
- Gesamtsäure berechnet als Weinsäure pH 7,0 bei Orangensaft 8 g/l, bei Grapefruitsaft 10 g/l, bei Traubensaft 6 g/l und bei Apfelsaft 5 g/l. Entschwefelter Traubensaft darf nur max. 350 mg Sulfat (SO_4) pro Liter besitzen.

Mit den Leitsätzen für Gemüsesaft und Gemüsetrunk (vgl. auch Hinweis später) erfolgen analoge Festlegungen, wie sie mit den EU-Bestimmungen für Fruchtsaft und

Fruchtnektar sowie mit den Leitsätzen für Fruchtsaft bestehen. Der Gemüsesaft ist demnach ebenfalls das unvergorene aber gärfähige flüssige Erzeugnis aus Gemüse.

Über die chemische Zusammensetzung von Fruchtsäften gibt es für die jeweiligen Saftarten bestimmte **RSK-Werte, d.h. Richtwerte und Schwankungsbreite bestimmter Kennzahlen** für den Gehalt an Trockensubstanz, Gesamtzucker, Saccharose, titrierbare Säuren, Asche, Kalium, Natrium, Calcium, Magnesium, Phosphat, Sulfat, Nitrat, Chlorid, Prolin und Sorbit.

Über die **Saftgewinnung** durch Pressen und Extrahieren, die Fruchtsaftschönung und -klärung (ggf. Trubabscheidung), die Herstellung von Saftkonzentraten (**6- bis 7-fach reduziertes Saftvolumen** bzw. entsprechende Konzentrierung) ausschließlich mittels physikalischer Verfahren, am häufigsten durch Abtrennung von Wasser durch Verdampfen im Vakuum, zum anderen aber auch durch Gefrierkonzentrierung oder Ultrafiltrationsverfahren sei auf die einschlägige Literatur verwiesen. Die etwa 6-fach konzentrierten Säfte haben dann je nachdem z.B. 65 °Brix bei Zitrussaftkonzentraten und die Haltbarmachung erfolgt durch Pasteurisation unter Einhaltung der erforderlichen Pasteurisationseinheiten. Eine Pasteurisationseinheit ist definiert durch die bei 80 °C während der Zeitspanne von 1 min. erreichte Wirkung.
Über zahlreiche technische Neuentwicklungen wie kaltsteriles Abfüllen in PET- Flaschen, neu entwickelte thermische Flaschensterilisation, neue Methoden der Haltbarmachung von Fruchtsäften, enzymatische Verflüssigung, enzymatisches Schälen von Früchten, moderne Extrakttechnologie u.a. wird in der Brauwelt 28/29 (1996) S. 1339 berichtet.
Gemüsesäfte sind das flüssige unverdünnte Erzeugnis aus Gemüse. Alternativ können sie auch aus konzentrierten Gemüsesaft oder aus Gemüsemark hergestellt werden.

1.3.2.2   Frucht- und Gemüsenektare

Es handelt sich um gärfähige, nicht gegorene fruchtsafthaltige oder gemüsesafthaltige Getränke. Sie werden hergestellt aus Fruchtsaft, konzentrierten Fruchtsaft, Fruchtmark, konzentrierten Fruchtmark oder einem Gemisch dieser Erzeugnisse durch Zusatz von Wasser und Zucker. So wird aus nicht unmittelbar genießbaren Beeren- und Steinobstsäften ein fruchtsafthaltiger „Süßmost" hergestellt wie z.B. Johannisbeernektar. Aber auch aus genießbaren Säften kann ein Nektar hergestellt werden wie z.B. Äpfel- oder Birnennektar.
Der Fruchtanteil bewegt sich je nach Ausgangssaft zwischen 25 und 50 %.

Fruchtnektare enthalten neben Fruchtsaft Wasser und Zucker. Früchte, die von Natur aus sehr viel Fruchtsäure und Fruchtfleisch enthalten wie z.B. Bananen oder Sauerkirschen, werden so genussfähig.
Diätnektare entsprechen den Vorschriften der Diät- Verordnung.
Gemüsenektare oder Gemüsetrunke bestehen aus verdünnten Gemüsesaft mit einer Saftstärke von mind. 40 %.
Nähere Einzelheiten siehe auch **Verordnung über Fruchtnektar und Fruchtsirup** vom 17.02.1982, Bundesgesetzblatt 1, Seite 198, und folgender Änderungen vom 14.10.99 und Bundesgesetzblatt I von 1999, Seite 2053 ff, und dort Anhang 2/31, d.h. Leitsätze für Fruchtsäfte vom 28./29.10.1981 und deren Änderungen bis 20.12.99.

Am 17.12.1999 wurde eine **neue EU-Richtlinie für Fruchtsäfte** verabschiedet, die mit ihrer Veröffentlichung bindendes Recht wird. Die Fruchtsaft- und Fruchtnektar- Verordnung werden zusammengeführt und zusammen mit der Zusatzstoff-Verordnung wirksam werden. Man unterscheidet hier **Direktsaft** und **Saft aus Konzentraten**. Direktsaft wird danach als Fruchtsaft deklariert, Saft aus Konzentrat als Fruchtsaft aus Fruchtsaftkonzentrat. Neu wird die **quantitative Zutatenkennzeichnung** Quid. Beim Hinweis auf einzelne Früchte müssen danach die Mengen angegeben werden. Auch der Begriff naturrein wird anders definiert. **Naturrein** ist für den Verbraucher nur so rein, wie das die Natur schafft, also eine gleichsam abgeschwächte Definition. Als **frisch** darf ein Saft bezeichnet werden, wenn er nicht pasteurisiert ist und keine chemischen Mittel enthält. (Literatur Brauwelt Nr. 20 (2000) S. 845/846)

1.3.3 Erfrischungsgetränke

Für Erfrischungsgetränke bestehen in Europa keine speziellen Regelungen, wie sie durch EU-Verordnungen z.B. für Fruchtsaft gelten.

Nach der Definition von **UNESDA**, dem europäischen Dachverband der Erfrischungsgetränke-Industrie ist Erfrischungsgetränk ein nichtalkoholisches aromatisiertes Getränk auf Wasserbasis. Es ist meistens gesüßt, gesäuert und kohlensäurehaltig und kann Frucht, Fruchtsaft und Mineralsalze enthalten. Sein Geschmack rührt auch von Aromen oder Frucht- und Pflanzenauszügen her.
In Deutschland gelten für die klassischen Erfrischungsgetränke die Leitsätze. Danach unterscheidet man Fruchtsaftgetränke, Limonaden, Brausen, Mineralstoffgetränke, diätetische und kalorienreduzierte Getränke. Inzwischen erweitern innovative Getränkeentwicklungen, beispielsweise Eistee- Produkte, aromatisierte Mineralwässer und alkoholfreie Aperitifs das traditionelle Segment.
Für Pos. 3.1 bis 3.3 gelten in Deutschland die **Leitsätze Erfrischungsgetränke**, veröffentlicht im Bundesanzeiger 1994 Seite 247 ff. und geändert 1997, vergleiche auch Text im Kapitel 6 dieses Buches. Im Jahr 2002 sind diese Leitsätze der deutschen Lebensmittelbuch-Kommission auf weitere Produktgruppen zu erweitern (z B. Schorlen, Energy Drinks, Mineralstoffgetränke u.a.), weil sonst die Leitsätze die weiteren Produktinnovationen in Deutschland verhindern und weil die EU-Kommission die derzeitigen Leitsätze nicht vereinbar mit dem Gemeinschaftsrecht der EU hält. Nach der Wirtschaftsvereinigung alkoholfreie Getränke sollte keine Erweiterung und Anpassung der Leitsätze mehr erfolgen und wie in Großbritannien das dort früher gültige Sonderrecht abgeschafft werden. Das **EU-weit geltende Kennzeichnungs- und Zusatzstoffrecht** schützt schon allein die Verbraucher umfassend vor Täuschung und gesundheitlichen Schäden.(AFG-Wirtschaft 3 (2002) S. 3)

1.3.3.1 Fruchtsaftgetränke

Definition: Sie enthalten Fruchtsaft und natürliche Fruchtaromen. Sie sind aus Fruchtsaft, Fruchtsaftkonzentrat oder Fruchtmark mit oder ohne Zusatz von Zuckerarten und Wasser hergestellte Erzeugnisse. Der Fruchtsaftgehalt liegt je nach Fruchtart zwischen 6 und 30 %, also geringer als bei den Nektaren (ca. 50%). Es sind auch Mischungen verschiedener Fruchtarten möglich.

Bei Zitrussaft und Zitrussaftgemischen sind mindestens 6 %, bei Kernobst- oder Traubensaft mindestens 30 % und bei anderen Fruchtsäften mindestens 10 % Saftanteil in den Fruchtsaftgetränken gefordert

1.3.3.2 Limonaden

Definition: Sie enthalten natürliche Auszüge von Früchten und Pflanzen, teilweise auch Fruchtsaft. Zu den Limonaden gehören auch Colagetränke und Diätgetränke. Man unterscheidet wie folgt :
a) Limonaden mit kohlensäurehaltigem Wasser, Essenzen natürlicher Herkunft, Zucker (Zuckergehalt mind. 7 %) und Genusssäuren hergestellt. Ein Zusatz von Fruchtsaft ist möglich. Er muss mindestens die Hälfte der für das entsprechende Fruchtsaftgetränk üblichen Saftmenge betragen. Limonaden können auch coffein- oder chininhaltig sein (Cola bzw. Tonic). Der Coffeingehalt bewegt sich zwischen 65 und 250 mg/l, der Chiningehalt beträgt max. 80 mg/l.

b) Kalt- und Heißgetränke sind Limonaden ohne Kohlensäure.

1.3.3.3 Brausen

Definition: Brausen unterscheiden sich von Fruchtsaftgetränken oder Limonaden dadurch, dass natürliche Bestandteile ganz oder teilweise durch naturidentische oder künstliche Stoffe wie Aromen oder Farbstoffe ersetzt werden.
Brausen werden mit Kohlensäure hergestellt, unter Verwendung von Zucker und/oder künstlichen Süßstoffen (entsprechend der Süßung einer 7-%igen Zuckerlösung), künstlichen oder künstlich verstärkten natürlichen Essenzen. Ohne Kohlensäure hergestellte Brausen sind künstliche Kalt- oder Heißgetränke.

1.3.3.4 Diätetische Erfrischungs-Getränke

Sie dienen einem besonderen Ernährungszweck und unterliegen der Diät- Verordnung. Demzufolge sind max. 0,2 g/l Saccharin und max. 0,8 g/l Cyclamat, keine Saccharose und keine Glucose, aber Zuckeraustauschstoffe zugelassen.

1.3.3.5 Kalorienarme Getränke

Kalorienarme bzw. kalorienreduzierte bzw. brennwert verminderte, nicht diätetische Fruchtsaftgetränke, Limonaden und Brausen sind entsprechend gekennzeichnet, ggf. auch mit „leicht" oder „light", 40% kalorienreduziert (bis 20 kcal/100 ml)
Es handelt sich um Erfrischungsgetränke, bei denen der Zucker ganz oder teilweise durch Süßstoff ersetzt wurde.

Anmerkungen zu den kalorienreduzierten Getränken:

Bei Diätgetränken für Diabetiker dürften Glucose, Invertzucker, Disaccharide und Glucosesirup nicht zugesetzt sein. An Stelle dieser Stoffe dürfen nur Fructose sowie die Süßstoffe Zyklamat und Saccharin verwendet werden. Die Diätgetränke erfordern noch eine ganze Reihe von besonderen ernährungsbezogenen Angaben bei Diabetes im Rahmen eines Diätplanes usw. In der Erfrischungsgetränkeindustrie überwiegt somit mehr die andere Gruppe der kalorienarmen oder kalorienreduzierten Getränke, die nicht diätetisch sind und lt. Diätverordnung 40 % kalorienreduziert sind, d.h. unter 200 kcal besitzen statt der sonst üblichen 440 kcal = 12 % Zucker oder 400 kcal = 10 % Zucker in den Limonaden- und Fruchtsaftgetränken.

Bei der überregional bedeutsamen Getränkegruppe Deit mit zahlreichen kalorienarmen Erfrischungsgetränkeprodukten liegt die Kalorienzahl mit 25 kcal/l (=0,6 % Zucker) aber wesentlich unter dem Forderungswert nach der Diätverordnung.

New segment Getränke

1.3.3.6 Vitaminhaltige Erfrischungs-Getränke so genannte ACE-Getränke mit den Vitaminen A, C und E

Ihre Mindest-Vitamingehalte richten sich nach der Vitamin-VO. Neben der Standardsorte Orange und Karotte gibt es neue Fruchtkombinationen und auch mit Vitaminzusätzen für Nerven und Zellbildung (Folsäure = wasserlösliches Vitamin des umfangreichen Vitamin-B-Komplexes) und Herzvitaminen B 6. (vgl. auch 1.3.6.2)

1.3.3.7 Mineralstoffgetränke oder Sportgetränke

Diese Getränke sind mit Mineralstoffen oder Vitaminen angereichert. Für ihre Herstellung hat die Wirtschaftsvereinigung Alkoholfreie Getränke eine Richtlinie erstellt. Die Zweckbestimmungen der Sportgetränke sind unterschiedlich je nach dem, ob es sich um den Leistungssport oder nur um den Freizeitsport oder gar nur um den Gesundheitssport handelt. Daraus folgt ein jeweils unterschiedlicher Bedarf an Nähr- und Wirkstoffen.

Sie lassen sich wie folgt einteilen:

1.3.3.7.1 Energydrinks

Getränke mit isolierten Nährstoffen wie Energiekonzentrate, wo durch Kohlenhydrate der durch Sport verdoppelte Energiebedarf entsprechend gedeckt und schneller verfügbar gemacht wird, wo durch Eiweiß- und Proteinkonzentrat ein Ersatz dieser Stoffe gewährleistet wird und wo durch Vitaminpräparate besonders des B-Komplexes der Energie- und Proteinstoffwechsel gesteuert wird, während die Vitamine A, C und E den Zellschutz bei erhöhter Belastung verstärken und auch als Antioxidantien gegen die oxidativen Stoffe bei Stress wirken.

Energydrinks enthalten teilweise durch Pflanzenauszüge einen gekennzeichneten erhöhten Coffeingehalt und einen Tauringehalt.

1.3.3.7.2 Getränke mit Mineralstoffpräparaten

Die Mineralstoffpräparate in diesen Getränken gehen auf eine Empfehlung der WHO zurück, wo als adäquater Ausgleich von schweißartigen Flüssigkeitsverlusten Mineralstoffgetränke vor allem mit Kalium empfohlen werden. Untersuchungen bei Sportlern ergaben, dass Flüssigkeitsaufnahme im Vergleich zu Wasser durch Zusatz von Kohlehydrat und Natrium verbessert wird. Es werden aber auch andere Mineralstoffe hier bedeutsam, wie z.B. Magnesium, das das Zusammenspiel von Nerven und Muskeln verbessert und vor Muskelverkrampfungen schützen kann. Auch Eisen ist für Leistungssportler zu empfehlen u.a.

1.3.3.7.3 Isotonische Durstlöscher und Elektrolytgetränke

Decken den Flüssigkeitsbedarf des Körpers bei länger dauernden Belastungen auch deshalb sehr gut ab, weil sie auf die gleiche Ionenkonzentration eingestellt sind wie sie in den körpereigenen Flüssigkeiten herrscht. Sie weisen somit den gleichen osmotischen Druck auf wie das Blut, nämlich 7,55 bar, und sind somit zum Blut isoton, wodurch der Körper diese Flüssigkeiten direkt annimmt.

Zurzeit treten im Markt folgende Bezeichnungen auf: Isotonischer Durstlöscher, Iso-Mineral-Drink, Isotonischer Fitness Drink, Mineral-Vitamin-Drink, Isotonisches Energie-Mineral-Getränk und Sportgetränk mit Zusatz von Vitaminen und Mineralstoffen.

1.3.3.8 Mineralwasser mit Fruchtzusätzen, aromatisierte Wässer, Miwa Plus-Getränke (vgl. auch 1.3.4)

Diese Richtlinie des Verbandes Deutscher Mineralbrunnen e.V. (Der Mineralbrunnen 9 (1995) S. 322) ist mit dem europäischen Handelsbrauch nicht vereinbar, lt. Bund für Lebensmittelrecht vom 11.4.1996.

1.3.3.9 Wellness- und Convenience-Getränke (Wohlbefinden und Annehmlichkeit)

Neben den Getränken der Positionen 3.4 bis 3.8 sind hierunter die funktionalen Getränke mit gesundheitlichen Zusatznutzen zu verstehen, wie z.B.
- Getränke auf Teebasis, angereichert mit Kräuterextrakten, auch Heilkräuter wie Hagebutte, Melisse, Hopfen, Ginseng, Guarana u.a.
- Grünteeprodukte in Kombination mit verschiedenen Fruchtsorten
- Multi- bzw. Frucht- Gemüse- Drinks mit Vitaminzusätzen,
- Kombinationen aus Milch und Frucht oder Energy Drinks z.B. mit Guarana
- „Food on the go"-Produkte wie sog. Frühstücksgetränke, also Fruchtsaftgetränke mit Zusätzen von Vitaminen und Ballaststoffen.

Es wird in diesen Produktgruppen deutlich, dass einzelne Lebensmittelkategorien wie z.B. Erfrischungsgetränke oder Milchprodukte in ihren zuvor starren Segmenten aufbrechen zu Gunsten von bestimmten Konsumanlässen und Verzehrssituationen wie z.B. der Hunger zwischendurch, Frühstück, Erhaltung der Fahrtüchtigkeit u.a.

1.3.4 Schorlen wie Apfelsaft-Schorle, Sportschorle u.a. sofern alkoholfrei

Fruchtschorlen enthalten Fruchtsaft oder dessen Konzentrat oder Mischungen daraus sowie Trinkwasser, Mineralwasser, Quellwasser oder Tafelwasser, ggf. Kohlensäure. Sie werden auch mit natürlichen Aromen aromatisiert und, bei zu sauren und nicht zum unmittelbaren Genuss geeigneten Fruchtsäften, mit Zuckerarten gesüßt. In der Verkehrsbezeichnung unterscheidet man je nach der geschmacksgebenden Frucht z. B. Apfelschorle oder bei mehreren Fruchtarten **Mehrfruchtschorle**. Dazu sowie zum Fruchtsaftgehalt vgl. Kapitel 1.3.6.2 und VO über Fruchtnektar und Fruchtsirup 1982.

1.3.4.1 Milch-Mischgetränke mit Ballaststoffen

Siehe "Food on the go"-Produkte.

Literaturhinweise zu den verschiedenen Erfrischungsgetränken

- Das Erfrischungsgetränk 9 (2002) S. 18: Wellness und Gesundheit durch Vitamine in Getränken, Das Erfrischungsgetränk 4 (1997) S. 27
- Der Mineralbrunnen 2 (2000) S. 47-49: Erfrischungsgetränke und Vitamine, ein erfolgreiches Duo. D. Brinkhaus
- AFG-Wirtschaft 2 (2001) S. 23: Frucht- und Technologie für innovative Getränke
- Brauerei Forum 6 (2001) S. 165, A. Ahrens

1.3.5 Herstellungsübersicht

Die bei der Erfrischungsgetränke-Herstellung verwendeten Rohstoffe sind Mineralwässer oder Trinkwässer, Fruchtsäfte, auch in konzentrierter Form, Aromastoffe, Frucht- und Genusssäuren, Zucker und Kohlensäure, ggf. auch Zuckeraustauschstoffe und künstliche Süßstoffe.

Die wichtigsten **Vorprodukte** für die Herstellung von Erfrischungsgetränken sind die aromatischen Stoffe. Bei diesen handelt es sich um **Essenzen**, die als konzentrierte Zubereitungen von Geruchs- und Geschmacksstoffen definiert werden, „die dazu bestimmt sind, den Getränken einen bestimmten Geschmack zu verleihen". Gewonnen werden diese Aromastoffe im Zuge der Verarbeitung von Früchten und der Konzentrierung von Fruchtsäften. Enthalten sind die Aromastoffe meist in ätherischen Ölen, die von der Frucht abdestilliert oder aus ihr extrahiert werden (Essenzen). Die Ausbeute an Öl ist dabei allerdings sehr gering. So sind z.B. in 1000 kg Citrusfrüchten lediglich 3 bis 5 kg ätherische Öle enthalten.

Die aromatischen Stoffe finden Verwendung bei der Herstellung des **sog. Grundstoffes** eines Halbfabrikates, dem darüber hinaus je nach Getränkeart u.a. Fruchtkonzentrate sowie Frucht- und Genusssäuren zugesetzt werden. Der im Grundstoff enthaltene Saft ist im Allgemeinen **sechsfach konzentriert**.

Die Erfrischungsgetränkeindustrie bezieht diesen speziellen Grundstoff – meist in Palettentanks aus Edelstahl – unmittelbar von der Essenzen-Industrie.

Die eingangs genannten Getränkeinhaltstoffe oder Zutaten werden mit Wasser zusammengemischt zum Fertiggetränk.
Moderne Betriebe besitzen Hochleistungsmaschinen zur Abfüllung fertiger vorgemischter Getränke mit Stundenleistungen von 25- bis 60- oder 100 000 Flaschen pro Stunde (vgl. später).

1.3.6 Kennzeichnung
(vgl. auch 6.1)

1.3.6.1 Kennzeichnungselemente

1. Verkehrsbezeichnung (z.B. Limonade), vgl. auch Kapitel 6.1
2. Mindesthaltbarkeitsdatum vgl. 1.3.6.2
3. Nettofüllmengenangabe (z.B. 0,25 l) vgl. Fertigpackungs-VO
4. Herstellerangabe
5. Verzeichnis der Zutaten vgl. 1.3.6.2 und 3.4 und 6.1

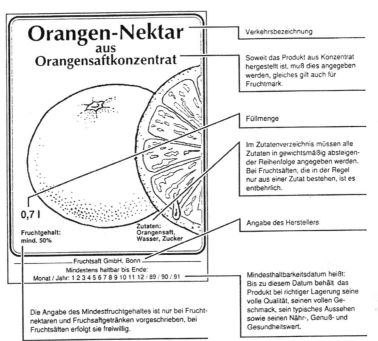

Abb. 1: Kennzeichnungsbeispiel für einen Nektar

Näheres über die Kennzeichnungselemente in den folgenden Kapiteln 1.3.6.2 ff. bis 1.3.7

Orientierungsdaten der Mindesthaltbarkeit:

Fruchtsaftgetränke und fruchtsafthaltige Limonaden	mindestens 12 Monate
Cola- und klare Limonaden	mindestens 18 Monate
Mineralwässer und Tafelwässer	mehr als 18 Monate

1.3.6.2 Zutaten/Zusatzstoffe

Eine **Zutat** ist jeder Stoff einschließlich der „Zusatzstoffe", der bei der Herstellung verwendet wird und unverändert oder verändert im Enderzeugnis vorhanden ist. Vgl. auch Kapitel 6.1
Technische Hilfsstoffe, die im Enderzeugnis nicht mehr vorhanden sind, sind keine Zutat. Ebenso ist das in der Zutat Orangensaft enthaltene Vitamin C keine selbstständige Zutat. Erst bei einer gesonderten Zugabe von Vitamin C besteht die zu deklarierende Zutat. **Zusammengesetzte Zutaten** wie z.B. in Form eines Grundstoffes gelten bei mehr als 25 % Anteil im Fertigerzeugnis nicht als einzelne Zutat; es müssen die im Grundstoff enthaltenen Zutaten aufgezählt werden, wobei diejenigen Bestandteile, die im Enderzeugnis keine technologische Wirkung mehr besitzen, nicht zu deklarieren sind wie z.B. Lösungsmittel (§ 5 Abs.2 LMKV). Wenn im Erfrischungsgetränk **weniger als 25 % Grundstoff** enthalten sind, so ist nach § 6 Abs.2 LMKV im Zutatenverzeichnis die Angabe **Erfrischungsgetränkegrundstoff** statthaft und die Zutaten dieser zusammengesetzten Zutat brauchen nicht im Zutatenverzeichnis aufgeführt werden. Alle übrigen Zutaten des Getränkes sind wie üblich zu deklarieren.
Man unterscheidet **ernährungsphysiologische Zusatzstoffe** wie Vitamine und Mineralstoffe sowie die **technologischen Zusatzstoffe**. Unter diese den technischen Zwecken dienenden Zusatzstoffe fallen Farbstoffe, Süßstoffe, Antioxidationsmittel, Stabilisatoren, Schaumverhüter, Feuchthaltemittel. Diese technologischen Zusatzstoffe sind stets mit ihren vorgenannten **Klassennamen** zu deklarieren und unmittelbar gefolgt entweder von ihrer **Verkehrsbezeichnung** oder ihrer **E-Nummer** (vgl. auch 3.4.8). Benutzt werden können aber auch vereinfachte Bezeichnungen aus der Anlage 2 der Zusatzstoff-Verkehrs-VO.
Mehrere Farbstoffe können in ungeordneter Reihenfolge deklariert werden. Aromen können einfach als Aroma bezeichnet werden. Koffein und Chinin sollen in einer geplanten EU-VO stets deklariert werden, auch wenn dann eine Doppelkennzeichnung erfolgt, wenn bei Koffeingehalten von mehr als 150 mg/l der Hinweis „hoher Koffeingehalt" angegeben werden muss. Zusätzlich muss der effektive, wirksame Koffeingehalt im Zutatenverzeichnis angegeben werden. (Lit. M. Hagenmeyer, AFG-Wirtschaft 11/2001 S. 33 und 1/2002 S. 39) Als weiterführende Literatur sei verwiesen auf Kommentar Lebensmittel- Kennzeichnungsverordnung von Moritz Hegenmeyer, Verlag C.H. Beck in München, ISBN 3-406-48157-4.

Gemäß § 6 Abs. 1 der Lebensmittelkennzeichnungsverordnung hat eine **Zutatenaufzählung** in absteigender Reihenfolge ihrer Gewichtsanteile zu erfolgen, z.B. Wasser, Zucker, Kohlensäure, Grundstoff, Säuerungsmittel, Zitronensäure, Antioxidationsmittel Askorbinsäure und/oder künstlicher Süßstoff, Zyklamat bzw. künstlicher Süßstoff Saccharin. Kennzeichnungshinweise zu den einzelnen Zusatzstoffen befinden sich auch noch in den Kapiteln 3.2 bis 3.5.

Die **Mengenkennzeichnung** von Zutaten erfolgt nach Maßgabe des § 8 LMKV. Eine Verpflichtung ist neuerdings aus § 3 Abs. 1 Nr. 6 LMKV gegeben mit Ausnahmen und komplizierten Regeln. Diese **Ausnahmen zur Mengenkennzeichnung von Zutaten** betreffen solche Zutaten, deren Menge den Verbraucher kaum interessieren kann. Dies sind beispielsweise Süßstoffe, Zuckeraustauschstoffe, Vitamine, Mineralstoffe und solche Zutaten, die nur in geringer Menge (unterhalb von 2 bis 5 %) zur Geschmacksgebung verwendet werden. Also sind z.B. Aromen und Kohlensäure nicht mengenmäßig, sondern wie alle anderen als Zutat zu kennzeichnen. Die den Verbraucher interessierende und daher **verpflichtende Mengenkennzeichnung** erfolgt z.B. bei mehr als 2-5 %, also bei Gewichtsanteilen bei der **Apfelschorle** z.B. Zutaten Apfelsaft 50 % oder gar 60 %, Fruchtnektar mit 60 % Apfelsaft oder Apfelnektar – Zutaten: Apfelsaft 60 %, natürliches Mineralwasser und Zitronensäure. (M. Hagenmeyer, AFG-Wirtschaft 3/2002, S. 33)

Bei den Fruchtsaftgetränken ist der Hinweis „Fruchtsaftgehalt mindestens ... Prozent" anzugeben. Ferner ist gegebenenfalls anzugeben ein Koffeinhinweis oder nach der Diätverordnung eine Ernährungszweckangabe, bei Cola Farbstoff E 150, d.h. Zuckerkulör.

Nährwert- Kennzeichnungsverordnung (BGBL 1/84/1994 S. 3526)

Grundsätzlich ist niemand zur Anbringung einer Nährwertkennzeichnung verpflichtet. Nur wenn nährwertbezogene Angaben verwendet werden, besteht eine Verpflichtung zur Nährwertkennzeichnung. Werden dabei durch andere Rechtsvorschriften wie z.B. die Diät-VO bestimmte Angaben vorgeschrieben, so gelten diese Angaben vorrangig und als ausreichend und es bedarf nicht mehr zusätzlich der Angaben nach der Nährwert- Kennzeichnungsverordnung.

Erfolgt bei Lebensmitteln **eine nährwertbezogene Angabe in der Werbung** ,so erfolgt seit dem 1.10.1995 eine Kennzeichnung durch Angaben der Gruppe 1 (Energiewert / Brennwert des Eiweiß-, Kohlenhydrat- und Fettgehaltes bezogen auf 100 g oder 100 ml) oder der Gruppe 2 (Energiewert, Gehalt an Proteinen, Kohlenhydraten, Zuckern, Fetten, gesättigten Fettsäuren, Ballaststoffen und Natrium bei Kochsalz in der genannten Reihenfolge bezogen auf 100 g oder 100 ml)

Auch die **Auslobung von Vitaminen und Mineralstoffen**, soweit sie in signifikanten Mengen vorhanden sind, d.h. von mindestens 15 % der empfohlenen Tagesdosis in 100 g oder 100 ml , erfolgt nicht mehr nach der Vitamin- VO , sondern nach der Nährwert- Kennzeichnungsverordnung, wo Vitamine und Mineralstoffe zusätzlich als Prozentsatz der empfohlenen Tagesdosis angegeben werden. (Näheres siehe Verordnungstext). Die ACE-Getränke (mit Vitaminen) sind in ihrer überwiegenden Zweckbestimmung in erster Linie Getränke und somit nach allgemeiner Gerichtsauffassung nicht mit einem nicht zugelassenen Arzneimittel verwechselbar.

Nach einer **neuen EU-Richtlinie, die am 31.5.2002 in Kraft treten** soll, werden wissenschaftlich abgesicherte Grenzwerte für Nahrungsmittelzusätze in dieser Richtlinie veröffentlicht in sog. **Positivlisten für Vitamine, Mineralstoffe** u.a. Es handelt sich um Grenzwerte dieser Nahrungsmittelzusätze, die verwendet werden dürfen und **deren Grenzwerte zur Gewährleistung der Nahrungsmittelsicherheit nicht überschritten** werden dürfen.

1.3.7 Verbrauchererwartung

Der Verbraucher erwartet von den Erfrischungsgetränken eine Erfrischung d.h. durstlöschende und zugleich geschmacklich ansprechende Eigenschaften.

Er erwartet fernerhin folgende Merkmale:

Alkoholfrei
Der Gesetzgeber hat die Höchstgrenze des Alkoholgehaltes bei 0,3 Gew.-% festgesetzt. Dieser Wert wird in der Praxis bei weitem nicht erreicht. Im ungünstigsten Fall beträgt er 0,05 Gew.-%, zumeist sogar nur 0,01 Gew.-%, also weniger als 0,1 Gramm Alkohol pro Liter. Es handelt sich also nur um geringe kaum feststellbare physiologisch unwirksame Spuren.

Reinheitsgebot
Die Erfrischungsgetränkeindustrie hat sich voll auf Qualität und Verbraucherverlangen konzentriert. Soweit möglich verwendet sie natürliche Rohstoffe und fühlt sich dem Reinheitsgebot verpflichtet.

Vielfalt an Produktion und Geschmacksrichtungen

Hygiene und Mikrobiologie
Es werden vom Verbraucher Erzeugnisse erwartet, die unter Beachtung der gültigen Hygieneregeln hergestellt wurden, die frei sind von Krankheitserregern und verderbniserregenden Mikroorganismen. Diese Forderung gilt auch für Getränkerohstoffe, Verarbeitungsmaschinen und Verpackung.

Einhaltung lebensmittelgesetzlicher Vorschriften
Diese Verbraucherforderung trägt dem steigenden Gesundheitsbewusstsein Rechnung, und sie gilt sowohl für die Fertigerzeugnisse als auch für deren Herstellungsprozesse. Der Verbraucher erwartet, dass nicht zugelassene Zusatzstoffe und gesundheitsschädliche Stoffe und Verfälschungen, irreführende Bezeichnungen und Kennzeichnungen oder Verbrauchertäuschungen durch falsche Aufmachungen und dergleichen vermieden werden.

Gewährleistung der Getränkestabilität
d.h.
- chemisch physikalische Stabilität
- biologische Stabilität
- Geschmacksstabilität

Kontrolle und Überwachung
Sie sollten sich bei den Lebensmittelbetrieben und Fertigerzeugnissen auf die hier genannten Belange des Verbraucherschutzes konzentrieren.

Zielrichtungen der Kontrollen
- Vermeidung von Dosierfehlern
- Erfüllung getränkespezifischer Eigenschaften
- Erfüllung der Gebotstatbestände

- Erfüllung der Verbotstatbestände
- Erfüllung des Zutatenkataloges
- Erfüllung des Mindesthaltbarkeitsdatums
- Vollständigkeit der Deklaration
- Füllmengenkontrolle

2 Wässer als Getränke

2.1 Mineral-, Quell- und Tafelwässer
(vgl. auch 1.3.1 bis 1.3.1.3)

2.1.1 Allgemeine Abgrenzung, Vorkommen und Entstehung

Mit Ausnahme der Tafelwässer werden die übrigen Wasserarten (Mineralwässer, Quellwässer sowie Heilwässer) stets aus natürlichen oder künstlich erschlossenen Quellen (Brunnen) gewonnen. Sie unterscheiden sich in diesem wesentlichen Punkt von dem ebenfalls mineralstoffreichen Meerwasser.

Während bis zu Beginn des 19. Jahrhunderts die Mineralwässer und Heilwässer hauptsächlich Heil- und Kurzwecken dienten, erlangten sie in der Folgezeit mehr und mehr Bedeutung auch für den Genuss und die Erfrischung. Wodurch zeichnen sich diese Wässer besonders aus?

Für das Vorkommen dieser von der Natur bevorzugten Gewässer ist in besonderem Maße die geologische Beschaffenheit des Bodens verantwortlich. Durch das Zusammentreffen besonderer Umstände im Boden kann ein Wasser einen hohen Gehalt an Mineralsalzen aufnehmen, wobei hauptsächlich sog. Auslaugungsprozesse im Boden eine größere Rolle spielen. Am **Entstehungsprozess** vieler Mineralwässer sind daher neben den mineralreichen Bodenschichten und anderen Bedingungen auch besondere geologische Bodenverhältnisse, die eine Wasserstauung im Boden bewirken, von ausschlaggebender Bedeutung.

Das Auftreten der Kohlensäure in Mineralwässern erklärt sich folgendermaßen: Durch Vorgänge bei der Gesteinsverwitterung kann sich freie Kohlensäure aus den Karbonaten bilden und ins Wasser gelangen. Sie verleiht dem Wasser außerdem die Fähigkeit, auch schwer lösliche Gesteine aufzulösen, deren Bestandteile dann ebenfalls ins Mineralwasser gelangen.

Eine Ansammlung von Kohlensäure in den Bodenformationen ist aber häufig auch auf vulkanische Tätigkeit zurückzuführen. Selbst wenn der Vulkan schon längst erloschen ist, verleihen die teilweise unter sehr hohem Druck in den Gesteinsmassen eingeschlossenen Kohlensäurevorräte den in vulkanischen Gebieten vorkommenden Mineralquellen einen hohen Kohlensäuregehalt.

Die Landstriche mit häufigen Mineralwasservorkommen sind in Deutschland örtlich nicht sehr eng begrenzt. Mineralbrunnen finden sich häufig im Rheinland, in der sich durch vulkanische Gesteinsbildung auszeichnenden Eifel, in den mitteldeutschen Gebirgen und in zahlreichen Orten Württembergs.

Was die durch eine höhere Wassertemperatur (über 20 °C) gekennzeichneten **Thermalwässer** (Thermen) angeht, so kann es sich hierbei sowohl um Mineralwässer als

auch um mineralarme Wässer handeln. Die Temperatur dieser Quellen wird auf die Wärme der tieferen Gesteinsschichten zurückgeführt.
Die Temperatur nimmt auf jeweils 35 m um 1 °C zu.

Die Mineralwässer müssen lt. VO stets die Forderung **nach ursprünglicher Reinheit** erfüllen und dürfen auch diesbezüglich nicht aufbereitet werden. Der **Schutz vor Verunreinigungen** durch Wasserschutzgebiete u.a. besitzt allerhöchste Priorität.

2.1.2 Stetigkeit und Überwachung

Wie verhält es sich nun mit der Stetigkeit hinsichtlich der Zusammensetzung der Wässer und dem Ertrag der Mineralquellen?

Bei den Mineralquellen muss mit einer gewissen Veränderlichkeit gerechnet werden, und zwar umso mehr, je weniger tief die Wasservorkommen der Quellen gelegen sind. Die aus sehr großer Tiefe kommenden Quellen sind dagegen in ihrer Beschaffenheit verhältnismäßig konstant. Auch eine zeitliche Überbeanspruchung der Quellen bewirkt u.U. eine **Änderung in der Zusammensetzung**. Ferner vermag bei bestimmten Quellen auch die Niederschlagsmenge einen Einfluss auszuüben, da der Kreislauf des Wassers in der Natur, der an der Bildung natürlicher Mineralquellen beteiligt ist, durch Niederschläge beeinflusst wird. Durch direkten Zutritt von Grundwasser und Oberflächenwasser bedingte Schwankungen werden in tiefer gefassten Quellen naturgemäß weniger auftreten, wenn nicht durch Erdbeben und innervulkanische Gesteinsverschiebungen oder durch Einbrüche von Hohlräumen im Erdinnern sich Änderungen in der Wasserdurchlässigkeit der Bodenschichten ergeben. Derartige Ereignisse können das Versiegen einer Mineralquelle verursachen oder dafür verantwortlich sein, dass die Quelle dann plötzlich an anderer Stelle zu Tage tritt.

Sehr häufig ist eine Abhängigkeit des Kohlensäuregehaltes vieler Mineralwässer vom gerade herrschenden **Luftdruck** festzustellen, sodass es ggf. zu gewissen Ausscheidungen von Eisen, Kieselsäure, Schwefel und vor allem kohlensaurem Kalk an der Austrittsöffnung kommt.

Aus vorgenannten Gründen einer möglichen Veränderung der Wasserzusammensetzung ergibt sich die Notwendigkeit von **Kontrollanalysen** sowohl der Mineralwässer als auch der Heilwässer.

Dabei gilt nach Position 3.5 der Allgemeinen Verwaltungsvorschrift über die Anerkennung und Nutzungsgenehmigung von natürlichem Mineralwasser (Bundesanzeiger 53 vom 21.3.2001 Seite 4605), dass die Beschaffenheit des natürlichen Mineralwassers am Quellaustritt bzw. Brunnenkopf im Rahmen natürlicher **Schwankungen so konstant bleiben muss**, dass die Eigenart sowie ursprüngliche Reinheit des natürlichen Mineralwassers erhalten bleiben. Als natürliche Schwankungen werden hierbei bei den das Wasser charakterisierenden festen gelösten Bestandteilen Schwankungen von ± 20 %, bei dem gelösten Kohlendioxyd Schwankungen von ± 50 % toleriert. Die Beschaffenheit des abgefüllten natürlichen Mineralwassers muss mit Ausnahme der veränderlichen Parameter (z.B. Temperatur, pH-Wert, elektrische Leitfähigkeit, Sauerstoffgehalt) sowie der nach den zugelassenen Behandlungsverfahren veränderlichen Parameter (z.B. Eisen, Mangan, gelöste CO_2) mit der Beschaffenheit des Wassers am Quellaustritt bzw. Brunnenkopf übereinstimmen.

2.1.3 Unterscheidungsmerkmale der Mineralwässer gegenüber Trinkwasser

Die wesentlichen Unterscheidungsmerkmale der Mineralwässer gegenüber Trinkwässern bestehen darin,
- dass Mineralwässer in Fertigpackungen abgefüllt sind
- dass ein vielfältiges Angebot auf Grund der Flaschenabfüllung möglich ist
- dass Mineralwässer sich mit detaillierter Kennzeichnung gegenüber Trinkwasser hervorheben
- dass Mineralwässer strengeren mikrobiologischen und strengeren chemischen und anderen strengeren Nutzungsanforderungen unterliegen,
- dass sie aus unterirdischen und vor Verunreinigungen geschützten Wasservorkommen entstammen und
- ursprüngliche Reinheit sowie
- ernährungsphysiologische Wirkungen auch bei schwächer mineralisierten Wässern aufweisen.
- Mineralwässer unterliegen einem Aufbereitungsverbot (ausgenommen Enteisenung, Entmanganung, Entschwefelung mittels physikalischer Verfahren und ggf. CO_2-Zusatz).
- Mineralwässer werden amtlich anerkannt nach dem in der Allgemeinen Verwaltungsvorschrift festgelegten, fest umrissenen, sehr umfangreichen Zulassungsverfahren (vgl. Verordnungen am Ende des Buches).
- Mineralwässer werden mit einer begründeten Anerkennung und mit Quellnamen dem Bundesministerium für Gesundheit mitgeteilt, sind dort registriert und sind nur durch **widerrufliche Nutzungsgenehmigung** wirtschaftlich nutzbar.

Während der Verbraucher bei der Auswahl der Mineralwässer die Inhaltstoffe beachtend einen gemäßigten Mittelweg einschlagen sollte, ist das viel unkompliziertere **Trinkwasser ein für den Dauergenuss bestimmtes Lebensmittel.**

2.1.4 Verordnung über natürliches Mineralwasser, Quellwasser und Tafelwasser

Die Verordnung in der Fassung vom 14.12.2000 wird MTVO abgekürzt. Sie wurde im (BGBl.) Bundesgesetzblatt I Nr. 55, Seite 1728 f.f. am 20.12.2000 veröffentlicht (vgl. Text der Verordnung am Ende des Buches). Die Verordnung gilt für das Herstellen, Behandeln und Inverkehrbringen von natürlichem Mineralwasser, von Quellwasser und Tafelwässern sowie von sonstigem in zur Abgabe an den Verbraucher bestimmten Fertigpackungen abgefülltem Trinkwasser. Sie gilt nicht für Heilwasser. Soweit diese Verordnung nichts anderes bestimmt, gelten für Quellwasser und für sonstiges Trinkwasser nach Satz 1 im Übrigen die Vorschriften der Trinkwasser-Verordnung.
Das natürliche Mineralwasser muss amtlich in einem Zulassungsverfahren anerkannt und durch eine Nutzungsgenehmigung mit Quellnamen und bis hin zur Betriebsbeschreibung sich erstreckend anerkannt sein. Das regelt eine **Allgemeine Verwal-**

tungsvorschrift über die Anerkennung und Nutzungsgenehmigung von natürlichem Mineralwasser (Bundesanzeiger 53, S. 4605 vom 21.3.2001)
Bei der amtlichen Anerkennung wird den gesetzlichen Forderungen Rechnung getragen, nach denen ein natürliches Mineralwasser aus einem unterirdischen, vor Verunreinigung geschützten Wasservorkommen entstammen muss und aus natürlich oder künstlich erschlossenen Quellen gewonnen wird. Das Mineralwasser ist von **ursprünglicher Reinheit** und besitzt ernährungsphysiologische Wirkung auf Grund seines Gehaltes an Mineralstoffen, Spurenelementen oder sonstiger Bestandteile. Seine Zusammensetzung und wesentlichen Merkmale (auch Temperatur), bleiben auch bei Schwankungen und Erschütterungen relativ konstant. (vgl. auch zuvor)

Für natürliche Mineralwässer dürfen bestimmte **zulässige Grenzwerte** nicht überschritten werden. Vielfach sind diese Grenzwerte niedriger gesetzt als für Trinkwasser. Aber auch zusätzliche Stoffe werden mit Grenzwerten formuliert.

Bei **amtlichen Anerkennungen** werden mit wissenschaftlich anerkannten Verfahren die Anforderungen überprüft und zwar unter geologischen und hydrogeologischen, physikalischen, physikalisch-chemischen und chemischen und mikrobiologischen und hygienischen Gesichtspunkten. Die Liste der zu untersuchenden Stoffe erstreckt sich über **mehr als 94 Stoffe** (siehe Anlage 1 und 1a zu § 2)

Bei Wässern mit weniger als 1000 mg Mineralstoffen oder weniger als 250 mg freier Kohlensäure pro Liter werden noch ernährungsphysiologische Gesichtspunkte zur Überprüfung herangezogen, sofern diese schwächer mineralisierten Wässer nicht die in Anlage 2 genannten Mindestkonzentrationen (150 mg Calcium/l oder 50 mg Magnesium/l oder 1 mg Fluorid/l) mit möglichen ernährungsphysiologischen Eigenschaften erfüllen. Sonst sind klinische Tests oder vergleichbare Untersuchungsergebnisse anderer anerkannter Wässer notwendig.

Die **amtliche Anerkennung** ist nach dem in Anlage 3 der Verwaltungsvorschrift genannten Muster mit Quellnamen u.a. zu begründen und mit einer umfangreichen Betriebsbeschreibung zum Antrag auf **Nutzungsgenehmigung** zu versehen, in der u.a. enthalten ist ein Verzeichnis und die Beschreibung der Quellnutzungen, die Beschreibung der Betriebsanlagen und der Betriebsfunktionen (Mineralwasserförderung, Zwischenlagerung, Karbonisieranlage, Abfüllung, Verschließung, Kontrolle und Reinigung der Getränkebehältnisse, Flaschenreinigungsmaschinen, Rinser, Verschlüsse, Reinigung und Desinfektion der Betriebseinrichtung, Überwachung der Fertigung und Qualitätskontrolle u.a.)

Ein Anerkennungsverfahren kostet je nach Bundesland 25.000 bis 50.000 Euro.

Hervorzuheben ist aber nicht nur das amtliche Anerkennungsverfahren, sondern auch eine Mineralwasseranerkennung für schwächer mineralisierte Wässer, wenn die o.a. Voraussetzungen dafür erfüllt sind. Ferner gelten strengere mikrobiologische Anforderungen und chemische Anforderungen und das Verbot jeglicher Aufbereitungsverfahren zum Zwecke einer Keimgehaltsänderung in natürlichen Mineralwässern und das strikte Verbot der Abfüllung und des Inverkehrbringens von verunreinigtem Wasser, das nicht den definierten Anforderungen entspricht.

Somit ist das Betriebsrisiko außerordentlich groß, wenn Einbrüche an Keimen oder chemische Stoffe einer Verunreinigung oder Kontamination nachgewiesen werden, da die entsprechenden **Aufbereitungsverfahren**, also auch die zur Entkeimung, strikt verboten sind.

Wie bisher dürfen natürliche Mineralwässer nur enteisent, entschwefelt, entkohlensäuert oder mit Kohlensäure versetzt werden. Dabei sind grundsätzlich nur physikalische Verfahren anwendbar und keine Verfahren mit Zusatzstoffen oder mit Veränderung des Keimgehaltes.

2.1.5 Kennzeichnung natürlicher Mineralwässer
(vgl. § 8 u. 9 der MTVO)

Die Kennzeichnung besonderer Inhaltstoffe und Eignungshinweise ist nur nach vorgeschriebenem Ritual möglich, wenn die genau festgestellten Anforderungen hierfür eingehalten werden. Wird auf den Gehalt bestimmter Inhaltstoffe oder auf eine besondere Eignung des Wassers hingewiesen, so sind die folgenden Angaben und Anforderungen einzuhalten.

Tabelle: Kennzeichnung besonderer Inhaltsstoffe

Angaben	Anforderungen
Mit geringem Gehalt an Mineralien	unter 500 mg/l
Mit sehr geringem Gehalt an Mineralien	unter 50 mg/l
Mit hohem Gehalt an Mineralien	über 1500 mg/l
Bicarbonathaltig	über 600 mg/l
Sulfathaltig	über 200 mg/l
Chloridhaltig	über 200 mg/l
Calciumhaltig	über 150 mg/l
Magnesiumhaltig	über 50 mg/l
Fluoridhaltig	über 1 mg/l
Eisenhaltig	über 1 mg/l
Natriumhaltig	über 200 mg/l
Geeignet für die Zubereitung von Säuglingsnahrung	unter 20 mg Na unter 10 mg NO_3 unter 0,02 mg NO_2 unter 240 mg SO_4/l unter 0,7 mg F unter 0,05 mg Mangan unter 0,005 mg Arsen/l
Geeignet für natriumarme Ernährung	Na unter 20 mg/l

In den oben genannten Angaben sind dann die Anforderungen hinsichtlich des Mineralstoffgehaltes in mg/l festgelegt, d.h. in 1000-stel Gramm/l.

2.2 Quellwasser

Der Begriff Quellwasser wird ebenfalls geprägt von einem Wasser aus unterirdischen Wasservorkommen, das lediglich enteisent, entschwefelt, entkohlensäuert oder mit Kohlensäure versetzt werden darf. Diese Aufbereitung darf auch nur wie bei natürlichem Mineralwasser mit physikalischen Verfahren und ohne Veränderung des Keimgehaltes erfolgen. Die Grenzwerte für chemische Stoffe entsprechen beim Quellwasser denjenigen der Trinkwasserverordnung.

Ebenso wie für natürliches Mineralwasser gilt auch für Quellwasser die Einschränkung, dass sie nur am Ort der Quelle abgefüllt werden dürfen.
Es ist verboten, verunreinigtes nicht den Anforderungen entsprechendes Quellwasser in den Verkehr zu bringen.

2.3 Tafelwasser

Tafelwasser stellt im Großen und Ganzen den bisherigen Begriff des künstlichen Mineralwassers dar, als eines mit genau definierten Zusatzstoffen aus Trinkwasser oder natürlichem Mineralwasser hergestelltes Tafelwasser. Zugelassene Zusatzstoffe sind nur natürliche salzreiche Wässer wie Natursole oder durch Wasserentzug im Salzgehalt angereicherte Mineralwässer, Meerwasser (Beschränkungen für Ca, Mg und m-Wert beachten) sowie Natriumchlorid und Calciumchlorid, Natriumcarbonat und Natriumhydrogencarbonat, Calciumcarbonat und Magnesiumcarbonat sowie CO_2. Im Falle von mindestens 570 mg Natriumhydrogencarbonat je Liter sowie CO_2-Gehalt kann die Bezeichnung Tafelwasser durch die Bezeichnung Sodawasser ersetzt werden.

Tafelwasser mit der Bezeichnung Selters oder Selterswasser durfte nur noch bis zum 31. Dezember 1992 unter dieser Bezeichnung in den Verkehr gebracht werden. Der Begriff Selters erlangt somit wieder die Bezeichnung für den Brunnen Selters in Selters (Taunus).

Weitere Bestimmungen
Die Verordnung enthält wie üblich Details der Kennzeichnungsvorschriften und die Definition für Verkehrsverbote, Straftaten und Ordnungswidrigkeiten.

2.4 Beispiele einiger überregionaler Mineralwässer

Bisher zeichneten sich die Mineralbrunnenwässer in den romanischen Ländern generell mit niedrigem Mineralstoffgehalt aus, nicht zuletzt weil sie sich dadurch als Weinverdünner, also zur Verdünnung des Schoppens (Wein) gut eignen. In den germanischen Ländern dagegen prägte sich der Mineralwasserbegriff auf Grund seines hohen Gehaltes an Mineralien, und man verlangte mindestens 1000 mg/l Wasser. Diese unterschiedliche Auffassung gestaltete die EG-Regelung sehr schwierig.

Das **Fachinger Wasser** besitzt unter Berücksichtigung der Kennzeichnungselemente der MTVO Anlage 4 einen hohen Gehalt an Mineralien, ist bikarbonathaltig, eisenhaltig

und natriumhaltig. Es eignet sich nicht zur Säuglingsnahrung, obwohl es einen sehr geringen Nitratgehalt besitzt. Es gilt wegen des hohen Natriumgehaltes selbstverständlich auch nicht als natriumarm.
Das Wasser besitzt noch eine Reihe von Spurenelementen und die **Heilanzeige** eines **heilwirkenden Einflusses** bei Magen- und Darmerkrankungen, bei übermäßiger Säure und Sodbrennen ,was sich offensichtlich auf den höheren Gehalt an Natriumbikarbonat herleiten lässt. Es wird ein heilwirkender Einfluss bei Stoffwechselkrankheiten deklariert, offensichtlich wegen entsprechender Mengen an Magnesiumsulfat und Natriumsulfat mit abführender Wirkung. Erwähnung finden noch Heilanzeigen für Krankheiten der Leber, Galle sowie der ableitenden Harnwege.

Das **Bad Pyrmonter Heilwasser** oder der Bad Pyrmonter Mineralbrunnen besitzt gemäß der Kennzeichnung Anlage 4 der MTVO ebenfalls einen hohen Gehalt an Mineralien und ist sulfathaltig und natriumhaltig. Das Wasser wird deshalb für den Stoffwechsel günstig sein, obwohl dafür keine Angaben bestehen.

Anders verhält es sich bei dem **Evian-Wasser** mit geringem Gehalt an Mineralien. Es ist wegen seines geringen Nitrat- und Fluoridgehaltes und seines geringen Natriumgehaltes sowohl für die Säuglingsernährung geeignet als auch als natriumarm zu bezeichnen. Es dürfte diuretische, den Körper ausschwemmende Wirkungen haben und die Angaben auf dem Etikett sprechen von folgenden Wirkungen: Verwendung bei Kinderernährung und zur Verdünnung der Milch und des Schoppens, harntreibend, entgiftend bei Nierenentzündungen, Nierensteinen, Gicht, Arthritis, Fettsucht, salzfreie Diät.

Die Wässer **Apollinaris** und Heppinger (übrigens auch von Apollinaris, aber ein stilles Mineralwasser und Heilwasser), besitzen beide einen hohen Mineralstoffgehalt, sind bikarbonathaltig, magnesiumhaltig und natriumhaltig. Das **Heppinger** Wasser ist zudem noch chloridhaltig und eisenhaltig. Die Heilanzeige ist ähnlich wie bei Fachinger, also stoffwechselbegünstigend durch Magnesiumsulfat und Natriumsulfat und harntreibend.

2.5 Heilwässer
(vgl. auch Ausführungen vorher)

Heilwässer fallen unter das **Arzneimittelgesetz** und für die Heilwässer besitzen immer noch die Begriffsbestimmungen für Kurorte, Erholungsorte und Heilbrunnen Gültigkeit (erschienen am 30.6.1979, Deutscher Bäderverband, Bonn , 9. Auflage 1987).
Die Mineral-Tafelwasser-Verordnung gilt ausdrücklich nicht für Heilwässer, da es sich bei den **Heilwässern laut Arzneimittelgesetz um ein Medikament** handelt. Deshalb müssen **Versandheilwässer** wie **Arzneimittel** seit dem 1.1.1978 durch das Bundesgesundheitsamt (BGA) konkret geprüft werden auf Qualität, Wirksamkeit und Unbedenklichkeit. Sie werden nach erfolgreicher Überprüfung vom BGA zugelassen und mit einer Registriernummer versehen. Die sog. Altspezialitäten, also die früher nur registrierten Versandheilwässer, müssen einem **Nachzulassungsverfahren** unterzogen werden.
Es wurden zur Erleichterung der Zulassungsverfahren für Versandheilwässer mit häufigen Inhaltsstoffen sog. **Monographien** verabschiedet und im Bundesanzeiger veröffentlicht. Es handelt sich um Monographien für 1. Eisenhaltige Heilwässer, 2. für Kohlen-

säurehaltige Heilwässer Säuerlinge, 3. Calciumhaltige Heilwässer, 4. Sulfathaltige Heilwässer, 5. Calcium-Magnesium-Hydrogencarbonathaltige Heilwässer.
Die Monographie eisenhaltiger Heilwässer enthält folgendes: Wirksame Bestandteile, a. Definition und b. Darreichungsformen, pharmakologischen Eigenschaften, Pharmakokinetik, Klinische Angaben mit 1. Anwendungsgebiete, 2. Gegenanzeigen, 3. Nebenwirkungen, 4. Besondere Vorsichtshinweise bei Gebrauch, 5. Verwendung bei Schwangerschaft und Laktation, 6. Medikamentöse und sonstige Wechselwirkungen, 7. Dosierung und Art der Anwendung, 8. Überdosierung, 9. Besondere Warnungen, 10. Auswirkungen auf Kraftfahrer und die Bedienung von Maschinen, Hinweise.
Versandheilwässer mit anderen wirksamen Inhaltstoffen als in den genannten Monographien müssen ein entsprechend abgestimmtes Prüf- und Zulassungsverfahren durchlaufen. Nicht- Versandheilwässer bedürfen zwar beim Trinken an der Heilquelle nicht der Nachzulassungspflicht, da aber die Heilwässer, die nicht den Ansprüchen an einen Wirksamkeitsnachweis genügen auch einem Anwendungsverbot unterliegen, sind dann auch die **Nicht-Versandheilwässer** genauso wie die Versandheilwässer von den Zulassungsvorschriften betroffen und die Begriffsbestimmungen für Kurorte, Erholungsorte und Heilbrunnen sind stellenweise anpassend zu überarbeiten.

In den **„Begriffsbestimmungen für Kurorte, Erholungsorte und Heilbrunnen"** ist festgelegt, dass natürliche Heilwässer auf Grund ihrer chemischen Zusammensetzung, ihrer physikalischen Eigenschaften oder nach der balneologischen Erfahrung geeignet sind, Heilzwecken zu dienen. Den Heilwässern zugeordnet werden sie, so weit sie

- einen Mindestgehalt von 1 g / kg gelöste feste Bestandteile aufweisen, oder
- wirksame Bestandteile enthalten, die in 1 kg Wasser mindestens folgende Werte erreichen:

Eisenhaltige Wässer	20 mg Eisen
Jodhaltige Wässer	1 mg Jodid
Schwefelhaltige Wässer	1 mg Sulfidschwefel (S)
Radonhaltige Wässer	18 n Ci
Kohlensäure-Wässer oder Säuerlinge	1000 mg freies gelöstes Kohlendioxid
Fluoridhaltige Wässer	1 mg Fluorid

oder
- von Natur aus höhere Temperatur als 20°C aufweisen (Thermen).

Alle diese Mindestwerte müssen auch am Ort der Anwendung erreicht bzw. überschritten werden. Die Wirksamkeit ist durch klinische Gutachten nachzuweisen.

Die Bemühungen zu einer einheitlichen Regelung der Anforderungen an Mineralwässer und Heilwässer auf der EG-Ebene sind noch nicht zum Abschluss gekommen.

2.6 Sauerstoffangereichertes Wasser

Das als Sauerstoffwasser seit 1998 unter der Bezeichnung O_2-Aqua-Vital (nach Prof. Ch. Hechtl) und AQ_2UA und Active O_2 bekannt gewordene Wasser wird nach einem zum Patent angemeldeten Herstellungsverfahren stark mit natürlichem Sauerstoff angereichert und schwach mit Kohlensäure zur Geschmacksabrundung und weiterer Absicherung karbonisiert. Während Grundwasser, sofern es eisenhaltig ist, überhaupt keinen Sauerstoff enthält, besitzen Grundwässer ohne Eisengehalt und **Trinkwässer nur Sauerstoffgehalte von 4 bis ca. 12 mg O_2/l.** Das **Sauerstoffwasser** besitzt einen Sauerstoffgehalt dreifach höher als das Trinkwasser, sollte aber statt 20 mg/l wie auf manchen Etiketten, doch 40 bis 60 oder besser 90 mg/l enthalten, **mindestens aber 45 mg/l**, damit der **Sauerstoff überhaupt in den Bauchraum beim Trinken gelangen und dort wirksam werden kann.** Die Kohlensäurezugabe fördert diesen Effekt. Während die bisherige Lehrmeinung eine Sauerstoffaufnahme des Körpers nur über die Lunge und die Haut vertreten hat, wurde in einer neueren Untersuchung an der Universität in München (Prof. W. Forth u. Mitarbeiter) auch die Sauerstoffaufnahme durch den Magen bestätigt, wenn das Wasser einen entsprechend hohen Sauerstoffgehalt von mindestens 45 mg/l besitzt. Diese Voraussetzung dürfte aber nur von Sauerstoffwasser mit hohem Sauerstoffgehalt **in noch vollen und dicht verschlossenen Gefäßen erfüllt werden** können und in bereits angetrunkenen Flaschen ein Problem sein, da der Sauerstoff in den Leerraum und in die Atmosphäre entweicht. Auch begünstigt ein Sauerstoffgehalt die mikrobielle Umsetzung und vermindert die Haltbarkeit des Wassers. Es müsste der hygienische Status der Trinkwasserqualität erhalten bleiben, was bei geöffneten Flaschen aber nicht immer gegeben ist.

Warum nun überhaupt **Sauerstoffwasser**, wo doch mit normalen Trinkwasser und Mineral- und Tafelwässern gar kein Sauerstoff in den Magen- und Darmtrakt gelangt, weil das erst ab 45 mg O_2/l nach einer Studie möglich ist. Wissenschaftler vertreten die Auffassung, dass im Magen- und Darmtrakt vorhandener Sauerstoff, sofern er dorthin gelangt, hier regional Stoffwechselprozesse fördern kann. Auch kann das Wachstum der Darmflora positiv beeinflusst werden. Subjektiv fallen neben guter Bekömmlichkeit und Verträglichkeit ein Eindruck körperlicher Frische und ein Gefühl erhöhter Leistungsbereitschaft ins Gewicht. Das würde erklärt durch die Begünstigung der Glycogenherstellung in der Leber. Glycogen ist für die Energieversorgung des Körpers verantwortlich. Da die Leber auch Entgiftungszentrale ist, würde Sauerstoffwasser dann auch die Entgiftungsprozesse des Körpers unterstützen. In Forschungsvorhaben sollen und müssen diese Auffassungen noch bestätigt werden.
Literatur: Schreiben von Prof. Ch. Hechtl, Prof. E. Wodick, Werbeschriften und Beitrag in AFG- Wirtschaft 5/2001 Seite 12.
Lebensmittelrechtlich ist der Sauerstoffzusatz zum Wasser und Trinkwasser erlaubt, wie das z.B. bei der Aufbereitung zur Enteisenung und Entmanganung schon immer betrieben wurde. Solches Wasser ist auch Basis für das Tafelwasser und damit dort statthaft. Im Mineralwasser ist ein Sauerstoffzusatz nur bei seiner zu deklarierenden Enteisenung und Entmanganung statthaft.

2.7 Trinkwasser aus Zapfgeräten zum selbst zapfen

Es handelt sich um Geräte mit aufgesetzten Glasbehälter für gefiltertes und gekühltes Trinkwasser, auf Wunsch auch ausgestattet mit einem Spender für Einweg- oder Mehrwegbecher. Die Geräte werden in Büros, Warteräumen und anderen stark frequentierten Besuchsräumen aufgestellt und erreichten im Jahr 2001 immerhin schon in Deutschland einen Anteil am Wasserverzehr von 5 Liter pro Kopf und Jahr.

3 Rohstoffe, Zusatz- und Hilfsstoffe der Fertigerzeugnisse (Süßgetränke u.a.)

3.1 Wasser

Vom Standpunkt des Wasserverbrauchs unterscheidet man die bereits erwähnten Mineralwasserarten und Heilwässer, Grundwasser und Quellwässer neben Oberflächenwässern (Seen, Flüssen usw.) und Trinkwasser.

3.1.1 Rechtsvorschriften und Normen über die Anforderungen an das Wasser

In erster Linie unterliegen die Trink- und Brauchwässer der Lebensmittel und Genussmittel herstellenden Betriebe dem **Infektionsschutzgesetz vom 20.7.2000** (BGBl. I, S. 1045). In diesem Gesetz heißt es u.a., dass jegliches Wasser in Lebensmittel und Genussmittel herstellenden Betrieben so beschaffen sein muss, dass durch seinen Genuss oder Gebrauch die **menschliche Gesundheit, insbesondere durch Krankheitserreger nicht geschädigt werden** kann.

Trinkwasser unterliegt ferner den **Bestimmungen des Lebensmittel- und Bedarfsgegenstände-Gesetzes** i.d.F. vom 9.9.1997 (BGBl.I, S.2296) und vom 13.9.1997 (BGBl I S. 2390) u.a. (vgl. Präambel der Verordnung zur Novellierung der Trinkwasserverordnung vom 21.5.2001). Die hieraus resultierende neue **Trinkwasserverordnung** (abgekürzt TrinkwV 2001) tritt am 1.Januar 2003 in Kraft und setzt die bisher gültige von 1991 mit ihren Änderungen außer Kraft. Die neue Trinkwasserverordnung (TrinkwV 2001) wurde im Bundesgesetzblatt 2001 Teil I Nr. 24 vom 28.5.2001 Seite 959 bis 980 veröffentlicht. Danach ist es verboten und strafbar, für andere ein Trinkwasser derart zu gewinnen oder zu behandeln, dass dessen Genuss der menschlichen Gesundheit schädigen kann.
Kühlwasser muss nach der TrinkwV keine Trinkwasserqualität besitzen, wenn es nicht unmittelbar mit Lebensmitteln in Berührung kommt.
Der Deutsche Verein von Gas- und Wasserfachmännern hat in den **Leitsätzen für die Zentrale Trinkwasserversorgung,** den DIN 2000, Richtlinien und Leitzahlen zusammengestellt, die mittlerweile große Bedeutung in diesem Fragenkomplex erlangt haben. Der Zweck dieser Leitsätze besteht darin, jedem mit den praktischen Aufgaben der Trinkwasserversorgung betrauten Fachmann einen Überblick über die grundlegenden Gesichtspunkte nach den heutigen technischen und hygienischen Anschauungen über die Trinkwasserversorgung zu vermitteln. Die DIN 2000 sind jedoch keine verbindliche Rechtsvorschrift.
Die Verordnung über die Qualität von Wasser für den menschlichen Gebrauch, die Trinkwasserverordnung- TrinkwV 2001 vom 21.5.2001 (BGBl I vom 28.5.2001 S. 959 bis 980) regelt auch die **Anforderungen an das Wasser für Lebensmittelbetriebe** und ist für dieses Buch von fundamentaler Bedeutung. Daher befindet sich der ausführliche Verordnungstext auch am Ende des Buches.

3.1.2 Die Trinkwasserverordnung (Verordnung über die Qualität von Wasser für den menschlichen Gebrauch) TrinkwV 2001

Der Inhalt dieser Verordnung gliedert sich wie folgt auf:

1. Abschnitt: Zweck der Verordnung, Anwendungsbereich, Begriffsbestimmungen
2. Abschnitt: Beschaffenheit des Wassers für den menschlichen Gebrauch. Allgemeine Anforderungen, Mikrobiologische Anforderungen, Chemische Anforderungen, Indikatorparameter, Stelle der Einhaltung, Maßnahmen im Falle der Nichteinhaltung von Grenzwerten und Anforderungen, Besondere Abweichungen für Wasser für Lebensmittelbetriebe.
3. Abschnitt: Aufbereitung. Aufbereitungsstoffe und Desinfektionsverfahren, Aufbereitung in besonderen Fällen.
4. Abschnitt: Pflichten des Unternehmers oder sonstigen Inhabers einer Wasserversorgungsanlage. Anzeigepflichten, Untersuchungspflichten, Untersuchungsverfahren und Untersuchungsstellen, Besondere Anzeige- und Handlungspflichten, Besondere Anforderungen.
5. Abschnitt: Überwachung. Überwachung durch das Gesundheitsamt, Umfang der Überwachung, Anordnungen des Gesundheitsamtes, Information der Verbraucher und Berichtspflichten.
6. Abschnitt: Sondervorschriften. Aufgaben der Bundeswehr, Aufgaben des Eisenbahnbundesamtes.
7. Abschnitt: Straftaten und Ordnungswidrigkeiten
8. Abschnitt: Übergangs- und Schlussbestimmungen
Änderung der Mineral- und Tafelwasser- Verordnung
Änderung der Lebensmittelhygiene- Verordnung, Inkrafttreten und Außerkrafttreten

Anlagen der Trinkwasserverordnung:

Anlage 1 zu § 5 Absatz 2 und 3:
Mikrobiologische Parameter

Teil I: Allgemeine Anforderungen an Wasser für den menschlichen Gebrauch

Nr.	Parameter	Grenzwert (Anzahl/100 ml)
1	Escherichia Coli (E.coli)	0
2	Enterokokken	0
3.	Coliforme Bakterien	0

Teil II: Anforderungen an Wasser für den menschlichen Gebrauch, das zur Abfüllung in Flaschen oder sonstige Behältnisse zum Zwecke der Abgabe bestimmt ist

Nr.	Parameter	Grenzwert (Anzahl/100 ml)
1	Escherichia Coli (E.coli)	0/250 ml
2	Enterokokken	0/250 ml
3	Pseudomonas aeruginosa	0/250 ml
4	Koloniezahl bei 22°C	100/ml
5	Koloniezahl bei 36°C	20/ml
6	Coliforme Bakterien	0/250 ml

Anlage 2   zu § 6 Absatz 2:
                  Chemische Parameter
Teil I: Chemische Parameter, deren Konzentration sich im Verteilungsnetz einschließlich der Hausinstallation in der Regel nicht mehr erhöht.

Nr.	Parameter	Grenzwert (mg/l)	Bemerkungen
1	Acrylamid	0,0001	vgl. Originaltext hinten
2	Benzol	0,001	
3	Bor	1	
4	Bromat	0,01	
5	Chrom	0,05	vgl. Originaltext hinten
6	Cyanid	0,05	
7	1,2- Dichlorethan	0,003	
8	Fluorid	1,5	
9	Nitrat	50	vgl. Originaltext hinten
10	Pflanzenschutzmittel und Biozidprodukte	0,0001	vgl. Originaltext hinten
11	desgleichen insgesamt	0,0005	vgl. Originaltext hinten
12	Quecksilber	0,001	
13	Selen	0,01	
14	Tetrachlorethen und Trichlorethen	0,01	vgl. Originaltext hinten

Teil II: Chemische Parameter, deren Konzentration im Verteilungsnetz einschließlich der Hausinstallation ansteigen kann.

Nr.	Parameter	Grenzwert (mg/l)	Bemerkungen
1	Antimon	0,005	
2	Arsen	0,01	
3	Benzo-(a)-pyren	0,00001	
4	Blei	0,01	vgl. Originaltext
5	Cadmium	0,005	vgl. Originaltext
6	Epichlorhydrin	0,0001	vgl. Originaltext
7	Kupfer	2	vgl. Originaltext
8	Nickel	0,02	vgl. Originaltext
9	Nitrit	0,5	vgl. Originaltext
10	Polyzyklische aromatische Kohlenwasserstoffe	0,0001	vgl. Originaltext
11	Trihalogenmethane	0,05	
12	Vinylchlorid	0,0005	vgl. Originaltext

Anlage 3 zu § 7 **Indikatorparameter**

Nr.	Parameter	Einheit	Grenzwert/ Anforderungen	Bemerkungen
1	Aluminium	mg/l	0,2	
2	Ammonium	mg/l	0,5	vgl.hinten
3	Chlorid	mg/l	250	vgl.hinten
4	Clostridium perfringens (einschließlich Sporen)	Anzahl/100 ml	0	vgl.hinten
5	Eisen	mg/l	0,2	vgl.hinten
6	Färbung (spektraler Absorptionskoeffizient 436 nm)	m^{-1}	0,5	vgl.hinten
7	Geruchsschwellenwert		2 bei 12°C, 3 bei 25 °C	vgl.hinten
8	Geschmack		Für den Verbraucher annehmbar und ohne anormale Veränderung	
9	Koloniezahl bei 22 °C		ohne anormale Veränderung	vgl.hinten
10	Koloniezahl bei 36 °C		ohne anormale Veränderung	vgl.hinten
11	Elektrische Leitfähigkeit	US/cm	2500 bei 20 °C	
12	Mangan	mg/l	0,05	vgl.hinten
13	Natrium	mg/l	200	
14	Organisch gebundener Kohlenstoff (TOC)		ohne anormale Veränderung	
15	Oxidierbarkeit	mg/l O_2	5	vgl.hinten
16	Sulfat	mg/l	240	vgl.hinten
17	Trübung	nephelometrische Trübungseinheiten (NTU)	1,0	vgl.hinten
18	Wasserstoffionen-Konzentration	pH-Einheiten	$\geq 6,5$ und $\leq 9,5$	vgl.hinten
19	Tritium	Bq/l	100	Anmerkung
20	Gesamtrichtdosis	MSv/Jahr	0,1	Anmerkung

Anlage 4 (zu § 14 Abs.1) **Umfang und Häufigkeit von Untersuchungen**

I. Umfang der Untersuchungen
Routinemäßige Untersuchungen der folgenden Parameter, wobei diejenige Einzeluntersuchung entfällt, für die laufend Messwerte bestimmt und aufgezeichnet werden.
- Aluminium (nur erforderlich bei Verwendung von Flockungsmitteln)
- Ammonium
- Clostridium perfigens einschl. Sporen (nur wenn Oberflächenwassereinfluss)
- Coliforme Bakterien
- Eisen (nur erforderlich bei Verwendung von Flockungsmitteln)
- Elektrische Leitfähigkeit
- Escherichia coli (E. coli)
- Färbung
- Geruch
- Geschmack
- Koloniezahl bei 22 und 26 °C
- Nitrit (gilt nur für Wasserversorgungsanlagen im Sinne von §3 Nr. 2 a u. 2b)
- Pseudonomas aeruginosa (nur erforderlich für abgefüllte Wässer)
- Trübung
- Wasserstoffionen-Konzentration

2. Periodische Untersuchungen
Alle gemäss den Anlage 1 bis 3 festgelegten Parameter, die nicht unter den routinemäßigen Untersuchungen aufgeführt sind, sind Gegenstand der periodischen Untersuchungen, es sei denn, die zuständigen Behörden können für einen von ihnen festgelegten Zeitraum feststellen, dass das Vorhandensein eines Parameters in einer bestimmten Wasserversorgung nicht in Konzentrationen zu erwarten ist, die die Einhaltung des entsprechenden Grenzwertes gefährden könnten. Der periodischen Untersuchung unterliegt auch die Untersuchung auf Legionellen in zentralen Erwärmungsanlagen der Hausinstallation nach § 3 Nr. 2c, aus denen Wasser für die Öffentlichkeit bereitgestellt wird. Satz 1 gilt nicht für die Parameter für Radioaktivität, die vorbehaltlich der Anmerkung 1 bis 3 in Anlage 3 überwacht werden.

II. Häufigkeit der Untersuchungen
Mindesthäufigkeit der Probenahmen und Analysen bei Wasser für den menschlichen Gebrauch, das aus einem Verteilungsnetz oder einem Tankfahrzeug bereitgestellt oder in einem Lebensmittelbetrieb verwendet wird.
Die Proben sind an der Stelle der Einhaltung nach § 8 zu nehmen, um sicherzustellen, dass das Wasser für den menschlichen Gebrauch die Anforderungen der Verordnung erfüllt.

Menge des in einem Versorgungsgebiet abgegebenen oder produzierten Wassers (m³/Tag) Anmerkung 1 u. 2*	Routinemäßige Untersuchungen (Anzahl der Proben pro Jahr) Anmerkung 3 u. 4*	Periodische Untersuchungen (Anzahl der Proben im Jahr) Anmerkung 3 u. 4*
≤ 3	1 oder nach Weisung des Gesundheitsamtes	1 oder nach Weisung des Gesundheitsamtes
>3 ≤ 1000	4	1
> 1000 ≤ 1333	8	1 zuzgl. je 1 pro 3300 m³/d
> 1333 ≤ 2667	12	wie zuvor
> 2667 ≤ 4000	16	wie zuvor
> 4000 ≤ 6667	24	wie zuvor
> 6667 ≤ 10000	36	wie zuvor
> 10000 ≤ 100000	36 zuzgl. je 3/1000 m³/Tag	3 zuzgl. je 1 pro 10000 m³/Tag
> 100000	wie zuvor	10 zuzgl. je 1 pro 25000 m³/Tag

*Anmerkungen 1 bis 4 siehe Originaltext

III. Mindesthäufigkeit der Probenahmen und Analysen bei Wasser, das zur Abfüllung in Flaschen oder andere Behältnisse zum Abgabezweck bestimmt ist.

Wassermenge (m³/Tag)*	Routinemäßige Untersuchungen (Anzahl der Proben pro Jahr)	Periodische Untersuchungen (Anzahl der Proben im Jahr)
≤ 10	1	1
>10 ≤ 60	12	1
> 60	1 pro 5 m³ kleinere Mengen aufrunden	1 pro 100 m³ kleinere Mengen aufrunden

*Für die m³/Tag werden Durchschnittswerte aus Kalenderjahr zu Grunde gelegt

Anlage 5   zu § 15 Abs.1 u. 2
Spezifikation für die Analyse der Parameter

1. Parameter, für die Analysenverfahren spezifiziert sind, werden hier aufgezählt, vgl. Originaltext
2. Parameter 34 Stück, für die Verfahrenskennwerte spezifiziert sind, mit Angaben ihrer jeweiligen Richtigkeit in % des Grenzwertes, dsgl. Ihrer Präzision, ihrer Nachweisgrenze ggf. mit Bedingungen und Anmerkung (vgl. Originaltext)
3. Parameter, für die kein Analyseverfahren spezifiziert ist (vgl. Originaltext)

Anlage 6 zu § 12 Abs. 1 und 2
Mittel für die Aufbereitung in besonderen Fällen

Nur für den Bedarf der Bundeswehr , im Verteidigungsfall sowie in Katastrophenfällen, (vgl. Originaltext), also für die Getränkeindustrie keine unmittelbare Bedeutung.

Die **neue Trinkwasserverordnung 2001** setzt die novellierte EU-Richtlinie von 1998 in deutsches Recht um, womit sie den heutigen wissenschaftlichen Erkenntnissen angepasst wurde. Die TrinkwV 2001 **tritt am 1.1.2003 in Kraft**. Gleichzeitig wird die Trinkwasserverordnung aus dem Jahre 1990 außer Kraft gesetzt.
Die VO gilt nicht für Mineralwasser und Heilwasser.
Im Sinne der TrinkwV 2001 **ist Wasser für den menschlichen Gebrauch Trinkwasser und Wasser für Lebensmittelbetriebe**, im § 3 sind hierfür alle möglichen Verwendungszwecke einzeln aufgezählt und die Wasserversorgungsanlagen um die Hausinstallationen ergänzt.
Der Verordnungstext befindet sich am Ende des Buches.
Die Beschaffenheit des Wassers für den menschlichen Gebrauch muss den Anforderungen der §§ 5 bis 7 entsprechen. Anderenfalls darf es nicht für den menschlichen Gebrauch abgegeben und anderen nicht zur Verfügung gestellt werden.
Die **Anforderungen an die Wasserbeschaffenheit** richtet sich nach neu geordneten Parametern. Die Anzahl der zu überprüfenden Parameterwerte wurde verringert. Die Parameterwerte sind in drei Kategorien eingeteilt:

- **§ 5 Mikrobiologische Anforderungen** vgl. Grenzwerte Anlage 1 Teil I und Grenzwerte für Abgabe in Flaschen etc. in Anlage 1 Teil II (vgl.Tab. drei Seiten zuvor).Im Teil II strengere Grenzwerte, weil Vermehrung der Keime bei Flaschenlagerung besonders **der Keim Pseudomonas aeruginosa.**
- **§ 6 Chemische** Anforderungen vgl. Grenzwerte Anlage 2 Teil I (sich nicht im Verteilungsnetz erhöhende Konzentrationen) und Teil II (Konzentrationen, die im Verteilungsnetz und der Hausinstallation an steigen können). Dies dient zur Vereinfachung der Überwachungstätigkeit. Es besteht ein zeitlich abgestuftes Inkrafttreten bestimmter Parameter wie Blei, Bromat u.a.
- **§ 7 Indikatorparameter** der Anlage 3. Sie sind einzuhalten, besitzen aber im Gegensatz zu den Parametern in § 5 u. 6 kein oder nur geringes gesundheitliches Risiko. Sie sind ggf. aber ein Indiz für eine Verschlechterung der Wasserqualität mit Überlegungen für vorbeugende Abhilfemaßnahmen.

Bei den Chemischen Grenzwerten wird der Nitritgehalt eng über eine neue Summenformel mit dem Nitratgehalt verknüpft. Durch diese Summenforderung wird bis zu einer bestimmten Grenze berücksichtigt, dass sich z.B. bei der Wasseraufbereitung im Kiesfilter der Enteisenungsanlage Nitrit durch mikrobielle Reduktion aus Nitrat bilden kann.
Die **Stelle der Einhaltung der Anforderungen** (§ 8) ist am Austritt der Zapfstelle der Wasserentnahme für den menschlichen Gebrauch oder an der Stelle der Verwendung des Wassers im Lebensmittelbetrieb oder am Punkt der Abfüllung bei z.B. in Flaschen abgefülltem Wasser.
Die **Maßnahmen im Falle der Nichteinhaltung von Grenzwerten und Anforderungen** sind im § 9 unterschiedlich scharf geregelt wie in einer Ursachenforschung mit zwischenzeitlicher anderweitiger Versorgung, in einer befristeten Zulassung höherer Werte in leichten Fällen bis zu 30 Tagen oder in schwierigen Fällen bis zu 3 Jahren mit

zweimaliger Verlängerungsmöglichkeit oder sogar mit einer Unterbrechung der betroffenen Wasserversorgungsanlage auf Anordnung durch das Gesundheitsamt. Bei gewerblicher Nutzung sind nach **§ 16 Maßnahmepläne** für den Unterbrechungsfall bereitzuhalten, die bis zum 3.4.2003 aufgestellt und vom zuständigen Gesundheitsamt der Zustimmung bedürfen.

Die zuständige Behörde kann **Ausnahmen nach § 10** für bestimmte Lebensmittelbetriebe zulassen, dass für bestimmte Zwecke Wasser mit unzureichenden Qualitätsanforderungen der §§ 5 bis 7 oder 11.1 verwendet wird, wenn sichergestellt ist, dass keine Schädigung der menschlichen Gesundheit zu besorgen ist.

Die **Untersuchungspflichten in Häufigkeit und Verfahren**. Man unterscheidet Routinemäßige Untersuchungen (vgl. Liste der Parameter Anlage 4) und periodische Untersuchungen. In Anlage 4 zu § 14 wird auch die Untersuchungshäufigkeit geregelt, die, wie den Tabellen der Anlage 4 (2 Seiten vorher abgedruckt) sich gestaffelt nach der Wassermenge richtet. Wichtig ist die **Anlage 4 III mit Angaben** über die Mindesthäufigkeit der Probenahmen und Analysen bei Wasser, das zur **Abfüllung in Flaschen** oder andere Behältnisse zum Zwecke der Abgabe bestimmt ist.

Das Gesundheitsamt kann die Zahl der Probenahmen nach § 13 sowohl verringern als auch erhöhen und zusätzliche mikrobiologische und chemische Untersuchungen veranlassen.

Die **Anlage 5** zu § 15 enthält die Spezifikation für die Analyse der Parameter. Für die mikrobiologischen Untersuchungen sind neben festgelegten Verfahren u.U. auch alternative Verfahren anwendbar, die vom Umweltbundesamt in einer Liste im Bundesgesundheitsblatt veröffentlicht werden. Im Falle einiger chemischer Parameter und Indikatorparameter sind gar keine verbindlichen Untersuchungsverfahren festgelegt, sondern lediglich Verfahrenskennwerte, die aber die Anforderungen an die Qualität der eingesetzten Untersuchungsmethoden festlegen.

Nach § 15 dürfen die vorgeschriebenen Untersuchungen einschließlich **Probenahmen** nur von solchen **Untersuchungsstellen** durchgeführt werden, die folgende Anforderungen erfüllen: Arbeiten nach den allgemein anerkannten Regeln der Technik, Verfügung über ein System der inneren Qualitätssicherung, regelmäßige und erfolgreiche Beteiligung an externen Qualitätssicherungsprogrammen, hinreichend qualifiziertes Personal, Akkreditierung durch eine hierfür allgemein anerkannte Stelle. Die Untersuchungsstellen, die diese Anforderungen erfüllen, werden in einer von der zuständigen obersten Landesbehörde geführten Liste geführt und regelmäßig von einer unabhängigen Stelle überprüft, die ebenfalls von der zuständigen obersten Landesbehörde bestimmt wird.

Die zur **Trinkwasserzubereitung zugelassene Zusatzstoffe sowie die Desinfektionsverfahren** werden nach § 11.3 nicht wie bisher in der Trinkwasser-Verordnung direkt geregelt, sondern in einer vom Umweltbundesamt geführten und vom Bundesministerium für Gesundheit im Bundesgesundheitsblatt veröffentlichten Liste festgelegt. In dieser Liste werden für die bei den Aufbereitungsverfahren verwendbaren Stoffe Reinheitsanforderungen, der Verwendungsbereich, die zulässigen Zugabemengen, die zulässigen Höchst- bzw. Mindestkonzentrationen von Restmengen sowie die zulässigen Reaktionsprodukte im Wasser geregelt. Diese Liste liegt zurzeit (Frühjahr 2002) zwar noch nicht vor, ist aber in der bisher gültigen Trinkwasserverordnung in der Anlage 3 zu § 5 enthalten.

Gemäß § 5 der früheren Trinkwasser-VO (1990) werden zur Trinkwasseraufbereitung die dort in Anlage 3 aufgeführten Zusatzstoffe einschließlich ihrer Ionen, sofern diese durch Ionenaustauscher oder durch Elektrolyse zugeführt werden, zugelassen. Die

Zusatzstoffe sind nur für den dort angegebenen Verwendungszweck und nur bis zu der ebenfalls angegebenen festgelegten Höhe zuzusetzen. Nach Aufbereitung darf dann der Restgehalt bzw. das Reaktionsprodukt der Zusatzstoffe die ebenfalls festgesetzten Grenzwerte nicht überschreiten.

Bei der **Enthärtung** darf das aufbereitete Wasser den Gehalt an 60 mg Calcium pro Liter (Gehalt an Erdalkalien 1,5 mol/m³) und die Säurekapazität bei pH 4,3 von 1,5 mol/m³ nicht unterschreiten.

Dies gilt aber nicht für Betriebe, in denen Lebensmittel gewerbsmäßig hergestellt werden. Hier können diese in das Lebensmittel übergehenden Wässer diese Werte unterschreiten.
Bei der Enthärtung der Wässer durch Ionenaustauscher soll eine Erhöhung des Natriumgehaltes unterbleiben.

Neben den erlaubten Zusatzstoffen, wie sie in der nachfolgenden Übersicht für die Trinkwasseraufbereitung genannt werden, zwingt sich die Frage nach der Regelung hier unerwähnt gebliebener Stoffe auf. Nach § 11 des Lebensmittel- und Bedarfsgegenständegesetzes besteht **Zulassungspflicht für alle Zusatzstoffe mit Ausnahme der folgenden Stoffe**:
- für Stoffe, die wieder entfernt werden
- für technische Hilfsstoffe wie Aktivkohle, Flockungsmittel, Filter etc., da sie entweder nicht benötigt werden oder vollständig wieder entfernt werden oder ihre Reste gesundheitlich und geschmacklich unbedenklich sind.
- für Stoffe, die nicht im Wasser verbleiben, wie z.B. Luft, Stickstoff, Sauerstoff, Kohlensäure.

Für die **UV-Entkeimung** des Wassers bedarf es keiner Regelung durch Zusatzstoffverwendung. Hier gilt § 2 Absatz 2 der Lebensmittelbestrahlungs-Verordnung, die die direkte Bestrahlung von Trinkwasser zur Desinfektion erlaubt.

Die nach Anlage 3 erlaubten **Zusatzstoffe** sind:

Zur Desinfektion:
Chlor, Natrium-, Calcium-, Magnesiumhypochlorit und Chlorkalk, Zugabe 1,2 mg/l, nach Aufbereitung nur 0,3 mg Chlor/l und 0,01 Thm (Trihalogenmethane) in mg/l.
Chlordioxyd 0,4 mg/l, nach Aufbereitung nur 0,2 mg/l und ein Rest bis 0,2 mg/l Chlorit
Ozon auch zur Oxidation, 10 mg/l Zugabe, nach Aufbereitung 0,05 mg/l Ozon und bis 0,01 mg/l Thm.
Silber, Silberchlorid, Natriumsilberchloridkomplex, Silbersulfat zur Konservierung mit einer Menge von 0,08 mg/l nach der Aufbereitung.

Zur Oxidation:
Wasserstoffperoxyd, Natriumperoxodisulfat, Kaliummonopersulfat mit 17 mg/l Zusatz und einem Rest nach der Aufbereitung von 0,1 mg/l.
Kaliumpermanganat ohne Zusatzangaben.
Sauerstoff und Sauerstoffanreicherung ohne Zusatzangaben.

Zur Reduktion:
Schwefeldioxyd, Natriumsulfid und Calciumsulfid mit 5 mg/l Zusatz und 2 mg/l nach der Aufbereitung.
Natriumthiosulfat mit 6,7 mg/l Zusatz und 2,8 mg/l nach der Aufbereitung.

Zur Hemmung der Korrosion und Hemmung der Steinablagerung folgende Zusatzstoffe:
Natriumorthophosphat, Kaliumorthophosphat, Calciumorthophosphat, Natrium- und Kaliumdiphosphat, Natrium- und Kaliumtriphosphat, Natrium- und Kaliumpolyphosphate, Natrium- Calciumpolyphosphate, Calciumpolyphosphate, alle ohne Zusatzmengenangaben.
Nur zur Hemmung der Korrosion Natriumsilikate in Mischung mit Stoffen unter dem vorgenannten oder Natriumhydroxid oder Natriumcarbonat oder Natriumhydrogencarbonat mit Grenzwerten nach der Aufbereitung von 40 mg/l.

Zur Einstellung des pH-Wertes, des Salzgehaltes, des Calciumgehaltes, der Säurekapazität, zum Entzug von Selen, Nitrat, Sulfat, Huminstoffen und zur Regeneration von Sorbentien, die folgenden Zusatzstoffe:
Calciumcarbonat, Calciumoxid, Calciumhydroxid, Calciumsulfat, Calciumchlorid, halbgebrannter Dolomit, Magnesiumcarbonat, Magnesiumoxid, Magnesiumhydroxid, Magnesiumchlorid, Natriumcarbonat, Natriumhydrogencarbonat, Natriumhydroxid, Natriumhydrogensulfat, Salzsäure, Schwefelsäure.
Alle ohne Zusatzangaben.

Zum **kathodischen Korrosionsschutz** Magnesium als Opferanode, hier keine Zusatzangaben.

Die allgemeinen Reinheitsanforderungen für Zusatzstoffe des Lebensmittelbereichs regelt die Zusatzstoff-Verkehrsverordnung. So dürfen sie, sofern nicht für bestimmte Zusatzstoffe abweichende Reinheitsanforderungen festgesetzt sind, im Kilogramm nicht mehr als 3 mg Arsen, 10 mg Blei, 25 mg Zink und 50 mg Zink und Kupfer zusammen enthalten.

Literatur: Gesetzestext und A. Ahrens, Die neue Trinkwasserverordnung, Brauwelt 141, Nr. 25 (2001) S. 937

3.1.3 Wasser für die Erfrischungsgetränkeproduktion

Für die Erfrischungsgetränke gelten selbst bei Trinkwasserqualität noch zusätzliche Anforderungen an das Wasser sowohl in mikrobiologischer als auch in chemischer Hinsicht. (vgl. Kap. 3.1.6)

Wenn ein Wasser die Anforderungen nicht erfüllt, muss es u.U. durch ein geeignetes Aufbereitungsverfahren aufbereitet werden. Man beachte aber, dass Heilwässer gar nicht aufbereitet werden dürfen und die Mineral-Tafelwasser-VO ebenfalls die Aufbereitung einschränkt. Ferner beachte man die zusätzlichen Anforderungen für die Süßgetränkeherstellung bestimmter Wässer, wie sie im Kapitel Wasseraufbereitung später noch erörtert werden.

3.1.4 Wasserversorgung

Das Grundwasser füllt die Hohlräume der Erdrinde zusammenhängend aus und kann im Erdreich in mehreren Schichten, den sog. Stockwerken auftreten, die z.T. vollständig oder unvollständig von einander getrennt sind. Das Grundwasser befindet sich auf wassertragenden, z.B. aus Lehm oder Ton bestehenden undurchlässigen Erdschichten. Es bewegt sich je nach Bodenbeschaffenheit (Porenvolumen) und Gefälle im Allgemeinen sehr langsam und legt häufig weniger als 1 m und selten mehr als 5 m in 24 Stunden zurück.

Unter uferfiltriertem Grundwasser versteht man ein Wasser, das aus einem Gemisch von echtem Grundwasser und Uferfiltrat eines in der Nähe befindlichen Oberflächenwassers (Fluss, See etc.) besteht. Demzufolge können Schwankungen in der Temperatur, der chemischen und bakteriologischen Beschaffenheit dieses Wassers eintreten.

Wassergewinnungsanlagen

Das Grundwasser tritt entweder über wasserundurchlässigen Schichten als **Quelle** von selbst zu Tage oder wird aus **Brunnen** künstlich gefördert. Häufig spielt aber auch die Entnahme von Betriebswässern aus **Oberflächenwässern** wie Seen, Talsperren, Flüssen und Bächen eine Rolle, da die Versorgung aus Brunnen den steigenden Wasserbedarf der sich ständig ausweitenden Industrie in vielen Fällen nicht mehr decken kann. Durch den erhöhten Verbrauch an Trinkwasser macht sich vielfach auch ein Absinken des Grundwasserspiegels bemerkbar und beeinträchtigt die Leistung fast aller Brunnenanlagen; besonders betroffen sind aber die Flachbrunnen wie Kessel- und Schachtbrunnen. In solchen Betrieben muss dann für die Kühlung, Kesselspeisung u.a. Zwecke der Wasserbedarf nach Möglichkeit durch Oberflächenwasser gedeckt bzw. ergänzt werden, sofern seine Beschaffenheit diese Verwendungsmöglichkeiten zulässt. Vielfach stehen dem jedoch gesetzliche Bestimmungen im Wege, die eine grundlegende Aufbereitung dieses Oberflächenwassers erfordern.

Während die **Kessel- oder Schachtbrunnen** als älteste Brunnenform nur noch vereinzelt anzutreffen sind, findet man heute hauptsächlich Rohrbrunnen. Diese sind den vorhergenannten hinsichtlich der hygienischen Anforderungen überlegen und erlauben eine billigere und wirtschaftlichere Gewinnung größerer Wassermengen. Demzufolge werden Kessel- bzw. Schachtbrunnen, die man auch als Senkbrunnen bezeichnet, nur noch erbohrt, wenn die Beschaffenheit des Untergrundes durch Geröll der Steinmassen oder andere nachteilige Eigenschaften das Bohren eines Rohrbrunnens erschwert oder nahezu unmöglich werden lässt. Aus Gründen der **Wasserhygiene** muss ein sog. **Wasserschutzgebiet** gewährleistet sein, d.h. der Brunnen darf sich nicht an einer Stelle befinden, wo der Untergrund durch versickernde Abwässer beeinträchtigt wird, wie es z.B. bei durchlässigen Dunggruben, Abortanlagen und Ställen der Fall sein kann. Zweifellos können solche Fäkalstoffe durch die gemauerten Wandungen eines Kesselbrunnens hindurchtreten und diesen Brunnen eher verunreinigen als ein **Rohrbrunnen aus Stahlrohr**, der außerdem einen wesentlich geringeren Querschnitt als ein Kesselbrunnen besitzt und allgemein tieferliegende Wasserströme erschließt, die durch undurchlässige Schichten gegen die Oberfläche hin abgedichtet sind, wodurch Verunreinigungen zurückgehalten werden.

Die **Tiefe des Brunnens** richtet sich naturgemäß nach der Tiefenlage der wasserführenden Schicht, der zu erwartenden Wassermenge, nach den Verhältnissen des Untergrundes wie z.B. der Korngröße des Sandes usw. Die sog. **Brunnensohle** soll so weit wie möglich in dem Wasserträger eingebracht werden. Sie ist entweder mit einem **Gewebefilter oder einem Kiesfilter** ausgestattet. Nur in ganz seltenen Fällen hat sie keine Filter, wenn die wasserführende Schicht aus festliegendem Gestein ohne Sandbestandteile besteht.

Beim **Gewebefilter** handelt es sich um gelochtes oder geschlitztes Rohr aus Eisen, Kupfer, Bronze oder Stahl, über das metallisches Gewebe gezogen wird. Es dient zur Zurückhaltung des Sandes. Der Kiesfilter besteht ebenfalls aus einem metallischen oder (für aggressive Wässer) keramischen Filterrohr, das meist durch längliche Schlitze oder andersartig durchbrochen ist. Da dieses Rohr je nach Feinheit des Sandes der wasserführenden Schicht mit einer oder mehreren Kiesausschüttungen ausgestattet wird, hat die Bohrung allgemein einen größeren Durchmesser als diejenige der Brunnen mit Gewebefilter und stellt sich demzufolge auch teurer.

Der Rohrbrunnen mit Gewebefilter ist am häufigsten anzutreffen. Die Länge seines **Filterrohres** ist der Mächtigkeit der wasserführenden Schicht angepasst.

Hinsichtlich der Bemessung des **Brunnendurchmessers** gilt der Gesichtspunkt, dass die Eintrittsgeschwindigkeit des Wassers in den Brunnen durch einen ausreichend großen Rohrquerschnitt so niedrig gehalten wird, dass keine Kies- oder Sandkörnchen durch die Filterlöcher mitgerissen werden können. Anderenfalls würde der Brunnen versanden. Auf die Ergiebigkeit des Brunnens hat der Durchmesser dagegen einen untergeordneten Einfluss. Sie ist vielmehr von der Mächtigkeit der wasserführenden Schicht abhängig.

Die **Lebensdauer der Brunnen** wird von den verschiedensten Faktoren beeinflusst. Neben der Bauart sind dafür auch die Bodenverhältnisse entscheidend. Bei Wasserentnahme aus feinsandigen und eisenhaltigen Schichten kann die Ergiebigkeit des Brunnens nach mehr oder weniger langer Zeit verringert oder sogar in Frage gestellt werden, wenn z.B. das **Gewebefilter verockert** bzw. verbackt oder die wasserführende Schicht sich versetzt. Diese Erscheinungen treten aber auch dann auf, wenn bei großer Wasserentnahme der Wasserspiegel soweit absinkt, dass durch die Schlitze Luft angeschnüffelt wird.

Als neuere Brunnenart verdient noch der sog. **Flächenbrunnen** oder **Horizontalfilterbrunnen** besondere Erwähnung. Er besitzt von einem mit Pumpen ausgestatteten Sammelschacht ausgehende radial angeordnete und waagerecht oder schräg verlaufende Fassungsstränge. Die Anlage eines Horizontalfilterbrunnens setzt eine genügend mächtige und ausgedehnte wasserführende Schicht voraus, da er in der Lage ist, eine ganze Reihe von nur punktuell in das Grundwasser eingreifende Rohrbrunnen zu ersetzen.

Die Abdeckung des Brunnens bildet der sog. **Brunnenkopf**. Er muss das Eindringen von Verunreinigungen oder Oberflächenwasser in den Brunnen mit Sicherheit verhindern. Der **Brunnenkopf** befindet sich am Boden des begehbaren **Brunnenschachtes** oder der Brunnenstube und dichtet zumindest das Mantelrohr gegen die Saugleitung ab. Er ist mit einem Absperrschieber, einem Wasserzähler, einem Probenahmehahn und einem Peilrohr zum Anpeilen des Wasserstandes ausgerüstet.

Der Ausbau des Brunnenschachtes geschieht nach den gleichen Gesichtspunkten wie der für die Quellfassung bzw. den Quellschacht, der als Sammelschacht das Wasser der gegebenenfalls durch Sickerrohre gefassten Quellen aufnimmt. Zum Schutz gegen das Eindringen von Oberflächenwasser, z.B. Niederschlägen müssen die Wandung und Decke des Schachtes in wasserdichter Ausführung hergestellt werden. Aus dem gleichen Grund soll auch die Abdeckung mindestens 25 cm über dem Gelände liegen bzw. in Hochwassergebieten über den zu erwartenden höchsten Hochwasserspiegel hinausgeführt werden, wenn die Schachtabdeckung nicht hochwasserdicht ausgebildet wurde. Das Gelände um den Schacht herum ist mit Gefälle vom Schacht weg abzudichten. Ist keine natürliche Deckschicht aus Lehm oder Ton zur Verhinderung des Eindringens von Verunreinigungen vorhanden, so muss der Schacht an der Erdoberfläche mit einer wasserundurchlässigen Schicht künstlich umgeben werden, und zwar so groß, dass sie 1 m über den Rand der ehemaligen Baugrube hinausragt. Diese Maßnahme kann entfallen, wenn die Baugrube ganz mit Lehm oder Ton verfüllt wurde.

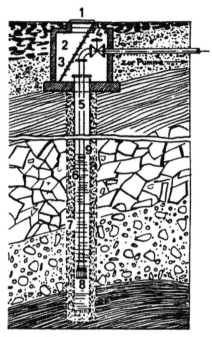

Abb. 2: Rohrbrunnenanlage

1 Schachtdeckel, 2 Brunnenschacht, 3 Einstieg, 4 Wasserschieber, 5 Saugleitung, 6 durchlochtes Mantelrohr, 7 Kiesmantel, 8 Saugkorb, 9 Wasserspiegel

Bei Mineralquellen mit stark kohlensäurehaltigem Wasser und ausstoßender gasförmiger Kohlensäure ist im Falle der Nutzung dieser Kohlensäure eine Quellfassung mit dichter Abschließung und geeigneten Auffangvorrichtungen notwendig.

Pumpversuch und Messung der Ergiebigkeit von Quellen

Der Pumpversuch soll der Entsandung des Brunnens und der Feststellung seiner Leistung dienen. Das Probepumpen dauert eine bis vier Wochen. Mit einem Kabellichtlot (Band mit Zentimetereinteilung) wird im Bohrloch der Grundwasserspiegel vor und nach dem Pumpen gemessen. Während des Pumpens tritt eine trichterförmige Absenkung des Grundwasserspiegels ein und der sog. Beharrungszustand ist dann erreicht, wenn die Förderung etwa der aus dem Grundwasserträger dem Brunnen zufließenden Wassermenge entspricht, sodass die Absenkung gleich bleibt. Neben der Absenkung werden auch die Fördermenge für die Bestimmung der Brunnenergiebigkeit beobachtet und eine Reihe weiterer Messdaten ermittelt.

Erwähnt sei noch die chemische Wasseruntersuchung zu Beginn und am Ende des Pumpversuches. Wichtig ist dabei die Temperaturmessung an einem Zapfhahn am Anfang des Ableitungsrohres in unmittelbarer Nähe des Brunnens. Plötzliche Temperaturschwankungen des Wassers können den Einbruch von Oberflächenwasser anzeigen. Außerdem sind unbedingt die Kohlensäure- und Sauerstoffverhältnisse zu bestimmen, um das richtige Material für die Anlage auswählen zu können. Die Untersuchung auf Eisen, Mangan, Chlorid, Sulfat etc. ist erst nach dem Klarpumpen sinnvoll. Die bakteriologische Untersuchung erfüllt erst ihren Sinn, wenn die Wassergewinnungsanlage fertig ausgebaut ist und mehrere Tage in Betrieb war, da während der Ausbauarbeiten mit vielfältigen Verunreinigungsmöglichkeiten zu rechnen ist, die das Ergebnis beeinträchtigen können.

Überlaufende Brunnen (artesische Brunnen) sind mit ausreichend bemessenen Ablaufvorrichtungen zu versehen und sollten nach Möglichkeit absperrbar gebaut werden.

Bei den **Quellen**, von denen man verschiedene Arten wie z.B. Schuttquellen, Schichtquellen, Überlaufquellen, intermittierende d.h. nur zu gewissen Zeitabschnitten wasserliefernde sog. **Hungerquellen** unterscheidet, ist es sehr wichtig zu wissen, ob es sich um Quellen mit versickertem Oberflächenwasser oder mit Talbodengrundwasser oder mit Bergquellwasser aus großer Tiefe handelt. Im erstgenannten Falle zeigen sich neben schwankendem Ertrag auch Schwankungen in der Temperatur und der chemischen Analyse des Wassers. Die beiden letztgenannten sind auf Grund ihrer konstanten Temperatur und chemischen Wasserbeschaffenheit wesentlich wertvoller, sofern sie auch eine hinreichende **Ergiebigkeit** besitzen. Gerade hinsichtlich der Ergiebigkeit unterliegen die meisten Quellen sehr großen Schwankungen. Man muss daher häufigere Messungen über einen längeren Zeitraum durchführen, besonders nach längeren Trockenperioden, um das Minimum anvisieren zu können. Die Messung geschieht auf einfachste Art durch Gefäßmessung des in einem Gerinne gefassten Quellabflusses pro Zeiteinheit. Das Maximum des Quellenertrages beträgt meist ein Vielfaches an **Sekundenlitern** des Minimums. Diesem Umstand wird häufig durch Anlage eines Ausgleichsbeckens Rechnung getragen, das den unterschiedlichen Wasseranfall für den Verbraucher ausgleicht. Dieses Becken ist mit einer Überlaufvorrichtung ausgestattet, sodass der Abfluss aus der Quelle auch dann gesichert ist, wenn kein Wasser entnommen wird.

Wasserförderung

Hierzu dienen Rohrleitungen, deren Material der Beschaffenheit des Wassers Rechnung tragen muss. Meistens handelt es sich um verzinkte Stahlrohre. Im **Kalk-Kohlensäure-Gleichgewicht** befindliche Wässer bilden in den Eisenrohren eine Kalk-Rost-Schutzschicht, falls auch genügend Sauerstoff zur Verfügung steht. Für stark kohlensäurehaltige Wässer verwendet man vielfach **Rohre** aus rostfreiem Edelstahl, verzinntem Kupfer, Aluminium oder auch Kunststoffrohre und glasierte Tonrohre bei niedrigem Wasserdruck. (Bleirohre sind nach § 3 des Lebensmittelgesetzes verboten, vgl. Abschnitt Trinkwasserqualität). Kupfer und Messing bieten gegen Korrosionen einen größeren Widerstand als Eisen. Spuren von Kupfer werden noch unter der Schädlichkeitsgrenze an einem bitteren Geschmack des Wassers erkannt. Verzinkte Stahlrohre sind gegen aggressive Wässer nicht widerstandsfähig. Es kommt nur zu einer anfänglichen Verzögerung der Korrosion. Die im Wasser aufgelösten Zinkmengen sind gesundheitlich unbedenklich.

Rohre mit geteerter und bituminöser Innenauskleidung können einen Phenolgeschmack an das Wasser abgeben. Diese Stoffe sollten dem äußeren Schutz der Leitungen vorbehalten bleiben.

Beton- und Zementrohre sind nur geeignet für Wässer, die nicht korrosiv sind. Auch für Wässer mit hohem Magnesium- und Sulfatgehalt sind sie nicht verwendbar, da sie das Materialgefüge zerstören.

Trinkwasserleitungen aus dem Gemeindenetz dürfen in der Regel nicht mit dem Leitungssystem zusammengeschlossen werden, das durch eine Eigenversorgungsanlage gespeist wird.

Die Anlagen für das Heben des Wassers aus der in der Nähe gelegenen Brunnen- oder Quellfassung können von Fall zu Fall recht unterschiedlich sein. Bei nicht zu tiefen Brunnen und bei Vorhandensein von mehreren Brunnen (sog. **Brunnengalerie**) findet man gemeinschaftliche Heber- oder Saugleitungen, die zu einem mit Pumpen ausgestatteten **Sammelschacht** oder einem Windkessel führen. Weiter verbreitet ist jedoch die Ausstattung jedes Brunnens mit einer **Pumpe**. Für geringe Förderhöhen bis zum Sammelbecken genügt schon eine einfache **Saugpumpe**. Größere Förderhöhen werden mit einer **Saug- und Druckpumpe** bewältigt, die mitunter auch als **Unterwasserpumpe** im Brunnenrohr hängt.
Es gibt hier die unterschiedlichsten Bauarten (Kolbenpumpe, Kreiselpumpe, Tiefbrunnenpumpe usw.). Weit verbreitet auch in der Erfrischungsgetränkeindustrie ist die Förderung des Wassers in einen sog. Windkessel, in dem es unter Druck in Vorrat gehalten wird. Ein Druckschalter setzt die Pumpe automatisch dann in Betrieb, wenn durch Wasserentnahme aus dem Windkessel der Wasserdruck unter eine einstellbare Grenze sinkt und schaltet die Pumpe dann aus, wenn der eingestellte Maximaldruck im **Windkessel** wieder erreicht ist. Je größer der Windkessel ist, umso gleichmäßiger wird der Wasserdruck in der Anlage. Daher kommen solche Anlagen in einigen Betrieben auch dann zur Anwendung, wenn das benötigte Wasser z.B. aus öffentlichen Wasserleitungen einen zu geringen Druck besitzt. In solchen Fällen dient dann die mit einem Windkessel verbundene Pumpanlage der **Druckerhöhung im Betriebsnetz**.

Brunnenreinigung

Wässer mit hohem Eisen-, Mangan- und Kalkgehalt verursachen vielfach Ausscheidungen, die sich nicht mehr auf mechanischem Wege wie starke Spülung, und dgl. entfernen lassen. Hier hilft oft verdünnte Salzsäure, die mindestens 24 Stunden einwirken muss.
Voraussetzung dafür ist aber, dass die Brunnenfilter aus säurebeständigem Material bestehen. Man beachte vor allem auch die Vorschriften zur Unfallverhütung und benutze Entlüftungsrohre, Atemschutzgeräte usw.

Verstopfte Brunnenfilter versucht man durch plötzliches Heben und Senken des Wasserstandes, d.h. durch das sog. Stöpseln des Brunnens wieder in Gang zu bringen. Diese wirksamen Wasserstöße werden durch Auf- und Abwärtsbewegung eines in das

Aufsatz- oder Saugrohr eingeführten Kolbens erzeugt. Meistens halten die Brunnenreinigungen nicht lange vor und es ist dann besser, das Filterrohr zu ziehen, nachzubohren und neu einzusetzen; evtl. ist eine Neubohrung an anderer Stelle zu erwägen. Eine **Desinfektion des Brunnens** geschieht derart, dass man zunächst stark abpumpt und dann mit einem möglichst bis zum Filter des Brunnens hineinragenden Schlauch 7%ige Hypochloritlauge (15 %-ige käufliche, 1:1 verdünnt) einfüllt. Gegebenenfalls ist die Hypochloritlauge auch mit einer Pumpe durch ein eingesetztes Rohr in den Brunnen hineinzudrücken (Chlorkonzentration im Brunnen = 1g/l).

Die Einfüllung muss sofort geschehen, damit das Desinfektionsmittel nach unten sinkt und dort seine Wirksamkeit entfalten kann, noch bevor der Grundwasserspiegel nach beendetem Pumpen sich wieder gehoben hat und das tiefe Eindringen des Desinfektionsmittels beeinträchtigt. Kupferfilter werden nicht angegriffen und Eisenfilter nur sehr wenig. Selbstverständlich sind die Brunnen nach 24- oder 48-stündiger Einwirkungszeit durch Abpumpen sehr stark und so lange zu spülen, bis kein freies Chlor mehr nachweisbar ist. Erst dann kommt eine Inbetriebnahme zur Wasserversorgung in Frage. Mitunter muss der Desinfektionsprozess mehrmals wiederholt werden. Sollte jedoch das Grundwasser infiziert sein, ist diese sich nur auf die Brunnenanlage erstreckende Sanierungsmaßnahme naturgemäß zwecklos. Es sei aber wegen der Gefahr der Beeinträchtigung der wertvollen Brunnenanlage wärmstens empfohlen, sich in dieser Angelegenheit der Brunnensanierung an eine Firma zu wenden, die mit dem Brunnenbau und den Sanierungsmaßnahmen vertraut ist.

3.1.5 Wasserschutzgebiete

Zur Herstellung von Tafelwässern sowie süßer alkoholfreier Erfrischungsgetränke darf nur gesundheitlich unbedenkliches Wasser verwendet werden, das die unter „Trinkwasserqualität" genannten Gesichtspunkte erfüllt. Diesen Anforderungen sollten selbstverständlich auch Heilwässer, Mineralwässer und Quellwässer genügen, zumal der Verbraucher an diese Wässer hinsichtlich Reinheit oder gesund erhaltender Wirkung höhere Ansprüche stellt. Unter diesem Aspekt ist es verständlich, wenn diese von der Natur bevorzugten Wässer mit noch weiter gehenden Schutzbestimmungen (Hessisches Wassergesetz von 1960, § 25 und 41 zum Schutz staatlich anerkannter Heilquellen, LAWA-Richtlinie und WHG § 19) bedacht werden, als sie für alle Grundwässer z.B. durch das Gesetz zur Ordnung des Wasserhaushaltes („Wasserhaushaltsgesetz") und die dieses Rahmengesetz des Bundes ausfüllenden Landeswassergesetze ohnehin schon gelten. Der Deutsche Verein von Gas- und Wasserfachmännern (DVGW) hat in den Regeln W 101 bis 103 die Richtlinien für Trinkwasserschutzgebiete (1. Teil Schutzgebiete für Grundwasser, 2. Teil für Trinkwassertalsperren und 3. Teil für Seen) zusammengestellt und beschränkt sich darin auf die naturwissenschaftlichen, hygienischen und technischen Gesichtspunkte, die im Falle **einer Schutzgebieteinrichtung zu beachten sind. Es sind die Fließrichtung** des Grundwasserstromes und der **Verlauf der unterirdischen Wasserströme zur Wasserversorgungsanlage zu berücksichtigen.** Für die **Einteilung und Bemessung der Schutzzonen** nach DVGW wird vorgegeben:

z.B.

Zone I Fassungsbereich, bis 10 m im Umkreis

Zone II engere Schutzzone, von Zone I bis 50 Tage Grundwasserfließzeit entfernt (= Abtötungszeit pathogener Keime und Viren)

Zone III weitere Schutzzone im Einzugsgebiet der Wassergewinnungsanlage mit Berücksichtigung auch schwer abbaubarer chemischer und radioaktiver Stoffe, (Ausdehnung etwa 2 km)

Zone I bis II bieten qualitativen hygienischen Schutz für das Trinkwasservorkommen. Dagegen bieten die Heilquellenschutzgebiete auch einen quantitativen Schutz des Quellbestandes in seiner besonderen Beschaffenheit.

Es werden die **Nutzungen untergliedert**, die in diesen Zonen als **gefährlich** anzusehen sind. Genannt werden Nutzungen wie Abfallläger, Tankläger, Heizölbehälter, Müllkippen, Flugplätze, Kläranlagen, Sickergruben, Neuanlage von Friedhöfen, Wagenwaschen und dergleichen. Es wird darauf hingewiesen, dass nicht schematisch vorgegangen werden darf und für die Beurteilung des Falles eine Reihe von Gegebenheiten wie geologischer Bodenaufbau, hydrologische Verhältnisse, Bodenart und Struktur, Art und Ausbau der Fassungsanlage, Wasseruntersuchungsbefunde u.v.a.m. beachtet werden müssen.

Die praktische Einführung dieser Schutzgebiete wird in dicht besiedelten Orten allerdings auf Schwierigkeiten stoßen. (Lit.: Arbeitsblätter DVGW W 101-103, ZfGW-Verlag GmbH, Frankfurt am Main, Zeppelinallee 38)

Gefährdungspotenziale für die Wassergütesicherung in der Wasserversorgung

Für die anthropogene Grundwasserbeeinträchtigung wurden folgende Möglichkeiten zusammengestellt:

- wassergefährdende Stoffe (Lösungsmittel, Reinigungsmittel, Kraft-Stoffe, Öle, HKW u.a.) durch Lekagen, undichte Leitungen und Kanäle, unsachgemäßer Umgang
- defekte Abwasserleitungen, defekte Abwasserentsorgungs- und Abfallentsorgungsanlagen
- vorschriftswidrige Deponien
- Altlasten, kontaminierte Betriebsflächen und kontaminierte Standorte von Müll, Bauschutt u.a.
- landwirtschaftliche Gefährdungen wie Mineral- und Wirtschaftsdünger (Jauche, Mist außerhalb der Vegetationsperiode - NO_3 u.a.), Pflanzenschutzmittel, landwirtschaftliche Klärschlammentsorgung
- Abfälle in Kies- und Kohlegruben
- Straßenabschwemmungen (Streusalze, Blei, Schwermetalle, Mineralölprodukte, Aerosole)
- Niederschläge mit Luftverunreinigungen und Aerosolen
- undichtes Kanalnetz
- Wärmeentzug, Wärmeeinleitung (Wärmepumpe, Kühlwässer, Kontaminationen)

Dem **Wasserbeauftragten des Lebensmittelbetriebes** unterliegt die vollständige Überwachung der Rohwasserversorgung einschließlich Wasseraufbereitung und die Zuständigkeit für die Erledigung von Stör- und Schadensfällen.

Vorsorgender Gewässerschutz besitzt Priorität gegenüber nachrangigen Maßnahmen einer Wasseraufbereitung zur Rückführung der ursprünglichen Reinheit des Wassers.

Der Wassergütebegriff Trinkwasser, der auch als Wasser für Lebensmittelbetriebe verbindlich ist, wird in der Trinkwasser-VO geregelt. Hier sind auch die Regelungen der zur Trinkwasseraufbereitung für den jeweiligen Aufbereitungszweck zugelassenen Zusatzstoffe enthalten.

Zum vorsorgenden Gewässerschutz und zur Wassergütesicherung gehören:

1. Die Bestimmungen über die Einhaltung der Trinkwasser-VO durch einen wesentlich erweiterten Analysenumfang und durch Kontrollen der Wasserversorgungsanlagen einschließlich ihrer Schutzzonen.

2. Die Schutzzonen der Wassergewinnungsanlagen (s. oben)

3. Vorbeugende Maßnahmen gegen anthropogene Grundwasserbeeinträchtigungen (s. oben)

4. Einsicht in Wasserversorgungskataster oder Grundwasserbeobachtungskarten bei der unteren Wasserbehörde, ggf. sind Gegenmaßnahmen einzuleiten.

3.1.6 Wasseraufbereitung

Anforderungen an das Wasser für die Erfrischungsgetränkeherstellung mit allgemeinen Hinweisen zur Wasseraufbereitung

Die Anforderungen an das Wasser für die Heilwässer, für die Mineral-, Quell- und Tafelwässer sind in den vorgenannten Kapiteln dargelegt worden. Das gilt auch für die **Trinkwasserqualität**, die grundsätzlich für das im Lebensmittelbetrieb verwendete Wasser vorausgesetzt wird. Man beachte, dass Heilwässer gar nicht aufbereitet werden dürfen und die Mineral-Tafelwasser-Verordnung ebenfalls die Aufbereitung für natürliche Mineralwässer und Quellwässer mit Ausnahme eines physikalischen Verfahrens zur Enteisenung, Entmanganung und Entschwefelung und des Kohlensäurezusatzes verbietet.

Die Anforderungen an das **Produktwasser** für die Süßgetränke lauten
- Trinkwasserqualität laut Trinkwasser-VO und zusätzlich
- biologisch weitergehende Anforderungen und zusätzlich
- chemisch weitergehende Anforderungen.

Bestimmte, im Trinkwasser in zulässiger Anzahl enthaltene **Keime** können ebenfalls zu **Getränkeverderben** führen, wie z.B. bestimmte Hefen, Milchsäurestäbchen, Leuconostoc und Essigbakterien. Derartige Keime kommen allerdings in Trinkwasser äußerst selten vor.

Häufig stören auch die **Härtesalze**, d.h. die Menge an Calcium- und Magnesiumverbindungen des Wassers, die durch **Neutralisation der Fruchtsäuren** in den Süßgetränken für einen zu geringen Säuregeschmack verantwortlich zu machen sind und auch zu Störungen im Kesselbetrieb, in den Kühlanlagen und während der Flaschenreinigung führen.

Zu erheblichen **Oxidationsschäden** führen **freies Chlor, Chlordioxid, Ozon und größere Sauerstoffmengen** selbst im Wasser mit Trinkwasserqualität. Diese starken Oxidationsmittel, die zur Trinkwasserentkeimung verwendet werden, katalysieren, ähnlich wie **Schwermetalle** (Eisen, Silber u.a.) den Verlust an Ascorbinsäuregehalt der süßen alkoholfreien Erfrischungsgetränke, den Schwund an Aromastoffen, die Veränderung des Geschmacks durch Oxidation der Aromastoffe in seifig-terpentinartig schmeckende Geschmacksstoffe und schließlich den Verlust an Naturfarbstoffen. Eine Entkeimung der für Süßgetränke verwendeten Produktwässer sollte deshalb über eine Entkeimungsfiltration erfolgen oder über UV-Bestrahlung. Reste an Chlor, Chlordioxid und Ozon aus der öffentlichen Wasserversorgung sollten durch **Aktivkohlefilter oder Dechloridfilter** entfernt werden.

Ähnlich unerwünschte Begleiterscheinungen der Oxidationsschäden verursachen aber auch Eisen, Silber und andere Schwermetalle im Wasser, die zusätzlich Bodensatzbildung verursachen.

Sehr schädlich sind aber auch Sauerstoff und Luft durch
1. CO_2-Entbindung, Störung beim Imprägnieren (Karbonisieren) und Abfüllen
2. Starthilfe für Hefe und Acetobacter
3. Verlust an Trübungsstabilität
4. Verlust an Ascorbinsäure
5. Aromaschwund
6. Geschmacksveränderung, seifig, terpentinartig
7. Farbverlust

Aus diesem Grund gehört zu den Grundsätzen bei der Herstellung von alkoholfreien Erfrischungsgetränken eine gute **Entlüftung der Anlagen und des Wassers** vor der Imprägnierung und eine **Vermeidung von Luft- und Sauerstoffaufnahme** der übrigen Getränkekomponenten, wie beispielsweise von Zuckersirup, Ansatz- und Grundstoff und Essenz.

Es besteht die Möglichkeit, bakteriologisch bedingte **Geschmacksschäden, von Geruchs- und Geschmacksabgabe** bei ungeeigneten Anlagematerialien sowie ungeeigneten Kunststoffauskleidungen von Behältern, fehlende Lebensmittelechtheit bei Dichtungen und Auskleidematerial. Es besteht die Möglichkeit von Mikroorganismenwachstum in Wandbelägen und im Sediment von Wasserreserven, besonders wenn in den Wasserreserven keine Verdrängungsströmung stattfindet. Am wenigsten Schwierigkeiten bereiten die Wasserreserven, die nur noch aus Beton bestehen.

Schließlich sind noch **Geschmacks- und Geruchsstoffabgaben** in Ionenaustauschern beobachtet worden. Danach können Keimanreicherungen im Austauscher nicht nur durch Adsorption von Bakterien an die Oberfläche der Harzkugel, sondern auch durch Einschlüpfen und Vermehrung der Bakterien in den rissigen und defekten Harzelementen entstehen, wobei auch die bei der Alterung von Kunststoffen plötzlich abbrechenden Kunststoffketten wie organische Substanzen als Nährstoffquelle dienen.

In die **Risse von Ionenaustauschern oder Auskleidematerialien** eingeschlüpfte Mikroorganismen können sich Entkeimungsmaßnahmen entziehen, wie sie beispielsweise bei der Regeneration des Austauschers mittels Säure vorliegen würden. Deshalb ist die Einhaltung der Rückspülfrequenzen bei den Filtern und Ionenaustauschern außerordentlich wichtig und die entsprechenden Materialprüfmethoden zur Untersuchung ihrer Langzeitstabilität und TOC-Abgabe. Einschlägige Richtlinien und Prüfmethoden zur Vermeidung o.a. Störfälle sind unbedingt zu beachten.

Sehr viele in der Natur vorkommende Wässer entsprechen nicht den erwähnten Anforderungen und müssen demzufolge aufbereitet werden. Bei der **Auswahl der Aufbereitungsverfahren** muss der unterschiedlichen Zusammensetzung der Wässer und den vielfältigen Verwendungszwecken Rechnung getragen werden. So sind die Anforderungen an das für die Herstellung von Fertigware verwendete Wasser ganz anders als an ein Kühlwasser oder an das für die Flaschenspülung oder für Kesselspeisezwecke verwendete Wasser.

Wie schon aus der Trinkwasser-VO ersichtlich wird, ist die Auswahl der Aufbereitungsverfahren sehr groß, sodass hier nur solche Erwähnung finden sollen, die am häufigsten vorkommen.

3.1.6.1 Filtration

a) Sand- oder Kiesfilter zur Entfernung von Suspensionen für die physikalische Verbesserung des Wassers und als Filter bei der Enteisenung.
Heute werden fast ausschließlich Schnell-Kiesfilter mit Geschwindigkeiten zwischen 5 und 25 m/h (auf den freien Querschnitt des leeren Filters bezogen) verwendet. Das Filtermaterial besteht aus gewaschenem kristallisiertem Quarzkies von nahezu gleichmäßiger Körnung. Man unterscheidet offene und geschlossene Filter. Letztere werden unter Druck betrieben. Das Wasser durchströmt die Filterschicht von oben nach unten und wird unter einem gelöcherten, mit Entnahmedüsen versehenen Filterboden als Reinwasser gesammelt und abgeleitet. Die Anordnung der Düsen (Porzellan) ist so beschaffen, dass während des Filtrationsprozesses das Wasser gleichmäßig über die gesamte Filterfläche verteilt wird. Dazu sind je nach Größe des Filters mehrere 100 Bohrlöcher erforderlich. Durch den sich auf dem Kies ablagernden Schlamm steigt der Filterwiderstand allmählich auf etwa 6 bis 10 m WS in den geschlossenen Druckfiltern an, wodurch eine Rückspülung zur Reinigung erforderlich wird. Hierzu wird das Wasser oder ein Wasser-Luftgemisch von unten nach oben durch den Filter gedrückt. Hierbei dient der Düsenboden zur gleichmäßigen Verteilung des Rückspülwassers sowie der über einen Kompressor erzeugten Spülluft. Die Rückspülgeschwindigkeit beträgt je nach Korngröße des Kieses 25 bis 60 m/h. Steht hierfür kein Reinwasser mit genügendem Druck zur Verfügung, kann auch Rohwasser dazu verwendet werden. Allerdings

besitzt dann nach Inbetriebsetzung des Filters der Vorlauf noch keine Reinwasserqualität.

b) Enteisenung, Entmanganung, Entschwefelung

Die Störung dieser Substanzen wurde bereits in den Kapiteln Trinkwasserqualität und Getränkewasserqualität behandelt. Ihre Entfernung geschieht gleichzeitig, und zwar hauptsächlich in einer Kies-Filteranlage, der man eine Belüftungseinrichtung vorgeschaltet hat. Die Belüftung erfolgt entweder durch Verdüsung des Wassers in einem offenen Becken bzw. in einem besonderen Raum (Spritzkammer) oder durch Zusatz von Druckluft in die Rohwasserleitung vor Eintritt in den Filter. Im Wasser enthaltene Schwefelverbindungen, z.B. Eisensulfid, werden durch den Luftsauerstoff in Schwefel umgesetzt und somit entfernt,

$$4\ FeS_2 + 3\ O_2 + 6\ H_2O \rightarrow 4\ Fe(OH)_3 + 8\ S$$

$$H_2S + H_2O + \frac{1}{2}\ O_2 \rightarrow S + 2\ H_2O$$

Das in Wasser lösliche zweiwertige Ferro-Ion des Eisens wird durch den Luftsauerstoff zu dreiwertigem Ferri-Ion oxidiert, das dann seinerseits unlösliches und damit ausscheidbares Eisen-III-hydroxid bildet.

$$2\ Fe\ (HCO_3)_2 + \frac{1}{2}\ O_2 + H_2O \rightarrow 2\ Fe\ (OH)_3 + 4\ CO_2$$

Die Entfernung des Mangans durch Oxidation beruht auf der Bildung von Braunstein

$$2\ MnCl_2 + O_2 + 4\ H_2O \rightarrow 2\ MnO\ (OH)_2 + 4\ HCl.$$

Liegt der **pH-Wert** des Wassers zum Beispiel durch freie Kohlensäure so niedrig (d.h. unter 7), dass die Hydrolysevorgänge gestört werden, so wird auch die Enteisenung beeinträchtigt. Hier bedarf es der Korrektur des pH-Wertes, entweder durch Entsäuerung (Belüftung und Filtration über Dolomitstein-Material) oder durch direkte Filtration über den Dolomitfilter an Stelle eines Kiesfilters, wobei vor diesem Filter ebenfalls eine Belüftungseinrichtung geschaltet werden muss. Die Karbonathärte des Wassers wird durch Auflösung des **Dolomitsteinmaterials** erhöht.

Das Wasser kann noch eine Reihe störender Begleitsubstanzen enthalten, wie z.B. Huminsäure und andere organische Verbindungen, deren Beseitigung durch spezielle Verfahren Rechnung getragen werden muss.

Der **Sauerstoffbedarf zur Oxidation von 1 mg Eisen** im Liter Wasser beträgt 0,143 mg. Das entspricht etwa 0,5 ml Luft. Man mischt dem Wasser etwa 0,5 % des stündlichen Durchsatzes an Luft bei. Die aus dem Kiesfilter sich ausscheidenden Eisen- und Manganverbindungen wirken gleichzeitig katalysierend für eine weitere Ausscheidung. Dieser Umstand erfordert, dass der Filter zur Katalysatorbildung eine gewisse **Einarbeitungszeit** braucht, ehe er richtig arbeitet, bzw. dass er besonders im Falle der Entmanganung anfänglich mit Kaliumpermanganat bzw. Braunstein beimpft werden muss.

Zur **Rückspülung** des Kiesfilters benötigt man je nach Eisen- und Mangangehalt 1 bis 5 % der erzeugten Reinwassermenge.

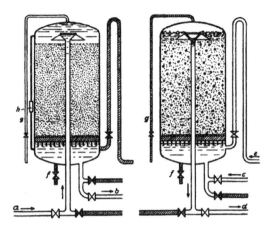

Abb. 3:
Geschlossene Enteisenunsanlage

a Rohwasser mit Pressluftzusatz
b Reinwasser
c Spülwasser
d Schlammwasser
e Pressluft zur Filterwäsche
f Entleerung (Erstfiltrat)
g Entlüftung
h Verschlammungsanzeiger

c) Kohle-Kiesfilter

Sand-Kohlefilter dienen zur Entfernung von Trübungen, Geschmacksstoffen (z.B. freiem Chlor der Trinkwasserchlorierung, Chlorphenol etc.) und Farbstoffen sowie Ozon.

Die Sand-Kohlefilter bestehen aus einem Gefäß mit einer Siebplatte als Zwischenboden, auf der sich mehrere Lagen, bestehend aus Kies bzw. feinem Quarzsand und dazwischen Schichten mit Filtrierkohle, befinden. Die unterste Kiesschicht hält die Kohlepartikel zurück, die sonst in den unter der Siebplatte befindlichen Wasserablauf gelangen könnten. Die obere Kiesschicht überdeckt die Filterkohle, da sie sonst im unfiltrierten Wasser hochsteigen könnte und gewährleistet darüber hinaus ein gleichmäßiges Durchsickern des Wassers.

Es gibt mehrere **Kohlearten**. Zur Entfernung von Geruchs- und Geschmacksstoffen eignen sich in Kleinfiltern Leichtholzkohlen, Linden- und Fichtenholzkohlen (2 bis 2, 5 kg/100 l), für die Entfärbung sind Tier- und Knochenkohle (100 bis 200 g/100 l) und für die gleichzeitige Entfärbung und Geschmacksverbesserung Filter mit Aktiv-Kohle geeignet.

Die Wirkungsweise der Aktivkohle beruht auf ihrer großen Oberfläche (1g Aktivkohle besitzt die Oberfläche von 500 m^2), die auch zur Folge hat, dass Hypochloritionen hierdurch katalytisch zersetzt und reduziert werden.

Im Laufe der Zeit lässt die Wirkungsweise der Kohle nach, und es bedarf einer Neubefüllung, die meistens billiger ist als die umständliche Reaktivierung.

Kohlefilter adsorbieren viele organische Stoffe (z.B. auch Huminsäuren), sodass die Ausbildung eines bakterienhaltigen Nährbodens mit Keimvermehrung und vielen anderen unangenehmen Begleitumständen zu befürchten ist, wenn kein reines Wasser zur Filtration gelangt. Sind die Kohlefilter nicht als Sand-Kohlefilter ausgebildet, so ist mit einem gewissen Kohleabrieb zu rechnen, der über einen Feinfilter, wie z.B. Berkefeld- oder EK-Rahmen-Filter, entfernt werden sollte, da er sonst in klaren Getränken zu einem hässlichen Bodensatz führt. (Die Filter sind mit Heißwasser von mind. 80°C oder Dampf zu sterilisieren.)

d) Feinstfiltration

Diese Filter werden sehr viel in der Erfrischungsgetränkeindustrie verwendet. Das Wasser wird entweder durch **poröse Filterkerzen** aus gebrannter Kieselgur oder durch besondere **Filterschichten** aus Asbest und Baumwolle geleitet. Durch die Auswahl dieser Filterschichten kann man den Grad der Filtration von der Feinstfiltration bis hin zur restlosen Zurückhaltung der Keime und deren Leichen, also bis hin zur Entkeimungsfiltration steigern. Da auch sog. saubere Wässer aus kommunalen Wasserversorgungsanlagen Verunreinigungen enthalten, die zwar für den allgemeinen Gebrauch nicht ins Gewicht fallen, in der Erfrischungsgetränkeindustrie jedoch zu Fehlerquellen führen können, wird in einigen Fällen die Feinstfiltration erforderlich. In der Mineralwasserindustrie trifft das z.B. zu, wenn das kommunale Wasser über ein Aktivkohlefilter entchlort werden musste (z.B. zur Verhinderung von Ausbleichungsvorgängen in fruchttrübenden Limonaden) und dann mit Kohleabrieb im Wasser zu rechnen ist, der über den Feinstfilter beseitigt werden muss, da er sonst seinerseits wieder Getränkefehler verursacht. Die Feinstfilter und Entkeimungsfilter können auf Grund ihres sonst gleichen Aufbaues gemeinsam behandelt werden (vgl. Kapitel Entkeimung des Wassers).

3.1.6.2 Entkeimung

Beim Brunnenwasser kann gesagt werden, dass es umso **weniger Keime enthält, je tiefer** die wasserführende Schicht gelegen ist, aus der es entnommen wird. Dieses Wasser ist deshalb sauberer, weil es beim Durchsickern durch den Boden infolge der mit zunehmender Tiefe sich erhöhenden Anzahl von Erdschichten intensiver filtriert wurde. Tiefengrundwasser hat also fast immer Trinkwasserqualität, sofern die in ihm gelösten Salze nicht ein gewissen Maß übersteigen. Genau wie das Brunnenwasser sollte auch das Talsperrenwasser aus größerer Tiefe entnommen werden, da es dort einen höheren Reinigungsgrad besitzt als in der Nähe der Oberfläche.

Die Wasserentkeimungsverfahren werden untergliedert in
- Wasserentkeimung **mit Zusatzstoffen** wie z.B. Chlor, Chlorprodukte, Chlordioxid, Ozon, Silberionen und
- Wasserentkeimung **ohne Zusatzstoffe** mittels physikalischer Verfahren wie UV, Sterilfiltration etc.

Für die aus gesundheitspolitischen und umweltpolitischen Gesichtspunkten sich aufdrängenden Wasserentkeimungsverfahren ohne Zusatzstoffe gibt es noch einige Einschränkungen, sodass man die Wasserentkeimung mit Zusatzstoffen weiterhin anwendet oder zumindest im stand by, also zur Bedarfsergänzung, vorsieht.

So würden Ablagerungen kalkabscheidender Wässer genauso wie Ablagerungen aus zu hohen Eisen- und Mangangehalten die Sicherstellung einer einwandfreien Trinkwasserbeschaffenheit beeinträchtigen und beispielsweise die **Wiederverkeimungspo-**

tenziale im rauen Rohrnetz verstärken. Dieser Umstand von Ablagerungen im Rohrnetz, wie er auch nach Störungen von Enteisenungs- und Entmanganungsanlagen oder deren Überlastung auftritt, bringt die Betreiber einer Betriebswasserversorgungsanlage vielfach in die Zwangssituation, das damit einhergehende Wiederverkeimungspotenzial durch eine **Wasserentkeimung mit Depotwirkung** zu bekämpfen, wie das durch Chlorzusatz oder starke Chlordioxiddosierung möglich ist.

Aber auch bei den **„zusatzstofffreien" Wasserentkeimungsverfahren** sind Wasserbeeinträchtigungen zu verhindern. Die Wasserentkeimungsverfahren ohne Zusatzstoffe müssen so beschaffen sein, dass durch die Filtermembranen, die Filtermaterialien, die Behälter und Behälterauskleidungen keinerlei Zusatzstoffe mit der Folge von Wasserqualitätsschäden in das Wasser gelangen. Verhängnisvoll sind auch **Stoffwechselprodukte im Bakterienrückstand** an Filtermembranen, wenn deren Entstehung und Abgabe an das Wasser (Folge von Geschmacksbeeinträchtigung) nicht durch Silberionen, durch erhöhte Sauberkeit und ausreichende Rückspül- und Sterilisationsvorgänge verhindert wird.

Bei den **Ozonisierungsverfahren** ist noch folgende Besonderheit zu berücksichtigen: Die oxidativen Abbauprodukte der organischen Wasserinhaltsstoffe durch Ozon stellen erfahrungsgemäß ein gutes Nährmedium für Mikroorganismen dar und begünstigen somit die **Wiederverkeimung**. In dem nachgeschalteten Aktivkohlefilter, wo das Ozon inaktiviert wird, tritt dann durch Bakterienvermehrung eine erhöhte Bakterienzahl im Filterauslauf auf. Ozon bildet aber auch chlor- und bromorganische Verbindungen. Es entsteht Trichlor-Nitromethan durch die Reaktion von Di-Stickstoffpentoxid bei der Ozonerzeugung aus Luft mit organischen Wasserinhaltsstoffen. Der große Vorteil von Ozon ist weniger die Entkeimung, sondern die **Schönung des Wassers durch Oxidation und Entfärbung und Entfernung vieler Inhaltsstoffe** wie Eisen, Mangan, Phenol, Huminsubstanzen u.a.

Technik der Wasserdesinfektion
Verfahren mit Zusatzstoffen

Im Kapitel Trinkwasser-VO wurden bereits die im Zusammenhang mit der Wasserdesinfektion stehenden Zusatzstoffe, ihr Verwendungszweck, ihre Höchstzugabemenge und Restmenge auch an Umsetzprodukten zusammengestellt.

Chlorgasverfahren

Wird Chlorgas dem Wasser zugefügt, so bildet sich Salzsäure und unterchlorige Säure. Diese Reaktion läuft nur in sehr verdünnten Lösungen ab, wie das in den verschiedenen Dosiersystemen (Voll-Vakuum-Chloriersystem oder Druck-Vakuum-Chloriersystem) erkenntlich wird. Die unterchlorige Säure HClO kann je nach pH-Wert in Wasserstoffionen und ClO (Hypochloridanionen) zerfallen. Das Hypochloridanion hat weniger desinfektions- und weniger oxidierende Wirkung.
Dieser **Nachteil** seiner Entstehung besteht im Neutralbereich mit 25 % Anteil (pH 7) und bei pH von über 9,4 mit fast 100 % Anteil. Ferner ergeben sich bei der Chlorung noch Nachteile durch:
- temperatur- und konzentrationsabhängige Einwirkungszeiten,

- durch Reaktionen mit den Inhaltsstoffen des Wassers (anorganische und organische),
- durch Chlorzehrung im Wasserleitungs- und Behälterwandsystem,
- durch Abhängigkeiten von der Redox-Spannung mit deren noch unbekannten stoff- und pH-abhängigen Änderungen.
- Die nachteilige Langzeitreaktion wird durch eine entsprechende Wasserreserve mit Kontaktzeit von 20 - 30 Minuten berücksichtigt.
- Weitere Nachteile sind die Chlorphenolbildung bei Phenolgegenwart,
- die Toxizitätsrisiken,
- die Bildung von Haloformen und Organchlorverbindungen (cancerogene Stoffe) bei entsprechender Grundbelastung des Wassers mit organischen Substanzen,
- die Bildung resistenter Stämme und
- die Beeinträchtigung des Desinfektionserfolges durch Schutzeffekte (Schutzschleime),
- die Korrosionen bei Aluminium im Falle sehr weicher Wässer,
- die zur Vermeidung von Getränkeschädigung erforderliche Chlorbeseitigung mit Aktivkohlefilter u.a.

Die **Vorteile** sind die geringen Kosten von ca. 1 Cent/m³ und die Depotwirkung. Zu beachten sind die Unfallvorschriften, denen man durch das Vakuumchloriersystem am besten begegnet hat.

Die **Keimtötungsgeschwindigkeit** ist abhängig von Chlorüberschuss, dem pH-Wert und der Temperatur des Wassers, seiner Keimzahl und der Art der Keime.

Aus einer Tabelle über den erforderlichen Chlorüberschuss wird ersichtlich, dass bei höherer Temperatur eine geringere Einwirkungszeit bzw. ein geringerer Chlorüberschuss erforderlich wird.
Dagegen bedarf es bei einem höheren pH-Wert eines größeren Chlorüberschusses bzw. einer längeren Einwirkungszeit. Deswegen wird im Allgemeinen im Warmwasserabteil der Flaschenreinigungsmaschine ein, gemessen an der Trinkwasserchlorung, sehr hoher Chlorüberschuss von 5 bis 10 mg Cl_2/l gewählt. Liegt in besonderen Fällen eine Infektion im Rohrleitungssystem vor, so wird eine **schockartige Chlorung** angewendet. Die Chlordosis wird hierzu auf 50 mg/l erhöht und 24 Stunden im Rohrsystem zur Desinfektion belassen. Anschließend wird mit Wasser von Trinkwasserqualität bis auf Chlorfreiheit gespült (nicht bei Edelstahl-Leitungen!).

Wird eine **Hochchlorung** im Trinkwasser wegen schwankendem Keimgehalt vorgenommen (über 0,5 mg Cl_2/l), so tritt eine starke Geruchs- und Geschmacksverschlechterung ein. Die **Geschmacksgrenze** für freies Chlor liegt bei 0,5 mg/l und die **Geruchsgrenze** wesentlich niedriger. In diesem Zusammenhang sei nochmals auf die erwähnten **Entchlorungsmaßnahmen** verwiesen. Diese sind auch gegebenenfalls für Kesselspeisewässer (ohne Entgaser) mit vorhandenem Chlor erforderlich, da sonst das Chlor über den Dampf in das ungepufferte Kondensat gelangt und dort eine pH-Absenkung mit Säurekorrosion verursacht.

Da verschiedene **Ionenaustauscher**, die zur Enthärtung eingesetzt werden, in ihren aktiven Gruppen durch Chlor **geschädigt** werden können, sodass es zur Ausbildung eines Chlorphenolgeschmacks im Wasser kommt, empfiehlt es sich, diese Erscheinung durch eine Entchlorung bzw. spätere Chlorung zu umgehen.

Sehr nachteilig kann sich die Chlorung in phenolhaltigen Wässern auswirken, z.B. in aufbereiteten Flusswässern oder in ungenügend uferfiltrierten Wässern. Das hier gebildete **Chlorphenol** ist durch seinen unangenehmen Geschmack noch in Konzentration von 1 Gamma = 1 µg (Phenol nur 10-100 Gamma) erkennbar. Kosten 0,1 Cent/m^3 ohne Anlagekosten.

Gemäß der **Unfallverhütungsvorschriften** sollen größere in Flaschen etc. aufbewahrte Chlorgasvorräte wegen der Giftigkeit für das Personal in einem separaten, nur von außen zugänglichen und gut belüfteten Raum untergebracht werden, der beheizbar ist (auf 20 °C) und dessen Raumtemperatur niemals unter 10 °C absinkt.

Feste Hypochlorite

Hierbei handelt es sich z.B. um Chlorkalk, der in frischem Zustand 30 bis 33 % wirksames Chlor besitzt und wenig haltbar ist. Er wird sehr gern zur Reinigung von Räumen und Geräten mit herangezogen. Für die Trinkwasseraufbereitung kommt er nur als vorübergehende Behelfsmaßnahme zur Anwendung, da bei seiner Auflösung in Wasser Kalkschlamm zurückbleibt, der eine Dosierung stört. Besser ist hierzu das stabilisierte Calciumhypochlorit, das unter der Bezeichnung Para-Caporit im Handel ist.

Chlordioxidverfahren

Das im reinen Zustand nicht stabile Chlordioxidgas könnte explosionsartig in Chlor und Sauerstoff zerfallen und muss deswegen **am Verwendungsort** nach dem folgenden relativ einfachen und im Wesentlichen nur aus Dosierpumpen und Dosierüberwachungseinrichtungen und Reaktionsschleifen bestehenden Verfahren **hergestellt** werden.

Man unterscheidet

A) das Natriumchlorit-/Chlorverfahren und
B) das Natriumchlorid- und Salzsäureverfahren **(Bellozonverfahren)**

Die Reaktionszeit ist nur mit ca. 15 Minuten zu bemessen. Vorteile des Verfahrens liegen in der 2-fachen Oxidationskraft gegenüber Chlor. Es besteht **kein Geschmacks- und Geruchseinfluss**. Es erfolgt sogar eine **Schönung des Wassers** durch die oxidative Beseitigung unangenehmer Geruchs- und Geschmacksstoffe wie z.B. der Phenole, Algen oder Algenzersetzungsprodukte. Eine Haloformbildung und Bildung von Trihalogenmethanen erfolgt nicht. Die Oxidation von Eisen, Schwefel, Zyaniden, Mangan u.a. ist ebenfalls angezeigt.

Nachteile bestehen in den etwas höheren Kosten gegenüber Chlor, wobei aber auch mit 2 Cent/m³ je nach Größe der Anlage etwa auszukommen ist. Ein nachteiliger Aspekt ist das Chloritanion, das aus dem Chlordioxid im behandelten Wasser zu etwa 60 % gebildet (reduziert) wird, und das nur relativ langsam bei sinkendem pH-Wert zu dem unbedenklichen Chlorid reduziert. Das Chlorit wird als toxisch angesehen und höhere pH-Werte wie z.B. pH 11 sind wegen des länger verbleibenden Chlorits und Chlorats demzufolge ungünstig. Manganchlorid ist nur schwer entfernbar. Chlordioxid lässt sich mit Aktivkohlefiltern oder Dechloridschleusen nicht katalytisch zersetzen, wie beispielsweise Chlor, daher ist die im Wasser verbleibende Oxidationskraft höher und **für süße alkoholfreie Erfrischungsgetränke sogar problematisch**.

Ozonung

Die Ozonherstellung ist mit relativ hohen Investitionskosten verbunden und erfolgt am Verwendungsort. Nicht einfach zu bewältigen ist die Ozongaseinmischung in das Wasser. Nachteilig sind die relativ hohen Kosten mit 4 bis 10 Cent/m^3, die gesundheitlich bedenklichen Reaktionsprodukte (Trihalogenmethane), die bereits erwähnten oxidativen Abbauprodukte mit hohem Wiederverkeimungspotenzial, die erhöhten Sauerstoffgehalte im Wasser mit Korrosionsproblemen und Geschmacksproblemen in süßen Erfrischungsgetränken. Nachteilig ist auch die fehlende Depotwirkung des Ozons.

Vorteilhafte Aspekte der Ozonung liegen in der Schönung des Wassers hinsichtlich Geschmack, Geruch und Farbe, in der Oxidation von NO_2 zu NO_3, in der Beseitigung von NH_3 und Phenol u.a., in der Reduzierung des TOC-Gehaltes, in der Vermeidbarkeit einer Wasserreserve für Kontaktzeiten, die man besser durch Reaktionsschleifen einhalten kann. Vorteilhaft ist auch das Fehlen ozonresistenter Keime, die Entfernung von Eisen, Mangan und Huminstoffen. Letzteres begründet den häufigsten Anwendungsfall der Ozonung.

Bei der Ozonung erfolgt eine Nachchlorung zur Eliminierung der Wiederverkeimung und zur Erreichung von Depotwirkung, was jedoch einen Aktivkohlefilter vorher erforderlich macht.

Silberung

Das Verfahren beruht auf der oligodynamischen Wirkung von Silber. Mit Dosierpumpen dosiert man Natriumsilberchloridlösung in das Wasser, oder es wird Silber durch elektrolytische Auflösung einer Silberanode dosiert. Es kann aber auch Silber in Keramikfilterkerzen zur Hemmung der Keimvermehrung eingesetzt werden.
Silber benötigt eine **Mindestreaktionszeit** von einer Stunde und wird daher insbesondere in Trinkwasserbehältern und Trinkwasserabfüllungen eingesetzt. Vorteilhaft ist die gute Langzeitwirkung. Es treten keine Korrosionen und keine Geschmacksbeeinflussungen auf. Nachteiligerweise wird Silber leicht adsorbiert, sodass rostige Leitungen, Trübungsstoffe im Wasser und höhere Keimgehalte die Silberionen herausnehmen. Das Wasser muss demzufolge keimarm und trübstofffrei sein. Sulfit- und Jodid- und Chlorgehalte sind auf 30 mg/l zu begrenzen. Ein anderer Nachteil ist die katalytische Wirkung der Silberionen auf die Süßgetränke.

Wasserdesinfektion ohne Zusatzstoffe

Diese Verfahren haben alle **keine Depotwirkung**, was in Fällen mit Wiederverkeimungspotenzial von Nachteil ist.

Ultraviolettbestrahlung des Wassers

Es handelt sich um das kostengünstigste zusatzstofffreie Wasserdesinfektionsverfahren. Die Abbildung auf der folgenden Seite verdeutlicht die Einflussfaktoren auf die Keimreduktion, auf die es ja hier ankommt und die abhängig ist vom Mikroorganismus selbst, seinen Konzentrationen und seiner UV-Sensibilität.

Die Keimreduktion ist andererseits abhängig von der UV-Bestrahlungsdosis, d.h. von der Bestrahlungsdauer, die wiederum von der Durchflussgeschwindigkeit des Wassers durch den Reaktor und der Reaktorkammer abhängt. Die Bestrahlungsdosis wird aber auch von der Bestrahlungsstärke, d.h. von der Strahlerleistung und seiner Nutzungsdauer beeinflusst und zum anderen von der Wasserdurchlässigkeit der Strahlen, der Transmission.

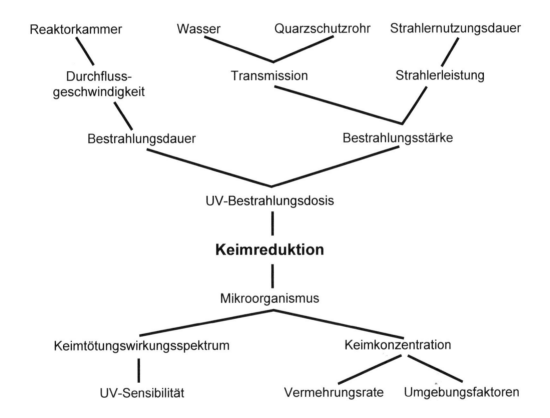

Abb 4: Einflussgrößen bei der Desinfektion mit UV-Strahlen.
Die Begriffe sind im technischen Merkblatt Nr. 11 der FIGAWA definiert.

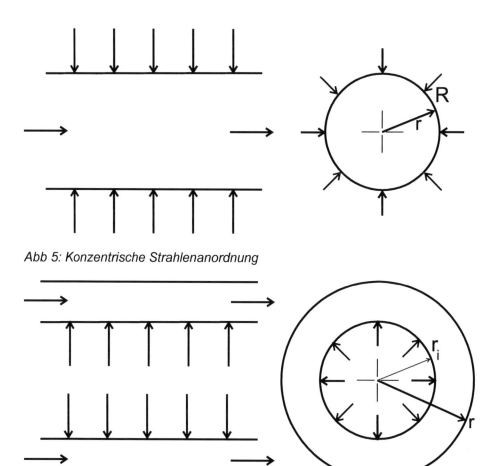

Abb 5: Konzentrische Strahlenanordnung

Abb 6: Zentrische Strahlenanordnung

Die **Bestrahlungsstärke** ist wiederum abhängig von der Schichtdicke des Wassers und der Wasserqualität, d.h. seinen Trüb- und Farbstoffen, seinen Partikeln, die sich dann auf dem Quarzschutzrohr zum Nachteil von Belagbildung usw. ablagern. In den sog. Dünnschicht-UV-Anlagen kann dieser nachteilige Aspekt der gefärbten Flüssigkeiten und milchtrüben Flüssigkeiten verringert werden.

Voraussetzung für die UV-Bestrahlung des Wassers sind also die in der Trinkwasser-VO festgelegten **ablagerungsvermeidenden Wassermerkmale** zur Sicherstellung einer einwandfreien Wasserversorgung. Gegebenenfalls ist eine gute Vorreinigung des Wassers erforderlich, d.h. Huminstoffe, Rostpartikel, Farb- und Trübstoffe müssen vorher entfernt werden. Weitere Forderungen gelten einem möglichst unterbrechungsfreien Betrieb mit geringen Schaltfrequenzen. Es sind Druckschwankungen und Luftentbindungen zu vermeiden. Die Mikroorganismen sollten möglichst homogen im Wasser verteilt sein, und durch das Leitungsnetz sollten keine Rostpartikel und Sekundärinfektionen eingetragen werden.

Eine vielfach ausreichende und zugleich wirtschaftliche Bestrahlungsdosis oder Mindestdosis liegt bei 25 mJ/cm^2. Bei Verkeimungsstößen benötigt man jedoch 60 J/cm^2.

Man unterscheidet **zentrische Strahlenanordnung** und **konzentrische Strahlenanordnung** (siehe Abb. 5 und 6). Die zentrische Anordnung, eingefügt in ein Rohrsystem, führt erfahrungsgemäß zu druckbeständigeren Anlagen. Durch eine Fotozelle (UV-Sensor) wird die Bestrahlungsintensität gemessen und überprüft. Damit werden auch negative Einflussfaktoren wie Belagbildung, Trübung, Ausfall u.a. sofort erkannt.

Zu beachten ist die Lebensdauer eines Strahlers und sein rechtzeitiger Austausch sowie die Pflege der Anlage. Vorteilhaft sind die sekundenschnelle Entkeimung ohne Zusatzstoffe, die Vermeidung von Geschmacks- und Geruchsveränderungen. Es gibt vorteilhafterweise keine Korrosionsgefahren, keine Nachreaktionen mit Getränken und Süßgetränken, keine Sicherheitsvorschriften in Räumen und mit Chemikalien. Die Kosten sind wesentlich abhängig von der Anlagengröße und damit von dem Ausstoß des Getränkebetriebs, und ferner von der Frage, ob mit einer zentralen Anlage wie in kleineren Betrieben auszukommen ist oder ob mehrere dezentral angeordnete Anlagen wie in großen Unternehmen benötigt werden.

Entkeimungsfiltration

Es kommen die unterschiedlichsten Filtersysteme in Betracht, wie **Keramikfilter** oder Filter aus gebranntem Kieselgur oder Sintermetall. Man kennt Kerzenfilter mit Zusatz von Silberionen und Membranfilterkerzen aus Zelluloseacetat oder Zellulosekarton mit Stützgewebe aus Polyester. Sie enthalten einen Stützkern aus Polypropylen sowie Außenstützrohr und Endkappen. Die **Membranfilter** werden mit Polyesterflies ausgestattet, die Patronenfilter mit Zellulosefasermaterial oder mit Nylonmembranmaterial als Scheiben- und Großflächenverfahren. Weitere Filterelemente bestehen aus porös gesintertem Edelstahl. Ferner gibt es für die Vorfiltration Grobfilter aus Edelstahl und Drahtgewebe.

Die Filtration erfolgt in einem Topf durch die Membran von außen nach innen (Abb. 7). Die Porengröße beträgt 0,2 μm (Mikrometer). Der Vollständigkeit halber seien noch Membranfilter, Nanofilter, Schichtenfilter erwähnt.

Bei den Membranfiltern handelt es sich nicht um Tiefenfilter oder um Festbettfilter, sondern um Oberflächenfilter mit dem Nachteil einer schnellen Oberflächenverstopfung. Durch vergrößerte Oberflächengestaltung dieser Filtermembranen, durch unterschiedliche Zusammensetzung und Kombination von Filterschichten wird die Filtergeschwindigkeit erhöht, die Standzeit verlängert, und die Spülintervalle werden verkürzt.

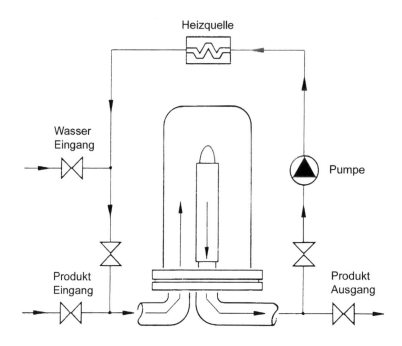

Abb.7: Entkeimfiltration

Die Filtergeschwindigkeit liegt bei 400 l/m³ und Stunde, und der maximale Druckverlust beträgt 4 bar bis 2 bar (bis zu 2 bar noch wirtschaftlich). Die Filtration erfolgt von außen nach innen (Abb. 6) und wird ggf. durch einen Vorfilter ergänzt, um die Leistung des nachgeschalteten Membranfilters zu erhöhen.

Eine Filterkerze von 0,4 m² Oberfläche besitzt z.B. eine Länge von 2,65 m. Für 400 l pro Stunde und m² Filterfläche sind entsprechend mehrfache Filterkerzen zu verwenden. Daraus resultieren hohe Investitions- und Betriebskosten. Bei einer Anlage von 40 m³/Stunde betragen die Investitionskosten 24 000 EUR und die Betriebskosten 0,18 EUR/m³. Diese hohen Kostennachteile bei völligem Fehlen einer Depotwirkung haben dieses System nur begrenzt verbreitet, vorwiegend auf relativ kleine Anwendungsfälle.

Die Filtrationszeit beträgt ca. 6-12 Stunden. Die Rückspülung der Filter erfolgt mit Heißwasser von 80 °C zehn Minuten lang. Die Sterilisation erfolgt mit Dampf 20 Minuten bei 121 °C oder mit Heißwasser 45 Minuten bei 80 °C am Auslauf gemessen oder mit Laugen (bis 50 %) bis 100 °C oder mit diversen Desinfektionsmitteln. Eine Filterbestückung kann je nach Wasserqualität zwischen ½ und 1 Jahr eingesetzt werden.

Schichtenfilter

Hier besteht neben der Siebwirkung auch eine begrenzte Tiefenwirkung des Filters (Adsorption), und es können demzufolge auch Trübstoffe aufgenommen werden. Es gibt verschiedene Hochleistungs- und Entkeimungsschichten, die sogar mit Aktivkohleschichten ergänzt werden können zur Entfärbung, Entchlorung, Entphenolisierung und zur sensorischen Verbesserung des Wassers.

Auch für die Schichtenfilter gelten relativ hohe Investitions- und Betriebskosten sowie hoher Wartungsaufwand, sodass dieses Verfahren zur Wasserdesinfektion nur in relativ kleinen Anwendungsfällen sehr begrenzt verbreitet ist.

Rahmenfilter zur Wasserentkeimung

Sie bestehen aus zwei mit Armaturen (Manometer, Wasserwechsel etc. sowie Zulauf und Ablauf) ausgestatteten Endplatten und einer beliebigen Anzahl von Zwischenplatten, die die Filterkammern bilden. Die jeweils zwischen zwei Platten eingespannte Filterschicht trennt die Kammern in zwei Hälften. In die eine Hälfte tritt das unfiltrierte Wasser ein, dringt durch die Filtermasse und gelangt gereinigt in die andere Kammerhälfte, wo es durch die Ablaufleitung abfließt. Je größer die Anzahl der Filterkammern und Zwischenplatten ist, umso höher ist die Filterleistung.

Durch Ablagerungen an der Filterschicht tritt nach gewisser Zeit ein Druckanstieg ein, der beim Überschreiten des Grenzwertes die Erneuerung der Platten notwendig macht (p z.B. 1,3 bar, aber bei Verwendung als Klärschichten und Entkeimung von Zuckersirup p = 2 bis 3 bar). Die tägliche Filtersterilisation erfolgt 20-30 Min. mit 0,5 bar Dampf oder besser und schonender 30 Minuten bei 90 °C mit Heißwasser (Aufheizung im Kreislauf zwecks Energieeinsparung).

Vorteile der Entkeimungsfilter

Der Geschmack des Wassers bleibt im Gegensatz zur Chlorung unverändert erhalten. Das Wasser ist sofort nach dem Passieren des Filters trinkbar, während bei der Verwendung von Oxidationsmitteln (Chlor etc.) eine längere Verweilzeit einkalkuliert werden muss, was ein Reaktionsgefäß entsprechender Größe (Wasserreserve) erforderlich macht.
Nachteile: kleine Leistung, verhältnismäßig hoher Anschaffungspreis, deshalb nur in bestimmten Abteilungen eingesetzt, umständliche Handhabung.

Abkochen des Wassers

Bereits während 10 Minuten bei einer Temperatur von 75 °C wird ein großer Teil der Keime abgetötet. Da bei kochendem Wasser die für seinen Wohlgeschmack wichtigen Gase (CO_2) und erdalkalischen Verbindungen entzogen werden, besitzt solchermaßen behandeltes Wasser meist einen schalen und etwas faden Geschmack. Das zwar keimfreie Wasser hat nach diesem unwirtschaftlichen Verfahren keine bakteriziden Eigenschaften und nimmt leicht wieder Bakterien auf. Das Verfahren ist nur für Haushaltungen zu empfehlen.

3.1.6.3 Entkarbonisierung von Trinkwasser und Gebrauchswasser (Teilenthärtung)

Man entkarbonisiert z.B. Trinkwasser zur Herstellung süßer alkoholfreier Erfrischungsgetränke besonders in den Fällen, wo befürchtet werden muss, dass die Karbonathärte zu große Mengen an Fruchtsäure neutralisiert. Von **einem Grad Karbonathärte** (deutscher Härtegrad) werden ca. 27 mg Weinsäure oder **25 mg Zitronensäure** oder 32,1 mg Milchsäure je Liter **neutralisiert**, sodass z.B. bei 20° Karbonathärte 33 % der 0,15%igen Zitronensäurezugabe im Erfrischungsgetränke im Hinblick auf den erforderlichen sauren Geschmack verlustig gehen, wenn diesem Umstand nicht durch eine entsprechende Erhöhung der Säurezugabe oder durch eine Entkarbonisierung Rechnung getragen würde.

Nach den Leitsätzen für Erfrischungsgetränke ist eine Säurezugabe bei Fruchtsaftgetränken, ausgenommen Kernobstsaftgetränke, als Verfälschung anzusehen. Hier muss man entkarbonisieren. Bei den übrigen Süßgetränken wird das Produktwasser zur Rezepturvereinfachung und im Interesse gleichmäßiger Markengetränke ebenfalls entkarbonisiert.

Für die Entkarbonisierung gibt es mehrere Verfahren.

Die Entkarbonisierung durch Erhitzen:

Die Entkarbonisierung des Wassers durch Erhitzen wie beim Kaffeekochen, wobei vorwiegend Calciumkarbonat als Kesselstein ausfällt, ist wegen seines hohen Energiebedarfs für die Industrie zu teuer.

Entkarbonisierung mit Kalk:

Großtechnisch entkarbonisiert man meistens durch Zugabe von gelöschtem Kalk oder Kalkmilch zum Wasser, wobei sich nach kräftiger Durchmischung die Karbonathärte hauptsächlich als Calciumcarbonat in Form von Schlamm absetzt.

$Ca(HCO_3)_2 + Ca(OH)_2 \rightarrow 2\ CaCO_3 + 2\ H_2O$

$Mg(HCO_3)_2 + Ca(OH)_2 \rightarrow CaCO_3 + MgCO_3 + 2\ H_2O$

$2\ NaHCO_3 + Ca(OH)_2 \rightarrow CaCO_3 + Na_2CO_3 + 2\ H_2O$

Hierbei muss die dosierte Kalkmilch genau auf die Karbonathärte abgestimmt werden, da sonst ein Zu viel von Kalkmilch (Calciumhydroxid als Lauge) den pH des Wassers heraufsetzen würde. Große Sorgfalt gilt deswegen auch der Ermittlung des Kalkgehaltes in dem des als Zusatz vorgesehenen Kalkwasser, das temperaturbedingten Veränderungen hinsichtlich des Kalkgehaltes unterliegt. Nach dem hier beschriebenen Verfahren lässt sich das Wasser sowohl in dafür vorgesehenen Wasserreserven und anderen Behältern periodisch entkarbonisieren als auch in kontinuierlich arbeitenden Entkarbonisierungsapparaten aufbereiten (z.B. Wirbelstrom-Schnellentkarbonisierung unter Ausnutzung des Reaktionsproduktes).
Durch ein nachgeschaltetes Kiesfilter wird dann das Wasser noch von allen restlichen Verunreinigungen bzw. Ausscheidungsprodukten befreit. Da diese Verfahren zum großen Teil viel Platz benötigen, ständig überwacht werden müssen und das Bereiten von Kalkwasser mit einer ziemlich starken Kalkschmiererei verbunden ist, geht man heute vielfach in Großbetrieben mit hohem Wasserbedarf dazu über, das Wasser durch Filtration über besondere Ionenaustauscher voll-automatisch zu entkarbonisieren.

Entkarbonisierung durch Säurezusatz (Neutralisation)

Eine Entkarbonisierung durch Zusatz sehr geringer Mengen von Säuren, wie Salzsäure oder Schwefelsäure, wäre zwar noch weniger aufwändig und noch billiger als das Verfahren mit Ionenaustauschern, jedoch hat dieses nach der im Übrigen auch auf Grund der bis 2002 gültigen Trinkwasseraufbereitungsverordnung statthaften Verfahren gegenüber dem Ionenaustauschverfahren den Nachteil, dass der Chemikalienzusatz ständig genau nach den eintretenden Umsetzungen berechnet werden muss. So sind z.B. pH-Werte unter 4 zu vermeiden, und der m-Wert sollte auf 0,3 mval angestrebt werden.

Automatisch arbeitende Dosiereinrichtungen für die Säure werden mittels einer im entkarbonisierten Wasser befindlichen pH-Wert- Messeinrichtung gesteuert. Das Verfahren erfordert die Aufsicht einer ausgebildeten Kraft, weil ein Überschuss an Chemikalien sich sehr gefahrvoll auswirken kann.

Reaktionsgleichung: $Ca(HCO_3)_2 + 2\,HCl \rightarrow CaCl_2 + 2\,CO_2 + 2\,H_2O$

Die Gleichung zeigt, dass bei der Säureimpfung aus der Karbonathärte Nichtkarbonathärte neben freier CO_2 entsteht. Der Gehalt an Erdalkali- Ionen bleibt erhalten. Dagegen besitzt die freie CO_2 aggressive Eigenschaften und macht eine Entsäuerung durch Entgasung und eine Restentsäuerung bzw. Neutralisation mit Kalkwasser oder Karbonat notwendig.

Entkarbonisierung mit Ionenaustauschern:

Bei den Ionenaustauschern werden Kunstharzmassen verwendet, die in der Lage sind, Ionen von chemischen Verbindungen, die im Wasser z. B. als Salze gelöst sind, gegen eigene andere Ionen auszutauschen. Dadurch wird die Eigenschaft der im Wasser schädlichen Salze verändert, sodass sie nicht mehr nachteilig wirken. So tauschen z.B. die mit Kationenaustauschmasse gefüllten Filter die karbonathärtebildenden Calcium-Ionen und Magnesium- Ionen des Wassers gegen Wasserstoff- Ionen aus, die zuvor an das Austauschmaterial gebunden waren. Dieser Vorgang erschöpft sich, je mehr die Wasserstoff- Ionen des Ionenaustauschers verbraucht werden. Eine Entkarbonisierung des Wassers findet dann nicht mehr statt, wenn sämtliche Wasserstoff- Ionen ausgetauscht sind. Um das Austauschvermögen aber wieder herzustellen, wird das Austauschmaterial mit Salzsäurelösung durchgespült, wobei die Calcium- und Magnesium-Ionen gegen die Wasserstoff-Ionen der Salzsäure ausgetauscht werden. Erst nach dieser Regeneration ist der Austauscher wieder zur Entkarbonisierung einsatzfähig.

Bei dieser Art von Ionenaustauschern handelt es sich um schwach saure Austauscher, die auf Grund der geringen Dissoziation der austauschenden Ionen im Allgemeinen nur Kationen der Salze schwacher Säuren auszutauschen vermögen. Eine schwache Säure ist z.B. die Kohlensäure, deren Salze sind die Verbindungen der Karbonathärte im Wasser.

$$\begin{matrix}Ca & & Ca \\ \backslash & & / \\ & (HCO_3)_2 + A\text{-}H_2 & \rightarrow A & + 2\,H_2O + 2\,CO_2 \\ / & & \backslash \\ Mg & & Mg\end{matrix}$$

Die an die Karbonate gebundenen Natriumionen werden durch diesen Austauscher nicht mehr zurückgehalten. Hierzu müsste ein Austauscher mit stark sauren Eigenschaften eingesetzt werden. Wie die Reaktionsgleichung zeigt, werden erhebliche Mengen Kohlensäure frei, die wegen ihrer aggressiven Eigenschaften über eine nachgeschaltete Entsäuerungsanlage durch Entgasung und anschließende Restentsäuerung durch Neutralisation mit Calciumhydroxid oder Karbonat zu beseitigen sind.

Die Regeneration des erschöpften Austauschmaterials erfolgt im Allgemeinen mit verdünnter Salzsäure oder Schwefelsäure, wobei der Ersten der Vorzug zu geben ist, weil bei Schwefelsäure die Gefahr der Vergipsung der Filter besteht. Die Behandlung des Materials mit verdünnter Säure und die Aggressivität des erzeugten Reinwassers machen die Auskleidung der Filterbehälter und Rohrleitungen mit einem Korrosionsschutz notwendig. Am besten ist hierfür eine Gummierung bzw. Kunststoffbeschichtung geeignet.

3.1.6.4 Vollentsalzung mit Ionenaustauschern

Mit einer weiteren Art von Ionenaustauschern ist auch eine Vollentsalzung des Wassers möglich. Das Arbeitsprinzip ist wie bei den vorgenannten Verfahren. Die Ionen der Wassersalze werden allerdings hier in zwei Etappen gegen Wasserstoff-Ionen und Hydroxid- Ionen ausgetauscht, und zwar durch Einsatz von stark saurem Kationenaustauschmaterial und stark basischem Anionenaustauschmaterial.
Reaktionsgleichungen:

In der stark sauren Stufe z.B.:

$$\begin{matrix}Cl_2 & & 2\,HCl \\ / & & / \\ Ca & + A\text{–}H_2 \rightarrow A\text{–}Ca + \\ \backslash & & \backslash \\ SO_4 & & H_2SO_4\end{matrix}$$

Die entstehenden freien Säuren erfordern besondere säurebeständige Innenauskleidung der Aggregate.

$$\begin{matrix}Ca & & Ca \\ \backslash & & / \\ Mg & \text{–}\,(HCO_3)_2 + A\text{–}H_2 \rightarrow A\text{–}Mg & + H_2O & + 2\,CO_2 \\ / & & \backslash \\ Na_2 & & Na_2\end{matrix}$$

In der stark basischen Stufe z.B.:

$$A\begin{matrix}OH\\ \\OH\end{matrix} + H_2SO_4 \rightarrow A = SO_4 + 2\,H_2O$$

$$A\text{–}OH + HCl \rightarrow A\text{–}Cl + H_2O$$

Analog erfolgt auch die Entfernung anderer Anionen.

Die **Regeneration** erfolgt mit Salzsäure oder Schwefelsäure in der stark sauren Stufe und mit Natronlauge beim stark basischen Austauschmaterial.

Da das vollentsalzte Wasser praktisch kaum noch Pufferung zeigt, können die Unterschiede im pH-Wert des Reinwassers sehr groß sein. Sie werden zweckmäßig durch ein nachgeschaltetes Ausgleichsfilter (sog. Pufferfilter oder Mischbettaustauscher) behoben. Legt man keinen sehr großen Wert auf gänzlich vollentsalztes Wasser, so erreicht man die **Pufferung** auch durch Verschnitt mit Rohwasser oder Aufhärtung.

3.1.6.5 Weitere Verfahren und Anwendungen

Anwendung der Vollentsalzungsverfahren in der Erfrischungsgetränke-Industrie

In der Erfrischungsgetränkeindustrie muss eine Rückverdünnung von Fruchtsaftkonzentraten mit vollentsalztem Wasser erfolgen (vgl. Fruchtsaft-Verordnung). Auch die analysengetreue Nachbildung bestimmter natürlicher Wässer mit besonders bevorzugten Eigenschaften kann u.U. nur mit vollentsalztem Wasser erreicht werden. Ferner sind vollentsalzte Wässer als Speisewässer bestimmter Kesseltypen gefragt.

Kesselspeisewasser

Auch das Zusatzwasser für die Kesselanlagen erfordert eine Aufbereitung, um einen einwandfreien und wirtschaftlichen Kesselbetrieb zu gewährleisten. So kommt es durch die steinbildenden Bestandteile des Wassers an den Kesselwänden zu Ablagerungen von Kesselstein, die zu einer erhöhten Unfallgefahr führen und den Wärmedurchgang behindern, sodass sich der Brennstoffverbrauch erhöht. Außerdem werden häufiger kostspielige Kesselsteinentfernungen, Reparaturen und Neuanschaffungen notwendig. Die Anforderungen an das Kesselspeisewasser richten sich unter anderem nach der Kesselbauart, dem Kesseldruck und der Heizflächenbelastung. Neben der bereits genannten Entkarbonisierung kommen zur Entfernung der Gesamthärte das Kalksoda-Verfahren oder das Filtrieren über Ionenaustauscher in Frage. Das nur periodisch arbeitende Kalk-Soda-Verfahren kommt für größere Betriebe nicht mehr in Betracht, dagegen finden die Ionenaustauscher, von denen es verschiedene Arten gibt, in zunehmendem Maße Verwendung.

Wasser für die Flaschenreinigung

Von Einfluss auf das Wasser in den Flaschenreinigungsmaschinen sind besonders die Temperatur und die Reinigungsmittel. Genau wie bei der Entkarbonisierung des Wassers durch Kalkmilch (Calciumhydroxid als Lauge) kommt es durch die für die Flaschenreinigung benötigte Natronlauge (verschleppte Laugereste) zur Ausfällung der Karbonate des Wassers und damit zum Steinansatz in den Reinigungsmaschinen.

Die Reaktion dieser Wasserenthärtung verläuft dabei folgendermaßen:

$Ca(HCO_3)_2 + 2\ NaOH \rightarrow CaCO_3 + Na_2CO_3 + 2\ H_2O$

$CaSO_4 + Na_2CO_3 \rightarrow CaCO_3 + Na_2SO_4$

Wie ersichtlich, werden durch die bei der Enthärtung oder durch CO_2-Zutritt aus der Lauge sich bildende sowie in der Lauge ursprünglich vorhandene Soda sogar die Nichtkarbonathärtesalze, wie z.B. Calciumsulfat, in das schädliche Calciumkarbonat umgewandelt.

Die **nachteiligen Folgen einer solchen Kalksteinablagerung in der Maschine** sind ganz beträchtlich. Außer verstopften Düsen, die dann einen ungenügenden Reinigungseffekt zur Folge haben, können die auf den Flaschenträgerketten abgelagerten Kalkschichten durch ihre Porösität die Verschleppung von Weichlauge ganz beträchtlich erhöhen, was zur Beschleunigung des Steinbildungsprozesses beiträgt. Die Gewichtszunahme der versteinten Flaschenreinigungsanlage, und die im Wäremaustauscher gebildete Kalkschicht vermag sich nicht nur nachteilig auf den Heizstrombedarf auszuwirken, sondern verändert auch das Temperaturgefälle innerhalb der Maschine, sodass durch hohe Temperatursprünge ein übermäßiger Flaschenbruch eintreten kann. Darüber hinaus sind die porösen Kalksteinbeläge aber auch ideale Brutstätten für Keime, sodass neben der unzureichenden Reinigung infolge verstopfter Düsen und zu geringer Laugentemperatur auch in biologischer Hinsicht eine mangelhafte Reinigungsleistung zu Stande kommt.

Abgesehen davon, dass durch die Enthärtungsreaktionen ein Teil der Lauge nutzlos verbraucht wird und erhöhte Aufwendungen an Reinigungsmitteln notwendig sind, entsteht auch ein aus Kalkstein bestehender Niederschlag auf den mit hartem Wasser gereinigten Flaschen.

Die Verhinderung der Karbonatausscheidungen macht sich also bei der Flaschenreinigung bezahlt. Sie kann durch Zusatz von Phosphaten bewirkt werden oder besser noch durch solche Ionenaustauscher, die die Calciumsalze und Magnesiumsalze des Wassers in unschädliche Natriumsalze umwandeln. Diese Natriumsalze besitzen ebenfalls eine alkalische Wirkung und ergänzen somit die Reinigungskraft, zum Beispiel nach folgender Reaktionsgleichung:

$2\ NaHCO_3 + H_2O \rightarrow NaOH\ +\ H_2CO_3$
                                    starke   schwache
                                    Lauge   Säure

Das hier geschilderte **Verfahren des Basenaustausches**, wie es für die Flaschenreinigungswässer oder Kesselspeisewässer u.U. in Frage kommt, macht sich einen Vorgang zu Nutze, der sich auch im Boden abspielt und für die Düngung von großer Bedeutung ist.

Die Natriumsalze und Kaliumsalze, die für die Ernährung der Pflanzen so sehr wichtig sind, würden infolge ihrer großen Wasserlöslichkeit sehr leicht durch den Regen aus dem Boden ausgewaschen werden, wenn nicht die im Boden vorhandenen Calcium-Aluminiumsilikate das verhindern würden. Sie haben die Eigenschaft, das Calcium sehr leicht gegen Natrium oder Kalium auszutauschen und halten somit die wertvollen Düngesalze im Boden fest.

Man hat nun solche austauschfähigen Verbindungen auch künstlich hergestellt und unterscheidet von der Rohstoffbasis ausgehend neben den bereits aus dem Boden bekannten Silikataustauschern noch Kohleaustauscher und Kunstharzaustauscher.

Die Reaktionsgleichungen dieses **Basenaustausches** und der Regeneration sind folgende:

Reaktionsgleichung

$$A\begin{matrix}/Na\\ \backslash Na\end{matrix} + Ca(HCO_3)_2 \rightarrow A = Ca + 2\,NaHCO_3$$

Regeneration

$$A = Ca + 2\,NaCl \rightarrow A\begin{matrix}/Na\\ \backslash Na\end{matrix} + CaCl_2$$

Salzbedarf zur Regeneration ca. 60 g NaCl je °dH und m³

Kühlwasser

An das Kühlwasser werden ebenfalls bestimmte Anforderungen gestellt. Es muss gegebenenfalls enteisent werden und soll möglichst frei sein von Karbonathärte, besonders wenn es im Kreislauf mehrmals wieder verwendet wird. Die in Frage kommenden Aufbereitungsverfahren sind weiter oben schon genannt worden. Vielfach genügt hier jedoch ein **Phosphatzusatz** (Phosphatimpfung), durch den ähnlich wie im Kesselwasser die Ausscheidungen von Härtebildnern des Wassers verhindert werden. Dieses Verfahren ist nur bei geringen Karbonathärtegraden angebracht.

Phosphatierung

Sie dient folgenden Möglichkeiten: Verhütung von Härtesalzausfüllungen, Verhütung von Korrosionen und allmählicher Abbau alter Rohrverkrustungen.
Die Härteausfällungen werden durch die Eigenschaft der polymeren Ortho- und Methaphosphate verhindert, die Härtebildner in recht stabile Komplexverbindungen zu maskieren. Die Dosierung erfolgt durch Dosierpumpen oder automatisch arbeitende Phosphatschleusen (in Wasserleitungen eingebaute Filtertöpfe, in denen die Phosphatverbindungen allmählich an das durchfließende Wasser abgegeben werden). Die Dosiermenge beläuft sich auf 1 bis 2 g/m³
Für Kesselspeisewässer von Kesseln bis zu 20 bar dosiert man 15 bis 30 mg P_2O_5/l. In Trinkwässer zur Korrosionsverhütung etc. beträgt die dosierte Menge bis zu 5 mg P_2O_5/l. Die Phosphatimpfung zur Ausschaltung einer Kohlensäureaggressivität kommt nur bei geringem Gehalt an aggressiver CO_2 in kaltem Wasser z.B. bei 2 bis 6 mg/l in Frage. Die Wirkungsweise wird einer Apatitbildung (Doppelbindung von Kalk, Phosphat und Kieselsäure) zugeschrieben. Die Chemikalienkosten belaufen sich gegenwärtig auf etwa 0,25 Cent je m³ Wasser.

In der Wärme werden Polyphosphate in weniger wirksame Orthophosphate abgebaut, und es finden dann Kalkausfällungen doch mehr und mehr statt. Dieser Nachteil wird durch neuartige Organophosphate eliminiert.

Polyphosphate dürfen vor der Dosierung nicht heiß gelöst werden, da sie sonst ihre Wirkung verlieren. Aus diesem Grunde ist auch eine Erwärmung von Kühlwasser über 75 °C, das mit Polyphosphaten zwecks Verhinderung von Härteausscheidungen versetzt wurde, nicht erwünscht.

Magnetische Wasseraufbereitung

Hier handelt es sich um einen in die Wasserleitung eingesetzten Apparat, der bewirkt, dass durch die von ihm ausgehenden starken magnetischen Felder eine Veränderung der Kristallisationsform der Salze eintreten soll. Es werden zwar die Salze dadurch nicht aus dem Wasser herausgenommen, dennoch soll in vielen Fällen eine Inkrustation und in gewissem Grade auch eine Korrosion unterblieben sein, weil die Härtebildner sich nur in feinkristalliner Form ohne Inkrustation ausscheiden. Unter gewissen Voraussetzungen soll das Verfahren auch zur Verhütung von Kalkablagerungen auf den Flaschen nach der Flaschenreinigung einsatzfähig sein.

Das Bundesgesundheitsamt teilte am 26.03.1993 mit, dass es bei diesen Geräten zur physikalischen Wasseraufbereitung auf magnetischer oder elektronischer Basis in keinem Fall bisher gelungen ist, unter wissenschaftlich kontrollierten Bedingungen eine Wirkung nachzuweisen. Die umfangreichen Untersuchungen der Stiftung Warentest, die sich auch in Übereinstimmung mit anderen Untersuchungen befanden, kommen zu dem Ergebnis, dass die Versuchsergebnisse keinen signifikanten Unterschied zeigten zwischen den Testläufen mit physikalischer Wasserbehandlung und denen, die ohne Behandlung als Vergleichsuntersuchungen mitliefen.

Uns ist keine plausible Hypothese für eine mögliche Wirkung bekannt. Ergänzend ist festzustellen, dass im Wasser normalerweise weder Calcid noch Aragonit vorhanden ist, sondern viel mehr gelöste Ionen wie das Calcium-Ion oder Hydrogenkarbonat-Ion. Aus diesen Ionen kann bei der Bildung von Ablagerungen Calciumkarbonat sich sowohl in der Modifikation des Calcids wie des Aragonits niederschlagen. In gesundheitlicher Hinsicht sind keine Unterschiede gegeben.

Membranverfahren bzw. Umkehrosmose

Bei den Umkehrosmose-Anlagen handelt es sich um relativ einfach zu bedienende und relativ einfach konstruierte Anlagen, die aus Vorfiltern, einer Brunnenpumpe und einer auf die Leistungsziffer abgestimmte Anzahl so genannter Modulen mit Membranen bestehen.

Das Wasser gelangt mit hohem Druck durch die Membranen. Die Ionen des Wassers verbleiben im Konzentrat, und das **Permeat** wird ggf. nach Verschnitt mit Rohwasser als Produktwasser oder zu Betriebszwecken verwendet. Für das Konzentrat, das immerhin 30 % Mengenanteil der Anlagenzuflussmenge ausmacht, sind geeignete Verwendungszwecke im Betrieb zu orten. Anderenfalls muss es als Reinwasser ohne Verschmutzungszuschlag dem Abwasser zugeführt werden.

Das Umkehrosmoseverfahren ist in der Getränkeindustrie noch relativ neu. Es wurde inzwischen durch neue **Niederdruckmembranen**, unempfindlicheres Membranmaterial (chlorbeständig), verbesserte Anströmung der Membranen zur Freihaltung der Membranoberfläche u.a. verbessert und kostengünstiger, zumal auch die Haltbarkeit der Membranen nunmehr auf 10 Jahre sich erstreckt.

Unbedingt zu vermeiden ist die **Membranverblockung**, d.h. ein so genanntes Scaling. Bereits geringe Mengen von Bariumsulfat rufen hier eine verheerende Scaling-Wirkung hervor (0,5 mg Barium pro Liter als Grenzwert je nach Sulfatgehalt). Gegenmittel wäre hier die Vorschaltung eines Kationenaustauschers. Die von anderen Ionen ausgehende Scaling- Wirkung lässt sich durch Kohlensäuredosierung oder durch Säuredosierung eliminieren. Kohlensäure hat dabei den Vorteil, dass die Sodaalkalität im aufbereiteten Wasser verhindert wird. Der sonst stattfindende Natriumdurchgang in das Permeat wird durch Kohlensäure verhindert. Gleichzeitig besteht aber auch ein gewisser Chloridschlupf.
Eine weitere Membrangefahr geht vom so genannten **biologischen Fauling** aus, dem Durchwachsen der Keime durch die Membran. Die Membran ist keine Keimbarriere. Sie hält zwar die Keime zurück, die Keime können aber allmählich durch die Membran durchwachsen.
Eine weitere Membrangefahr stellt der so genannte **Kolloid-Index** dar. Aber auch dagegen gibt es Mittel. Die verbesserte Anströmung, verbesserter Aufbau oder die Vorschaltung einer Filtereinheit von 5 μm. Pflanzenschutzmittel werden durch die Membran weitgehendst zurückgehalten. Desgleichen auch andere organische Verunreinigungen im Wasser und anorganische Ionen.
Die Umkehrosmose hält **Partikelgrößen** von 0,0001 bis 0,013 μm (Mikrometer) zurück.

Die **Einsatzgebiete der Umkehrosmose** sind die Reduzierung des Nitratgehaltes und die Reduzierung des Salzgehaltes ohne Einsatz von Anionenaustauschern. Daraus resultieren die wesentlichen Nebeneffekte einer Reduzierung der Karbonat- und Magnesiahärte und des Natriumgehaltes (ähnlich wie beim Ionenaustauscher), die Reduzie-

rung der Kieselsäure und die Reduzierung großmolekularer Verbindungen u.a. Pestizide, CKW, AOX, TOC, DOC.
Die verfahrenstechnischen Vorteile gegenüber Ionenaustauschern liegen in der Konditionierung mit Kohlensäure, keine Abwasseraufsalzung, geringer Platzbedarf und meist geringere Betriebskosten (Betriebskosten sind bis zu einem Salzgehalt von 1500 mg/l konstant), keine säure- und laugebeständigen Fundamente sind erforderlich und geringerer Automatisierungs- und Überwachungsaufwand.

Die **Membranverfahren** mit vorgeschalteter Sedimentation und Abscheidung grober Feststoffe werden in einigen Betrieben zum **Recycling von Behälterwaschwässern** auch bei der Flaschenreinigung von Mehrwegflaschen und zur **Reinigung der Waschlaugen** oder Flaschenreinigungslaugen eingesetzt.

3.2 Süßungsmittel

3.2.1 Zucker

Zucker ist der teuerste Rohstoff in den süßen alkoholfreien Erfrischungsgetränken.

Definition:
Zucker sind so weit im Wasser löslich, natürliche Süßungsmittel und chemisch gesehen, Kohlenhydrate, d.h. Verbindungen aus Kohlenstoff, Wasserstoff und Sauerstoff. Das Verhältnis von Wasserstoff zu Sauerstoff beträgt wie beim Wasser 2:1. Die Anzahl der Kohlentoffatome ist sehr unterschiedlich. Bei den wichtigsten Kohlenhydraten betragen sie sechs C-Atome bzw. ein Vielfaches davon, z.B. $C_6H_{12}O_6$ (Monosaccharid) z.B. Glucose, $C_{12}H_{22}O_{11}$ (Disaccharid) z.B. Rohrzucker. Ferner unterscheidet man noch Polysaccharide wie Stärke, Dextrin, Cellulose (Holzverzuckerung). Die Monosaccharide sind demnach die Bausteine der Kohlenhydrate.

Bei den verschiedenen **Zuckerarten** unterscheidet man:

1) Glucose   Traubenzucker, vorkommend in Früchten, wie der Weintraube, technisch gewonnen durch Stärkeabbau.
2) Fructose   Fruchtzucker, vorkommend im Saft vieler Früchte.
3) Maltose   Malzzucker, dieses Disaccharid kommt im Malz vor.
4) Lactose   Milchzucker, vorkommend in der Milch.

Die Glucose, verunreinigt mit Stärkeabbauprodukten, befindet sich vielfach als Stärkezucker und Stärkesirup im Handel und wird als Dickungsmittel verwendet. Dieser **Stärkezucker** besitzt nur etwa ein Drittel der Süßkraft des Rohrzuckers. Für Fruchtsirupe und Fruchtsaftgetränke ist ihre Verwendung wegen der Dickung bzw. Vortäuschung nach den Richtlinien nicht gestattet, in Limonaden aber zulässig. Die Kohlenhydrate sind Produkte des Assimilationsprozesses beim Pflanzenaufbau und werden aus Wasser und Kohlensäure, der Luft sowie Einfluss des Sonnenlichts mit Hilfe des Blattgrüns gebildet. Als ältestes Süßungsmittel ist der Honig bekannt, der den sog. Invertzucker d.h. ein Gemisch aus Glucose und Fructose, enthält.

In tropischen Ländern wird dagegen seit 1500 Jahren der Saft des Zuckerrohres als Süßungsmittel verwendet. Er wurde in eingetrockneter Form als **Rohrzucker** auch nach Europa exportiert.

1747 entdeckte der Berliner Chemiker Markgraf im Saft der Runkelrübe kristallisierbaren Zucker. Durch Neuzüchtungen von Rüben mit höherem Zuckergehalt, den sog. Zuckerrüben, gelang sodann 50 Jahre später dem Berliner Chemiker Achard in Berlin Kaulsdorf den Rübenzucker herzustellen. Dieser Zucker, der heute großtechnisch hergestellt wird und chemisch gesehen mit dem Rohrzucker völlig identisch ist, wird aus dem Saft der Zuckerrübe, die heute einen 17-18%igen Zuckergehalt besitzt, gewonnen.

Gewinnung

1. Saftherstellung
2. Saftreinigung
3. Eindämpfung zur Kristallisation
4. Trennung der Kristalle vom Sirup
5. Raffination des Zuckers

Aus geschnitzelten Rüben wird in einem komplizierten Prozess durch Auslaugung mit warmem Wasser der sog. Diffusionssaft hergestellt. Durch Eindampfen wird daraus der Zucker gewonnen. Die Ausbeute ist umso vollständiger, je reiner der Saft ist, d.h. je weniger Nichtzuckerstoffe er enthält. Diese Fremdstoffe werden mit gebranntem Kalk ausgefällt. Um den gebrannten Kalk dann wieder zu entfernen, wird Kohlensäure eingeblasen und der Kalk als Karbonat ausgeschieden. Die Kalk- und Kohlensäurebehandlung nennt man Saturation. Anschließend wird der Saft in Filterpressen filtriert und gegebenenfalls einer Kohlebehandlung unterzogen. Der so erhaltene Dünnsaft wird zu Dicksaft eingedampft und anschließend im Vakuumverdampfer zur sog. Füllmasse konzentriert. Bei dieser Füllmasse handelt es sich um einen Kristallbrei mit 85 % Zuckergehalt. In Zentrifugen werden daraus die Kristalle ausgeschleudert, und man erhält den Rohzucker. Die aus der Zentrifuge auslaufende Flüssigkeit wird abermals eingedampft und danach ebenfalls zur Rohzuckerabscheidung zentrifugiert. Der bei diesem Prozess anfallende Ablauf mit stark angereicherten Nichtzuckerstoffen wird als Melasse bezeichnet, die zur menschlichen Ernährung ungeeignet ist. Sie ist nicht mehr kristallisierbar. Der bei der Zentrifugierung anfallende Rohzucker ist unansehnlich, gelblich und durch anhaftenden Sirup sehr klebrig. Außerdem besitzt er einen kratzigen Geschmack. Aus diesem Grunde muss er in sog. Raffinerien zu Weißzucker verarbeitet werden. Dieser Prozess besteht aus mehreren Teilen. Zunächst wird der Sirup mit gesättigter reiner Zuckerlösung abgewaschen und anschließend durch weitere Lösungsvorgänge unter evtl. Kohlezusatz entfärbt. Man erhält bei der nunmehr erfolgenden Kristallisation den reinen Raffinadezucker, der als Hut-, Würfel-, Kristall- oder Kandiszucker in den Handel gelangt.

Der Rohr- oder Rübenzucker ist nicht direkt gärfähig. Es handelt sich bei dieser **Saccharose** (Sukrose) um ein Disaccharid, das aus Kohlenhydratbausteinen der C_6-Reihe (Einzelzucker oder Monosen) besteht. Das Disaccharid lässt sich in seine Einzelbestandteile durch die sog. Inversion zerlegen.

Inversion

Die Aufspaltung des Disacharids Rohrzuckers oder Rübenzuckers in seine Bestandteile Glucose und Fructose nennt man Inversion. Sie erfolgt durch längeres Erhitzen des mit Wasser aufgelösten Rohrzuckers oder auf wesentlich schnellere Weise unter Säurezusatz.

$$C_{12}H_{22}O_{11} + H_2O \rightarrow 2\ C_6H_{12}O_6$$

Die Summenformel ($C_6H_{12}O_6$) ist für Glucose und Fructose gleich. Unterschiede ergeben sich bei diesem Zucker lediglich in der Konfiguration.

Das bei der Inversion entstehende Zuckergemisch nennt man **Invertzucker.** Dieser wird im Gegensatz zum Rohrzucker durch Hefen und andere Mikroorganismen vergoren. Bei diesem Prozess entstehen Alkohol und Kohlensäure. Dieser Gärprozess ist bekanntlich in der Erfrischungsgetränke-Industrie unerwünscht. Die Inversion tritt im Allgemeinen erst in der Flasche durch den Säuregehalt der Limonaden ein und führt dort zur Geschmacksabrundung. Es empfiehlt sich daher, die Limonaden nicht sofort nach der Herstellung zu verkosten, sondern bis zur Verkostung etwas Zeit ca. fünf Tage für die Inversion verstreichen zu lassen.

Die Inversion geht relativ langsam vor sich (siehe Tabelle).

Inversion des Zuckers in Limonaden (bei Abfüllung 7,5 % Sacch.; pH 2,7; Temp. 20 °C) nach Emmerich.

Zeit nach Abfüllung	g Invertzucker	% des Zuckers invertiert
1 Tag	0,07	0,9
5 Tage	0,26	3,5
9 Tage	0,44	5,9

Anforderungen, Handelsformen, Qualitätskriterien

Die Zuckerartenverordnung des Deutschen Lebensmittelrechtes unterscheidet die auf den folgenden Seiten tabellarisch zusammengestellten Zuckerarten und deren Qualitätskriterien. Damit wurde auch der vorausgehenden EU-VO über Qualitätskriterien für kristalline Zucker Rechnung getragen.

Der beste kristalline Zucker ist **die „Raffinade"** mit einem Reinzuckergehalt von 99,7 bis 99,8 % = **Kategorie 1** lt. VO der EU-Kommission. Aber auch der **„Weißzucker"** = EWG-**Kategorie 2** kommt für die Erfrischungsgetränke-Industrie noch in Betracht.

Weißzucker der Kategorie 1-3: gesund, handelsüblich, trocken, in Kristallen, einheitliche Körnung, freifließend

Die Reinheit des Zuckers wird mit einem speziellen Punktsystem beurteilt, wobei dem Aschegehalt große Bedeutung beigemessen wird. Dieser Aschegehalt besteht wie bei allen pflanzlichen Produkten aus Salzen, Pektin, Eiweißstoffen und Farbstoffen. Berücksichtigung im Punktsystem erfährt aber auch die Farbe des gelösten Zuckers sowie seine Verfärbung beim Erhitzen. In den EU-Richtlinien und der **Zuckerarten-VO** fehlen aber die für die Erfrischungsgetränkeindustrie wichtigen Merkmale hinsichtlich Saponinfreiheit und mikrobiologischer Beschaffenheit.

Nach der Zuckerartenverordnung sind als definierte Zuckerarten und nach Qualitätskriterien zu unterscheiden:

	Polarisation oder Trockensubstanz	Invertzucker-gehalt i.TS	Trocknungsverlust/ Feuchtigkeit	Leitfähigkeits- asche	SO_2 in TS mg/kg	Farbtype
1. Raffinierter Zucker, raffinierter Weißzucker oder Raffinade (EG-Kat.1)	99,7 °S	max. 0,04%	max. 0,1%	max. 6 Punkte 0,01% Asche		max. 4 Pkte
2. Zucker oder Weißzucker (gereinigte kristalline Saccharose) (EG-Kat.2)	99,7°S	max. 0,04%	max. 0,1%	0,01-0,02 % Asche		max. 12 Pkte.
				Asche i.TS		
3. Flüssigzucker (wässerige Lösungen von Saccharose)	mind. 62 %	max. 3%		max. 0,1% TS	max. 15	max. 45 Icumsa-Einheiten
4. Invertflüssigzucker (z.T. hydrolisierte Saccharose, überwiegend Saccharose) weniger als 50 % invertiert	mind. 62 %	3-50 %		max. 0,4 % TS	max. 15	max. 25 Icumsa-Einheiten
5. Invertzuckersirup (Invertzucker vorherrschend aus intervertierter Saccharose) mehr als 50 % invertiert	mind. 62 %	mehr als 50 %		max. 0,4 % TS	max. 15	max. 25 Icumsa-Einheiten
11. GSHF = Glucosesirup mit hohen Fructosegehalt (Isoglucose) (siehe weiter hinten)						

Anmerkung: 1 Punkt = 0,0018 % Asche
= 0,5 Farbtypeneinheiten
= 7,5 Icumsa-Einheiten

Hinsichtlich der **mikrobiologischen Beschaffenheit für kristalline Zucker** werden in Ermangelung deutscher Vorschriften die Standards der „American Bottlers Association" für die Beurteilung herangezogen. 10 g TS Weißzucker sollte danach nicht mehr enthalten als 10 Hefen, 10 Schimmelpilzsporen, 150 mesophile Gesamtkeime, 150 mesophile Schleimbildner und 100 thermophile Sporenbildner. Statistische Erhebungen über die mikrobiologische Beschaffenheit von Zucker in den Berliner Senatsreserven, in denen Zucker aus verschiedenen Ländern lagern, haben gezeigt, dass der Zucker bei sachgerechter Lagerung im Allgemeinen eine weitaus bessere Beschaffenheit aufweist als nach den amerikanischen Vorschriften.

Die mikrobiologische Beschaffenheit für flüssige Zucker richtet sich in Ermangelung europäischer Vorschriften nach der Vorschrift der „American Bottlers for Carbonated Beverages Association" für Zuckersirup. 10 g Flüssigzucker darf danach nicht mehr als 10 Keime als Hefen- und Schimmelpilzsporen und nicht mehr als 100 mesophile Bakterien (Gesamtbakterien) enthalten. Das gilt für 20 Untersuchungen, wobei nur eine Probe eine begrenzte Überschreitung haben darf.
F. Sand und A. Kolchoten fordern bei Zuckersirup für Hefen und Schimmelpilze unter einem Keim/ml und eine Gesamtkeimzahl unter 20/ml.

Lagerverhalten von Kristallzucker

Trotz seines niedrigen **Aschegehaltes** (Kategorie 1 unter 0,01 %, Kategorie 2 zwischen 0,01 und 0,02 %) bestehen enge Zusammenhänge mit der darauf zurückzuführenden Feuchtigkeitsaufnahme und infolgedessen Einflüsse auf das Lagerverhalten. Je höher der Aschegehalt im Zucker, umso mehr ist der Zucker **hygroskopisch**, und zwar je nach relativer Luftfeuchtigkeit.

Zucker sollte in Lagerräumen mit möglichst weniger als 65 % relativer Luftfeuchtigkeit aufbewahrt werden. Nötigenfalls ist eine Temperierung erforderlich. Bei einer relativen Luftfeuchtigkeit von über 80 % muss mit dem Auflösen des Zuckers gerechnet werden. Schwankungen der relativen Luftfeuchtigkeit während der Lagerung verursachen Klumpenbildung, auch das mikrobielle Verhalten wird davon beeinflusst.

Weißzucker wird nach Gewicht gehandelt, im Allgemeinen im Silowagen oder in Säcken zu 50 kg. Wässerige Zuckerlösung mit über 60 % nennt man **Zuckersirup**. Sie sind unempfindlicher gegenüber Gärungen als dünnere Lösungen, sie sind also mikrobiologisch weniger anfällig.

Eigenschaften

Der **Weißzucker** ist schwer löslich in Alkohol, unlöslich in Äther und leicht löslich im Wasser. Beim Trocknen und Erhitzen schmilzt Zucker unter Abgabe von Wasserdampf zu glasiger Masse, die beim Abkühlen ohne Kristallbildung erstarrt (Bonbonzucker). Bei weiterem Erhitzen auf 150 bis 200 °C erfolgt eine gelbbraune bis schwarze Färbung unter Abgabe von Dämpfen. Beim Erkalten entsteht darauf eine schwarzbraune Masse, bei weiterer Erhitzung käme es zur Entzündung.

Zucker kommen als Normalzucker oder als Zuckerkulör in den Handel. Beim **Zuckerkulör** handelt es sich um einen Zucker, der lediglich durch Erhitzen gefärbt wurde und demzufolge als natürlicher Farbstoff angesehen wird. Dieser Zuckerkulör zeichnet sich durch einen schwach bitteren Geschmack aus und dient zum Gelb- bis Braunfärben von Limonaden usw. (z.B. Apfellimonade, Colalimonade).

Maillard-Reaktion: Zucker und Aminosäuren - Melanoidine
brauner Farbstoff - Braunfärbung des Zuckers.

Flockung des Zuckers „Floc"

Hierunter versteht man die Trübung aus flockigen weißen Niederschlägen bei Verwendung nicht flockfreier Zucker in klaren Limonaden. Verantwortlich hierfür sind Saponine, die in Zucker geringerer Güte vorkommen können, in alkalischen oder neutralen Lösungen kolloidal löslich sind, im sauren Bereich sich jedoch ausscheiden. Dieser Prozess wird durch Silberionen, wie sie zur Haltbarkeitsverbesserung in Getränken enthalten sein können, beschleunigt und dann durch Schwarzfärbung der Flocken verdeutlicht.

Der **schaumerzeugende, oberflächenaktive Stoff Saponin** ist in der Zuckerrübe bis zu einem Gehalt von 0,1 % vertreten und wird nahezu 100%ig bei der Weißzuckerherstellung entfernt. Er kommt heute umso weniger vor, je reiner der Zucker ist. Mengen von 0,001 % können aber bereits Schwierigkeiten auslösen. Daher empfehlen sich folgende Wareneingangskontrollen der Weißzucker:

Spreckels Floc-Test

30%ige Zuckerlösung mit Phosphorsäure (pA) auf einen pH-Wert von 2,0 ansäuern und in einem Wasserbad 15 Minuten auf 100 °C erwärmen. Nach 20 bis 24 Stunden soll die Probe in einem starken Lichtstrahl im Hinblick auf Flockenbildung beobachtet werden.

Coca-Cola-Test

68 g Zucker in 55 ml destilliertem Wasser lösen, über einen Faltenfilter filtrieren. Zu 90 ml des Filtrats werden 45 ml Phosphorsäure (hergestellt durch Verdünnen von 15 ml 85%iger OPhosphorsäure mit 250 ml destilliertem Wasser) in einem 100-ml-Erlenmeyerkolben zugesetzt. Die verschlossene Probe wird zehn Tage bei Raumtemperatur aufbewahrt und anschließend auf Ausflockung untersucht.

Schaumwirkung

Im Zusammenhang mit den Saponinen ist es nahe liegend, dass dieser **oberflächenaktive Stoff** eine gewisse Schaumwirkung verursacht. Bekanntlich neigen klare Zitronenlimonaden stark zum Schäumen und bedingen Abfüllschwierigkeiten, denen man vielfach durch Reduzierung der Abfüllgeschwindigkeit bzw. des Maschinenlaufs begegnet.

Nach Untersuchungen von Gübel (Naturbrunnen 18, 2 (1968) S. 26) kommt aber auch der Alkohol (Bestandteil der Essenz) als Schaumbildner in Betracht, während die Terpene des Zitronenöls in der Essenz eine schaumdämpfende Wirkung besitzen. Ebenso wie der Alkohol, der durch Senkung der Oberflächenspannung das Schäumen erleichtert, fördert auch die Zitronensäure die Schaumbildung.

Süßungseigenschaften vgl. später

Wasserlöslichkeit

Für eine gute Löslichkeit im Wasser ist die Körnung sehr ausschlaggebend, z.B. löst sich Puderzucker nur sehr schwer im Wasser, die Zuckerteile sind zu fein verteilt. Es bilden sich Siruphäutchen um diese Partikel, die weiteren Wasserzutritt verhindern. Am besten ist daher Kristallzucker mit **mittlerer Körnung** (0,5 bis 1,4 mm).
100 Teile Wasser lösen bei 20 °C 204 Teile Zucker. Das Löslichkeitsverhältnis beträgt also 1:2. Heißes Wasser löst wesentlich mehr Saccharose, die jedoch beim Abkühlen wieder auskristallisiert, vgl. Tabelle.

Temperatur in °C	Gehalt der gesättigten Zuckerlösung in Gew. %	Viskosität mPa.s
0	64,2	677
10	65,6	346
20	67,1	214
40	70,4	116
60	74,2	90
70	76,5	86
80	78,4	83
100	83,0	80

In der Praxis verwendet man daher vorwiegend 65%igen Zuckersirup, der auch fertig bezogen werden kann. Die auf dem Markt darüber hinaus noch angebotenen flüssigen Zucker, mit Zuckergehalten z.B. 72,7 % enthalten zum großen Teil auch Trauben- und Fruchtzucker, sodass ein höheres Löslichkeitsverhältnis möglich wird.

Tabelle über die Löslichkeit verschiedener Zuckerarten und Zuckeralkohole in Wasser bei 20 °C.

	Löslichkeit in Gew.-%
Saccharose	66,7
Dextrose	47,2
Fructose	79,3
Lactose	18,7
Sorbit	68,7
Xylit	62,8
Isomalt	24,5
Mannit	18,0 bei 25 °C

Zuckergemische erhöhen die Löslichkeit

Viskosität

Sie ist für die Auslegung von Mischdüsen, Rohrleitungen und Pumpen von Bedeutung. Die Viskosität ist je nach Temperatur, Konzentration und Zuckerart verschieden.

Temperatur	Viskosität cp Invertzuckersirup (72,7 %)	Viskosität cp Saccharosesirup (65 %)
10 °C	ca. 1100	346
20 °C	ca. 430	214
30 °C	ca. 210	151
40 °C	ca. 100	116

Bei 20 °C ist die Viskosität von Invertzucker doppelt so hoch wie bei Saccharosesirup (= Flüssigzucker).

Dichte

Die Dichte ist bei Zuckerlösungen abhängig von Temperatur, Zuckerart, Konzentration und Mischungsverhältnis. Die **Saccharose besitzt die Dichte von 1,6.**

*Anmerkung: Dichte Zucker = 1,6
Dichte = Gewicht : Volumen
und Volumen = Gewicht : Dichte,
also 1:1,6 = 0,625 als Umrechnungsfaktor von kg in Liter,
siehe folgendes Beispiel.

Für 65%igen Zuckersirup ergibt sich folgende Berechnung:
100 kg Zuckersirup enthalten 65 kg Weißzucker und 35 l Wasser, also:

65 kg Zucker x 0,625 =   40,63 l Zucker
                        + 35 l   Wasser
                        ─────────────────
                          75,63 l Zuckersirup 65%ig

Für Invertzuckersirup 72,7/67 beträgt die Dichte 1,3578. Diese Konzentration von 72,7 % wurde gewählt, weil jedes Kilogramm des 72,7%igen Invertzuckersirups 1 kg Zucker enthält, wie die nachfolgende Berechnung zeigt.

72,7 kg Zucker x 0,625* =   45,4 l Zucker
                          + 27,3 l Wasser
                          ─────────────────
                            72,7 l Zuckersirup mit 72,7 kg Zu-
                                    cker, 1 Liter Zuckersirup ent-
                                    hält demnach 1 kg Zucker.

*Anmerkung s.o.

Zuckerlöser, allgemeine Bedingungen

Bei größerer Ausstattung der Zuckerlöser muss das Zuckergefäß pro Sack Zucker einen Rauminhalt von 70 l aufweisen, d.h. in einem 1000-Liter-Gefäß lassen sich 14 Sack Zucker lösen. Entsprechendes gilt auch für Großraumlöser.
Begründung:

50 kg Zucker x 0,625 =	31,3 l	Zucker
	+ 27 l	Wasser
	58,3 l	Zuckersirup
zuzüglich 20 % für den Bewegungsraum =	11,7 l	
	70 l	

Rührwerk

Große Bedeutung wird der Ausstattung des Rührwerks beigemessen. Hochtourige Rührwerke mit kleinen Rührflügeln sind nachteilig, weil sie zu viel Luft in den Zuckersirup einschlagen. Besser sind daher Rührwerke mit größeren Rührflügeln und niedrigerer Tourenzahl (etwa 300 Umdrehungen/Minute). Ferner ist auch die Formgebung der Rührwerkzeuge für die Verkürzung einer Lösezeit ausschlaggebend. Bekannt sind sog. Leitringe, Mischflügel, Fingerrührer, Schraubenpropeller usw.

Mechanisches Kaltlöseverfahren

Man geht entweder von in Säcken gelagertem Festzucker aus oder von Zucker aus speziellen Silos. Dieser ist insofern billiger, als bei der Zuckerfabrik das Sack- und Verpackungsmaterial eingespart werden kann und der Zucker mit Förderschnecken oder einer anderen rationellen Beförderungsart transportiert werden kann. Die Silos sind gewöhnlich aus Stahl und mit Kunstharz-Innenbeschichtung und einer Isolation zur Vermeidung von Temperaturschwankungen ausgestattet, die sonst zu einer Feuchtigkeitsaufnahme mit Klumpenbildung u.a. führen könnten.

Die Kaltlösung erfolgt in einem sog. Großlöser (12 bis 15 m³), bestehend aus einem zylindrischen Gefäß mit konischem oder gewölbtem Boden, in dem die für den Zuckersirup erforderliche Wassermenge genau abgemessen vorgelegt wird. Anschließend wird die genau berechnete Zuckermenge mit Förderschnecke oder Blasvorrichtung in das Gefäß gefördert, wobei das im Zuckerlöser befindliche kräftige Rührwerk eingeschaltet sein muss. Der Zucker wird zur Vermeidung von Verstaubung usw. mit einem Stutzen direkt unterhalb der Wasseroberfläche eingeführt. Die **Lösezeit** ist von der Leistung des Rührwerks und der Temperatur des Wassers abhängig und beträgt **2 bis 2,5 Stunden**. Es gibt aber auch Geräte, in denen der Prozess 4 bis 6 Stunden in Anspruch nimmt. In diesen Fällen sind die Rührwerke meist unterdimensioniert, sodass eine ungenügende Umwälzung stattfindet.

Die Abmessung der Zuckermenge geschieht nach Sackanzahl oder durch eine automatische Waage. Die Wassermenge kann ebenfalls über die Waage oder mittels Standrohr oder Eichmarken oder Wasserzähler, Ovalrad- oder Ringkolbenzähler, bemessen werden, natürlich bei ruhiger Oberfläche und stillgesetztem Rührwerk. Bei den kontinuierlichen Verfahren sind meist zwei Lösebehälter vorgesehen, ausgestattet mit Druckkraftgebern und anderen für eine Programmierung erforderlichen Geräte. Während aus einem Gefäß der fertige Sirup in einen Puffertank läuft, erzeugt der andere Lösebehälter Zuckersirup. Bei Gebrauch nur eines **Großlösers** sollte der Zuckersirup mit 65 °Brix (= Zuckergehalt in Gew. %) in einen Lagertank abgepumpt werden, um den Lösetank für eine neue Aufnahme frei zu machen.

Ein dem Lösetank nachgeschalteter Filter dient zur Entfernung evtl. mechanischer Verunreinigungen. Eine **Entkeimung** kann mit einem Plattenerhitzer (mit anschließender Abkühlung) bewirkt werden. In größeren und gut eingerichteten Betrieben ist die Pasteurisation des Sirups üblich, während kleine Betriebe häufig fehlerhaft arbeiten und nicht pasteurisieren.

Allgemein ist 65%iger Zuckersirup nicht anfällig gegen Infektionen, dennoch ist er aber auch nicht keimfrei. Die Keime gehen im 65%igen Sirup nicht zu Grunde, sie befinden sich lediglich im Ruhezustand.

Schara (Naturbrunnen 18 (1968) S. 1968) berichtet über die Lagerung von Zuckersirup aus mikrobiologischer Sicht und sieht in den pektinabbauenden Enzymen, ganz gleich, ob sie aus Keimen oder aus abgestorbenen Keimen im Sirup verblieben sind, eine große Gefahr für die Getränke, weil später in den Fertiggetränken durch derartige Enzyme ein Absitzen der Fruchtteilchen hervorgerufen werden kann. Schara empfiehlt daher, den Sirup vor der Befüllung eines zweiten Tanks über einen Plattenerhitzer zu **entkeimen**. Ein anderes Verfahren sieht er im Zusatz von 0,1 kg Zitronensäurelösung 1+1 für 100 kg Sirup. Durch die eintretende Senkung des pH auf 3,0 bis 3,5 wird die Entwicklung von Mikroorganismen weitgehend gehemmt. Voraussetzungen für dieses Verfahren sind Edelstahl-Tanks.

Bei den Standröhren am Zuckertank sollte vor der Ablesung unbedingt beachtet werden, dass durch Wasser, das nach der Reinigung der Gefäße im Standrohr steht, eine Überlagerung auf der spezifisch schweren Zuckerlösung erfolgt und keine Mischung im Standrohr mehr stattfindet, sodass hier eine erhöhte Infektionsgefahr besteht. Der Flüssigkeitsspiegel im Standrohr kann durch besondere Umstände nach dem Reinigen höher als im Gefäß stehen und eine falsche Anzeige verursachen. In solchen Fällen ist vor der Ablesung des Standrohres die Flüssigkeit aus dem Standrohr abzulassen. Standrohre sind selbstverständlich auch in die Reinigung mit einzubeziehen. Peilstäbe sind immer an der gleichen Stelle des Gefäßes einzusetzen. Die Gefäße müssen mit einer Abdeckung versehen sein.

Heißlösung bzw. Kochung

Dieses Verfahren hat vor allen Dingen den Zweck, den **Zucker schnell zu lösen** und im Zucker vorhandene **Verunreinigungen abzuscheiden**. Insbesondere sind die Eiweißstoffe zu nennen, die beim Kochen koagulieren und die Schmutzstoffe absorbieren, sodass sie abgeschöpft werden können. Als Geräte dienen z.B. innenverzinkte

Kupferkessel, Kessel aus rostfreiem Edelstahl und Aluminium (nicht mit Soda oder Lauge reinigen, da Empfindlichkeit gegenüber Fruchtsäuren!), Emaillekessel (Gefahr des Abplatzens!) usw. Man unterscheidet direkte und indirekte Beheizung. Weit verbreitet sind die Doppelmantelgefäße, und zwar mit Dampfheizung. Bei ihnen erfolgt anschließend Abkühlung durch Einleiten von Kühlwasser in den Mantel. Die Lösebehälter sind mit einem Rührwerk ausgestattet, um der Gefahr des Anbrennens vorzubeugen. Der Heizmantel soll bis zur Vollfüllhöhe reichen; für 100 kg Zucker wären ein Füllinhalt von ca. 130 l erforderlich und ein Nenninhalt (bis zum oberen Rand) von mindestens 180 l. Der Füllraum bis zur 130-Liter-Marke soll vom Dampf umspült werden. Zum Entleeren dient vielfach eine Kippvorrichtung oder besser ein Entleerungshahn. Der Dampfmantel dient, wie bereits erwähnt, auch für Kühlwasser. Mit Heißwasser beheizte Gefäße erreichen nicht die Siedetemperatur des Kesselinhalts.

Beim **Kochen des Wassers wird der Zucker eingeschüttet**. Während des Einschüttens ist **das Rührwerk eingeschaltet**. Sobald der Zuckersirup kocht (nur 5 bis 10 Minuten wegen sonst zu starker Braunfärbung kochen lassen), sollte das Rührwerk abgeschaltet werden, um die Voraussetzung dafür zu schaffen, dass die Verunreinigungen von schlechteren und billigeren Weißzuckersorten noch nach oben steigen können. Das gilt vor allem für das gerinnende Eiweiß, das inkludiert und Verunreinigungen absorbiert (Eiweiß als Klärungsmittel). Es ist zusammen mit den Verunreinigungen durch Entschäumung an der Oberfläche zu entfernen. Werden nicht vollständig reine oder gebläute Zuckersorten verwendet oder ist der Sirup nicht klar geworden, so lässt sich auch eine Klärung mit zugesetztem Eiweiß herbeiführen. Dabei wird der Sirup nicht entschäumt, sondern abgekühlt, geschlagenes Eiweiß untergerührt und nach 20 bis 30 Minuten Ruhezeit aufgekocht. Das dabei koagulierende Eiweiß absorbiert die Schmutzstoffe und lässt sich dann abschöpfen. Für 100 bis 200 l rechnet man mit einem Eiweiß. Die Zuckerkochzeit beträgt im Allgemeinen 6 bis 10 Minuten.

Um einen 65%igen Sirup herzustellen, sind 65 kg Zucker und 35 l Wasser erforderlich. Nach dem Kochen ist auf 100 kg **aufzuwiegen, um das verdunstete Wasser zu ergänzen**. Man kann aber auch die Gewichtsmengen auf Liter umrechnen und die Zusatzwassermenge bestimmen. 100 kg dieses 65%igen Zuckersirups sind 75,6 Liter (vgl. Beispielrechnung zuvor unter Dichte).

Wird **die Ergänzung des verdunsteten Wassers** in heißem Sirup vorgenommen, so ist zu berücksichtigen, dass 109 l heiß im Kessel 100 l kalt entsprechen. Sind z.B. im Kessel 55 l heißer Sirup, so entspricht das nach der Gleichung

$$\frac{109}{100} = \frac{55}{x} \Rightarrow x = 50{,}4 \text{ l kalt}$$

Um auf 75,6 l aufzufüllen, müssen z.B. (75,6 − 50,4 = 25,2 l) Wasser zugegeben werden, um einen 65%igen Sirup zu erhalten.

Bei guten Weißzuckerkategorien 1 und 2 braucht man keinen Wert auf Eiweißabschöpfung und Reinigung zu legen. Diese ist hier nicht erforderlich. Zur Erhitzung des Zuckersirups genügt dann eine Temperatur von 80 bis 85 °C, um die wenigen Mikroorganismen abzutöten. Eine Zuckerlösung in heißem Wasser ohne jedwede weitere Erhitzung des Zuckersirups, der nämlich dann nur eine **Temperatur von 40 °C** aufweist, kann **nicht als Heißlösung** angesprochen werden.

Das Heißlöseverfahren ist zweifellos wegen seines hohen Energieaufwandes wesentlich kostspieliger als das Kaltlöseverfahren. Wirtschaftlichkeit lässt sich in Großbetrieben erzielen, wo die aufgewendete Wärme größtenteils wiedergewonnen werden kann. Trübungen des heißgelösten Sirups z.B. aus Salzen (der Härtebildner des Wassers und anderer Verunreinigungen) werden durch Filtration des Sirups entfernt.

Der Bezug von flüssigem Zucker (vgl. Zuckerarten-VO) erfolgt z.T. in Einweggebinden aus Polyäthylen mit 125 u. 50 kg oder in Stapeltanks mit 650 bis 1000 kg oder in Tankzugladungen mit 15 bis 26 t.

3.2.1.1 Flüssigzucker
(= nicht invertierte Saccharoselösung mit höchstens 3 % Invertzucker)

Außer dem Verfahren zur Selbstherstellung von Zuckersirup findet heute der Bezug von fertigem Flüssigzucker mit etwa 65 % Zuckergehalt weite Verbreitung. Seine Bereitung geht in den Zuckerfabriken nach zwei verschiedenen Verfahren vor sich; zum einen unternimmt die Zuckerfabrik die Großlösung auf heißem Wege bzw. die Kaltlösung mit anschließender Pasteurisation und Abkühlung, sodass ein praktisch keimfreier Sirup garantiert und angeliefert wird. Ein anderes Verfahren schließt sich an die eingangs erwähnte Zuckerherstellung an, wobei aus dem Dicksaft nach Reinigung und weiteren Behandlungsprozessen ein in nahezu keimfreiem Zustand befindlicher fertiger Sirup hergestellt wird.

Anlieferung
Die Anlieferung des Sirups erfolgt in Tankwagen, die mit einer Pumpe ausgestattet sind. Mit einem ebenfalls mitgeführten Schlauch werden die **Lagertanks** mit Sirup gefüllt. Als Material für die Lagertanks dient Aluminium. Die Einfüllzeit beträgt z.B. für 18.500 l etwa 60 Minuten. Wichtig sind die Ausstattung und Wartung des Luftfilters (am besten Pall-Filter an Stelle der veralteten Filter aus Formalin getränkter Wattefüllung), die Sterilisation des Tanks und die Vermeidung von Kondensatbildung im Tank, um einer Vermehrung von Mikroorganismen in Regionen geringer Zuckerkonzentration (Schwitzwasser, Nachdrückwasser usw.) zu begegnen. Der Bezug von Fertigsirup erspart also Teile der sog. Sirupküche wie den Lösebehälter, ggf. den Filter und die Pasteurisationseinrichtung. Die etwas höheren Kosten für die Flüssigzucker entstehen durch ihren Mehraufwand in der Zuckerfabrik wie z.B. für Entkeimung und größere Frachtkosten; denn man muss sich darüber im Klaren sein, dass mit dem Flüssigzucker im Gegensatz zum Kristallzucker auch eine größere Wassermenge transportiert werden muss. Es gibt zahlreiche Betriebe, die zu weit entfernt vom Flüssigzuckerlieferanten gelegen sind, sodass ein Bezug von Flüssigzucker gegenüber der eigenen Zuckersiruperzeugung nicht konkurrenzfähig ist. Man spricht von einer Entfernung von mehr als 115 km.
Sehr gut isolierte **Lagertanks oder Zuckertanks** können auch im Freien aufgestellt werden. Verschiedentlich ist der Inhalt eines Zuckertanks aber auch durch die Kälte schon kristallisiert. Gegen Infektionen kann ein CO_2-Polster auf der Sirupoberfläche oder Zitronensäurezusatz schützen.

3.2.1.2 Invertflüssigzucker
(= Saccharoselösung mit weniger als 50 % Inversionsgrad)

Im Gegensatz zu dem nur aus 65 % Saccharoselösung bestehenden Flüssigzucker enthält der Invertflüssigzucker verschiedene Zucker, und zwar mindestens 50 % Saccharose in der Trockensubstanz und noch maximal 25 % Fruchtzucker und maximal 25 % Traubenzucker im Verhältnis 1:1 als Invertzucker. Auf Grund der besseren Löslichkeit sind bei dieser Sorte Trockensubstanzgehalte von mindestens 65 % bis maximal 75 % üblich.

3.2.1.3 Invertzuckersirup
(= Saccharoselösung mit mehr als 50 % Inversionsgrad)

Waren für die Flüssigzuckerverwendung Personalfragen mitbestimmend, so kommen beim Invertzuckersirup noch weitere Vorteile hinzu. Dieser Sirup mit noch höherem Zuckergehalt muss mindestens 50 % Invertzucker i.Tr.S. enthalten und weniger als 50 % Saccharose in der Trockensubstanz. Weit verbreitet ist die 72,7-%ige Konzentration. Die höhere Konzentration gegenüber Flüssigzucker kann eine ganze Reihe von Vorteilen bei der Weiterverarbeitung mit sich bringen. Ein Vorteil ist der niedrigere Wassergehalt als bei Invertflüssigzucker und damit die Einsparung von Transportkosten. Ferner soll der Geschmack besser sein. Es wird aber lediglich die Art des süßen Geschmacks anders ausfallen. Durch die modernen Herstellungsverfahren über Ionenaustauscher ist der Invertzuckersirup garantiert saponinfrei, praktisch keimfrei, weniger keimanfällig wegen der hohen Konzentration und hat niedrigere Icumsaeinheiten (Farbe).

Nachteile:
Verhältnismäßig hohe Viskosität und eine demzufolge umständliche Kontrolle.

Unterschiede der drei Sorten flüssiger Zucker:
Sie beruhen in der Zusammensetzung der Trockensubstanz und in den stofflichen und physiologischen Eigenschaften, wie z.B. Löslichkeit, Brechungsindex, Viskosität, osmotischer Druck, Süßkraft, Geschmacksbeeinflussung, Hygroskopizität und Gleichgewichtsfeuchte. Keine Unterschiede bestehen hinsichtlich der Farbe, Trübung, Saponingehalt, Wassergehalt, Leitfähigkeit, pH-Wert, HMF-Wert, Aroma und Geschmack sowie Keimgehalt.

3.2.1.4 Glucosesirup mit hohem Fructosegehalt (GSHF)
(= Isoglucose oder technischer Begriff HFCS (High Fructose Com. Syrup)

Seit 1974 wird in Deutschland in der Getränkeindustrie mit Isoglucose gearbeitet. Diese wird aus Mais oder Weizen gewonnen, wobei auch andere Stärketräger dazu genommen werden können. Die Isoglucose ist ein flüssiger Zucker, der sich durch einen hohen Fructosegehalt auszeichnet und der die fast gleichwertigen Eigenschaften wie Invertzucker aufweist.
Dieser Zuckersirup muss aber, damit er seine **flüssige Form beibehält, bei 27 °C gelagert** werden.

Die Isoglucose zeichnet sich aus durch eine niedrige Viskosität, helle Farbe, hohen Reinheitsgrad, Hervorhebung des Fruchtaromas in Nahrungsmitteln mit Fruchtanteilen sowie durch einfache Verarbeitung aus.
Eine große Anzahl von Erfrischungsgetränkeherstellern arbeitet mit flüssigen Zuckern, die aus einer Mischung von Isoglucose und Saccharose bestehen. Diese eignen sich besonders gut zur Herstellung von Erfrischungsgetränken wie Citruslimonaden, Colagetränken, Fruchtsaftgetränken u.a. Vorteile sind u.a. die vereinfachte Lagerung dieses flüssigen Zuckers, seine bakteriologische Sicherheit, keine Veränderung der Rezeptur, wenn die Mischung Isoglucose/Saccharose-Gehalt 50:50 beträgt und bisher Invertzucker eingesetzt wurde. Auch ein preislicher Vorteil ergibt sich durch den Einsatz von Isoglucose. Gemische aus Isoglucose und Glucosesirup werden auch in der Likörindustrie verwendet.

Lebensmittelrechtlich ist die Isoglucose in die EU-Zuckerarten Richtlinien Nr. 356 vom 27. Dezember 1973 und in die darauf fußende Deutsche Zuckerartenverordnung vom 8. März 1976 (B.G.Bl.1502) aufgenommen worden.

3.2.1.5 Filtration des Zuckersirups

Erscheint eine Filtration erforderlich, so kann sie durch verschiedene Filtermethoden und Filterarten erfolgen z.B. durch Anklemmfilter, Eckfilter, Nylonsäckchen und durch sog. Schichtenfilter. Dieser benötigt eine kräftige Pumpe, weil der sehr zähflüssige Zuckersirup sich schwer filtrieren lässt. Die Filter müssen gut gereinigt und durch Dämpfen sterilisiert werden.

Vielfach werden die Zickersirupe gar nicht oder durch solche Filter filtriert, in denen nur gröbere Verunreinigungen entfernt werden. Auf die Filtration wird aber auch gern verzichtet, weil vielfach Infektionen erst darauf zurückzuführen waren. Das hat den folgenden Grund. Die Filter werden mehrere Tage lang benutzt und während der Ruhepausen lediglich mit Wasser gespült und gefüllt. Dadurch befinden sich dann durch Sirupreste in dem Filter niedrigprozentige Zuckerlösungen, in denen sich die Keime rascher vermehren. Es handelt sich dabei meist um Keime, die sich im 65%igen Zuckersirup nur im Ruhezustand befunden haben. Rother empfiehlt daher, das Filter nach der Filtration nicht zu spülen, sondern es mit Sirup bis zur nächsten Verwendung gefüllt stehen zu lassen, da die Vermehrung der Keime dann nur langsam darin vorangeht. Voraussetzung ist, dass der Sirup nicht mit Luft in Berührung kommt, das Filter luftfrei gefüllt ist und die Hähne geschlossen sind.
Eine Filtration sollte unmittelbar nach dem Lösen erfolgen. Die Filtrationszeit ist bei heißem Sirup wesentlich kürzer, weil dieser dünnflüssiger ist. Die **Heißfiltration** erfolgt also unmittelbar nach der Kochung und der Sirup wird dabei in einem Arbeitsgang in sterile Reservetanks gefüllt.
Die Filtration entfernt auch die im Sirup während des Lösungsprozesses eingeschlagene Luft. Mikroorganismen werden im Allgemeinen dabei nicht entfernt.
Während Schara (Deutsche Brauwirtschaft 78 (1969) S. 109-112) empfiehlt, eine Filtration des Zuckersirups aus Gründen einer Infektionsgefahr nur in den Fällen vorzunehmen, in denen sie wegen der Verschmutzung des Zuckers unbedingt erforderlich ist, vertreten Dachs und auch Rother die Auffassung, dass eine Filtration schon deshalb unbedingt angebracht ist.

Entlüftung des Sirups

Die Entlüftung erfolgt durch einfaches Stehenlassen des Sirups, am besten über Nacht im Vakuum oder durch die erwähnte Filtration. Je nach Art der Auflösung sind Entlüftungszeiten, also Ruhepausen von 2 bis 8 Stunden notwendig.

Man unterscheidet bei lufthaltigen Sirupen gelöste Luft und deutlich sichtbare Luftbläschen, wie sie im frisch bereiteten Zuckersirup fast immer anzutreffen sind. Dieser Luftanteil kann eine Trübung vortäuschen und wird besonders beim Umrühren, Umgießen, Umpumpen und ähnlichem mehr in den Sirup eingeschlagen. Die Luft stört den Spindelungsprozess, verursacht ein Schäumen beim Abfüllen und damit eine Erschwerung des späteren Abfüllvorgangs sowie eine Entmischung im Sirup fruchttrüber Getränke sowie in den Getränken selbst, z.B. durch Ölringbildung, Ablagerung von Fruchtteilchen an der Oberfläche in der Flasche etc. Ferner bewirkt der Sauerstoff einen Verlust an Vitamin C, die Ausbleichung der Farbstoffe und eine Aromaveränderung durch Oxidation bestimmter ätherischer Ölfraktionen (Verharzung usw.).

Bestimmung der Zuckerkonzentration

Die Bestimmung des Trockensubstanzgehaltes flüssiger Zucker geschieht refraktometrisch bei 20 °C in Gew.-%, wobei flüssige Zucker 1:1 verdünnt gemessen werden und das Messergebnis dann verdoppelt wird (Icumsamethode).
Da die Messskala auf Saccharose geeicht ist, ist für Invertzucker der Anzeigewert nach folgender Formal zu korrigieren:

$$\%TS = TS\ refr. + (TS\ refr. \cdot 0{,}00031 \cdot \%\ Invertzucker)$$

Der Faktor von 0.00031 in o.a. Formel verdeutlicht den in der Praxis recht geringen Korrekturwert.

3.2.2 Süßungseigenschaften natürlicher Süßungsmittel und künstlicher Süßstoffe in Erfrischungsgetränken

Verschiedene Zuckerarten und Süßungsmittel können ihre Süßkraft gegenseitig verstärken, wenn sie sich in Mischung befinden. Aber auch die Süßkraft der verschiedenen Zuckerarten besitzt größere Unterschiede. Dieser Umstand ist auf die organoleptische Prüfung von entscheidendem Einfluss.
Einen Vergleich der Ausgiebigkeit des süßen Geschmacks gibt die folgende Tabelle, in der die Süßkraft von Zucker gleich 100 gesetzt ist:

Tabelle über die relative Süßkraft der Süßungsmittel

Saccharose		100
Fructose	etwa	120
Glucose	etwa	69
Lactose	etwa	27
Invertzuckersirup	etwa	90

Zuckeraustauschstoffe und Süßstoffe:

Sorbit	etwa	48
Mannit	etwa	45
Xylit	etwa	100
Sacharin	etwa	55000
Natriumzyklamat	etwa	5000
Aspartam	etwa	20000
Acesulfam-Kalium	etwa	20000

Diese Durchschnittswerte verändern sich mit der Konzentration.

Während mit Zucker gesüßte Getränke geschmacklich mehr Körper besitzen, schmecken die mit Süßstoff hergestellten Erzeugnisse meist wässrig, wenn das nicht durch andere Getränkeinhaltstoffe verhindert wird. Es empfiehlt sich, im Winterhalbjahr die Getränke durch stärker hervortretende Süßkraft etwas sättigender zu gestalten als im Sommerhalbjahr, wo die Säure mehr hervortreten sollte, sodass der Trinkanreiz erhöht wird.

Im Zusammenhang mit der Herstellung süßer alkoholfreier Erfrischungsgetränke muss beachtet werden, dass der Salzgeschmack durch die Süßungsmittel erhöht wird. Umgekehrt wird aber auch der süße Geschmack durch die Salze erhöht.

In der alkoholfreie Erfrischungsgetränke herstellenden Industrie verwendet man zur Sirupbereitung in erster Linie Rohr- und Rübenzucker (Saccharose), der z.T. im fertig ausgemischten Getränk unter der Fruchtsäureeinwirkung invertiert. Man sollte daher mit der Verkostung der Getränke auch so lange warten (ca. 5 Tage), bis die allgemein mit einer Geschmacksabrundung verbundene Inversion eingetreten ist.

Die Grenze der Wahrnehmbarkeit von Zucker bei der Verkostung liegt z.B. bei 4 g Saccharose/l und 14 g Fructose/l. Nach den Leitsätzen für alkoholfreie Erfrischungsgetränke ist bei den Fruchtsaftgetränken ein etwaiger Zuckerzusatz so zu bemessen, dass die Dichte der kohlensäurefreien fertigen Mischung mindestens 1,035 bei 20°/20° beträgt. Daraus ergibt sich ein Gesamtextraktgehalt von 8,8 %. Als verfälscht gelten Fruchtsaftgetränke mit Zusätzen von Stärkezucker, Stärkesirup und künstlichen Süßstoffen.

In den Fruchtsäften finden sich überwiegend Glucose (Traubenzucker) und Fruktose (Fruchtzucker). In den Säften aus Äpfeln, Birnen, Pflaumen, Kirschen und anderen ist außerdem Sorbit enthalten, ein dem Zucker nahe stehender Stoff. Trauben- und Zitrussäfte enthalten dagegen kein Sorbit, sodass man analytisch ein Unterscheidungsmerkmal in der Hand hat, mit dem man in der Lage ist festzustellen, ob der Trauben- oder Zitrussaft z.B. mit billigeren sorbithaltigen Säften verschnitten worden ist.

Wegen des hohen Gehaltes an Kalorien bzw. Kilo Joule in nur mit Zucker gesüßten Erfrischungsgetränken (Cola-Limonade, 1 Liter = 25 Stück Würfelzucker laut Öko- Test Magazin 10 (1999) S. 45) fanden die mit anderen Süßungsmitteln oder zum Teil nur mit Zucker gesüßten Getränke sehr viel Akzeptanz bei dem Verbraucher.

3.2.3 Süßstoffe und Zuckeraustauschstoffe

Das Süßstoffgesetz definiert den „Süßstoff im Sinne des Gesetzes als ein auf künstlichem Wege gewonnenes Erzeugnis, das als Süßungsmittel dienen kann und eine höhere Süßkraft als Saccharose (reiner Rüben- oder Rohrzucker), aber nicht entsprechenden Nährwert besitzt. Süßstoff ist auch eine Zubereitung, die Süßstoff enthält und als Süßungsmittel dienen kann".

Anmerkung zur Süßstoffverwendung
Die in zuvor angeführter Tabelle angegebene unterschiedliche Süßkraft der Süßstoffe im Vergleich zu Zucker bedarf noch des wichtigen Hinweises, dass Mischungen aus verschiedenen Süßstoffen sich meistens nicht in der Süßkraft addieren, sondern sich sogar erhöhen.

Bei **Süßstoffmischungen** ergeben sich außer diesen **Süßkraftverstärkungen**, die man auch als Synergismus bezeichnet, noch Ersparnisse an Süßstoffkosten und zusätzliche **Geschmacksverbesserungen**.

Um die Sirupdosierung an den Abfüllmaschinen nicht ändern zu müssen, stellt man in der Praxis den Süßstoffsirup so ein, dass er mengenmäßig in Litern gesehen dem Zuckersirup gleichgesetzt werden kann.

Saccharin
Saccharin ist der bekannteste und älteste verwendete Süßstoff. Als Natriumsalz des Saccharins gelangt er unter der Bezeichnung Kristallsüßstoff in den Handel und ist 450 bis 550 mal süßer als Zucker. Saccharin ist leicht löslich in Wasser, wird vom Körper nicht verstoffwechselt, ist fast unbegrenzt haltbar und besitzt bei höheren Konzentrationen einen bitteren Nachgeschmack, weshalb man ihn in Kombination mit den anderen Süßstoffen Cyclamat oder Aspartam verwendet.

Durch seine hohe Süßkraft ist Saccharin allein auch schlecht zu dosieren. Die wässrige Lösung sollte nicht bzw. nicht lange gekocht werden, da das Zersetzungsprodukt einen bitteren Geschmack aufweist.

Cyclamat
Es wird zumeist als Natriumcyclamat eingesetzt und ist etwa 35 mal süßer als Zucker, es wird vom Körper nicht verstoffwechselt, besitzt eine gute Wasserlöslichkeit und keinen bitteren Nachgeschmack wie das Saccharin. Häufig wird es mit Saccharin im Verhältnis 10:1 kombiniert.

Aspartam (Handelsname Nutrasweet)
Es ist etwa 200 mal süßer als Zucker, wird jedoch auf Grund seiner Zusammensetzung aus Eiweißbausteinen wie andere natürliche Lebensmittel vom Körper verstoffwechselt. Sein Kaloriengehalt ist durch die hohe Süßkraft zu vernachlässigen. Es hat einen reinen Geschmack. Es verstärkt den fruchtigen Eindruck in Zitrusgetränken und eignet sich sogar zur alleinigen Süßung, wird jedoch häufig mit anderen Zuckern und anderen Süßstoffen eingesetzt. Es hat den Nachteil, sich langsam in wässrigen Lösungen hydrolytisch abzubauen.
Aspartam ist nicht unbegrenzt haltbar, erfordert einen optimalen pH-Wert und darf keiner übermäßigen **Hitzeeinwirkung** ausgesetzt werden, weil es dann seine **Süßkraft verliert**. Bei Produkten mit mehr als neun Monate Haltbarkeit bedarf es dann der Mischung mit Saccharin oder Acesulfam.

Acesulfam-Kalium (Handelsname Sunett)
Dieses Kaliumsalz wird vom Körper nicht verstoffwechselt und ist sogar 200 mal süßer als Zucker, gut löslich im Wasser und fast unbegrenzt haltbar. Nur bei höherer Konzentration kann ein Bittergeschmack auftreten. Es wird somit auch überwiegend in Kombination mit anderen Süßstoffen eingesetzt.

Neohesperidin – Dihydrochalcon
Es wird aus Bestandteilen von Zitrusschalen hergestellt und vom Körper verstoffwechselt. Es ist etwa 330 mal süßer als Zucker und besitzt bei höheren Konzentrationen einen leicht mentholartigen Beigeschmack.

In einer künftigen EU-Süßungsmittel-Richtlinie ist außer den vorgenannten Süßstoffen noch der Süßstoff Neohesperidin vorgesehen. Seine Höchstmenge erlaubt jedoch nicht den vollständigen Zuckerersatz. Außerdem wurde die Zulassung des sehr erfolgversprechenden Süßungsmittels Neotam beantragt.

Sweet-Up
Es handelt sich um eine Kombination aus Süßstoffen und Wild-Resolver, einem natürlichen Aromaextrakt, der auch so deklariert wird. Damit werden die o.a. geschmacklichen Nachteile der Süßstoffe (z.B. z.T. metallisch und bitter) völlig überwunden und die solchermaßen gesüßten Getränke erhalten die gleiche Akzeptanz wie die nur mit Zucker gesüßten Getränke und geschmackliche Auslobungen wie vollfruchtig werden sogar unterstützt. Mit Sweet Up können besser als bisher Schwankungen am Rohstoffmarkt wie z.B. auch bei hohen Zuckerkosten begegnet werden. (Fa. Wild in Heidelberg)

Zuckeraustauschstoffe
Bei den Zuckeraustauschstoffen, wie sie auch in Diabetiker-Erfrischungsgetränken vorkommen können, handelt es sich um die Zuckeralkohole D-Sorbit, D-Mannit und Xylit. Über ihren Nachweis in den Getränken berichteten E. Benk und R. Kara (Das Erfrischungsgetränk (1968) S. 915).
Ab 1.1.1980 dürften Sorbit und Xylit wegen ihrer laxierenden Wirkung nicht mehr verwendet werden.

3.2.4 Diätetische Erfrischungsgetränke mit Süßstoffen

Nach der Diät-Verordnung sind für Erfischungsgetränke für Diabetiker die Süßstoffe Saccharin (200 mg/l) und Cyclamat (800 mg/l) zugelassen. Diese Getränke müssen den Hinweis diätetisches Lebensmittel mit Süßstoff deklariert tragen und den Ernährungszweckhinweis: Zur besonderen Ernährung bei Diabetes im Rahmen eines Diätplanes geeignet. Ferner müssen die Angaben über den Energie- und Kohlenhydrategehalt in 100 ml gegebenenfalls auch in Broteinheiten (1 BE=12 g Kohlenhydrate) tragen.

Bei diesen diätetischen Erfrischungsgetränken sind die Zucker naturgemäß vollständig durch Süßstoff ersetzt worden und die Kenntlichmachung kalorienreduziert oder kalorienarm auf dem Etikett entsprechen dann ebenfalls der Nährwertkennzeichnungs-VO.

3.2.5 Brennwertverminderte Erfrischungsgetränke
(kalorienverminderte, nicht diätetische Erfrischungsgetränke, ggf. gekennzeichnet mit „leicht" oder „light")

Nach der Änderung der **Zusatzstoffzulassungs-VO** vom Juni 1990 (vgl. Anlage 7 zu § 6 und § 8 Abs. 1 Nr. 7 im Bundesgesetzblatt 1990, Teil 1, Seite 1060) fallen unter die Lebensmittel, denen Süßstoffe zugesetzt werden können, unter Pos. 1, **Brennwertverminderte Erfrischungsgetränke,** einschließlich teeextrakthaltige Getränke und Getränke mit Extrakten aus teeähnlichen Erzeugnissen und Lebensmittel zur Herstellung dieser Getränke. Nunmehr sind für diese Getränke folgende zugelassene Süßstoffe in den nachfolgenden Höchstmengen zugelassen und zu kennzeichnen:
1. Benzoesäuresulfimid, Benzoesäuresulfimid- Natrium, Benzoesäuresulfimid- Kalium, Benzoesäuresulfimid-Calcium, alle kenntlich gemacht mit **„Saccharin"**, mit der Höchstmenge von 100 mg/Liter.
2. Cyclohexylsulfaminsäure, Natriumcyclamat, Calciumcyclamat, alle kenntlich gemacht mit **„Cyclamat"**, mit der Höchstmenge von 400 mg/Liter
3. Aspartam, kenntlich gemacht mit **„Aspartam"** (Markenname Nutrasweet) mit der Höchstmenge von 600 mg/Liter
4. Acesulfam-Kalium, kenntlich gemacht mit **„Acesulfam"** (Markenname Sunett) mit der Höchstmenge von 350 mg/Liter

Die Getränke mit den Zusatzstoffen von
    Saccharin   max. 100 mg/l, besitzen eine Süßkraft wie 55 g Zucker,
    Cyclamat   max. 400 mg/l, besitzen eine Süßkraft wie 14 g Zucker,
    Aspartam   max. 600 mg/l, besitzen eine Süßkraft wie 120 g Zucker,
    Acesulfam max. 350 mg/l, besitzen eine Süßkraft wie 70 g Zucker.

Kalorienverminderte Erfrischungsgetränke müssen mindestens 40 % weniger Kalorien enthalten als herkömmliche Erfrischungsgetränke mit Zucker, wobei es keine Rolle spielt, ob der Zucker ganz oder teilweise durch Süßstoff ersetzt worden ist.

Limonaden haben mindestens 70 g Zucker pro Liter, Fruchtsaftgetränke mindestens 90 g/l, Colagetränke sogar 100 g/l, gleich 400 kcal (1 g Zucker = 4 kcal). Eine 40%ige

Kalorienverminderung wären dann 240 kcal für Colagetränke, 216 kcal für Fruchtsaftgetränke und 168 kcal für kalorienverminderte Limonaden.

Anmerkung: Da in der Nährwertkennzeichnungs-VO und anderen lebensmittelrechtlichen Vorschriften die Einheit „Kalorie" weiterhin gültig ist, wird diese in diesem Buch zum Teil weiter verwendet. 1 kcal = 4,1868 kJ)

Der Zucker muss also nicht vollständig durch Süßstoffe bei kalorienreduzierten Getränken ersetzt werden. Der Unterschied muss jedoch auf dem **Etikett gekennzeichnet** werden mit der Bezeichnung „**kalorienreduziert**" bzw. „**kalorienarm**", Angabe über die kcal bzw. kJ, den Kohlehydratgehalt in 100 ml sowie der Hinweis, auf welche Art die Kalorienverminderung erzielt wurde, d.h. wie viel Gramm Zucker durch Süßstoffe ersetzt wurden. Das ist gesetzlich vorgeschrieben. Ein Hinweis, der den Eindruck auf ein für den Diabetiker bestimmtes Diätgetränk erweckt, ist verboten. Das wäre auch für einen Diabetiker, der keine Kohlenhydrate zu sich nehmen soll, sehr verhängnisvoll.

Literatur zu Süßungsmitteln, sofern nicht im Text direkt angegeben:
- Dachs: Erfrischungsgetränk 23 (1970) S. 344
- Krüger, Ch.: Brauwelt 109 (1969) S. 303
- Singh, S.: Tageszeitung f. Brauerei 23 (1971) S. 111
- Kühles, R.: Handbuch der Mineralwasser-Industrie
- Vogl, K.: Tageszeitung f. Brauerei 75 (1961) S. 536
- Schumann, G.: Tageszeitung f. Brauerei 104 (1969) S. 676
- Greisinger, H.: Erfrischungsgetränk 21 (1968) S. 890
- Günnel, H.: Vortrag über Isoglucose 1979 in der Fachschule der Deutschen Erfrischungsgetränke-Industrie e.V. in Berlin
- Rother: Der Naturbrunnen 19 (1969) S. 68
- Pospisil, E.: Das Erfrischungsgetränk (1993) S. 836
- Niederauer, Th.: Herstellung, Eigenschaften und Anwendung von Süßungsmitteln in Lebensmitteln, Brauwelt 30 (1995) S. 1454-1467
- Zucker, ein facettenreiches Kohlenhydrat, Erfrischungsgetränk 3 (1999) S. 627
- Kluthe, R.: Zucker, eine ernährungsphysiologische Bewertung, Erfrischungsgetränk 3 (1999) S. 628
- Hauner, H.: Übergewicht, Energiebedarf, Kaloriengehalt ausgewählter Getränke, viel trinken. Erfrischungsgetränk 1 (1997) S. 22

3.3 Genusssäuren, Fruchtsäuren

Erfrischungsgetränke enthalten **Fruchtsäuren**, im Wesentlichen Zitronensäure. Lediglich koffeinhaltige Erfrischungsgetränke dürfen auch begrenzte Mengen Phosphorsäure enthalten.

3.3.1 Vorkommen

Es handelt sich im Wesentlichen um Säuren, die in den Früchten vorkommen. In Fruchtsäuren sind immer beträchtliche Mengen freier und auch gebundener Säuren enthalten. Im Vordergrund stehen Äpfel-, Zitronen- und Weinsäure.
In der Regel herrschen in Kernobst- und Steinobstarten Äpfelsäure, in Beerenobst- und Südfruchtarten Zitronensäure vor. Während Äpfel nur Spuren von Zitronensäure (um 1 %) enthalten, weisen Birnen höhere Konzentrationen auf.

In Süßkirschen und Sauerkirschen beträgt der Gehalt an Äpfelsäure etwa 85 bis 90 %, in Pflaumen durchschnittlich um 60 % und in Aprikosen bis 90 % des Gesamtsäuregehaltes, während auf Zitronensäure nur wenige Prozente entfallen.
Welche der drei Hauptsäuren vorherrscht, hängt auch oft von der Sorte, den klimatischen Bedingungen und dem Reifezustand ab.

Die Beerenarten weisen bis zu 20 % Äpfelsäure, bezogen auf den Gesamtsäuregehalt, auf.

In Citrusfrüchten beträgt der Äpfelsäuregehalt bis zu 20 % des Gehaltes an Zitronensäure. In Bananen überwiegt meist, aber nicht immer die Äpfelsäure. In Ananas entfällt bis zu 85 % des Gesamtsäuregehaltes auf Zitronensäure.

Im Zitronensaft beträgt der Zitronensäureanteil 5 bis 7 %. Im Traubensaft beträgt der Weinsäuregehalt zwischen 0,3 und 1,7 %.

3.3.2 Herstellung und Handelsformen der Genusssäuren

Die Zitronensäure ist die bedeutungsvollste unter den Genusssäuren. In kristalliner Form besteht sie aus wasserhellen, geruchlosen Kristallen, die ein Molekül Kristallwasser enthalten. Beim Lagern besonders in wärmeren Räumen verdunstet Kristallwasser, sodass die Kristalle verwittern und sich dabei mit einem mehligen Überzug von wasserfreier Zitronensäure bedecken.
Heute ist fast ausschließlich die biotechnische Zitronensäureherstellung üblich. Bereits im Jahre 1893 wurde von Wehmer entdeckt, dass bestimmte Schimmelpilze bei geeigneter Züchtung Zitronensäure produzieren und ausscheiden.
Ausgangsstoff der biotechnischen Zitronensäureherstellung ist das zuckerhaltige Nebenprodukt der Zuckerfabrikation, die Rübenmelasse. Ihre Zuckerkonzentration ist im Interesse einer guten Zitronensäureproduktion auf 10 bis 20 % einzustellen. Ferner ist der Zusatz von Nährsalzen erforderlich, wobei als Stickstoffquellen Ammoniak oder Ammoniumkarbonat sich gut bewährt haben.

Der biotechnische Prozess kann als Oberflächen- oder als Submersverfahren durchgeführt werden. Beim Oberflächenverfahren züchtet man die Mikroorganismen auf der Oberfläche einer flachen Flüssigkeitsschicht, wo sie sich als Decke ablagern. Zwar stellen der leicht erklärliche hohe Raumbedarf sowie die 10 Tage währenden Prozessvorgänge und die leichte Infektionsmöglichkeit einen Nachteil dar, jedoch sind die Ausbeuten gegenüber den Submersverfahren etwas höher. (70 bis 80 % des vorgelegten Zuckers).

Das Submersverfahren findet in geschlossenen tankartigen Gefäßen, den sog. Fermentern statt, wobei der Inhalt gerührt und belüftet werden muss. Die Ausbeute liegt bei 60 bis 70 % und die Prozessdauer beträgt 5 Tage.

Die ca. 10 bis 15 % Zitronensäure enthaltenden Fermentationsflüssigkeiten, die man bei den vorgenannten Verfahren gewinnt, sind anschließend vom Pilzmycel abzufiltrieren und mit gelöschtem Kalk zu neutralisieren. Die dabei in ihr Kalksalz übergeführte Zitronensäure kann nur durch Filtration abgetrennt werden, was in heißem Zustand erfolgen muss, da das Kalksalz in kaltem Wasser leichter löslich ist.

Das abfiltrierte Calciumcitrat wird nun mit der genau berechneten erforderlichen Schwefelsäuremenge versetzt. Man erhält eine Zitronensäurelösung und unlösliches Calciumsulfat (Gips), das durch Filtration abgeschieden werden kann. Die Zitronensäurelösung wird von einigen zumeist aus Farbstoffen und Metallsalzen bestehenden Verunreinigungen befreit, eingedampft und durch Umkristallisation gereinigt. Das Endprodukt ist die reine, natürliche Zitronensäure.

3.3.3 Anwendung und Eigenschaften der Fruchtsäuren für das Getränk

Während der künstliche Säurezusatz in Fruchtsaftgetränken mit Ausnahme von Kernobstsaftgetränken verboten ist, müssen bestimmte Säuren den Grundstoffen der Limonaden und Brausen zur Erzielung des süß-sauren Geschmacks zugesetzt werden. Am meisten verwendet werden Zitronensäure, Weinsäure, Äpfelsäure. Die beiden erstgenannten kommen in der Regel in Form einer Lösung mit Wasser im Verhältnis 1 + 1, d.h. 1 kg Zitronensäure kristallisiert auf 1 kg Wasser, zur Anwendung. Bei der Verarbeitung von Weinsäure mit kaliumhaltigen Wasser (sehr selten) kann es zu Ausscheidungen von Weinstein (Kaliumhydrogentartrat) kommen. Die Reinheitsanforderungen der Säuren sind in der Zusatzstoff-Verkehrs-VO geregelt.

Die **Reinheitsanforderungen** berücksichtigen den Säuregehalt in der Trockensubstanz, Grenzwerte flüchtiger Anteile, Sulfatasche, Oxalate, Schwermetalle wie Arsen, Blei, Zink, Kupfer.

Der Geschmack der Zitronensäure ist abgerundeter als bei der Weinsäure. Sinkt die Konzentration der Zitronensäurelösung unter 25 %, so besteht leicht die Gefahr eines starken Schimmelpilzbefalls. Die Stärke der Säuren ist davon abhängig, wie viel Wasserstoff-Ionen in wässriger Lösung von ihr dissoziiert, d.h. abgespalten werden.

Entsprechend der verschieden starken Dissoziation der einzelnen Säuren sind die Säuren in ihrer geschmacklichen Wirkung sehr unterschiedlich, sodass man die eine Säure nicht einfach durch die gleiche Menge einer anderen Säure ersetzen kann. Den stärksten Säureeffekt von den organischen Säuren besitzt die Zitronensäure. Es folgen Weinsäure und Milchsäure. 100 g Zitronensäure entsprechen 107 g Weinsäure oder 160 g 80%ige Milchsäure oder 257 g 50%ige Milchsäure.

Diesen Gegebenheiten sollte unbedingt Rechnung getragen werden, da der **Säuregehalt in Limonaden** so hoch sein soll wie der Geschmackswert der Weinsäure von 0,1 bis 0,3 % (1 bis 3 g Weinsäure je Liter Limonade) entspricht.

Wenn die Säuren im richtigen Verhältnis zum Zucker vorliegen, werden sie geschmacklich angenehm empfunden. Ein **Geschmackseinfluss** geschieht aber auch durch die Pufferwirkung der Salze. Die Pufferwirkung beruht auf der Fähigkeit einer Reihe von Salzen, den Säurezusatz abzupuffern, sodass er nicht in entsprechendem Ausmaß zum Tragen kommt.

Beim Säuregehalt ist deshalb auch der Grad der Karbonathärte des verwendeten Wassers zu berücksichtigen. Unter Karbonathärte versteht man alle im Wasser vorhandenen Hydrogen-Carbonat-Ionen der Calcium- und Magnesiumverbindungen, ausgedrückt in mg CaO/l.

Die Bikarbonate von **1° Karbonathärte neutralisieren ca. 27 mg Weinsäure oder 25 mg Zitronensäure oder 32,1 mg Milchsäure.** So können z.B. durch 20 °dH (Karbonathärte) im Wasser 0,5 g Zitronensäure im Liter neutralisiert werden, sodass im Falle eines 0,15-%igen Säuregehaltes (1,5 g Säure/Liter) ca. 33 % verloren gehen. Die Auswirkungen auf den angestrebten gut aufeinander abgestimmten süß-sauren Geschmack im Getränk werden dadurch nicht unbeträchtlich sein, und man sollte bei zu hoher Karbonathärte diesem Umstand durch geeignete Maßnahmen wie z.B. **der Entkarbonisierung des Getränkewassers** unbedingt Rechnung tragen.

Da die reine Äpfelsäure eine sehr geringe Löslichkeit besitzt und verhältnismäßig teuer ist, gelangt sie außerordentlich selten zur Anwendung.

Mineralsäuren z.B. HCl oder H_2SO_4 dürften mit Ausnahme der Phosphorsäure zur Säuerung alkoholfreier Erfrischungsgetränke nicht zugesetzt werden. Die Phosphorsäureverwendung ist dahingehend eingeschränkt, dass **in 100 ml koffeinhaltigem Erfrischungsgetränk höchstens 70 mg freie Phosphorsäure** enthalten sein dürfen.

Einfluss der Säuren auf die Dichte und Refraktometeranzeige

Beiden Gegebenheiten muss z.B. bei der Spindelung bzw. Refraktometeranzeige der Limonade durch entsprechende Abzüge Rechnung getragen werden, da sonst ein zu hoher Zuckergehalt durch diese Geräte vorgetäuscht wird.

Nach einem Schreiben des Reichsministers des Innern vom 15.4.1943 /IV e 11165/43/4227 müssen beim Gebrauch der Zuckerspindel 0,15 % vom festgestellten Zuckerwert abgezogen werden. Bei mit Mineralwässern hergestellten Limonaden muss außerdem eine gesonderte Spindelung dieser Wässer erfolgen und der erhaltene Wert vom gefundenen Zuckerwert in Abzug gebracht werden.

z.B. 9,7 % Zucker/Spindelanzeige
      - 0,4 % Blindwert des Mineralwassers
      9,3 %
      - 0,15 % für Säure
      9,15 % Zucker

Entsprechendes gilt auch für den Gebrauch des Refraktometers.
0,2 % Zitronensäure bewirken eine Erhöhung der Zuckerprozentanzeige um 0,16 % (vgl. Tabelle)

Dichte und Brechungsindex von Zitronensäure

%	Spezifisches Gewicht	Refraktion	Refraktion ausgedrückt in % Zucker
10	1,0392	1,3450	8,2
20	1,0805	1,3574	16,2
30	1,1244	1,3711	24,3
40	1,1709	1,3852	32,3
45	1,1952	1,3927	36,3
50	1,2204	1,4005	40,3
55	1,2467	1,4085	44,3
60	1,2738	1,4165	48,3
65	1,3016	1,4246	52,2

Literatur zu dem Kapitel Genusssäuren:

- Kühles, R.: Handbuch der Mineralwasser-Industrie
- Schumann, G.: Tageszeitung f. Brauerei 22 (1970), S. 119
- Schumann, G.: Tageszeitung f. Brauerei 104 (1959), S. 676
- Bruchmann, E.: Die Kleinbrennerei 9 (1970) S. 22

3.4 Weitere technische Hilfs- und Zusatzstoffe

3.4.1 Die Haltbarkeitsverbesserung durch Zusatz von Dimethyldicarbonat DMDC oder Velcorin

Kohlensäurefreie fruchtsafthaltige Getränke gelten im Hinblick auf mikrobiologisch bedingten Verderb als anfälliger als die mit CO_2 abgefüllten Getränke. Da die Fruchtfleisch enthaltenden Getränke nicht durch Filtration entkeimt werden können, die Pasteurisation auf der Flasche den Geschmack und die Frische des Getränkes beeinträchtigt und die Getränke in gewissen hitzeempfindlichen Einwegpackungen, z.B. aus Kunststoff, nur auf kaltem Wege stabilisierbar sind, hat sich das Verfahren der Verwendung von DMDC sehr durchgesetzt und die sonst übliche Pasteurisation völlig verdrängt.

Gesetzliche Belange, Fragen der Umsetzprodukte
Die gesetzliche Zulässigkeit von DMDC stützt sich auf die Eigenschaft, dass es sich um einen sog. Verschwindestoff handelt, der in einem alkoholfreien Getränk vollständig in die harmlosen Spaltprodukte Äthylalkohol und Kohlensäure zerfällt, sodass das alkoholfreie Getränk zum Zeitpunkt seines Verzehrs praktisch frei von fremden Stoffen vorliegt und damit die Bedingungen von § 11 (z) 1, Zusatzstoffverordnung im Lebensmittelrecht, erfüllt sind. Es besteht keine Deklarationspflicht. Die beim Zerfall entstehenden Mengen Alkohol und Kohlensäure sind infolge der geringen Zusatzmengen so unerheblich, dass der Charakter der Getränke in jedem Fall erhalten bleibt.

Anwendung und Wirksamkeit
Velcorin tötet normale Hefen, Kahmhefen und gärungserregende Bakterien schon bei minimaler Dosierung ab. Bei höheren Zugabemengen werden auch andere Bakterien, Wildhefen, Strahlen- und Schimmelpilze abgetötet. Die für einzelne Mikroorganismenarten erforderlichen Abtötekonzentrationen von Velcorin wurden untersucht. Die Mehrzahl der bei der Erfrischungsgetränkebereitung vorkommenden Mikroorganismen können mit Velcorin einwandfrei abgetötet werden. Die Keimzahl der Getränke soll unter 500 Keimen pro ml (experimentell für Saccharomyces cerevisiae bestimmt) liegen.

Dosierung
Alkoholfreie fruchtsafthaltige und **kohlensäurehaltige** Erfrischungsgetränke können mit einem Zusatz von **6 bis 12 ml Velcorin pro 100 Liter** haltbar gemacht werden. Liegt ein niedriger pH-Wert und hoher Kohlensäuredruck vor, reichen niedrigere Dosiermengen von Velcorin aus. Kohlensäurefreie Fruchtsaftgetränke sind anfälliger gegenüber Mikroorganismen. Sie benötigen höhere Dosierungen. Um bei diesen Getränken die Keimzahl vor der Velcorin-Zugabe zu senken und auch Schimmelpilze sowie Pektin abbauende Enzyme zu inaktivieren, muss eine Kurzzeithocherhitzung vorgenommen werden. Temperaturen zwischen 80 und 95 °C und Verweilzeiten im Plattenerhitzer zwischen 20 und 3 Sekunden sind üblich. Vor der Velcorin-Zugabe muss das Getränk auf 10-15 °C zurückgekühlt werden, damit der Zerfall von Velcorin nicht zu schnell erfolgt und die Einwirkungszeit auf die Mikroorganismen ausreicht. Als Richtwerte für die Dosierung, auch bei Getränken **in Einwegverpackung, können 12-20 ml pro 100 Liter** gelten. Bei vorentkeimten (kurzzeithocherhitzten) Getränken können 8-15 ml pro 100 Liter schon ausreichen.

Da Velcorin in Getränken innerhalb kurzer Zeit in Methylalkohol und Kohlensäure zerfällt, muss es kurz vor der Abfüllung in Flaschen, Becher oder sonstige Verpackungen dem Getränk zugesetzt werden. Nach dem Zerfall von Velcorin ist kein keimtötender Effekt mehr vorhanden. Nach dem Öffnen der Verpackung ist das Getränk wieder voll gärfähig. Je kühler das Getränk, umso längere Zeit braucht Velcorin, um zu zerfallen (siehe Tabelle).

Tabelle über den Zerfall von VELCORIN in alkoholfreiem fruchtsafthaltigem Getränk mit pH 2,8 bei verschiedenen Temperaturen:

Zeit nach Zugabe	% VELCORIN noch vorhanden		
	10 °C	20 °C	30 °C
15 min.	78	50	30
30 min	60	25	7
1 Std.	36	5	0
2 Std.	13	0	0
3 Std.	5	0	0
4 Std.	2	0	0
5 Std.	0	0	0

Fast identische Zerfallswerte (+ 2,5%) werden auch bei Getränken mit einem höhern pH-Wert von 4 festgestellt.

Die Dosierung wird mit Hilfe von **Spezialdosierpumpen** (z.B. von den Firmen Burdosa bzw. Orlita) durchgeführt, die mit einer Heizvorrichtung ausgestattet sind, weil Velcorin bei 17 °C bereits erstarrt. Die Zugabe von Velcorin sollte nach Möglichkeit in das fertige Getränk direkt vor dem Füller erfolgen. Bei einer Eindosierung in den nichtcarbonisierten, entlüfteten Wasserteil muss unter Umständen wegen des schnellen Zerfalls von Velcorin die Dosiermenge entsprechend der kürzeren Verweilzeit in der Anlage und der Wassertemperatur erhöht werden. Eine Zugabe über den Sirup ist nur dann möglich, wenn der Zeitraum zwischen Zugabe und Abfüllung (Verschluss) sehr klein ist.

Verhalten gegenüber Werkstoffen: Velcorin muss in den Originalgebinden aufbewahrt werden. Umfüllen in andere Glasgefäße beeinträchtigt die Haltbarkeit und kann ggf. zum Zerfall des Produktes in Methylalkohol und Kohlendioxid führen d.h. dass das Produkt unwirksam wird. Das in den gebräuchlichen Dosierungen in Getränken gelöste Velcorin greift die in der Getränkeindustrie üblichen Werkstoffe nicht an.

Sicherheitshinweise: Konzentriertes Velcorin vorsichtig handhaben. Reizwirkung auf Augen, Schleimhäute, Atemwege und Haut. Bei der Handhabung eng anliegende Schutzbrille aufsetzen. Gelangt Velcorin in die Augen, sofort mit viel Wasser gründlich spülen und vorsichtshalber Augenarzt aufsuchen. Bei Reizung der Atemwege - Frischluft. Nur in schweren Fällen symptomatische Behandlung durch den Arzt.

Apparate und Gefäße mit Velcorin sind dicht verschlossen zu halten. Verschüttetes Velcorin sollte mit viel kaltem Wasser entfernt werden, größere Mengen mit Soda, Kieselgur, Zellstoff oder Sand aufsaugen, oder mit reichlich kaltem Wasser wegspülen und möglichst schnell aus geschlossenen Räumen entfernen. Velcorin nicht in offene Abflussrinnen mit heißem Wasser spülen. Konzentriertes Velcorin ist brennbar.

Lagerung und Halbarkeit: Velcorin sollte bei seiner optimalen Lagertemperatur von 20-25 °C gelagert werden. Kurzfristiges Erwärmen, z.B. beim Transport bei sommerlichen Außentemperaturen (z.B. 1-3 Std. 50 °C) schadet nicht, kann aber die Gesamtlagerfähigkeitszeit herabsetzen. Eine kalte Lagerung hat keinen Einfluss auf die Stabilität von Velcorin. Bei Temperaturen unter 17 °C erstarrt das Produkt. Die Haltbarkeit wird davon nicht beeinflusst. Nach dem Auftauen, dies kann bei Raumtemperatur oder durch Einstellen der Originalflaschen in 35 °C warmes Wasser erfolgen (erfahrungsgemäß dauert das 5-10 h), ist Velcorin ohne Nachteile zu verwenden. Velcorin darf nicht in heißes Wasser gestellt werden!

Bei der Lagerung sind in Deutschland die Vorschriften der Verordnung über brennbare Flüssigkeiten Gefahrenklasse A III zu beachten. Im verschlossenen Originalgebinde ist Velcorin bei Abwesenheit von Wasser mindestens ein Jahr haltbar, wenn die optimale Lagertemperatur von 20-25 °C eingehalten wird. Angebrochene Flaschen müssen verschlossen aufbewahrt und innerhalb von 14 Tagen aufgebraucht werden.

3.4.2 Konservierungsstoffe

Lebensmittelrechtliches
Nach der Zusatzstoff-VO sind die folgenden Konservierungsstoffe in den dort festgelegten **Höchstmengen bei Angabe im Zutatenverzeichnis zugelassen:**

Für Obstpulpen, Obstmark und Früchte zur Weiterverarbeitung in der Süßwaren- und Getränkewirtschaft je kg maximal 2 g Sorbinsäure und deren Salze.
Zu Fruchtsäften und konzentrierten Fruchtsäften bis zu einer Dichte von 1,33 zur gewerbsmäßigen Weiterverarbeitung, ausgenommen solcher zur Herstellung von zur Abgabe an den Verbraucher bestimmten Fruchtsäften und Fruchtnektaren je kg maximal 2 g Sorbinsäure und deren Salze, 1 g Benzoesäure und deren Salze .
Zu Ansätzen (erfordern nur noch Wasserzusatz für die Herstellung des Fertiggetränkes) und Grundstoffen für alkoholfreie und mit Fruchtsaft hergestellte Getränke sowie für Limonaden, Brausen und künstliche Heiß- und Kaltgetränke dürfen je kg maximal 1 g Sorbinsäure und ihre Salze sowie 1 g Benzoesäure und ihre Salze verwendet werden. Die Bestimmungen der Deklarationspflicht müssen beachtet werden. Zu wasserhaltigen Aromen mit einem Alkoholgehalt von weniger als 12 % sind je kg maximal 1 g Sorbinsäure und deren Salze, 1,5 g Benzoesäure und deren Salze und 1,5 g PHB-Ester zugelassen.
Werden Konservierungsstoffe im Rahmen der gesetzlichen Zulässigkeit der Grundstoffproduktion verwendet, so sind die Zusatzmengen üblicherweise so bemessen, dass im daraus hergestellten Fertiggetränk (20 g/kg) keine Wirksamkeit mehr besteht und eine Deklarationspflicht der Konservierungsstoffe im Fertiggetränk entfällt.
Laut Anlage 5 Teil A der Zusatzstoffzulassungs-Verordnung ist seit 6.2.1998 auch **eine unmittelbare Konservierung von Erfrischungsgetränken erlaubt**, jedoch für Fruchtsäfte und Fruchtnektare wie schon in der Vergangenheit verboten. In den konservierten Erfrischungsgetränken betragen die **Höchstmengen** für Benzoesäure 150 mg/l, für Sorbinsäure 300 mg/l. Die Konservierung durch eine Mischung beider Konservierungsstoffe verlangt, dass dann für Benzoesäure die Höchstmenge 150 mg/l beträgt, für Sor-

binsäure 250 mg/l. Laut Teil B ist für Erfrischungsgetränke, die Fruchtsaft enthalten, eine Höchstmenge an Schwefeldioxyd von 20 mg/l zulässig mit der Einschränkung, dass diese zulässige Menge nur aus dem verwendeten Fruchtsaftkonzentrat stammen darf.
Der Zusatz von Konservierungsstoffen ist im Zutatenverzeichnis zu **deklarieren** mit dem Klassennamen Konservierungsstoff gefolgt von der Verkehrsbezeichnung des Stoffes z.B. Natriumbenzoat und seiner E-Nummer E 211.
Aus Qualitätsgründen und wegen des Deklarationszwanges hat die deutsche Erfrischungsgetränkeindustrie auf die Verwendung von Konservierungsstoffen in Fruchtsaftgetränken, Limonaden und Brausen im Allgemeinen verzichtet.

Wirkung, Eigenschafen und Anwendung der Konservierungsstoffe
Ihre Wirkung beruht auf einer Hemmung oder Inaktivierung lebenswichtiger Enzymsysteme der Mikroorganismen wie z.B. der Katalase, Glucoseoxydase, Dehydrogenase. Die Kombination verschiedener Mittel hat eine Wirkungssteigerung zur Folge.

Sorbinsäure
Ihr Wirkungsoptimum liegt bei pH-Werten von unter 6,0. Sorbinsäure besitzt eine Hauptwirksamkeit gegenüber Schimmelpilzen und Hefen und nur eine bedingte Wirksamkeit gegenüber Bakterien. Die Wirkung ist abhängig von der Keimzahl.
Am häufigsten wird Kaliumsorbat verwendet, indem man eine 10- oder höher prozentige Stammlösung bereitet, die in entsprechenden Mengen dosiert wird.
Der Grenzwert von 1,0 g Sorbinsäure je kg Grundstoff entspricht ca. 1,3 g Kaliumsorbat, ca. 1,2 g Natriumsorbat oder ca. 1,2 g Calciumsorbat.
Voraussetzung zur Konservierung ist eine gleichmäßige Verteilung des Mittels, also gut umrühren und umpumpen! Man beachte die begrenzte Haltbarkeit der Stammlösung, die frisch hergestellt werden muss. Der Konservierungsstoff ist gut verschlossen aufzubewahren, und zwar vor Hitze und Licht geschützt.

Benzoesäure
Ihr Wirkungsoptimum reicht bis zu einem pH-Wert von 4,5. Sie wirkt gegen Schimmelpilze, Hefen und Bakterien. Gegenüber den Schimmelpilzen wären allerdings höhere Konzentrationen von Benzoesäure notwendig, sodass in diesem Falle Sorbinsäure vorteilhafter ist. Benzoesäure kommt als weißes kristallines Pulver vor mit hygroskopischen Eigenschaften und muss luftdicht und verschlossen aufbewahrt werden. Seine geringe Löslichkeit in Wasser (2 g/l) hat zur Folge, dass man die gut löslichen Salze vorzieht. Natriumbenzoat löst sich zu 500 g/l. Die Anwendung erfolgt wie bei der Sorbinsäure über eine 10 bis 20%ige wässrige Stammlösung.
1,0 g Benzoesäure entsprechen ca. 1,2 g Natriumbenzoat, ca. 1,3 g Kaliumbenzoat oder ca. 1,2 g Calciumbenzoat.

Schweflige Säure, die als Konservierungsstoff zur Haltbarkeitsverbesserung von süßen alkoholfreien Erfrischungsgetränken und deren Grundstoffe und Ansätze verboten ist, könnte lediglich auf dem Wege der nach der Zusatzstoff-VO in eingeschränkten Mengen zulässigen Behandlung von Zitrusmuttersäften, Traubensaft und Orangensaft in Fertiggetränken nur in sehr geringfügigen Mengen vorkommen.
Schweflige Säure dient gleichzeitig als Antioxidans. Eine Deklaration erfolgt erst bei SO_2-Gehalten über 20 mg/kg.

Das Wirkungsoptimum der schwefligen Säure liegt bei einem pH-Wert von 4,0. Sie ist in erster Linie wirksam gegenüber Hefen, Kahmhefen und Schimmelpilzen. Außerdem verzeichnet sie antioxidative Wirkung. Aus SO_2 bildet sich in wässriger Lösung die wirksame schweflige Säure. Zu berücksichtigen ist ihre reversible Reaktion mit reduzierenden Kohlenhydraten etc. unter Bildung von Additionsverbindungen, die keine konservierende Wirkung mehr besitzen. Es kommt zur Ausbildung eines pH-abhängigen Gleichgewichtes zwischen gebundener und freier schwefliger Säure. Die größte Beständigkeit der Additionsprodukte ist bei pH-Werten von 3,0 bis 5,8 gegeben.

Anwendung
Flüssiges SO_2 bezieht man in Gasflaschen oder in Form von Salzen wie Natriumsulfit und Kalimpyrosulfit. Alle Stoffe sind gut wasserlöslich (105 g SO_2/l Wasser). Gebrauchslösungen sind erst kurz vor Gebrauch herzustellen, da SO_2 flüchtig ist.

100 g Natriumsulfit entsprechen 50,8 g SO_2
100 g Kaliumpyrosulfit entsprechen 67,4 g SO_2

3.4.3 Antioxidantien – Ascorbinsäure – Glucoseoxydase

Auch unter der Bezeichnung L-Ascorbinsäure sind Mengen unter 50 mg/l als Antioxidanz als sog. Technologischer Zusatzstoff gemäß § 5 Abs. 1 der Zusatzstoff-Zulassungs-VO zulässig. Höhere Zugabemengen von Ascorbinsäure in ihrer Eigenschaft als ernährungsphysiologischer Zusatzstoff zum Zweck der Vitaminisierung fällt unter die alte Zusatzstoffregelung als zugelassen und sind nach der Vitamin-VO zu deklarieren. Die Deklaration lautet bei mindestens 250 mg/l Ascorbinsäure reich an Vitamin C, bei mindestens 150 mg/l Ascorbinsäure Vitamin-C-haltig.
Nähere Einzelheiten dazu im Kapitel Oxidationsschäden und Ascorbinsäureverlust.

3.4.4 Farbstoffe, Lactoflavin, β-Carotin, Zuckercouleur, u.a.

Viele Konsumenten stoßen sich an dem Wort „gefärbt", denn die Farbe gilt als etwas Künstliches. Häufig sind ausländische Erzeugnisse gefärbt.
Nach der Zusatzstoffzulassungs-VO (ZzulV) sind für Lebensmittel und damit auch für Erfrischungsgetränke folgende Farbstoffe zugelassen:

Lactoflavin (Riboflavin, E 101), β-Carotin (E 160a), Zuckercouleur (E 150), Silber (E 174), Gold (E 175)

Diese Farbstoffe dürfen nur in der zur Erreichung des Farbtons erforderlichen Menge eingesetzt werden und dürfen nicht zur Irreführung des Verbrauchers führen. Sie sind auf der Zutatenliste zu kennzeichnen. Für diätetische Erfrischungsgetränke erlaubt die Diät-VO als Farbstoffzusatz nur β-Apo-Carotinal, β-Apo-8-Carotinsäureethylester und Krupoxanthin.
Der technologische Zusatzstoff β-Carotin ist als Farbstoff mit dem Zweck einer Orangefärbung ein Zusatzstoff in der Zulassungsnorm § 3 Abs. 1 ZzulV.
Wird der Zusatzstoff β-Carotin als ernährungsphysiologischer Zusatzstoff einem Lebensmittel in seiner zweiten Eigenschaft als Provitamin A mit dem Zweck einer Vitami-

nisierung zugesetzt, so ist er nach früheren lebensmittelrechtlichen Bestimmungen zugelassen und unterliegt wie zuvor Vitamin C den Deklarationspflichten und Bestimmungen für vitaminisierte Lebensmittel.

3.4.5 Chinin, Koffein, Taurin, Glucuronolacton, Inosit

Nach der Aromen-VO sind in Bittergetränken bis zu 85 mg/l Chinin zulässig. Chinin ist deklarationspflichtig, jedoch ist es in diätetischen Getränken nicht zulässig.

Koffein, Taurin, Glucuronolacton, Inosit
Koffein gehört zu den Aromen. Es ist in **Cola-Getränken** zusätzlich mit **65 bis 250** mg/l enthalten und zu kennzeichnen.
In **Energy Drinks** (= koffeinhaltige Erfrischungsgetränke), die in der EU rechtmäßig hergestellt werden, können seit Bekanntmachung vom 28.2.1994 des Bundesministeriums für Gesundheit auch in Deutschland in den Verkehr gebracht oder hergestellt werden, wobei bis zu einem Gehalt **an Koffein von 320 mg/l**, Taurin bis zu einem Gehalt von 4000 mg/l, Glucuronolacton bis zu einem Gehalt von 2400 mg/l sowie Inosit bis zu einem Gehalt von 200 mg/l zugesetzt werden können. Eine angemessene Kenntlichmachung und ein zusätzlicher Warnhinweis ist anzubringen, dass das Erzeugnis wegen des erhöhten Koffeingehaltes nur in begrenzten Mengen verzehrt werden sollte.
Literatur zu Koffein: Koffein, Vorkommen, Chemische Struktur, Eigenschaften, Wirkungen. Erfrischungsgetränk 1 (1999) S. 1

3.4.6 Dickungsmittel/Ballaststoffe

In der Zusatzstoffzulassungs-VO bzw. in der Diät-VO sind eine ganze Reihe von Zusatzstoffen für die Getränke und deren Essenzen mit maximal 20 g/kg Erzeugnis zugelassen, u.a. **Pektin, Alginate, Johannisbrotkernmehl, Agar Agar** u.a. Diese Stoffe sollen einem Absinken der Schwebstoffe in den Getränken entgegenwirken.
Außerdem können lösliche Ballaststoffe wie Johannisbrotkernmehl, Gummi arabicum, Inulin u.a. dazu beitragen, ernährungsabhängigen Krankheiten entgegenzuwirken z.B. bei Verstopfungen, Dickdarmkrebs, Fettstoffwechselstörungen. In einigen New Segment Getränken, wie z.B. unter 1.3.4.1 berichtet, sind sie verarbeitet worden.

3.4.7 Vitamine und Mineralstoffe

Sie kommen als Zutat vor in den vitaminhaltigen sog. ACE- Getränken (vgl. 1.3.3.6) und den Mineralstoff- Getränken (vgl. 1.3.3.7). Über ihre Auslobung und Kennzeichnung wird im Kapitel 1.3.6.2 berichtet.
Wellness und Gesundheit durch Vitamine in Getränken medizinisch gesehen u.a. mit Angaben der Risikogruppen für eine Vitamin-Unterversorgung und einer Übersicht über Antioxidative Vitamine wie Vitamin C, Beta- Carotin und Vitamin E, deren Funktion, Wirkung, empfohlene tägliche Zufuhrmengen und wichtige Vitaminquellen u.a., wird im Spektrum Trinken zusammengefasst (s. Das Erfrischungsgetränk 4 (1997) S. 27).

Ebenso wird im Spektrum Trinken dieser Zeitschrift über Mineralstoffe berichtet, u.a. den durchschnittlichen Bedarf bei Sportlern.
In einer sehr umfangreichen Artikelserie berichtet in acht Folgen Prof. A. Pindl zusammen mit wechselnden Co-Autoren über das Thema Getränkeverzehr und sportliche Leistung; erschienen in mehreren Heften der Zeitschrift Getränkefachgroßhandel 1989. Darin befinden sich u.a. Themen wie Einteilung und Charakterisierung der verschiedenen Sportarten, Über die Produktphilosophie und Zusammensetzung einiger hypotonischer und isotonischer Sportgetränke, Über den osmotischen Druck von Getränken, Über den Vitaminbedarf von Sportlern.

3.4.8 ADI-Wert für Zusatzstoffe und E-Nummern

Der **ADI-Wert** = Acceptable Daily Intake (d.h. die vertretbare tägliche Aufnahme) definiert die höchstmögliche tägliche Aufnahme eines Zusatzstoffes in mg pro kg Körpergewicht und Tag, die ein Mensch über ein ganzes Leben hinweg ohne Risiko aufnehmen kann. Dieser Begriff wurde von der Weltgesundheitsorganisation entwickelt als Beurteilungsmaßstab von Zusatzstoffen für deren Bedenklichkeit oder Unbedenklichkeit für die menschliche Ernährung.
Der ADI- Wert ist die Grundlage für die Einsatzmengenbeschränkung in Lebensmitteln. Er liegt um den Faktor 100 niedriger als der Wert, bei dem in Tierversuchen kein Effekt auf die Gesundheit festgestellt wurde. Die toxikologischen Daten und die Bewertung und die Beobachtung des neu zuzulassenden oder bereits zugelassenen Zusatzstoffes in der EU mit Festlegung des **ADI-Wertes** erfolgt vom **Wissenschaftlichen Lebensmittelausschuss SCF**, der auch in regelmäßigen Abständen die Veränderungen der Daten verfolgt und ggf. auch bestimmte Zusatzstoffe wieder verbieten kann. Als **Kennzeichnungssystem für Lebensmittelzusatzstoffe dienen in Kurzschrift so genannte E- Nummern**, z.B. für Zuckercouleur E 150, für die Färbung mit β-Carotin E 160a oder mit Riboflavin E 101, für den Konservierungsstoff Natriumbenzoat E 211, für den Süßstoff Aspartan E 951, für Zitronensäure E 330 und für Phosphorsäure E 338. Der sehr umfangreiche Katalog der E-Nummern kann hier nur auszugsweise wieder gegeben werden.

Literatur zu Kapitel 3.41 bis 3.48
- zu DMDC Informationsschrift der Fa. Bayer (1979)
- Wagner, B.: Tageszeitung f. Brauerei 65 (1968) S. 595
- Lebensmittelzusatzstoffe: Das Erfrischungsgetränk (1992) S. 418
- Hagenmeyer, M.: AFG- Wirtschaft 12 (2001) S.47
- Koffein, Vorkommen, Chemische Struktur, Eigenschaften, Wirkungen. Das Erfrischungsgetränk 1 (1999) S.1
- Spektrum Trinken siehe 3.4.7
- Piendl A. und Co-Autoren siehe 3.4.7

3.4.9 Kohlensäure

Von großer Bedeutung für die Erfrischungsgetränke-Industrie ist die gasförmige Kohlensäure. Natürliche Kohlensäurequellen befinden sich z.B. in der Eifel, in Daun, Gerolstein und Mendig am Laacher See. Ferner gibt es Kohlensäurequellen im oberen Neckartal in Eyach und in regionalen Bereichen am Rhein zwischen Koblenz und Bonn z.B. in Burgbrohl bei Andernach, sowie im Gebiet der mittleren Weser.
Gasaushauchungen mit relativ trockener Kohlensäure, die man auch als Mofetten bezeichnet, sind z.B. in Bad Hönningen am Rhein und an der Weser.
Die natürliche Quellenkohlensäure wird aufgefangen, gereinigt und u.a. zur Getränkeproduktion verwendet.
Gleichermaßen verwendet man zur Getränkeproduktion die bei der alkoholischen Gärung aufgefangene und gereinigte Kohlensäure.

3.4.9.1 Eigenschaften

Bekannt ist die Kohlensäure in gebundener Form als geschmacksbildender Salzbestandteil der Wässer (Calcium- und Magnesiumbikarbonat, Natriumbikarbonat etc.). U.a. wird sie auch vom Menschen gasförmig ausgeatmet. Ausgeatmete Luft enthält 4 bis 5 % CO_2, atmosphärische Luft etwa 0,04 %. Die Schädlichkeitsgrenze liegt bei 4 % (100-fach) und wird auch in überfüllten Räumen nicht erreicht. In sehr starkem Maße ist die Kohlensäure an Assimilations-, Dissimilations- und Gärungsprozessen beteiligt.
Bei normaler Temperatur von etwa 20 °C und normalem Druck (760 mm) ist das Kohlendioxid ein farbloses, stechend riechendes und säuerlich schmeckendes Gas. Kohlensäure ist nicht brennbar. (Füllgas in Feuerlöschern). Sie wird durch ihre Eigenschaft, eine Flamme zum Erlöschen zu bringen, in vielen Fällen nachgewiesen. Dieser Nachweis ist dann sehr wichtig, wenn Brunnenschächte, Gärkeller und andere Räumlichkeiten mit erhöhter CO_2-haltiger Atmosphäre begangen werden sollen. Auf diese Weise wird der in einer Erstickung beruhenden Unfallgefahr vorgebeugt.

Die **Dichte** der CO_2 beträgt **1,529**, d.h. sie ist 1,529 mal schwerer als Luft. 1 m^3 Luft mit einer Temperatur von 0 °C wiegt 1,3 kg und **1 m^3 CO_2 dann 2 kg** (ihr Handel erfolgt nach Gewicht). Auf die Dichte der Luft werden alle Gasdichten bezogen, während sich die Dichten der Flüssigkeiten auf die Dichte des Wassers beziehen. Infolge seiner höheren Dichte kann Kohlensäure auch am Boden von Gefäßen und Räumen die Luft verdrängen und sich dort anreichern. Sie lässt sich aber auch infolge dieser Eigenschaft von einem Gefäß ins andere umgießen.
Kohlensäure ist sowohl als Gas als auch in flüssiger Form ein Anhydrid und besitzt demzufolge zunächst keine saure Reaktion.

Erst in Verbindung mit Wasser geht die CO_2 in eine Säure über:

$$CO_2 + H_2O \rightarrow H_2CO_3$$

Dieses Reaktionsprodukt ist bei atmosphärischen Druck instabil und zerfällt sofort wieder in seine Ausgangsstoffe, nämlich CO_2 und Wasser. Die Löslichkeit der CO_2 im Wasser ist wie bei allen anderen Gasen in Flüssigkeiten abhängig von der Temperatur und dem Druck, der auf dem Gas lastet.

Physiologisches

Die Kohlensäure besitzt die Eigenschaft, dass sie sich infolge ihrer Schwere in Räumen ohne Durchzug vom Boden her ansammelt und dabei die Luft verdrängt. Ein Gehalt von mehr als 1 % Kohlensäure in der Luft kann schon bei längerer Einwirkungszeit zu Beschwerden führen. Diese Erscheinungen schwinden bei Zufuhr frischer Luft sehr schnell. Daher ist es von großer Wichtigkeit, beim Begehen z.B. von Brunnenschächten und Gärkellern genügend Vorsicht walten zu lassen und für eine gute Lüftung Sorge zu tragen bzw. durch eine brennende Kerze zu prüfen, ob der Kohlensäuregehalt der Atmosphäre dieser Räume zu hoch ist. Darum erlischt die Kerzenflamme durch **Sauerstoffmangel**, der durch eine Kohlensäureanreicherung herbeigeführt wird.

Im Gegensatz zu der Kohlensäure des Blutkreislaufes, die als Verbrennungsprodukt durch die Lunge aus dem Körper ausgeatmet wird, löst die in den Magen durch Getränkeaufnahme gelangte Kohlensäure ganz andere Wirkung aus. Sie bewirkt im Magen eine größere Durchlässigkeit der im Wasser oder in der Limonade gelösten Stoffe wie u.a. Zucker und Salze. Sie unterstützt ferner die Bewegung des Speisebreies und fördert damit die Verdauung. Die Sekretion des Magensaftes und damit die Zufuhr der Flüssigkeit im Magen erfährt eine Begünstigung, die zur raschen Stillung des Durstgefühles führt. Voraussetzung hierfür ist aber, dass die CO_2 innig mit dem Getränk gemischt ist, damit sie überhaupt in den Verdauungstrakt gelangt und dort sich nur langsam entbindet, ohne dass es zu einer unangenehmen Aufblähung des Magens kommt.
Die „**Kaltempfindung**" in den empfindlichen Gaumen- und Zungenpartien beruht darauf, dass die geringe Ausdehnung der CO_2-Bläschen der Umgebung Wärme entzieht (s. Dampf-Tabelle).

Neben diesen günstigen Eigenschaften ist noch ihre **aseptische** Eigenschaft hervorzuheben, wonach auch pathogene Keime in der Getränkeflasche, wie sie etwa vom Wasser her hier enthalten sein können, nach wenigen Tagen durch Einfluss der Kohlensäure unter dem höheren Flaschendruck zu Grunde gehen. Bei noch höheren Drücken (etwa 7 bar) werden auch die Gärungserreger in ihrer Tätigkeit und Fortpflanzung sehr stark gehemmt, was z.B. bei der Süßmostlagerung auch im großtechnischen Maße ausgenutzt wird. Das Wort Hemmung besagt aber nicht, dass die Organismen abgetötet werden. Es sind bereits Fälle bekannt geworden, wo durch keimhaltige Kohlensäure eine Betriebsinfektion bzw. Getränkeinfektion ausgelöst wurde. (vgl. Windisch-Goslich, Branntweinwirtschaft)
Kohlensäure besitzt auf den Säuregeschmack der Getränke einen verstärkenden Einfluss, wie Versuche mit imprägniertem Wasser gezeigt haben (vgl. Kühles).

3.4.9.2 Gewinnung und Transport

Von großer Bedeutung für die Erfrischungsgetränkeindustrie ist die gasförmige Kohlensäure aus Gärungsprozessen oder aus natürlichen Quellen! Natürliche CO_2-Quellen befinden sich z.B. in der Eifel, und zwar in Daun, Gerolstein und Mendig am Laacher See, ferner im oberen Neckartal u.a. in Eyach und in regionalen Bereichen am Rhein zwischen Koblenz und Bonn (z.B. Burgbrohl über Andernach, größte Europas) sowie im Gebiet der mittleren Weser.

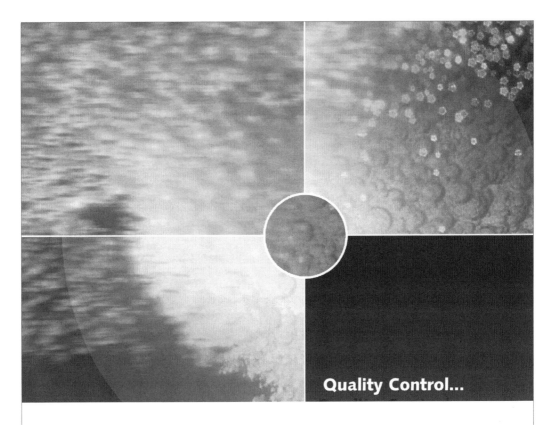

Quality Control...

Intelligent CO_2 Gehaltemeter i-GDM

- Großer Messbereich.
- Hohe Genauigkeit.
- Gute Reproduzierbarkeit ohne Drift.
- Messung des Absolutdrucks.
- Fortschrittliches Identifikationssystem.
- Programmiermöglichkeit für bis zu 10 verschiedene Produkte.

Ein sehr kritischer Parameter für einen gleichbleibenden Geschmack und eine gleichbleibende Qualität aller karbonisierter Getränke ist der Gehalt an in Flüssigkeit gelöstem CO_2. Das tragbare, intelligente CO_2 Gehaltemeter ermöglicht eine schnelle und genaue Bestimmung des CO_2-Gehaltes in Bier und in karbonisierten Getränken sowohl während des Produktionsprozesses z.B. aus Tanks und Leitungen als auch danach z.B. in Kegs.

It better be Haffmans!

Haffmans B.V. - Postfach 3150 - NL-5902 RD VENLO - Niederlände
T: (+31)77-3232300 - F: (+31)77-3232323
E-mail: haffmans@haffmans.nl - Internet: www.haffmans.nl

A NORIT COMPANY

Gasaushauchungen mit trockenem Kohlensäuregas, die man als Mofetten bezeichnet, wurden am Rhein in Bad Hönningen und in neuerer Zeit auch im mittleren Weserbereich gefunden.

Die natürliche Quellkohlensäure oder die Kohlensäure der alkoholischen Gärung wird aufgefangen, gereinigt und u.a. zur Getränkeproduktion verwendet. Die Reinheit der Kohlensäure für Lebensmittel muss den in der Zusatzstoff-Verkehrs-VO (1984) festgelegten Bedingungen entsprechen, u.a. mindestens 99 % CO_2, Luft und frei von Verunreinigungen.

Für Versandzwecke muss diese gasförmige Kohlensäure, die unter bestimmten Voraussetzungen bei **1 kg Gewicht ca. 500 Liter** Raum beanspruchen würde, gereinigt und **komprimiert** werden, um das Volumen wesentlich zu verkleinern. Das erfolgt in Pumpanlagen bei drei Druckstufen. Nach jeder Druckstufe muss die auftretende Kompressionswärme wieder abgeführt werden. In der ersten Stufe geht die Verdichtung auf 4 bar, in der zweiten Stufe auf 12 und in der dritten Stufe auf 70 bar. Nach der Abkühlung der unter diesem hohen Druck stehenden Kohlensäure tritt ihre Verflüssigung ein. Diese flüssige Kohlensäure wird in Stahlflaschen gefüllt.

Die **Verflüssigung der CO_2** geschieht, wie bereits erwähnt, unter Anwendung hoher Drücke und Ableitung der dabei entstehenden Wärme. Auch hier gilt die wie bei der Imprägnierung gültige Feststellung, dass der anzuwendende Druck umso niedriger liegt, je tiefer die Temperatur beträgt. Bei –79 °C wird die Kohlensäure schon bei Atmosphärendruck flüssig. Steigt die Temperatur über den Wert von 31,4 °C an, so kann sie durch keinen noch so hohen Druck verflüssigt werden. Man bezeichnet diesen Temperaturpunkt als die **kritische Temperatur**, weil bei dieser Temperatur die CO_2, eben gerade noch unter einem Druck von 74 bar verflüssigt werden kann. **Der kritische Druck** der CO_2 beträgt demnach 74 bar (kg/cm²). Für den Transport der CO_2 in den Sommermonaten müssen zur Gefahrenabwehr entsprechende Absicherungen erfolgen.

Die flüssige CO_2 ist farblos, leicht beweglich und besitzt einen Siedepunkt von –78,5 °C. Im Falle der Wegnahme des Druckes (Öffnen der Behälter) und höherer Umgebungstemperatur kommt es zur schnellen Verdampfung. Dabei kann die starke Abkühlung bis zu dem Wert von –78,5 °C gehen. Ein Teil der Kohlensäure erstarrt zu Schnee. Die weitere Verdampfung der CO_2 an der Luft geht dann nur noch sehr langsam vonstatten, da sich eine schützende Gashülle ausbildet. Ein leichtes Berühren des CO_2-Schnees mit der Hand ist zwar möglich, dagegen hat ein starkes Zufassen schwere Verbrennungserscheinungen zur Folge.

Die Handelsformen der Kohlensäure

Neben dem festem Zustand als Trockeneis unterscheidet man die Handelsform :

1. Im **Hochdruckbereich** in hochdruckbeständigen Stahlflaschen bei Drücken von 45 bar bis 68 bar und den zugehörigen Temperaturen von +10 °C bis +27,5 °C. (vgl. Dampftafel)
2. Im **Mitteldruckbereich** in entsprechend druckbeständigen, isolierten größeren Kugeltanks bei Drücken von 30 bar bis 34,5 bar und den zugehörigen Temperaturen von 0 °C bis –5 °C.
3. Im **Niederdruckbereich** in entsprechend druckbeständigen, isolierten zylindrischen Tanks bei Drücken von 10 bar bis 19 bar und den zugehörigen Temperaturen von –20 °C bis –37,5 °C.

Dampftafel für Kohlendioxid

	Temperatur t °C	Druck p bar	Spez.Volumen der Flüssigkeit v' l/kg	Spez.Volumen des Dampfes v'' l/kg	Verdampfungs- wärme r = i' - i'' kJ/kg
ND	−37,5	10,20	0,905	34,900	317,4
	−35	11,26	0,913	32,008	312,9
	−32,5	12,35	0,922	29,480	308,6
	−30	13,55	0,931	27,001	303,9
	−27,5	14,76	0,940	24,850	299,3
	−25	16,14	0,950	22,885	294,6
	−22,5	17,68	0,960	21,070	289,7
	−20	19,06	0,971	19,466	284,7
MD	−5	30,05	1,048	12,141	249,9
	−2,5	32,21	1,063	11,230	243,1
	0	34.54	1,081	10,383	235,7
HD	+10	44,95	1,166	7,519	202
	+12,5	47,83	1,193	6,910	192,1
	+15	50,93	1,223	6,323	180,9
	+17,5	54,10	1,253	5,774	169,6
	+20	57,46	1,297	5,269	155,8
	+22,5	60,85	1,346	4,753	139,9
	+25	64,59	1,409	4,232	119,8
	+27,5	68,35	1,501	3,679	94,7
	+30	72,34	1,680	2,979	63,2
	+31	73,96	2,156	2,156	0,00

ND = Niederdruckbereich −37,5 bis −20 °C
MD = Mitteldruckbereich −5 bis 0 °C
HD = Hochdruckbereich +10 bis +27,5 °C

Aus der Dampftafel wird ersichtlich, dass die Dichte der flüssigen CO_2 sehr von der Temperatur abhängig ist. Der relativ große Verdampfungswärmebedarf bewirkt eine starke Abkühlung bei der Verdampfung der flüssigen CO_2 und macht sie im Übrigen auch wegen der leichten Möglichkeit ihrer Verflüssigung gut geeignet als Kältemittel, z.B. in Kühlmaschinen etc.

Kohlensäurebehälter und technische Hinweise
Die Tabelle zeigt ferner die Drücke, die für die einzelnen Temperaturen notwendig sind, um die Kohlensäure zu verflüssigen. Bei 0 °C beträgt der Druck der in Flaschen abgefüllten flüssigen CO_2 34 bar, bei 15 °C 50 bar und bei 31 °C 74 bar. Wie ersichtlich,

entstehen durch die unvermeidlichen Temperaturerhöhungen starke Drucksteigerungen, und es ist daher notwendig, dass die Stahlflaschen mit Kohlensäure niemals randvoll gefüllt werden, da der leicht zu erreichende kritische Punkt für Temperatur und Druck eine erhebliche Unfallgefahr darstellt. So ist es verständlich, dass viele Vorschriften diesem Moment Rechnung tragen. Das kommt in der Druckbehälterverordnung (für bewegliche Behälter) und auch in der Unfallverhütungsvorschrift Druckgas (für stationäre Anlagen) zum Ausdruck, u.a. wird vorgeschrieben:

1. Erstmaliger Prüfdruck 189 bar, neue Flaschen seit 1961 249 bar. Anpassung an die europäischen Länder mit höheren Temperaturen. Um den erhöhten Anforderungen der Druckgas-Verordnung Rechnung zu tragen, wurden die alten Flaschen mit Berstscheibensicherung ausgerüstet. Die Überprüfung erfolgt alle 4 Jahre.
2. Für 1,34 Liter Flascheninhalt darf höchstens 1 kg CO_2 eingefüllt werden. Das Füllverhältnis beträgt 1 kg:1,34 l.

Der Fülldruck der in Flaschen abgefüllten CO_2 beträgt allgemein 69 bar. 1 kg CO_2 entspricht einer Faustregel zufolge 500 Liter CO_2-Gas.

Auch die Kohlensäuretankanlagen unterliegen den einschlägigen Bestimmungen der Druckbehälter-VO.

Für ortsfeste Behälter nimmt das Gewerbeaufsichtsamt alle zwei Jahre eine äußere Besichtigung, alle vier Jahre eine innere Inspektion auf Korrosionen und alle acht Jahre eine Druckprobe vor. Anordnungen bestehen hinsichtlich der Sicherheitsventile. Behälter im Freien sind vor Sonneneinstrahlung zu schützen. In Gebäuden ist die Möglichkeit vorzusehen, dass Kohlensäure, die aus undichten Behältern entweicht, abfließen kann.

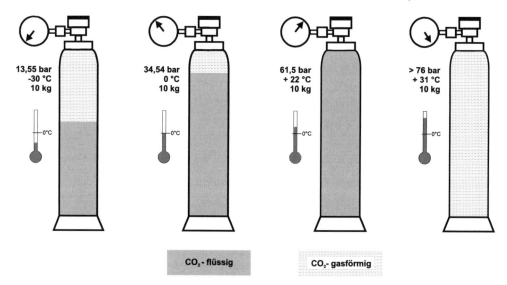

Abb. 8: Druckverhältnisse in Kohlensäureflaschen.

Tabelle über Druck und Dichte bei unterschiedlichen Temperaturen:

Temperatur	Druck		**Dichte**
− 30 °C	−	13,55 bar	− 0,931 Liter pro Kilogramm
− 20 °C	−	19,06 bar	− 0,971 Liter pro Kilogramm
− 10 °C	−	25,99 bar	− 1,010 Liter pro Kilogramm
+ 0 °C	−	34,54 bar	− 1,018 Liter pro Kilogramm
+ 10 °C	−	44,95 bar	− 1,166 Liter pro Kilogramm
+ 20 °C	−	57,46 bar	− 1,298 Liter pro Kilogramm
+ 22 °C	−	61,50 bar	− 1,340 Liter pro Kilogramm
+ 30 °C	−	72,34 bar	− 1,677 Liter pro Kilogramm

Bei den **Kohlensäureflaschen** handelt es sich um nahtlos gezogene Stahlzylinder mit 8, 10, 20 kg Kohlensäure gefüllt. Diese Behälter müssen alle vier Jahre auf einen Druck von 250 bar geprüft werden. Die Flaschen erhalten an der oberen Wölbung die folgenden fünf Angaben eingeschlagen markiert:

1. Eigentümer der Flasche
2. Kenn-Nummer der Flasche
3. Letztes Prüfdatum der Flasche
4. Füllgewicht der Flasche
5. Leergewicht der Flasche

Pro Flasche können etwa **10 % Gas pro Stunde entnommen** werden, da sonst eine Vereisung eintritt. Die Steigerung der Kohlensäureabgabeleistung erfolgt entweder durch die Wahl einer größeren Stahlflaschengröße oder durch Zusammenschließen mehrerer Stahlflaschen mittels einer Sammelarmatur.

Kohlensäuretankanlagen
Die in Tankwagen bezogene Kohlensäure befindet sich im Niederdruckbereich (ND) oder Mitteldruckbereich (MD). Diese Tankwagen sind gut isoliert und mit einem Kühlaggregat ausgestattet, um die beim Niederdruck im Kessel auf −18 °C (das entspricht einem Druck von immerhin ca. 20 bar) und beim Mitteldruck auf −5 °C eingestellte Temperatur einhalten zu können. Auch die auf diese Weise ausgelieferte Kohlensäure wird in den Betrieben in einen gleichermaßen ausgerüsteten und zur Mengenkontrolle auf eine Waage installierten Tank bevorratet. Da während der Kohlensäureentnahme eine Druckminderung eintritt, und somit die Temperatur im Tank weiter sinkt (vgl. Dampftafel ND-Bereich), bedarf es einer in den Tank eingebauten Heizvorrichtung, die den Tankinhalt im Bedarfsfalle auf −18°C aufheizt und damit den hierfür eingestellten Arbeitsdruck aufrecht erhält.

Vorteile der Tanks gegenüber des Stahlflaschenbezuges:

1. Ersparnis der innerbetrieblichen Stahlflaschentransporte und Vermeidung der damit verbundenen Unfallgefahr.
2. Erhebliche Einsparungen durch Fortfall des bei Stahlflaschen unvermeidlichen Restinhaltes von CO_2
3. Keine Betriebsunterbrechung wie sonst beim Abschließen und Anschließen der Stahlflaschen notwendig.
4. Keine Verluste an CO_2 durch undichte Ventile oder beim Auswechseln der Stahlflaschen.
5. Konstanter Arbeitsdruck und gleich bleibende Temperaturverhältnisse.

Abb. 9: Kohlensäuretankanlage
(nach Fa. Agefko Kohlensäurewerke GmbH, Düsseldorf)

6. Exakte Verbrauchsermittlung von CO_2, da alle Behälter mit geeichten Waagen ausgerüstet sind.
7. Übersichtliche Arbeitsplätze und Raumersparnis durch den Wegfall von Stahlflaschen.

Die Reduzierung des Kohlensäuredrucks mit dem Reduzierventil

Zur Imprägnierung von Wasser oder Getränken mit Kohlensäure ist ein bestimmter Druck notwendig. Er beträgt im Allgemeinen 4 bis 6 ata und im Falle von Syphons ca. 9 bar. Da z.B. die CO_2-Stahlflaschen unter einem Fülldruck von etwa 69 bar stehen, muss dieser hohe Flaschendruck auf den notwendigen Arbeitsdruck von 3-5 bar herabgesetzt werden. Hierzu wird ein Hochdruckreduzierventil eingeschaltet, das im Allgemeinen auf die Kohlensäureflaschen aufgeschraubt wird. Der Gebrauch dieses Ventils ist von der Berufsgenossenschaft vorgeschrieben. Seine Funktion verhindert die Drucküberlastung und die Explosionsgefahr der Anlagen.

3.4.9.3 Das Imprägnieren des Wassers bzw. der Getränke mit Kohlensäure, das sog. Karbonisieren

Alkoholfreie Erfrischungsgetränke enthalten üblicherweise 5 bis 9 g Kohlensäure je Liter. Die Karbonisierung erfolgt sehr häufig in Mischern, bei denen die Entgasung, die Mischung und Karbonisierung in einer Apparatur integriert ist.
Unter Imprägnieren versteht man die Mischung der o.a. Flüssigkeiten mit Kohlensäure. Nach den Gesetzmäßigkeiten des Partialdrucks würden Sauerstoff und Stickstoff (als Bestandteile der Luft) die Bindung der Kohlensäure an das Getränk empfindlich stören, während im Gegensatz dazu z.B. der Zuckergehalt in einem Getränk eine engere Bindung zwischen Wasser bzw. Getränk und Kohlensäure bewirkt.

Da der Partialdruck des Sauerstoffs und Stickstoffs im Verhältnis zum Partialdruck der Kohlensäure beim Imprägniervorgang gering ist, wird die vor der Imprägnierung im Wasser gelöste Luft von der Kohlensäure teilweise aus dem Wasser herausgedrängt. Diese Luft ist dann zur Vermeidung von Qualitätsverlusten bei den Getränken unbedingt aus der Imprägnieranlage abzuleiten. Gelangt sie mit in das imprägnierte Wasser oder Getränk, so würde sie bei Druckentlastung spontan entweichen und dabei gleichzeitig die im Wasser gelöste Kohlensäure durch die eingetretene Beunruhigung mitreißen.

In der Imprägnieranlage findet dieser Gesichtspunkt Berücksichtigung, indem die Luft bei Inbetriebsetzung aus der Anlage verdrängt wird, das Wasser beim Eintritt in die Anlage durch CO_2 entlüftet wird und beim Imprägniervorgang keine neue Luft mit der Kohlensäure in das Wasser gelangt. Eine der Voraussetzungen für die innige Bindung der Kohlensäure ist also eine gute Entlüftung des Wassers bzw. Getränkes und der Kohlensäure selbst sowie der Imprägnieranlage.

Die Entlüftung verhindert insgesamt die in folgender Tabelle aufgelisteten Schäden:

Durch Sauerstoff- und Lufteinfluss kann es zu den folgenden Qualitätsverlusten bei Erfrischungsgetränken kommen:

1. Störung beim Imprägnieren und Abfüllen durch CO_2-Entbindung, wenn vorher keine Entlüftung.
2. Sauerstoff ist eine Starthilfe für die Bildung von Kolonien von Hefe und Acetobacter.
3. Durch Sauerstoffreaktionen geht die Trübungsstabilität der naturtrüben Getränke verloren.
4. Durch Sauerstoffreaktionen geht ein Ascorbinsäuregehalt der Getränke verloren.
5. Durch Sauerstoffreaktionen schwindet der Aromastoffgehalt in den Getränken.
6. Durch Sauerstoffreaktionen mit den Aroma- und Geschmacksstoffen verändert sich der Geschmack der Getränke zu einen seifigen und terpentinähnlichen Missgeschmack.
7. Sauerstoff bleicht die Naturfarben der Getränke aus.

Um diese zahlreichen Schäden zu vermeiden, bedarf es vor der Imprägnierung einer Entgasung und Entlüftung des Getränkewassers.

Entgasung oder Entlüftung
Eine Entgasung lässt sich durch höheres Vakuum, durch Druck, durch höhere Temperatur und durch Vergrößerung der Oberfläche zwischen Gas und Flüssigkeit beschleunigen, indem man Strahldüsen oder Rieselflächen in die Entgasungsanlage einbaut.
Bei der Druck- und Vakuumentlüftung des Wassers soll der Entlüftungseffekt 90 % betragen, d.h. ein entgastes Wasser ist zuverlässiger zu verarbeiten. Bei der **Druckentlüftung** erfolgt die Entlüftung der Flüssigkeiten, indem man das lufthaltige Wasser in einem Hochdruckinjektor vorimprägniert, sodass die Luft wegen der veränderten Löslichkeitsverhältnisse aus dem Wasser herausgedrängt wird.

Die Druckentlüftungsanlagen arbeiten sehr zuverlässig und zufrieden stellend. Hier bewegt sich nach Göhle der Sauerstoffgehalt nach der Entgasung zwischen 0,35 und 0,48 mg O_2/l, nach der Imprägnierung 0,02 bis 0,06 mg O_2/l.

Bei den Druckentlüftungsanlagen bestehen also keine Abhängigkeiten vom Wasservordruck oder vom sehr hohen Sauerstoffgehalt zuvor etwa enteisenten Rohwassers. Das **Vakuumentlüftungsverfahren** entgast die Flüssigkeiten durch höheres Vakuum, wobei der Vorgang durch Vergrößerung der Oberfläche zwischen Gas und Flüssigkeit beschleunigt wird. Letzteres geschieht durch Einbau von Strahldüsen und Rieselflächen in die Entgasungsanlage.

Bei dem **Vakuumentlüftungsverfahren** in einem Vakuumentgasungsbehälter, wie er beispielsweise auch als Bestandteile in den Blockaggregaten der Ausmischanlagen vielfach enthalten ist, werden zur Beschleunigung des Stoffaustausches eine Düse und Prallschalen eingebaut, wo die Flüssigkeitsoberfläche vergrößert wird und der von der Vakuumpumpe erzeugte Unterdruck im Behälter den Entgasungsvorgang vorantreibt. In diesen Geräten muss unbedingt auch die Voraussetzung eines Wasservordrucks von mindestens 3 bar zur ausreichenden Versprühung des Wassers im Vakuumkessel erfüllt werden. Dieser Druck darf nicht durch Druckverluste vorgeschalteter Aggregate wie Filter usw. gemindert werden. (Vgl. Schumann, Ergebnisse der Stufenkontrolle in Betrieben, Sauerstoff in Getränken, Das Erfrischungsgetränk (1993) S. 440)

Eine Wasserentgasung mit einem Inline-Verfahren schildert in seinen Vorzügen T. Herold (Fa. Tuchenhagen) in der Brauwelt 1/2 (1997) S. 45. Das zu entgasende Wasser wird mit CO_2 versetzt und über Düsen in einen waagerecht liegenden rohrförmigen Reaktor eingespült. Dieser rohrförmige Reaktor wird mit einer Vakuumpumpe evakuiert. Durch die CO_2-Zugabe und den niedrigen Druck herrschen in dem Reaktor Bedingungen, unter denen die im Wasser gelösten Gase entbinden. Am Ende der Entgasungsstrecke wird das Wasser durch einen 180°-Bogen in eine Beruhigungs- und Abscheidestrecke eingeleitet und die in der Flüssigkeit enthaltenen Gasblasen werden abgeschieden. Der folgende senkrechte Teil des Entgasungsreaktors stellt die Voraussetzungen für die absaugende Produktpumpe sicher.

Eine **thermische Entgasung** in einem 2 bis 3 Minuten geschlossenen Rührbehälter oder in einem Plattenerhitzer wird für heiß abzufüllende Fruchtsaftgetränke erforderlich, weil sonst diese Abfüllung durch spontane Gasexpansion bei 85 °C fast unmöglich wird. Eine Wasserentgasung reicht nicht aus, weil dabei die Kohlensäure nicht vollständig entfernt wird.

Die Einflussfaktoren auf den Imprägniervorgang (außer der Entlüftung)

Der Temperatureinfluss:
Bei normalem Luftdruck von 760 mm Hg (1 ata bzw. 0 bar = 0 atü = 0 kg/cm²) lösen sich in 1 Liter Wasser bei

°C	Liter CO_2	Gramm CO_2	
0	1,713	3,347	
3	1,527	2,979	
5	1,424	2,774	
7	1,331	2,590	
9	1,237	2,404	
10	1,194	2,319	
11	1,154	2,240	0,079 Zunahme
12	1,117	2,166	0,074 Zunahme
13	1,083	2,099	0,067 Zunahme
14	1,050	2,033	0,066 Zunahme
15	1,019	1,971	
20	0,878	1,689	

Schlussfolgerung
1. Bei 15 °C Arbeitstemperatur ist die Aufnahmefähigkeit des Wassers für die Kohlensäure annähernd 1:1, d.h. 1 Liter Wasser nimmt ca. 1 Liter CO_2 auf, also nahezu 2 g CO_2.
2. Wie die Zunahmewerte deutlich zeigen, ist die CO_2-Aufnahme umso größer, je tiefer die Temperatur liegt. Es ist also bei der Imprägnierung von Vorteil, eine möglichst tiefe Temperatur anzustreben, um nicht zu hohe Drücke in Kauf nehmen zu müssen um damit die Anlagen zu schonen.
3. Neben diesen Schlussfolgerungen ist es für die Imprägnierung, d.h. die Sättigung des Wassers mit Kohlensäure, noch wichtig zu wissen, welche Kohlensäuremengen in den einzelnen Temperaturstufen bei welchem Arbeitsdruck (Imprägnierdruck) aufgenommen werden.

Der Druckeinfluss

Tabelle über das Volumen in Litern von CO_2 i.M. bei veränderlicher Temperatur und veränderlichen Druck:

Temperatur °C	Druck 0 bar 1 ata	1 bar 2 ata	2 bar 3 ata	3 bar 4 ata	4 bar 5 ata	5 bar 6 ata	6 bar = kg/cm2 7 ata
5 bis 8 °C	1,3	2,5	3,5	4,3	4,8	5,3	5,7 Liter CO_2
10 bis 15 °C	1,0	2,0	3,0	3,8	4,5	4,7	5,3 Liter CO_2
16 bis 20 °C	0,9	1,8	2,6	3,3	3,8	4,2	4,4 Liter CO_2

Da die Imprägnierung der Getränke unter Druck geschieht, kann man aus dieser Tabelle unter Außerachtlassung von Druck- und Temperaturkorrekturen ungefähr die Gewichtsmenge CO_2 errechnen wie folgt:

1 Liter CO_2 wiegt unter Normaldruck ca. 2 g; bei 3 bar und 15 °C werden 3,8, also rund 4 Raumteile CO_2 von 1 Raumteil Wasser gelöst. Nach der Imprägnierung bei einem Druck von 3 bar enthält also 1 Liter Wasser rund 8 g CO_2 gelöst.
Aus der Tabelle geht auch hervor, dass die Kohlensäure dem Henryschen Gesetz nicht genau folgt, denn sonst müsste bei einem Druck von 4 bar auch 5 Raumteile CO_2 und nicht nur 4,5 gelöst werden.
Nach dem Gesetz von Henry ist bei gleicher Temperatur die von einer Flüssigkeit gelöste Gasmenge dem absoluten Druck proportional. Die hier feststellbaren Abweichungen der CO_2 sind aber in dem Bereich, der für die Sättigung der Getränke in Frage kommt, so gering, dass man sie vernachlässigt.

Die Einflussfaktoren auf den Imprägniervorgang sind außer der bereits erläuterten Entlüftung, und der Temperatur und des Druckes noch das Bindungsvermögen als Adsorptionskoeffizient bezeichnet und ferner noch die Einflüsse durch **Oberflächenvergrößerung und Kontaktzeitgestaltung wie z.B.**

a) Je größer die Oberfläche zwischen der Flüssigkeitsphase und der CO_2-Gasphase ist (man denke vergleichsweise an die Wärmeübergangstheorie), desto mehr CO_2 wird gelöst, d.h. desto größer ist der Stoffübergang von CO_2 in das Wasser bzw. in das Süßgetränk.
b) Je kleiner die Grenzschicht zwischen Flüssigkeits- und CO_2-Phase ist, desto größer ist der Stoffübergang.

Wenn man z.B. mittels apparativen Aufwand durch große Turbulenzen diese Grenzschicht verkleinert, so wird der Stoffübergang besser und wesentlich beschleunigt.
Konstruktive Maßnahmen zur Erzeugung einer großen Oberfläche mit kleiner Grenzschicht und einer großen Geschwindigkeit zwischen Gas- und Flüssigkeitsphase bestehen in Rührsystemen, oder besser **statischen Mischern** als in line Systeme. Hier werden die Gasblasen zerschlagen und die Grenzfläche zwischen Gas und Flüssigkeit heraufgesetzt. Da die Gasblasen sich nach kurzer Reisezeit in der Flüssigkeit zu größeren Gasblasen sich wieder zusammenschließen, werden mehrere Mischer hintereinander geschaltet, um bis zur weitgehend vollständigen Lösung kleinste Blasen mit möglichst großer Grenzoberfläche zu gewährleisten. Die Wirkungsweise dieses Systems verschlechtert sich bei schwankenden Durchflüssen, weshalb eine konstante Grundströmung und Kreislaufschaltung hier Abhilfe schafft.
Weitere konstruktive Maßnahmen in anderen Geräten stellen in der alten sog. **Impragnierpumpe** die sog. Raschigringe dar (kleine Porzellanringe) oder die speziell geformten und Turbulenzen erzeugenden Oberflächengestaltungen in **Plattenapparaten** zur Imprägnierung, oder Kaskadensysteme, oder **Strahldüsen oder Injektorsysteme**, wie sie auch zur Leistungssteigerung mit parallel geschalteten Düsensystemen (nach dem Funktionsprinzip der Wasserstrahlpumpe) in vielen **Blockaggregaten** verbreitet sind. (vgl. Abb. 12-13). Für die Auswahl dieser Systeme spielen die gute Reinigungsfähigkeit oder CIP- Fähigkeit und die angestrebte Getränkebeschaffenheit eine Rolle, zum anderen aber wohl ihr Wirkungsgrad, der für die einzelnen Systeme sehr unterschiedlich sein kann (70-90 %).

Die **Tank-basierten Systeme** sind die ältesten und einfachsten Aggregate. Hier findet an der Grenzschicht zwischen Flüssigkeit und Gas gemäß der Partialdrücke ein Gasaustausch statt und das Gas wird von der Flüssigkeit aufgenommen und gelöst in Abhängigkeit von der Art des Getränkes, seiner Temperatur und des Druckes. Um zu verhindern, dass sich das Getränk vorwiegend mit den zuvor darin enthaltenen Gasen, also der Luft anreichert, muss die ausgetriebene Luft durch CO_2 ständig ersetzt werden und das ausgetriebene Gasgemisch wird zur Vorimprägnierung in der vorgeschalteten Druckentgasungsstufe verwendet.
Düsensysteme sind fast so alt wie tankbasierte Systeme, Noll-Mixer oder Füllpack-Karbonisierer (vgl. später Blockaggregate von Ausmischanlagen) sind auch heute noch zufrieden stellend im Einsatz. (Lit. R. Kalinowski, Brauindustrie 12 (2001) S.15)

Je besser der Wirkungsgrad einer Imprägnier- oder Karbonisieranlage ist, desto niedriger braucht der Imprägnierdruck zu sein, um eine bestimmte Gasmenge zu adsorbieren. Ein geringerer Imprägnierdruck bedeutet unter anderem folgende Vorteile:
- Höhere Abfüllleistung durch kürzere Druckentlastungszeit und Vorspannzeit.
- Bessere Getränkestabilität bei der Druckentlastung.
- Weniger Verschleiß an den Hubzylindern der Füllmaschinen durch geringeren notwendigen Anpressdruck für die Flaschen an die Füllventile.

Unter diesem Gesichtspunkt der höheren Wirkungsgrade und der Erfordernis hoher mengenmäßiger Leistungen entwickelte man die verschiedensten Imprägniersysteme, von denen weitere hier noch erläutert werden.

Die Imprägnierung im **Plattenapparat** wird vorwiegend zur Karbonisierung von Fertiggetränken eingesetzt. Bei diesem patentrechtlich geschützten Verfahren dient die einzelne Platte mit ihren durch die besondere Prägung vergrößerten Oberfläche und folglich erzeugten Zwangsturbulenzen als Rieselfläche. Die Zwischenräume sind mit der CO_2-Druckleitung verbunden. Die CO_2-Begasung kann mehrstufig sein und der Effekt ist dann optimal.
Der Plattenapparat hat noch einen weiteren Vorteil. Man kann im gleichen Gestell weitere Abteilungen z.B. zur Pasteurisation des Zuckersirups (Erhitzung und Abkühlung) oder eine Kurzzeiterhitzung zur Pasteurisation des Fertiggetränkes vor der Karbonisierung unterbringen.

Die **Imprägnierung durch eine Sprühkarbonisierungsanlage** wird vorwiegend zur Karbonisierung von Fertiggetränken eingesetzt. Dieses Aggregat mit zwei Saturationsbehältern arbeitet zweistufig. Jede Abteilung enthält oben im Behälter ein Edelstahlrohr mit Einlassöffnungen für Getränk und CO_2. Die Versprühung zu dem angestrebten Flüssigkeitsnebel wird durch ein darin eingebautes Verteilungsrohr mit vielen kleinen Öffnungen erreicht.

Die **Imprägnierung von Wasser mit der Imprägnierpumpe** ist auch heute noch in den Abfüllabteilungen für Getränkebehälter anzutreffen, also außerhalb der Flaschenfüllung.

Die Wirkungsweise der Imprägnierpumpe

Die Anlage in Abbildung 10 besteht im Großen und Ganzen aus einem Pumpenaggregat mit Windkesseln für die Überbrückung der Pumpenstöße, einem Strahlinjektor als erster Imprägnierstation bzw. zur Druckentlastung nachgeschaltetem Luftabscheider (Rieselsäule) und schließlich aus dem Sammelkessel für das imprägnierte Wasser.

Die Imprägnierpumpe ermöglichst eine mehrstufige Imprägnierung. Die Sättigungsstufen zur innigen Bindung der Kohlensäure an das Wasser sind die folgenden
a) Kohlensäurezufuhr in den Pumpenzylinder
b) Kohlensäurezufuhr durch eine Injektordüse (Strahlinjektor)
c) Zwischenschaltung einer Rieselsäule
d) Wasserverdüsung im Gasraum des Sammelkessel

Die Wasserzufuhr aus dem Leitungsnetz zur Imprägnierpumpe muss durch Zwischenschalten eines Schwimmergefäßes unterbrochen werden, um einerseits den Druck der Wasserleitung zu beseitigen und andererseits zu verhindern, dass das Gas bei Undichtigkeiten auf der Kohlensäureseite der Imprägnieranlage in das Wasserleitungsnetz gedrückt wird. Eine vorausgehende Feinfiltration des Wassers empfiehlt sich, um Störungen der Imprägnieranlage durch Verunreinigungen, die die Düsen und feinen Öffnungen versetzen können, zu vermeiden.

Das Wasser wird durch die Niederdruck- bzw. Eingangsseite der Pumpe (1) aus dem Schwimmergefäß angesaugt, unter Pumpendruck gesetzt und durch die Strahldüse (5) gedrückt, in der auch die Kohlensäure zutritt. Die Wasserstauung vor der Strahldüse zieht eine Drucksteigerung nach sich, die durch den Windkessel (18) ausgeglichen wird. Das sich dabei im Windkessel unter Druck ansammelnde Wasser fließt während des nächsten Saughubes der Pumpe durch den Strahlinjektor ab, sodass das stoßweise Arbeiten der Pumpe (Ansaugen-Drücken) ausgeglichen wird.

Ähnlich wie in einer Wasserstrahlpumpe wird die Kohlensäure durch den Wasserstrom des Strahlinjektors angesogen und mitgerissen. Die Vergrößerung der Wasseroberfläche im Injektor und die Vergrößerung der Kontaktfläche zwischen Wasser und Kohlensäure bewirkt einesteils die Imprägnierung, in erster Linie aber die Entlüftung des Wassers. Die Luftabscheidung erfolgt dann im Rieselzylinder bzw. Luftabscheider (6). Seine Füllung mit Porzellan-Hohlkörpern bewirkt ebenfalls eine weitere Vergrößerung der Kontaktflächen zwischen Wasser und Kohlensäure und die innige Bindung beider Substanzen. Durch die einstellbare Entlüftung des Luftabscheiders (15) entweicht das Kohlensäure-Luftgemisch der Druckentgasung. Für die weitere Bindung von CO_2 und Wasser sorgen die Verdüsung (7) des aus der Rieselsäule in den Sammelkessel (9) gelangenden Wassers und die Füllung mit Porzellanhohlkörpern (8). Der Sammelkessel ist mit einer automatischen Steuerung des Flüssigkeitsstandes (13) ausgestattet. Der sich mit steigendem Wasserstand anhebende Schwimmer (12) öffnet das Membranventil (13), durch das dann Kohlensäure entweicht und durch eine Leitung in das Pumpengehäuse gelangt, dort die Ventile außer Wirksamkeit setzt und dadurch die Wasserförderung abstellt. Erst wenn diese Kohlensäurezufuhr unterbunden wird, d.h. wenn sich Ventil 13 infolge des sinkenden Wasserstandes bzw. Schwimmers im Sammelkessel schließt, fördert die Pumpe erneut Wasser.

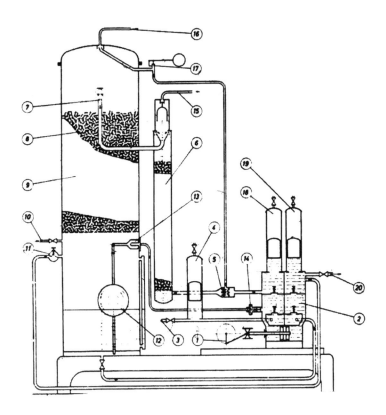

Abb. 10: Schema der Imprägnierpumpe Valora mit Druckentlüftung
1 Kurbelbetrieb im Ölbad laufend   2 Pumpengehäuse mit Ventilen   3 Flüssigkeits Eingang   4 Saugwindkessel der Eingangsseite   5 Strahlinjektor   6 Luftabscheider   7 Sprühdose   8 Porzellan-Hohlkörper bzw. Tellerbodensäule   9 Sammelkessel   10 CO_2-Eingang   11 Überdruckventil   12 Schwimmer   13 Automatische Flüssigkeitssteuerung über Membranventil und Schwimmer   14 Membranventil   15 Einstellbare Entlüftung des Luftabschlusses   16 Einstellbare Entlüftung des Luftabscheiders   17 Sicherheitsventil   18 Druckkessel der Injektorseite   19 Druckwindkessel der Überdruckseite   20 Flüssigkeitsausgang

Das imprägnierte Wasser aus dem Sammelkessel gelangt durch das Ventil (21) in den Hochdruckteil (21a) der Pumpe und wird durch Ventil (20) in den Füller gefördert. Diese Überdruckpumpe, die die Arbeit der vorhandenen Pumpe (1) ausnutzt, hat die Aufgabe der mechanischen Druckerhöhung. Dadurch wird die bereits im Wasser befindliche Kohlensäure noch intensiver gebunden.

Das hat den Vorteil, dass bei einer Druckentlastung, wie sie beim Abfüllvorgang und danach eintritt, zunächst nur der mechanische und auf dem Wasser lastende Druck zurückgeht, und ein Freiwerden von Kohlensäure erst anschließend, aber dann nicht mehr so kräftig eintritt. Auf diese Weise wird der Kohlensäureentbindung, wie sie sonst bei einer Druckentlastung des mit Kohlensäure gesättigten Wassers eintritt wirkungsvoll begegnet, da so viel Kohlensäure entweicht, bis der verbleibende Gehalt dem neuen Druck entspricht.

Der Überdruckteil der Imprägnierpumpe ist ebenfalls mit einem Windkessel ausgestattet, der den stoßweisen Betrieb der Pumpe ausgleicht (vgl. Niederdruckteil). Ferner sorgt eine Rücklaufleitung (11a) dafür, dass das vom Füller z.B. während der Stillstandzeiten nicht mehr abgenommene Wasser in den Sammelkessel der Imprägnierpumpe zurückgefördert wird. Dieser Rücklauf wird durch das Überdruckventil (11) erst dann geöffnet, wenn durch die ständig arbeitende Überdruckpumpe der im Falle einer zu geringen bzw. abgestellten Wasserabnahme erzeugte Überdruck höher wird als der eingestellte Druck.

Die Entlüftung lässt sich leicht durch ein mit Wasser gefülltes Schauglas kontrollieren, in das die entweichende Luft eingeleitet wird und dort in Form sichtbarer Luftbläschen entweicht.

Literatur zum Kapitel Kohlensäure:
- Kühles, R.: Handbuch der Mineralwasser-Industrie, Verlag Charles Colemann, Lübeck
- Vogl, K.: Branntweinwirtschaft 102 (1962) S. 267
- Glatzel, H.: medizinisches Gutachten
- Schnor, K.H.: Extrait de la Revue Technique Nr. 4 (1967)
- Windisch, Goslich: Erfrischungsgetränke 23 (1970) S. 121
- Entlüftungswerte von G. Göhle, Mineralbrunnen 27 (1977) S. 187
- Herold, T.: Inline-Wasserentgasung für die AFG- Industrie, Brauwelt 1/2 (1997) S. 45
- Göhle, G.: Imprägnieranlagen, Erfrischungsgetränk (1969) S. 941
- Kalinowski, R.: Brauindustrie 12 (2001), S. 15

3.5 Essenzen, Grundstoffe und Rezepturen

Definitionen aus den gesetzlichen Vorschriften:

Essenzen
Unter Essenzen (Aromen) versteht man konzentrierte Zubereitungen von Geruchsstoffen oder Geschmacksstoffen, die ausschließlich dazu bestimmt sind, Lebensmitteln einen besonderen Geruch oder Geschmack, ausgenommen einen lediglich süßen, sauren oder salzigen Geschmack, zu verleihen.

Zur Interpretation ist hier zu vermerken, dass z.B. Zitrusaromaöl aus der ausgepressten Zitronenschale allein nicht als Essenz anzusehen ist. Dagegen ist die Zubereitung oder die Mischung dieses Zitrusschalenöls zusammen mit Ethylalkohol als Essenz zu bezeichnen.

Grundstoffe
Grundstoffe sind nicht zum unmittelbaren Genuss bestimmte Zubereitungen von Lebensmitteln, denen Essenzen zugesetzt sind und die dazu bestimmt sind, zu Getränken weiterverarbeitet zu werden. Interpretiert heißt das, dass Grundstoffe neben der Essenz noch andere Stoffe, z.B. Fruchtsäfte, auch in konzentrierter Form, Fruchtsirupe, sowie Zuckerlösungen enthalten. Bei den Getränken, zu denen sie weiterverarbeitet werden, handelt es sich z.B. um alkoholfreie Erfrischungsgetränke und Spirituosen.

Die Aromen-VO des Deutschen Lebensmittel- und Bedarfsgegenständegesetzes in der Änderung von 1991 führt in Anlage 1 zu § 1 folgende **Bezeichnungen und Begriffsbestimmungen für Aromen**. Danach unterscheidet man:
1. Natürliche Aromastoffe aus natürlichen Ausgangsstoffen, durch geeignete physikalische Verfahren einschließlich Destillation und Extraktion mit Lösungsmitteln ohne enzymatische oder mikrobiologische Verfahren gewonnen und für den menschlichen Verzehr aufbereitet
2. Naturidentische Aromastoffe, durch chemische Synthese oder durch chemische Verfahren gewonnen und chemisch gleich mit den oben angeführten natürlichen Aromastoffen
3. Künstliche Aromastoffe, durch chemische Synthese gewonnen, aber nicht chemisch gleich mit den natürlichen Aromastoffen
4. Aromaextrakte als nicht unter die natürlichen Aromastoffe fallende konzentrierte und nicht konzentrierte Erzeugnisse mit Aromaeigenschaften
5. Reaktionsaromen, die durch Erhitzen einer Mischung von Ausgangserzeugnissen bei Temperaturen unter 180 °C maximal 15 Minuten lang hergestellt wurden.
6. Rauch Aromen, zubereitet aus Rauch, der beim Räuchern von Lebensmitteln verwendet wird.

Die **Kennzeichnung von Aromen** soll das Wort Aroma führen und kann auch genauere Bezeichnungen wie Himbeeressenz oder Erdbeerextrakt usw. beschreibend enthalten, während das bloße Wort Essenz nicht ausreicht. Es muss der Verwendungszeck, z.B. für Lebensmittel, angegeben werden und die aromatisierenden Bestandteile nach Maßgabe der zuvor angeführten Nr. 1 bis 6. Ferner wird die Angabe der im Aroma enthaltenen sonstigen Bestandteile wie Lösungsmittel, Trägerstoffe, Konservierungsstoffe usw. verlangt.

Der hier wieder gegebene Auszug der Vorschriften der **Aromen-VO** dürfte für den Getränkehersteller genügen, da dieser hauptsächlich fertige Essenzen und (ungesüßte) Grundstoffe bezieht. Zum besseren Verständnis sei noch auf die Aromastoffe näher eingegangen.

Die **Verarbeitung der Zitrusfrüchte** zu Essenzen und Grundstoffen richtet sich jeweils nach dem gewünschten Erzeugnis. Die Verarbeitungsmethoden sind sehr vielfältig. Sie haben das Ziel, sowohl den Saft bzw. ein Saftkonzentrat als auch das ätherische Öl aus der Schale zu gewinnen. Eine Reihe von Methoden wurde u.a. von H. Rother und F. Hauke (Das Erfrischungsgetränk (1969) S. 907) beschrieben. Dazu ist aber zu vermerken, dass die Essenzenfabriken ihre Verfahren zumeist geheim halten.

3.5.1 Essenzen

Die Aromastoffe der Essenzen sind mit mindestens einem anderen Stoff, wie z.B. Alkohol, gemischt bzw. gelöst (Lösungsessenz), da die reinen Aromastoffe in ihrer sehr geringen Anwendungskonzentration sonst sehr schwer zu dosieren wären und wegen ihrer Wasserunlöslichkeit (Aromaöle) auch schwer zu verteilen wären. Auf die große Zahl gaschromatographisch nachzuweisender Kohlenwasserstoffe der Essenzinhaltsstoffe wird im Kapitel Getränkefehler infolge sauerstoffgeschädigter Essenzen eingegangen, aber auch auf der Folgeseite bei Sauerstoffempfindlichen Aromastoffen.

Durch Extraktion lässt sich auch die Essenz aus bereits hergestellten Limonaden zurückgewinnen und gaschromatographisch kontrollieren. Bei einem guten Aromaöl sollten eine möglichst große Zahl von Einzelkomponenten gaschromatographisch erkennbar in vielen Peaks vorliegen und auch die höher siedenden Stoffe vertreten sein. Ein Öl minderer Qualität erkennt man daran, dass die höher siedenden Stoffe fehlen oder ein Zusatz an Citral erfolgte, das z.B. aus Lemmongras billig herzustellen ist. Citral, dessen Anteil zu den übrigen Aromakomponenten bekanntlich 5 %, meist aber bedeutend weniger beträgt, wird im Übrigen auch während der Lagerung der Essenz stark abgebaut.

Die sensorische Prüfung der vorgenannten Geruchs- bzw. Aromastoffe des Aromaöls ist nach wie vor von großer Wichtigkeit. In den von verschiedenen Seiten entworfenen Beurteilungsschemas gelten folgende Geruchsarten: blumig, fruchtig, würzig, harzig, brenzlig, faulig, moderig und erdig.

Die **Essenzen sind sehr empfindlich** gegenüber Oxidationsprozessen und neigen bei unsachgemäßer Lagerung und Behandlung zu Verharzungen, d.h., sie erhalten einen terpentinartigen seifigen Geruch und Geschmack. Aus diesem Grunde empfiehlt sich die **Aufbewahrung der Essenzen** bei niedrigen Temperaturen und im Dunkeln. Es dürfen nur natürliche Essenzen für die Erfrischungsgetränke verwendet werden mit Ausnahme bei Brausen, in denen künstliche oder künstlich verstärkte Essenzen verwendet werden können.

Essenzenherstellung

Bei der Herstellung natürlicher Essenzen muss naturgemäß nur der Teil der Pflanze der Lösung, Extraktion oder Destillation unterworfen werden, der der Aromaträger ist. Der Aromaträger ist z.B.

bei Äpfeln	die ganze Frucht,
bei Himbeeren	die ganze Frucht,
bei Ananas	nur die Schalen,
bei Zitronen	nur die Schalen,
bei anderen Zitrusfrüchten	die Schalen und teilweise der Fruchtsaft.

Die ätherischen Öle der Citrusfrüchte kommen in der äußeren Schicht der Fruchtschale, dem Flavedo, vor. Die darunter befindliche Schale, das Albedo, besteht nur aus Pektin- und Zellulosesubstanzen.

Das Öl wird aus den abgeschälten expulpierten Schalen oder den mittels Kalkwasser erhärteten Schalen ausgepresst. Es kann aber auch aus entsafteten Früchten herausgequetscht, herausgepresst bzw. aus geraspelten Schalen herausgespült werden. Das mit Wasser aus dem Schalenmaterial herausgespülte Öl wird dann mittels verschiedener Verfahren, wie Zentrifugieren, Schwammethode, Filtration, Wasserdampfdestillation etc. wieder vom Wasser abgetrennt. (vgl. Rother und Hauke, Das Erfrischungsgetränk (1969) S. 907)

Die **Ausbeute an Aromaöl** ist sehr gering. Laut Gildemeister Hoffmann (Bd. 1, S. 469) wiegt eine Zitrone etwa 100 bis 120 g, wovon das Schalengewicht knapp die Hälfte ausmacht und der gesamte Ölgehalt nur 0,5 bis 0,7 g beträgt. 100 kg Zitronen geben z.B. 1000 bis 1400 g Zitronenöl. Die Ausbeute ist je nach Verfahren sehr unterschiedlich. Da das Zitronenöl aus den ausgepressten oder gemahlenen Schalen mit Wasser verunreinigt ist, gestaltet sich die Abtrennung schwierig. Diese Erläuterung mag den nicht gerade geringen Preis der Essenzen verständlich machen, der wiederum auch von dem Preis des Ethylalkohols und der hohen Alkoholsteuer resultiert.

Man unterscheidet je nach ihrer Herstellung die folgenden vier Arten von Essenzen:

A) Lösungsessenz
Hierunter versteht man die Auflösung des aus Zitronenschalen gewonnenen Öles in 30 bis 35%igem Alkohol oder die Auflösung künstlicher Aromastoffe in geeigneter Konzentration in Alkohol.

B) Emulsionsessenzen
Will man auf Alkohol als Lösungsmittel z.B. aus Kostengründen verzichten, so kann man ätherische Öle für bestimmte Zwecke auch in emulgierter Form fein verteilen. Hierzu sind sog. Emulgatoren erforderlich. Würde man das Öl in Wasser kräftig schütteln, so bildet sich zunächst eine milchige Flüssigkeit, in der die Öle zwar tropfenförmig fein verteilt sind. Sehr rasch tritt jedoch wieder eine Entmischung ein. Setzt man dagegen sog. Emulgiermittel dazu, so wird die Mischung beständig. Eine Emulsion, d.h. feinste Tropfenverteilung in natürlichen Quellstoffen liegt auch in den Fruchtbestandteilen der Grundstoffe und Saftkonzentrate vor ohne dass es zusätzlicher Emulgiermittel bedarf.

C) Extraktessenzen

Die aus einem zylindrokonischen Gefäß durch übergießen von Früchten, Wurzeln, Rinden und anderen Drogenteile mit Wasser oder Alkohol gewonnenen wässerigen oder alkoholischen Auszüge nennt man Extraktessenzen. Die Art der Herstellung bezeichnet man als Mazeration bei stillstehender Ansatzflüssigkeit oder Perkolation bei langsamem Durchfluss der Ansatzflüssigkeit. Dabei wird der Alkohol, der noch keine Extraktstoffe aufgenommen hat, immer wieder erneut an das Ausgangsmaterial herangeführt. Wird bei der Mazeration der Prozess durch Temperaturerhöhung (z.B. 60 °C) beschleunigt, so handelt es sich um eine Digestion. Die Mazeration dauert Wochen, die Perkolation Tage, die Digestion Stunden.

Die Extraktessenzen enthalten neben den Aromastoffen noch zahlreiche andere aus dem Material herauslösbare Extraktstoffe, wie z.B. Farbstoffe, Bitterstoffe, Mineralstoffe, Säuren. Infolgedessen ist eine solche Essenz meist gefärbt und enthält außer den flüchtigen Stoffen (Aromen) auch viele o.a. nichtflüchtige Stoffe.

Extraktessenzen aus Kräutern (Blätter, z.B. wie beim Mate-Tee; Wurzeln beim Ingwer usw.) geben häufig Eiweißtrübung, die dann über gebranntes Magnesia (0,5 bis 1 g/ml) abfiltriert und entfernt werden.

D) Destillatessenzen

Die in Wasser oder Alkohol gelösten flüchtigen und nicht flüchtigen Stoffe werden durch die Destillation getrennt. Dabei werden nach Erhitzen die flüchtigen Stoffe in Dampfform in eine Kühlvorrichtung übergeführt, wo sie anschließend kondensieren und separat in der sog. Vorlage aufgefangen werden. Derartige Essenzen sind demzufolge stets farblos und hinterlassen beim Eindampfen keinen Rückstand.
Vakuumdestillatessenzen: Bei temperaturempfindlichen Aromen destilliert man unter Vakuum, wodurch der Siedepunkt bzw. die Verdampfungstemperatur des Aromastoffs herabgesetzt wird. Auf diese Weise wird das Aroma weitgehend geschont. Man spricht von einer Vakuumdestillatessenz.

In den Destillatessenzen z.B. bei sog. Schalendestillaten von Zitrusfrüchten treten mitunter ölige Trübungen auf. Es handelt sich um Zitronenöl aus den Schalen frischer Zitrusfrüchte. Im Rohzustand ist das Zitronenöl eine hellgelbe, zitronenartig riechende, würzige und etwas bitter schmeckende Flüssigkeit, die im Wasser nur sehr wenig, jedoch in 5 Teilen Alkohol löslich ist. Man bezeichnet eine solche alkoholische Lösung als Essenz.

Das Zitronenöl sowie die Essenz muss gut verschlossen, kühl und vor Licht und Luft geschützt aufbewahrt werden, anderenfalls treten eine Verharzung und eine Braunfärbung ein (vgl. ältere Essenz), deren Geschmack und Geruch ranzig ist und an Terpentinöl erinnert.

Sauerstoffempfindliche Aromastoffe

Die **ätherischen Öle** bestehen in der Hauptsache aus zwei Fraktionen, den Terpenen und den Terpenoiden. Chemisch gesehen handelt es sich dabei um Alkohole der Terpenreihe, wie Terpenalkohole, Linalöl, Nerol, Garaniol. Zitrusöle bestehen zu mehr als 90 % aus Terpenen und Terpenoiden. Die Terpenoide enthalten Karbonylverbindungen, Ester, Alkohol usw. Die Terpene sind meist ungesättigte Kohlenwasserstoffe mit der Bruttoformel $C_{10}H_{16}C_{10}H_{18}$ und deshalb leicht oxidierbare Verbindungen, die bei Oxidation zu einer geschmacklichen und geruchlichen Veränderung des Erzeugnisses führen. Um diese nachteiligen Vorgänge weitestgehend auszuschalten, bemüht man sich, die Terpene von den Terpenoiden abzutrennen, und zwar in verschiedenen von den Essenzenfabriken geheim gehaltenen Verfahren wie z.B. der fraktionierten Vakuumdestillation, den Auswaschverfahren mit 70%igem Alkohol oder der Filtration über Kieselgur (bei Essenz 1 bis 3 g/l). Gänzlich terpenfreie Öle dürften sich nur durch Säulenchromatographie (Säule aus besonderer Tonerde oder Kieselsäurematerial) herstellen lassen.

Bei den Ölen in den Essenzen und Grundstoffen handelt es sich also um Erzeugnisse, deren Terpenanteil lediglich vermindert ist. Wie bereits gesagt, besitzen Terpene als Aromastoff mit Trägerfunktion sogar vorteilhafte Eigenschaften.

Da die Oxidation, also die Verfärbung und Verharzung besonders noch durch die Fruchtsäure begünstigt wird, werden die Grundstoffe, und zwar vor allem die **Zitrusgrundstoffe, vielfach auch in zwei Lösungen** geliefert. Dabei enthält die **Lösung I die Essenz** und die **Lösung II die Fruchtsäure und evtl. die Naturfarbe**. Beides wird dann erst bei Gebrauch im angegebenen Mengenverhältnis zusammengegossen.

Hohes Aromatisierungsvermögen
Das Aromatisierungsvermögen wird bei den Essenzen wie folgt angegeben: **½:100**, 1:100, 2:100, d.h. ½ bzw. 1, bzw. 2 kg Essenz geben 100 kg Limonadensirup (vgl. folgende Seiten). Im Falle einer Beurteilung der Essenz sollte diese Ausmischung unbedingt vorgenommen werden, da sich die Qualität nur unter Verdünnung beurteilen lässt, z.B. **½:100 für 800 l Limonade**. (Diese auf dem Etikett der Essenz erscheinende Angabe bedeutet: in 800 l Limonade befinden sich nur 0,5 kg Essenz, und

$$\text{in 1 l } \frac{0{,}5}{800} = \text{ca. 0,6 g Essenz}$$

Diese Zahl dürfte veranschaulichen, dass die aromatische Wirkung der stark verdünnten Essenz sehr hoch ist.

Dosierung der Essenz
Die Essenz soll zur Dosierung niemals mit Zitronensäure gemischt werden, wie das mitunter beim Einsatz der neuartigen Dosiervorrichtungen zur Mengenvergrößerung der Dosage angestrebt wird.
Außer der durch Säure erfolgenden Begünstigung der Oxidationsprozesse werden auch eine Aromaverteilung erschwert (Essenz ist schwer im Wasser verteilbar) und eine Ungleichmäßigkeit der Getränke hervorgerufen. Sehr viel besser ist dagegen die Verteilung der Essenz in Zuckerlösungen wie z.B. in Sirup und in der Limonade. Wahrscheinlich ist diese Eigenschaft auf elektrostatische Verhältnisse zurückzuführen.

Rezeptur für die Bereitung einer Essenzenlimonade
Es handelt sich hier lediglich um ein Berechnungsbeispiel, zugeschnitten auf die Verhältnisse im Kleinbetrieb und zur Kostenübersicht sowie Kalkulation geeignet. Beim Premixverfahren müssen die Limonadensirupdosierungen durch Multiplikation den Betriebsverhältnissen (größere Dosiereinheiten) angepasst werden.

Die Anwendungskonzentration oder Ausgiebigkeit der Essenz wird vom Hersteller z.B. wie folgt angegeben: Für 800 oder 1000 Liter Getränk Essenz 0,5:100 = ½:100. Wir nehmen mehr als angegeben, also z.B. 0,63 kg zu 100 kg Limonadensirup, die nach Zumischung von Wasser und CO_2 800 bis 1000 Liter Limonade ergeben!

Zusammenstellung des Limonadensirups

Da eine Dosierung weniger oft nach Gewicht, sondern mit Pumpen oder Zählern nach Volumen erfolgt, ist die Gewichtsrezeptur auf Volumen wie folgt umzurechnen:

Essenz	0,63 kg =	0,693 l	(Berücksichtigung der Dichte + 10 %, d.h. 0,6 + 0,03)
Säure 1 + 2	2,15 kg =	1,784 l	(Berücksichtigung der Dichte −17 %, d.h. 2,15 − 0,366)
Zusatzwasser	2,22 kg =	2,220 l	
Grundstoff	5,00 kg =	4,697 l	
+ Zuckersirup	95,00 kg =	71,800 l	(65 %)
Limosirup	100,00 kg =	76,490 l	(61,8 %)

Man beachte, dass dieser Limonadensirup oder Ansatzsirup ausreichende Säuremengen enthalten muss, d.h. z.B. ca. 2,15 kg Säure 1+1. Man ergänzt die Essenz und Säure mit entsprechender Zusatzwassermenge auf 5 kg Grundstoffmenge und den Grundstoff mit Zuckersirup zu 100 kg Limonadensirup oder Ansatz.

Für eine probeweise durchzuführende Limonadensirupdosierung auf die Flasche, in der der vordosierte Limonadensirup durch Auffüllen der Flasche mit Wasser zur Limonade verdünnt wird, errechnet sich die Dosierung wie folgt:

Die Limonade soll 8,5 % Zucker besitzen, Flaschengröße 0,5 l
= 42,5 g Zucker/Flasche

61800 g	Zucker sind in	76490 cm³	Limonadensirup
42,5 g	Zucker sind in	x cm³	Limonadensirup

$x = 52,6$ cm³ Limonadensirup je 0,5 l-Flasche

Die Berechnung der rechts in der Rezeptur stehenden Litermengen bei Zuckersirup ist folgende:

100 kg Zuckersirup 65 % = 65 kg Zucker • 0,625 = 40,6 l
                              + 35 kg Wasser = 35,0 l
                              100 kg Zuckersirup = 75,6 l
                              95 kg Zuckersirup = x
                                                      x = 71,82 l

Limonaden, zu denen die Grundstoffe z.B. 5:100 oder 10:100 angeliefert werden, benötigen in der Rezeptur für den Limonadensirup nur noch die folgenden Schritte:

Bereitung eines Cola-Getränkes
Firmenangabe: Cola-Limonadengrundstoff coffeinhaltig 5:100 für 800 Liter.

Rezeptur

5 kg	Grundstoff (:d = 1,084 ausgewogen)	=	4,62 l
95 kg	Zuckersirup (65%ig)	=	71,80 l
100 kg	Limonadensirup (61,75%ig)	=	76,42 l

d = Litergewicht, Gewicht von 1 l Grundstoff

3.5.2 Grundstoffe, Herstellung und Verarbeitung

Als Rohstoffe dienen überwiegend Zitrusfrüchte: Orangen, Zitronen, Grapefruit, Mandarinen, Tangerinen, Limetten. Sie entstammen tropischen und subtropischen Regionen Asiens, besonders aus China (China-Apfel, Sina-Apfel). Seit dem 12. Jahrhundert werden sie nach Europa eingeführt, erstmalig von Kreuzfahrern. Seit 1493 werden sie in Amerika angebaut (zweite Reise von Kolumbus).
Anbauländer sind Italien, Spanien, Griechenland, Israel, Südafrika, Marokko, Algerien, Südamerika, China, Indien, Japan.
Feinde der Zitrusfrüchte sind stärkerer oder länger anhaltender Frost. Zitrusfrüchte benötigen hohe Feuchtigkeit und viel Wärme.

3.5.2.1 Zusammensetzung von Orangen-, Zitronen- und Grapefruitsaft

	Orangensaft	Zitronensaft	Grapefruitsaft
Extrakt g/l	92,9 – 164,4	67,5 – 105,0	75 – 139
reduzierende Zucker	37,6 – 97,4	7,4 – 18,3	–
Saccharose g/l	3,3 – 60,5	–	–
Gesamtzucker g/l	–	11,1 – 24,4	33,8 – 96,6
Zuckerfreier Extrakt g/l	15,2 – 41,0	–	–
Zitronensäure g/l	5,8 – 22,4	50,3 – 80,5	7,0 – 26,4
Asche g/l	2,9 – 6,3	2,2 – 4,1	2,5 – 4,0
Ascorbinsäure mg/l	250 – 800	370 – 630	–

Weitere Inhaltsstoffe: Fruchtbestandteile, ätherische Öle, Mineralstoffe, Vitamin C, Vitamin A, mehrere Vitamine der B-Gruppe, Zitronensäure, Weinsäure und Apfelsäure, Fruchtzucker, Traubenzucker und Saccharose.

Die Aromaöle dieser Früchte bestehen zu 90-95 % aus ätherischen Ölen, zu 1-5 % Aldehyden und zu 1-5 (8) % Abdampfrückstand (Wachse).

Über die chemische Zusammensetzung von Fruchtsäften gibt es für die jeweiligen Saftarten bestimmte so genannte RSK-Werte, d.h. Richtwerte und Schwankungsbreite bestimmter Kennzahlen für den Gehalt an Trockensubstanz, Gesamtzucker, Saccharose, titrierbare Säuren, Asche, Kalium, Natrium, Calcium, Magnesium, Phosphat, Sulfat, Nitrat, Chlorid, Prolin und Sorbit.

Die wesentlichen Inhaltsstoffe der Zitrusfrüchte sind wasserunlöslich, wie z.B. ätherische Öle, Farbstoffe, Fruchtbestandteile.
Sie können sich daher wieder leicht abscheiden. Um das zu verhindern, müssen diese wasserunlöslichen Stoffe bereits im Grundstoff so fein verteilt werden, dass auch nach längerer Lagerzeit des Getränkes keine Ölringbildung und kein Absitzen von Fruchtfleischteilchen zu befürchten sind. Der hierfür erforderliche technologische Aufwand ist nicht unerheblich. Hierzu dienen meist physikalische Verfahren, die gleichzeitig die Voraussetzung für die erforderliche biologische Haltbarkeit erfüllen.

Der im Grundstoff enthaltene Saft ist im Allgemeinen **sechsfach konzentriert**. Die Einengung des Fruchtsaftes erfolgte temperaturschonend im Vakuum bei etwa 35 bis 40°C oder mittels Kälte wie z.B. durch Gefriertrocknung.

Für den sechsfach konzentrierten Saft im Orangensaftkonzentrat mit 65 °Brix gibt J. Karg folgende prozentuale Zusammensetzung an:

Extrakt	65	%
Mineralstoffe	1,8	%
Phosphate (P_2O_5)	0,2	%
Formolwert in 10 g	7,5	%
Gesamtsäure, als		
Zitronensäure berechnet	3,5	%
Gesamt-Karotinoide mg	3	%
Beta-Karotin mg	0,04	%
Zuckerfreier Extrakt	9,12	%
Eiweißstoffe	1,7	%

Der Gehalt an Beta-Karotin am Gesamtkarotingehalt sollte höchstens 14 % betragen. Der Pulpegehalt sollte auf keinen Fall höher als 5 % sein.

Bei der Grundstoffherstellung werden Fruchtsaftkonzentrat, gegebenenfalls Farbstoffe, Säurezusatz und Konservierungsmittel zum Grundstoff gemischt und sofort pasteurisiert (Kurzzeiterhitzung z.B. 62 bis 65 °C), um einen enzymatischen Pektinabbau zu verhindern. Unlösliche Anteile können durch Separieren abgeschleudert werden. Anschließende Hochdruck-Homogenisierung (250 bis 280 bar) sorgt für die starke Zerkleinerung etwa noch vorhandener Trübstoffe. Unter Umständen kommt hierfür auch eine Kolloidmühle zur Anwendung. Nach der Abkühlung des Erzeugnisses werden noch die besonders temperaturempfindlichen Aromen zugesetzt. Ein Zusatz von Natriumpyrosulfit dient einesteils zur Konservierung und andererseits als Farbstabilisator. Gemeinsam mit Vitamin C geben beide Zusatzstoffe ein Antioxidanz, das den Farbverlust bei Sonnenlichteinwirkung wesentlich reduziert.

Der Grundstoff wird nach einer Entlüftung, z.B. durch Vakuum auf Kleingebinde wie Dosen oder in größere Nirosta Stahltransportbehälter abgefüllt. Diese Großbehälter besitzen für den Kunden den Vorteil, dass dieser vom Grundstofflieferanten aufgestellte Behälter als Vorratstank angeschlossen werden kann. Dadurch entfällt zusätzlicher

Aufwand mit Entleerung von Kleingebinden und Beseitigung von Leergut. Lange Aufbewahrungszeiten der Grundstoffe sind unerwünscht.
Zitronengrundstoff altert schneller als Orangengrundstoff, ist aber infolge seines niedrigeren pH-Wertes gegen Infektionen unempfindlicher. Eine Pasteurisation des Grundstoffs bewirkt nur die Abtötung der Mikroorganismen. Zur Inaktivierung der ebenfalls unerwünschten pektolytischen Enzyme wäre der hohe Pasteurisationsgrad von 20 Minuten bei 95 °C erforderlich.

Die günstigste Lagertemperatur der Grundstoffe liegt bei 0-5 °C. Eine kältere Lagerung könnte die kolloidale Stabilität des Grundstoffs beeinträchtigen. Die Lagerung sollte im Dunkeln erfolgen. Die Gefäße sind zu verschließen, da Sauerstoff zu oxidativen Veränderungen führt. Nach der Zusatzstoff-VO können Grundstoffe konserviert werden, z.B. mit 1 g Benzoesäure oder 1 g Sorbinsäure je kg Grundstoff. Diese geringen Mengen reichen für eine konservierende Wirkung in der Verdünnung des Fertiggetränkes nicht mehr aus und brauchen demzufolge nicht gekennzeichnet zu werden.

Ein neuartiger Zusatzstoff mit dem Namen „**Resolver**" wird als „natürlicher Aromastoff" deklariert. Er dient für Grundstoffe, die für die Getränkegruppe der Functional-Getränke bestimmt sind, welche zahlreiche neue Zutaten erhalten, die ohne Resolver einen beeinträchtigenden Nebengeschmack bewirken würden genau so wie das bei den Süßstoffen bekannt ist, wo sich ebenfalls die Resolver bewährt haben.

Die Dosierung der Grundstoffe bei der Herstellung von Erfrischungsgetränken

Das von Grundstofflieferanten angegebene Ausmischverhältnis 10:100 für 665 Liter besagt, dass 10 kg Grundstoff mit 90 kg Zuckerlösung (65%ig) zu 100 kg Limonadensirup verdünnt werden. Sie ergeben nach weiterer Wasserzugabe 665 l fruchtsafthaltige Limonade.

Die Dosierung richtet sich einmal nach dem Fruchtsaftgehalt und zum anderen nach dem Zuckergehalt. Bei Fruchtsaftgetränken mit 6 % Saftgehalt auf Citrussaftbasis muss der Zuckergehalt die nach den Leitsätzen geforderte Dichte des Fertiggetränks von 1,035 erfüllen, worin die Dichte des Saftgehaltes bereits enthalten ist.

Bei den **Rezepturberechnungen** sind diese Forderungen zu erfüllen. Der Grundstofflieferant gibt jedoch auch hier die **Ausmischangaben** bekannt wie z.B. Grundstoff **12:100 für 800 Liter**, d.h. 12 kg Grundstoff mit 88 kg Zuckersirup (65%ig) gibt 100 kg Limonadensirup für 800 Liter Fruchtsaftgetränk.

Rezepturberechnungen für die Bereitung eines Fruchtsaftgetränkes, das im Allgemeinen aus Grundstoff, Zuckersirup und Wasser hergestellt wird, wobei die geforderte Dichte des Getränkes bezüglich Grundstoffgehalt und Zuckergehalt richtungsweisend ist.
Firmenangabe: Grundstoff 10:100 für 600 Liter

Wir bestimmen zunächst das Litergewicht, d.h. die Dichte (d) des Grundstoffes durch Wägen einer bestimmten Menge (z.B. 250 oder 500 cm³), die wir auf das Gewicht eines Liters umrechnen (d ist dann z.B. 1,176).

Alkoholfreie Getränke

Ansatz:

	10 kg	Grundstoff (:Dichte = 1,176) =	8,5 l (Grundstoff)
+	90 kg	Zuckersirup (65%ig. Zucker) =	68,1 l (Zuckersirup)
	100 kg	Fruchtsaftsirup(58,5 % Zucker) =	76,6 l

Die rechtsseitig im Ansatz wegen der Dosierung mit Pumpen oder Zählern zu errechnenden Litermengen ergeben sich aus folgenden Einzelrechnungen:

Litermenge des Zuckersirups

100 kg Zuckersirup enthalten	65 kg Zucker • 0,625	=	40,63 l Zucker
	+ 35 kg Wasser	=	35,00 l Wasser
	100 kg Zuckersirup	=	75,63 l (65%ig)
	90 kg Zuckersirup	=	x l

$$\Rightarrow x = \frac{90 \cdot 75{,}63}{100} = 68{,}1 \text{ l Zuckersirup}$$

Zuckergehalt des Fruchtsaftsirups

100 kg	Zuckersirup enthalten	65 kg Zucker
90 kg	Zuckersirup enthalten	x

$$\Rightarrow x = \frac{90 \cdot 65}{100} = 58{,}5 \text{ kg oder \% Zucker}$$

Dosierung
Die Berechnung geht von den Firmenangaben aus

600 Liter	enthalten	10 kg Grundstoff
d.h. 600000 ml	Fruchtsaftgetränk enthalten	10000 g Grundstoff
1000 ml	Fruchtsaftgetränk enthalten	x g Grundstoff

$$x = 16{,}67 \text{ g Grundstoff/l Fruchtsaftgetränk}$$

10 kg Grundstoff sind in 76,6 l Sirup enthalten, d.h.
10.000 g Grundstoff sind in 76.600 cm³ Sirup enthalten
16,67 g Grundstoff sind in x cm³ Sirup enthalten

$$\Rightarrow x = \frac{16{,}67 \cdot 76\,000}{10\,000} = 127{,}6 \text{ cm}^3 \text{ Fruchtsaftsirup zu 1 Liter Getränk dosieren}$$

Welche Dichte besitzt das Fertigerzeugnis? Hier die Berechnung der Dichte, also des Litergewichtes für das o.a. Fruchtsaftgetränk. Zunächst erfolgt dazu die Berechnung des Zuckergehaltes.

76,6 l Fruchtsaftgetränkesirup enthält 58,5 kg Zucker
76.600 cm³ Fruchtsaftgetränkesirup enthält 58.500 g Zucker
127,6 cm³ Fruchtsaftgetränkesirup enthält x g Zucker
x = 97,5 g Zucker in 1 Liter Getränk

1 l Getränk enthält	16,67 g	Grundstoff (:Dichte von 1,176)	=	14,19 cm³
	97,50 g	Zucker (• 0,625)	=	61,00 cm³
	114,17 g			75,19 cm³
*	+ 924,81 g	Wasser		924,81 cm³
	1038,98 g	Fruchtsaftgetränk	=	1000,00 cm³

An einem Liter Getränk fehlen * (1000 cm³ − 75,19 cm³) = 924,81 cm³ Wasser. Durch die Wassermenge von 924,81 g erhöht sich das Gewicht von 114,17 g (Grundstoff und Zucker) auf 1038,98 g. 1 Liter Getränk wiegt 1038,98 g = 1,039.
Die Dichte, also das Litergewicht, beträgt somit 1,039. Sie liegt damit höher als die nur mit 1,035 nach den Leitsätzen für Fruchtsaftgetränke geforderte Dichte.

4 Technologie der Getränkeherstellung (Ausmischung, Abfüllung, Verpackung, Kontrolle)

4.1 Ausmischanlagen

Sieht man von den Getränken, die lediglich einer Abfüllung bedürfen, wie z.B. Heilwässer, natürliche Mineralwässer sowie Quellwässer einmal ab, so gehen die übrigen Getränke der Erfrischungsgetränkeindustrie, z.B. Die Tafelwässer und die Süßgetränke aus einem Mischvorgang hervor. Die hieran beteiligten Rohstoffe wie Wasser, CO_2, Salze, Zucker und die Halberzeugnisse wie Essenzen und Grundstoff u.a wurden ebenso wie die Anforderungen bereits in den vorangegangenen Kapiteln besprochen. Das gilt auch für die Rezeptur und die damit verbundenen Rechenaufgaben, die den Mischvorgängen zu Grunde liegen.

Die Komponenten Essenz, Säure oder Grundstoff, Zuckersirup und Wasser sind, wie die Rezepturen zeigen, in sehr unterschiedlichen Mengen zu mischen. Das erfordert für die einzelnen Komponenten sehr unterschiedlich ausgelegte Dosieraggregate, die bei den kleinen Komponenten wie Essenz, Säure und Grundstoff besonders große Dosiergenauigkeit erfordern.

Die mit zunehmender Betriebsgröße verbundene Leistungssteigerung der Anlagen und die wegen der Getränkevielfalt häufigen Umstellungen stellen hohe Anforderungen an die Ausmischtechnik und deren Zuverlässigkeit. Viele Systeme sind im Umlauf, entweder basierend auf **Wägungen** mit Waage oder mit **Massendurchflussmessern**, zum anderen die **volumetrischen Messungen** oder **Impfventile**, wobei zu unterscheiden ist zwischen Anlagen, die nach dem **Chargenprinzip** (sog. Batchmix) zunächst in einem Mischtank nur den Fertigsirup herstellen und Anlagen, die online im **kontinuierlichen Produktstrom** arbeiten und hier alle Komponenten bis hin zum Fertiggetränk dosieren oder ausmischen.

Der Chargenbetrieb, das sog. Batchmix, liefert nur den ausgemischten Fertigsirup und muss ergänzt oder kombiniert werden mit einer **Zwei-Komponentenausmischanlage**, in der die Komponente Fertigsirup mit der Komponente entgastes Wasser und ggf. Kohlensäure zum Fertiggetränk ausgemischt wird. Diese Zwei-Komponenten-Ausmischanlage läuft auch unter der Bezeichnung Premixanlage oder Paramix, vgl. Abb.11 und 12.

Zur Abmessung der Komponenten als Bestandteile der nachfolgend beschriebenen Ausmischanlagen dienen somit Wägungen oder Massendurchflussmesser oder diverse Volumenmessgeräte.

Die Wägungen erfolgen über elektromechanische Geräte wie **Druck- und Zugmessdosen** (vgl. Zugwaage). Modernere Ausmischanlagen, welche die Dosierung ebenfalls bezogen auf die Gewichte der Getränkekomponenten rezepturgemäß ausführen, arbeiten mit **Massendurchflussmessern**. Das sind Messrohrsysteme mit Nebenstromschaltung, in der in dem jeweiligen Medium gleichzeitig die Dichte (d.h. das Litergewicht) z.B. in einem Laser-Refraktometer für die Brix- Messung oder die Dichtemessung über die Schallgeschwindigkeit oder durch die Carioliskraftmessung für die gravitative und zentrifugative Ablenkung der Masse erfolgt. Nach der Umrechnungsformel Gewicht = Dichte mal Volumen liefert der Massendurchflussmesser die Masse oder das Gewicht gewissermaßen aus der o.a. Kombinationsmessung von Volumen und Dichte. Diese Ermittlung der Masse in Kilogramm und der Dichte im Durchfluss macht Waagen und Umrechnungsformeln überflüssig. Der Massendurchflussmesser misst die Masse in kg, den Massenstrom in kg/h, die Dichte in kg/Liter und zwar unabhängig von Temperatur, Druck, Viskosität und Strömungsprofil. Das Gerät besteht aus Messwertaufnehmer und Messwertverstärker. Der Messwertaufnehmer ist in allen gängigen Nennwerten lieferbar, einfach zu montieren durch Zwischenflanschbauweise bei extrem kleiner Einbaulänge und ohne erforderlicher Ein- und Auslaufstrecken. Der Messwertverstärker liefert hohe Messgenauigkeit bei bester Reproduzierbarkeit für alle flüssigen Nahrungs- und Genussmittel geeignet und kann sogar als eichamtliche Messanlage zugelassen werden.

Zur Volumenmessung in den Ausmischanlagen dienen **Ovalradzähler** oder **Ringkolbenzähler** (Messung durch Umdrehung des Ovalrades oder Ringkolbens in einem Gehäuse mit definierten Zwischenraumvolumen zur Volumenabmessung) oder auch **Kolbendosierpumpen** wie in Abb. 11, wo die Fördermenge durch die Kolbenfläche und die Hubfrequenz bestimmt ist und die Änderung der Hubfrequenz durch Drehzahländerung des Antriebmotors die Dosierung steuert. Ferner dienen zur Volumenmessung **Messblenden** (nur für zwei Komponenten wie in Abb. 12) oder **Strahldüsensysteme** wie in Abb. 13 (vgl. Wasserstrahlpumpe) oder **magnetisch induktive Durchflussmesser**, ebenfalls nur für zwei Komponenten wie Sirup und Wasser, weil andere Messstoffe mit sehr geringer Leitfähigkeit wie z.B. Mineralarmes Wasser oder hochprozentiger Alkohol (Essenz) oder Zuckerlösungen mit hohem Brix-Wert bei ihren Bewegungen durch das elektrische Magnetfeld keine entsprechende elektrische Spannung zur Erfassung der Strömungsgeschwindigkeit bzw. der daraus ermittelten Durchflussmenge auslösen und daher nicht für dieses Messverfahren geeignet sind.

Verschiedene Volumenmessgeräte wie Ovalrad- oder Ringkolbenzähler, aber auch die Dosierpumpen und die Kolbendosierpumpen sind gleichzeitig Volumenmessgerät und Fördereinrichtung.
Drehzahlgeregelte Verdrängerpumpen zur Komponentenmischung mit kontrollierenden Durchflussmessern finden sich in modernen Anlagen ebenso verbreitet wie die Massendurchflussmesser und Impfventile.

Die Ausmischanlage mit **Impfventilen** (vgl. Abb. 14.1 und 14.2) arbeitet wie folgt. Aus einem Basisrohr wird ein Teil des Flüssigkeitshauptstromes in ein Mischrohr geführt und durchströmt ein Impfventil, ein sog. Doppelsitzventil. Eine Drosselstelle im Basisrohr führt zu einer Druckdifferenz und damit zum kontinuierlichen Vermischen der Komponenten. Das Doppelsitzventil gestattet das sichere Abschotten zu den Vorratsbehältern der flüssigen Komponenten, wenn die Anlage gereinigt wird.

Durch den **modularen Aufbau der** hier genannten **Dosiersysteme** wie Impfventil, Massendurchflussmesser,Strahldüsensysteme u.a. können die jeweiligen Anlagen kapazitätsmäßig erweitert und flexibel den Rezepturwünschen des Betreibers angepasst werden. Die **Vorlaufbehälter** für die jeweiligen flüssigen Getränkekomponenten werden als sog. Windkessel ausgebildet, um eine konstante Strömung durch Pulsationsdämpfung zu gewährleisten und dadurch eine exakte Dosierung der Komponenten zu erzielen. Eine **Automatisierung** durch Zählwerkeinstellungen, Mengenverhältnisregelung bis hin zur Prozesssteuerung bei größeren Anlagen, eine dadurch ermöglichte **Selbstüberwachung** der Dosierung und **Rezepteinhaltung** gegenkontrolliert durch diverse **Zähler und Messgeräte** für °Brix z.B. u.a. im Laser-Refraktometer oder Leitfähigkeitsmessung, Dichtemessung und Messung des pH-Wertes, aber auch eine Diagnose von Fehlfunktionen und eine **Alarmfunktion** gehören genauso zu den Meilensteinen moderner **abgesicherter Prozessanlagen** für die Getränkeherstellung wie deren hygienische Verbesserung durch Schaffung der Voraussetzungen für die **CIP-Reinigung** und Heißsterilisation und deren Ausführung. Viele der hier genannten intelligenten Messstellen und Dosiersysteme mit moderner Mess- und Regeltechnik bei hohem Automatisierungsgrad erlauben ein weit gehendes **verlustfreies An- und Abfahren von Ausmischanlagen** durch ggf. auch selbstregelnde Nachdosierung in ausgedünnten Nachläufen oder Überdosieren von Vorläufen, die ebenfalls durch Vor- und Nachdrückwasser im Behälter-, Leitungs- und Abfüllsystem ausgedünnt anfallen und wieder aufkonzentriert zu verwerten sind. Anderenfalls führen nicht wieder verwertete Vor- und Nachläufe bei dem heutzutage häufigen Sortenwechsel infolge immer größer werdender Getränkevielfalt zu erheblichen Verlusten und Kostensteigerungen auch bei den Abwassergebühren durch hohe CSB-Werte u.a. (Hinninger, L.: AFG-Wirtschaft 1 (2001) S. 32)

Prinzip der Chargenmischung

Wenn die Betriebe nach dem Prinzip der Chargenmischung arbeiten, dann werden im sog. Sirupraum der Erfrischungsgetränke herstellenden Betriebe die Rohstoffe, wie Kristall- bzw. Flüssigzucker, aufbereitet und die Grundstoffkomponenten mit dem Zuckersirup zum Getränkeansatz gemischt. Gegebenenfalls findet im Sirupraum auch noch die Mischung des Ansatzes mit dem aufbereiteten Wasser und die Karbonisierung des Wassers bzw. des Fertiggetränkes statt. In einigen Betrieben erfolgen diese letzten Arbeitsgänge aber auch erst im Abfüllraum.
Auch die verfahrenstechnischen Variationen für die Gestaltung eines Sirupraumes sind sehr vielfältig, z.B. zwei Behälter für die Lösung des Zuckers zu Zuckersirup oder ein Blockaggregat (Contimol von der Fa. Van der Molen) zur kontinuierlichen Kaltlösung des Zuckers zur Zuckersirupbereitung und schließlich weitere Behälter jeweils für den jeweiligen Ansatz der einzelnen Getränkesirupe.
Bei der volumetrischen Messung befindet sich in der Zufuhrleitung des Sirupmischtanks ähnlich wie beim Zuckerlösungsbehälter **Durchflussmengenmesser** wie z.B. **Ovalradzähler** oder **Ringkolbenzähler** (Messgenauigkeit bis 0,2 %) oder **Massendurchflussmesser**, an deren Digital- oder Vorwahlzählgerät die gewünschten Mengen an Zuckersirup und Grundstoff nacheinander eingestellt, gefördert und mengenmäßig erfasst werden. Die Durchmischung dieser Komponenten im Sirupmischtank erfolgt entweder mit einem CO_2-Mischer mit dem Vorteil der oxidationsfreien und entlüftenden Mischung oder mittels eines Rührwerks mit Drehzahlen von 750-950 U/min und speziellen Konstruktionsmerkmalen, oder mittels Umpumpverfahren, um bei minimalem Lufteinzug die Komponenten gut zu emulgieren, sodass auch die Fruchtsaftbestandteile gleichmäßig verteilt sind.

Eine nach dem **Wägeprinzip** arbeitende Methode zur vollautomatischen Herstellung von Getränkesirupen basiert auf elektromechanischen Dosierwaagen (sog. **Druckmessdosen,** Genauigkeit 0,1 % des Wägebereichs), die in eines der Behälterbeine von

Wiege- und Mischtanks eingebaut werden, zum anderen können die Behälter aber auch an sog. **Zugmessdosen** wie an eine Zugwaage aufgehängt sein. Der Vorteil des Wägeverfahrens besteht genauso wie bei dem damit vergleichbaren **Massendurchflussmesser** darin, dass Temperaturschwankungen und Gaseinschlüsse wie CO_2 und Luft die Mengenmessung nicht mehr beeinflussen (Nachteil der volumetrischen Verfahren), dass ferner die Reinigungs- und Entkeimungserschwernisse der Dosierpumpe und Zähler wegfallen und dass die Dosierung nicht mehr wie bei den anderen Verfahren nach Volumen, sondern nach Gewicht vorgenommen wird, sodass die genaue Kenntnis der Dichte der einzelnen Komponenten nicht mehr erforderlich ist. Bekanntlich erfolgt die Einstellung und Kontrolle des Extraktgehaltes im Fertiggetränk nach Gewichtsprozenten. Es ist daher ein Vorteil, wenn man die Ausmischung der einzelnen Sirupkomponenten nach Rezepturen vornehmen kann, die die Gewichte der einzelnen Sirupkomponenten enthalten.

Der Dosierapparat ist eine programmgesteuerte vollautomatisch arbeitende **elektromechanische Waage**, mit deren Hilfe die einzelnen Getränkesirupkomponenten zwangsläufig nacheinander laut vorgegebener Rezeptur eingewogen und kontrolliert werden, wobei das Wägesystem die kleinen und großen Getränkekomponenten in darauf abgestimmter Messgenauigkeit arbeiten muss. Die Anlagen sind wegen ihrer höheren Kosten und ihrer Leistungsgrenzen weniger verbreitet als die nach dem volumetrischen Prinzip arbeitenden Anlagen oder Anlagen mit Massendurchflussmesser oder die Impfsystemanlagen.

Zweikomponentenmischer mit Dosierkolbenpumpen (Premixanlage)

Mit dieser aus **zwei Dosierkolbenpumpen** mit Dosierzylindern ausgestatteten und sehr viel verbreiteten Anlage wird nur noch der zuvor hergestellte Getränkesirup mit Wasser bzw. imprägniertem Wasser zum Fertiggetränk gemischt, das dann zur Abfüllung gelangt. Die Dosiereinstellung erfolgt durch Änderung des Kolbenhubs. (vgl. Abb. 11 **Famix Premixanlage** mit **Kolbendosierpumpe** für die Dosierung von Getränkesirup aus dem Vorlaufgefäß mit der einen Pumpe und entgasten Wasser aus dem Vakuumbehälter bzw. dem anderen Vorlaufgefäß mit der anderen Pumpe in den Getränkebehälter mit integrierter Karbonisierung. Fa. Falterbaum, Famix- Maschinenbau)
Zweikomponentenmischer arbeiten aber auch nach dem **Durchflussdosiersystem** (Dosierung über einstellbare Messblenden, vgl. Abb. 12 **Paramix** der Fa. KHS, ebenfalls mit integrierter Imprägnierung in einem Blockaggregat) oder nach dem **Strahldüsensystem** (vgl. Abb. 13 **Mixomat**).

Anlagen im kontinuierlichen Produktstrom

Eine Vielzahl der Ausmischbehälter können durch automatisierte Sirupherstellungsverfahren oder durch Blockaggregate eingespart werden, die alle Verfahrensschritte der Ausmischung und Karbonisierung bis zum Fertiggetränk vornehmen. Betrachten wir uns hierzu einmal mehrere Anlagen:
Bestandteile dieser Anlagen können sog. Chargenmischanlagen für 3 bis 5 Komponenten zu einem Mischbehälter sein, aus dem dann die weitere komplette Getränkebereitung erfolgt. (Abb. 14.1 **Dima**, Fa. Diessel oder Abb.14.2 **Turbo Digi** von Famix-Maschinenbau). Die **Komponentendosierung** erfolgt in eine Wasserdurchflussleitung, wo der Wasserdurchfluss als Führungsgröße dient für die Stellsignale der **Regelventile**

der jeweiligen einzelnen Komponenten. Die im Hauptstrom der gemischten Flüssigkeiten installierte **drehzahlgeregelte Pumpe** (zugleich Förderung und Messung) und der danach geschaltete Volumenzähler sind weitere Einheiten zur **digitalen Mengenverhältnisregelung** für die einzustellenden Mischungsverhältnisse und andererseits eine laufende Kontrolle der Regelung mit digitaler Regelelektronik. Dosierung, Vermischung und Imprägnierung erfolgen in einem Arbeitsgang. In der **Famix Turbo Digi S** (vgl. Abb. 14.2) wird in den rechts im Bild stehenden Vakuumbehälter das aufbereitete Getränkewasser über eine Düse eingesprüht. Dabei werden die im Wasser gelösten Gase, wie Stickstoff und Sauerstoff der Luft freigesetzt und von der Vakuumpumpe abgesaugt. Auf diese Weise wird der Restsauerstoff des Wassers auf ca. 10 % des Eingangswertes reduziert. Das entlüftete Wasser wird von einer Hochdruckkreiselpumpe durch den anschließenden Durchflussmesser zur Misch- und Imprägniereinheit gefördert. Dort wird durch die Strahlwirkung des Injektors Kohlensäure mitgeführt. In der anschließenden Mischkugel werden Wasser, die anderen Komponenten und Kohlensäure innigst und homogen gemischt und das fertige Getränk fließt in den links im Bild stehenden Getränkebehälter.

Im Mittelteil der Abb. ist die Dosierstation dargestellt mit den jeweiligen Vorlaufgefäßen für die Komponente Sirup und die Komponenten 3, 4 und 5, jeweils ausgestattet mit drehzahlgeregelter Pumpe, kontrollierende Zähler und Regelventile. Das gewünschte Mischungsverhältnis wird erreicht, indem eine digitale Mengenverhältnisregelung aus den eingestellten Mischverhältnissen und dem Wasserdurchfluss als Führungsgröße die Stellsignale errechnet, die für die Regelventile und die drehzahlgeregelten Pumpen in jeder Komponentenleitung zur Ausführung gelangen. Über die Zähler kontrollieren die Regler laufend, ob die Mischungsverhältnisse genau eingehalten werden. Die Regelung arbeitet unabhängig vom Ein-/Aus-Betrieb und gibt eine entsprechende Störmeldung, wenn ein Mischungsverhältnis einmal nicht eingehalten werden kann.

Bei der Herstellung von Mineralwasser ist das Dosiersystem außer Betrieb, die Anlage arbeitet dann als reine Entlüftungs- und Imprägnieranlage. Zur Einstellung des gewünschten Kohlensäuregehaltes wird ein dem Kohlensäurewert und der Getränketemperatur entsprechender Imprägnierdruck im Getränkebehälter vorgegeben, der über eine elektronische Druck-Temperatur-Verhältnisregelung automatisch nachgeregelt wird.

Eventuell über den Sirup in den Getränkebehälter gelangte Luft wird über ein feinst einstellbares Ventil ins Freie abgeschieden. Aus dem Behälter wird das Getränk zum Füller gefördert. Bei Bedarf kann eine Überdruckpumpe zugeschaltet werden. Die Anlage ist für die CIP- Reinigung eingerichtet und läuft ebenso wie die Produktionsprogramme vollautomatisch ab. Die gesamte Anlage kann durch Prozessanalysensysteme zur Inline-Überwachung von Brix (Dichte), Leitfähigkeit, Kohlensäure und Sauerstoff ergänzt werden, die in die Steuerung der Anlage integriert sind.

Eine ähnliche Anlage mit Wasservorlage und Dosierrohr mit mehreren Impfstellen für die übrigen Komponenten, mit selbstüberwachenden Durchflussmessern und Rechnerunterstützung, CIP- Programm u.a. Absicherungs- und Automatisierungseinrichtungen stellt die Chargenmixanlage mit der Bezeichnung **Multiflow der Fa. Krones AG** dar, bei der zwei Ausmischtanks abwechselnd gefüllt und geleert werden und die Komponenten im **Umpumpverfahren** zu einem homogenen Produkt gemischt werden.

Ein weiteres weit verbreitetes automatisches System, das gleichfalls mit kontinuierlichem Produktstrom arbeitet, nennt man **Heidelberger Mix** der **Fa. Indag**, einer Tochterfirma der Fa. Rudolf Wild, Grundstoff- und Essenzenlieferant in Heidelberg.

Zur Messung und Förderung aller Medien werden bei diesem Gerät jeder Komponente größenmäßig angepasste Ovalradzähler verwendet, die grammgenau und exakt messen und auch die Förderung der Komponenten in eine sog. Mischstrecke übernehmen, in der dann der Sirup vermischt wird. Bereits zwei bis drei Minuten nach dem Anfahren steht der Abfüllsirup zur Verfügung. Vorratstanks können wegfallen, da sich das Gerät kontinuierlich dem Sirupablauf von der Abfüllanlage her anpasst. Es werden lediglich noch zwei kleine Zwischengefäße als Puffer dazwischengeschaltet. Alle zum Sirupansatz erforderlichen Zutaten werden dem elektronisch gespeicherten Rezept gemäß gleichzeitig abgerufen, gefördert und gemessen und gemischt. Die Kapazität dieser Steuer-, Mess- und Mischanlage liegt bei Sirupmengen für etwa 100 000 Füllungen in der Stunde. Innerhalb dieses Systems ist auch ein Reinigungsprogramm elektronisch geschaltet, sodass auf Knopfdruck die Spülung und Reinigung sämtlicher Leitungswege, Bahnen, Zählwerke und Behälter erfolgt. Das System ist dämpfbar und gewährleistet daher eine optimale mikrobiologische Sicherheit. Der empfindliche Steuerteil des Gerätes lässt sich im bis zu 30 m entfernt vom Nassbereich gelegenen Trockenbereich räumlich getrennt unterbringen. Das System ist ebenfalls mit Datenverarbeitung, Komponentenüberwachung, Dosierkorrektur auf Grund nachgeschalteter Dichtmessgeräte ergänzbar.

Abbildungen zu den Beispielen verschiedener Dosiersysteme u.a. Technologien

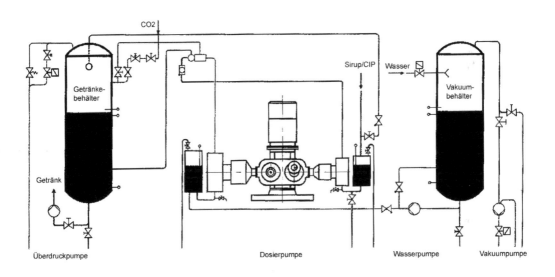

Abb.11: Premixanlage mit Dosierpumpe für zwei Komponenten (Fa. Famix)

No Dump Start-Up — Paramix/Filler

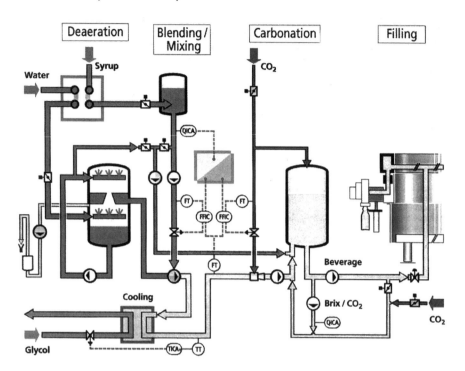

Abb. 12: Durchflussdosiersystem Paramix (KHS)

Für die Zweikomponentenmischung, also der Mischung von Getränkesirup und Wasser zum Fertiggetränk, befindet sich außer dem zuvor geschilderten System mit **Kolbenpumpen noch das Durchflussdosiersystem und das Strahldüsensystem auf dem Markt.**
Das Durchflussdosiersystem (vgl. Abb. 12 Paramix, Fa. KHS) besteht aus einer Mischstrecke, die von zwei gleichgroßen gläsernen, zylindrischen Vorlaufgefäßen für Wasser und Sirup beschickt wird. Die Dosierung wird durch verstellbare Blenden im Zulaufrohr zur Mischstrecke eingestellt. Durch diese Anlage können die angestrebten Großleistungen der Abfüllkolonnen rationeller erreicht werden als durch die Kolbendosierpumpen. Das Gleiche gilt für die Anlagen mit Strahl-Injektoren (System der Wasserstrahlpumpe, vgl. Abb. 13 Mixomat S). Diese Anlagen erfüllen zwar größere Leistungen, sind aber anfälliger gegenüber Viskositätsänderungen.

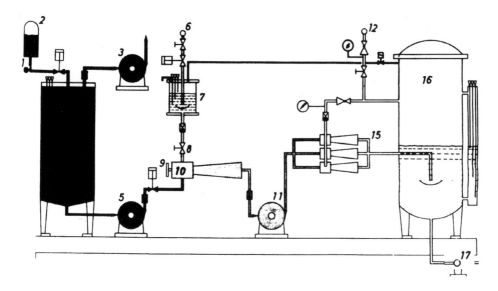

Abb. 13: Schematische Darstellung des Mixomat S (KHS)
1 Wassereingang 2 Windkessel 3 Vakuumpumpe 4 Vakuumkessel 5 Wasserpumpe
6 Sirupeingang 7 Sirupvorlaufgefäß 8 Drosselventil – Sirup 9 Treibdüsenverstellung –
Wasser 10 Dosierstrahlapparat 11 Karbonisierpumpe 12 CO_2-Eingang 15 CO_2-Strahlapparate 16 Vorratskessel 17 Fertiggetränkausgang zum Füller

Arbeitsweise des Mixomat S.
Das Trinkwasser wird durch Versprühen im Vakuumkessel (98 bis 99 % Vakuum) entlüftet und dabei über Ablaufbleche geleitet. Eine Pumpe drückt das entlüftete Wasser in den Dosierstrahlapparat, wo durch den entstehenden Unterdruck die Sole bzw. der Sirup angesaugt und einstellbar zugemischt wird. Die Komponenten werden in der Mischbatterie intensiv vermischt. Die Imprägnierung wird mit einem Strahlapparat durchgeführt, in den das Getränk durch eine Pumpe mit hoher Geschwindigkeit gelangt. Die den Apparat zugeführte Kohlensäure wird vom Getränk mitgerissen und durch die vergrößerte Berührungsfläche beider Medien kommt es zur eigentlichen Imprägnierung. Abschließend wird das imprägnierte Fertiggetränk in den zuvor mit CO_2 vorgespannten Vorratskessel gefördert. Da der Druck darin etwas höher ist als im Füller, kann das Getränk ohne Pumpe in den Füller weitergeleitet werden.

Auch aus dem Mixomat ist zwischenzeitlich durch Elektronik und Computer eine Produktions- und Steuerungsanlage modernen Zuschnitts geworden. Zu seinem Aufbau gehören:
- zentraler Steuerungsrechner mit Bildschirm und Fließschema
- Vakuum- und Karbonisierstation
- Mischbehälter mit Brix- und Leitwertkontrolle
- Dosierstationen

Der Mixomat arbeitet vollautomatisch mit einer Genauigkeit bis zu 0,02 °Brix. Diese Mehrkomponentenmischanlage nach dem Prinzip der Chargenmischung besitzt einen Drucker und Rechner, wobei alle dem Rechner eingegebenen Daten sowie aufgetretenen Betriebsstörungen ausgedruckt werden, desgleichen die für jede Charge gemessenen Brix- und Temperaturwerte. Die Einzelnen dem Aggregat zugeführten Komponenten einschließlich Wasser werden mittels volumetrischer Zählung entsprechend der im Rechner gespeicherten Rezepturen in dem vorgewählten Mischbehälter zusammengestellt, während eine zweite zuvor gemischte Charge aus einem anderen Mischbehälter verarbeitet wird. Die Freigabe der Chargen zur Verarbeitung erfolgt erst nach deren Messung von Brix- und Leitwerten und nach der Karbonisierung des Getränks im so genannten Saturationsbehälter.

Als Vorteile dieses Systems sind die Automatisierung der Getränkeherstellung und die Rationalisierung im Sirupraum zu nennen, ferner die Qualitätssicherung durch den automatischen Betrieb und die Selbstüberwachung und Dokumentation der Getränkeproduktion. Beim Einsatz dieses Gerätes kann auf den Sirupraum sogar verzichtet werden. Ein in diese Anlage integriertes CIP-Reinigungssystem gewährleistet die bakteriologische Sicherheit.

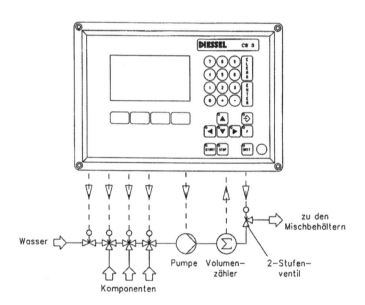

Abb. 14.1: Komponentendosierung in den kontinuierlichen Produktstrom, Chargenmischanlage der Fa. Diessel für vier Komponenten wie Seiten zuvor erläutert.

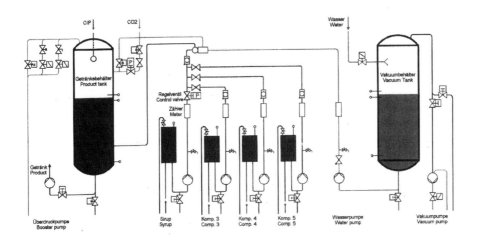

Abb.14.2 Komponentendosierung in den kontinuierlichen Produktstrom mit Regelventilen, Turbo Digi S der Fa. Famix wie Seiten zuvor erläutert.

Vor- und Nachteile der Mischanlagen
Die hier keinesfalls vollständig erörterten Mischanlagen bringen Rationalisierungsmöglichkeiten beim Platzbedarf und beim Personaleinsatz bzw. geringeren Arbeitsaufwand, sparen die üblichen Toleranzzugaben infolge exakter Messung und Mischung der einzelnen Komponenten ein und sorgen für eine gleich bleibende Qualität.
Weitere Vorteile dieses vollkommen geschlossenen Systems ergeben sich auf der biologischen und hygienischen Seite, d.h. geringste Infektionsgefahr und infolge des geschlossenen Systems auch geringere Oxidationserscheinungen und Aromaverluste. Durch die direkte Weiterverarbeitung entfallen die sonst üblichen Wartezeiten und Entlüftung. Der teilweise bis 1970 noch gebräuchliche Flaschenwender zur Getränkemischung ist nicht mehr erforderlich, ebenso kein Saftvorfüller, und es werden weniger Gefäße im Sirupraum benötigt. Produktionsumstellungen auf andere Getränke sind problemloser zu bewältigen, da die im System befindlichen Mengen geringer sind. Auch höherprozentige und demzufolge höherviskose Flüssigzucker lassen sich mit dem System noch gut verarbeiten.
Besondere Aufmerksamkeit ist auf die laufende Kontrolle der Getränke zu richten, da bereits bei kurzzeitigen Störungen der Mischanlagen die Unstimmigkeiten der Dosierung angesichts der hohen Leistungsziffern große Getränkemengen unverkäuflich werden lassen.

Elektronische Kontrolle
Hierfür werden in die Ausmischanlagen elektronisch arbeitende Durchflussmesser eingebaut, deren Signale über einen sog. Verhältnisregler in den eingebauten Kleincomputer gelangen. Im Computer erfolgt die Registrierung der Signale und Signalgebung für die ebenfalls automatische Korrektur der Dosierung. Andererseits wird hier aber auch der Computer programmiert und damit der gesamte Herstellungsvorgang vollautomatisch abgewickelt.

4.2 Abfüllung in Flaschen

Bei Glasflaschen unterscheidet man Ein- und Mehrwegflaschen, wobei die Einwegflasche infolge gleichmäßigerer Wandstärken trotz geringerer Glasmasse durch neue Fertigungstechniken nicht bruchempfindlicher ist. Ihre anteiligen Kosten auf das Getränk sind aber höher als bei den Rücklaufflaschen.

Weithalsige Flaschen lassen sich besser befüllen als Flaschen mit langem schlankem Hals. Neuentwickelte Flaschenformen tragen diesem zugleich transportraumsparenden Gesichtspunkt mehr und mehr Rechnung. Kronenkorken- und Schraubverschlüsse vergrößern außerdem die Verschließerleistung.

Eine Kühlung der abzufüllenden Getränke im Plattenapparat auf 4 bis 10 °C ist besonders bei starker Schäumungsneigung, z.B. in Cola- und Bitterlimonaden angebracht, um ein leistungsgestärktes Füllergebnis mit weniger Getränkeverlust, weniger CO_2-Verlust, weniger Flaschenbruch und gleichmäßiger Füllhöhe zu erzielen.

4.2.1 PET-Flaschen

PET-Flaschen sind Ein- und Mehrwegflaschen aus dem Kunststoff PET (**P**ol**y**ethylent**e**rephtalat), die für kohlensäurehaltige und kohlensäurefreie Erfrischungsgetränke sowie als Brunneneinheitsmehrwegflasche und als Einwegflasche aus PET zunehmende Verbreitung finden und durch mannigfaltige Formgebung und Ausstattung das Marketing bereichern.
Beim Kunststoff PET handelt es sich um ein Polyester, chemisch gesehen das Poly-Ethylen-Terephthalat. Dieser Kunststoff hat sich als Material für die Herstellung von Getränkeflaschen weltweit durchgesetzt. Er bietet zahlreiche Vorteile, da er als so genannter Thermoplast leicht verformbar ist und so individuelle Flaschenformen speziell als Einwegflaschen erstellt werden können. Weitere Vorteile für die Konsumenten sind seine hohe Stabilität und sein geringes Gewicht. Zudem kann er sortenrein eingesetzt werden, was ein Recycling wesentlich vereinfacht. Durch zahlreiche technische Maßnahmen ist es in den letzten Jahren gelungen, PET-Flaschen immer weiter zu optimieren. So wurde die Herstellung von mehrwegtauglichen und heiß befüllbaren PET-Flaschen vorangetrieben. Durch eine Modifikation des Herstellungsprozesses kann der so genannte Kristallisationsgrad angehoben werden. Je höher die Kristallisation, desto besser werden die Eigenschaften des PET hinsichtlich Gasdurchlässigkeit und Beständigkeit gegenüber Hitze und aggressiver Stoffe. Nachteilig ist dabei, dass PET mit zunehmenden Kristallisationsgrad immer spröder und zunehmend undurchsichtiger wird. Extrem kristallines PET ist letztendlich weiß. Das kann man bei einigen Mehrwegflaschen am Gewinde deutlich sehen. Eine weitere Optimierung war die Mitverwendung eines weiteren Kunststoffes, des **PEN** (**P**oly-**E**thylen-**N**aphtalat) bei der Herstellung der Flaschen. Dieser Kunststoff zeigt wesentlich bessere Barriereeigenschaften, d.h. weniger Gasdurchlässigkeit als PET. Er ist aber deutlich teurer.
Ein wesentliches Problem von PET-Material ist seine **Gasdurchlässigkeit.** Da diese Vorgänge als Diffusion unabhängig von den Druckverhältnissen ablaufen, nimmt sogar ein karbonisiertes Getränk Sauerstoff auf und gibt gleichzeitig Kohlensäure ab.

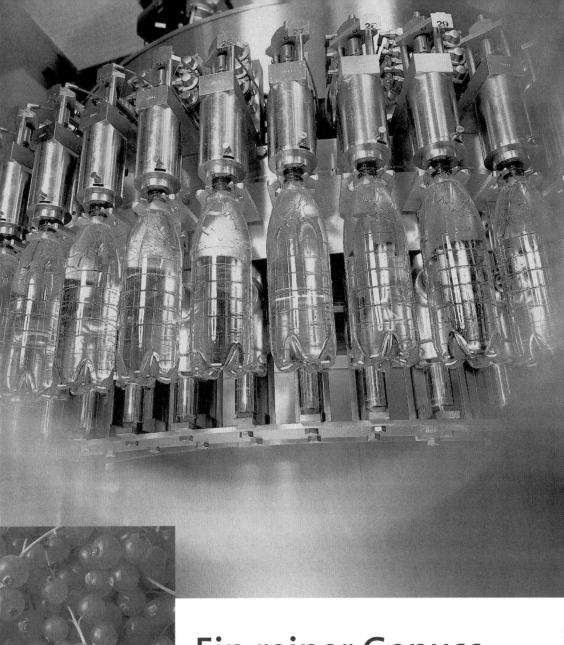

Ein reiner Genuss.

Mikrobiologisch empfindliche Getränke wie Fruchtsäfte, Milchmixgetränke oder Mineralwasser wollen sensibel abgefüllt werden. Das **KRONES** PET-Asept-System ermöglicht eine Abfüllung in Glas- oder PET-Flaschen unter nahezu sterilen Bedingungen. Ein Reinraum-Verfahren auf höchstem technologischen Standard bewahrt Flaschen und Getränke vor dem Eindringen von Keimen. Das Ergebnis:
Gesunde und natürliche Getränke halten sich auch ohne Konservierungsstoffe, und das über einen langen Zeitraum.

KRONES AG
Tel. +49 (0) 94 01/70-0, Fax 70-24 88
E-mail: sales@krones.de, www.krones.de

Der eindringende Sauerstoff kann Getränkeinhaltstoffe schädigen, besonders die Vitamine und Aromastoffe, die dadurch käsig oder nach Farbe riechen und schmecken können. Zudem können von dem PET-Material Aromakomponenten aus dem Getränk aufgenommen werden. Das ist in der Struktur des Kunststoffes begründet. Seine langen polymeren Moleküle sind ineinander verknäult wie ein Schwamm. In diesen Schwamm werden nun **aromatische Stoffe eingelagert und später wieder abgegeben**. Bei der Erhöhung des Kristallisationsgrades des PET-Materials wird die beschriebene Schwammstruktur praktisch geglättet und es kann weniger fremdes Material aufgenommen werden. Das hat die Entwicklung von Mehrwegflaschen aus PET ermöglicht. Gleichzeitig wird durch die Kristallisation des Materials auch die Beständigkeit gegenüber höheren Temperaturen verbessert, sodass mit der gleichen Technologie auch heiß befüllbare PET-Flaschen hergestellt werden konnten.

Gegenüber Mehrwegflaschen aus Glas haben die PET- und PEN-Flaschen viele Vorteile:

- Sie sind fast unzerbrechlich (geringere Unfallgefahr) und sind leichter und wirtschaftlicher in der Handhabung. Eine Kiste mit 10 PET-Flaschen wiegt etwa 6 kg weniger als eine solche mit Glasflaschen. Das Gewicht einer PET-Flasche beträgt je nach Größe und ob Einweg oder Mehrwegflasche 20 g bis 80 g.
- Sie haben durch ihre längere Haltbarkeit auch mehr Umläufe als die Mehrweg-Glasflaschen.
- Sie laufen bei geringeren Verlusten geräuschärmer und schneller auf den Abfülllinien.
- Es lassen sich größere Mengen pro Behälter abfüllen (z.B. 1,5 l PET-Kunststoffflasche).
- Es ergeben sich geringere Abgasbelastungen bei der PET-Flaschenherstellung, da geringere Schmelztemperaturen erforderlich sind.
- Durch das leichtere Gewicht ergeben sich erhebliche Einsparungen bei den Transporttreibstoffmengen und -kosten.
- Auch bei PET ist wie beim Glas ein Recycling möglich. Es kommen diverse Zerkleinerungsverfahren wie Schredder und Verfahren zur Granulatgewinnung zur Neuflaschenherstellung und zur Herstellung alternativer Erzeugnisse aus Kunststoff zur Anwendung.

Wie bereits erwähnt, ist auch nachteilig eine gewisse **Gasdurchlässigkeit** für CO_2 vom Flascheninneren nach außen und für Sauerstoff von außen in den Flascheninnenraum und damit in das Getränk. Eine Folge davon sind sehr geringe **Kohlensäureverluste** und **Druckverluste**. Nach neun Monaten verringert sich der Kohlensäuredruck in der PET-Flasche von 3,8 bar auf 3,6 bar. Eine PET-Flasche ist auf etwa 12 bar Druckbeständigkeit ausgelegt. Aber auch in kohlensäurefreien Getränken muss mit einer gewissen **Sauerstoffdiffusion** durch das PET-Material von außen nach innen in das Getränk gerechnet werden, der man durch Zudosierung von Ascorbinsäure oder durch ein anderes Rezeptdesign des Grundstoffherstellers vorbeugt. Wegen dieser Diffusionsfolgeerscheinungen hat man die **Mindesthaltbarkeit in PET-Flaschen** auf 9 Monate **verkürzt**, die sonst bei Coca-Cola in Glasflaschen 18 Monate beträgt und bei Fanta 12 Monate. Die Haltbarkeit bei PET in Leichtgetränken wurde auf sechs Monate verkürzt.

Die Minderung der Diffusion wurde aber auch durch Beschichtung der Kunststoffflasche und durch **Barrierematerialien** erreicht, wie z.B. durch Einfügung einer kostengünstigen Sperrschicht aus Nylon oder durch eine Beschichtung mit Kohlenstoff oder Siliciumoxyd. Diese Flaschen bieten eine bessere Sauerstoffbarriere als die aus dem teureren PEN- Material. Die Sauerstoffbarriere wird z.B. durch Kohlenstoff um den Faktor 30 und die Kohlensäurebarriere um den Faktor 7 vervielfacht.

Eine **Verstärkung der Gasdurchlässigkeit** kann infolge Korrosion der Kunststoffflaschen durch diesbezüglich ungünstige Kettengleitmittel der Flaschentransportbänder eintreten. Darauf sollten Betreiber einer so genannten Kombianlage für die Abfüllung von Glasflaschen und Kunststoffflaschen achten. Aber auch ungünstige Flaschenreinigungsmittel, nicht die Detergentien, beeinflussen die Permeations-Eigenschaften nachteilig. Das wird durch spezielle Reinigungsmittel vermieden.

Wegen der Zugstruktur des Kunststoffmaterials sind geringfügige Veränderungen im Füllvolumen möglich, denen man mit einer geringfügigen Überfüllung Rechnung trägt. Eine Heißabfüllung oder Pasteurisation ist aus technischen Gründen bei diesen Kunststoffflaschen ausgeschlossen.

4.2.2 Reinigung der PET-Mehrwegflasche

Eine PET-Mehrwegflasche kann mit ebenso hohen Laugenkonzentrationen wie Glasflaschen gewaschen werden. Um jedoch ein Schrumpfen dieser Kunststoffflasche zu vermeiden, darf sie bei einer **Temperatur von höchstens 65 °C** gewaschen werden und nicht wie bei Glas bei 80 °C. Im Allgemeinen erhöht man deshalb die **Laugenkonzentration auf etwa 2 % und verlängert die Einwirkungszeit**. Außerdem werden bei der Reinigung von Kunststoffflaschen auch Zuschlagstoffe zur Verlängerung ihrer Haltbarkeit zugesetzt. Die Reinigung bzw. Ausspülung der PET-Einwegflasche mit dem Rinser wird auf der folgenden Seite beschrieben.

Sniffereinsatz oder Fremdstoffinspektor

Vor der Reinigungsmaschine werden so genannte **Schnüfflermaschinen** installiert, um Flaschen auszusortieren und zu verwerfen, wie z.B. Flaschen mit Benzolprodukten, Fremdgase und Fremdaromen u.a. Kontaminanten, die durch die Flaschenreinigung nicht vollständig entfernbar sind.

So sind bereits 0,05 Mikroliter Benzin riechbar. Das PET-Material kann **Geschmackstoffe absorbieren** und sie nach dem Füllprozess wieder an das Getränk abgeben. Bei Mineralwasser wäre ein solchermaßen aus dem PET-Material wieder abgegebener Geschmack im Gegensatz zu beispielsweise Limonaden sofort erkennbar und nicht zu akzeptieren.

Bei den PET-Mehrwegflaschen, in denen Wasser bzw. Mineralwasser abgefüllt werden soll, ist zur Vermeidung einer Aromaübertragung nur die vorherige Abfüllung dieser Flaschen mit diesbezüglich unbedenklichen Getränketypen wie Orange, Zitrone und Grapefruit zu beachten, bei Colamix- und Multifrucht könnten Bedenken für eine Aromaübertragung auf später in diese Flaschen abgefüllte Mineralwässer bestehen.

Beim **Flaschentransport** muss im Unterschied zur Glasflaschenanlage bei den PET-Flaschen darauf geachtet werden, dass die Flaschen im Block gehalten werden, da sie sonst leicht umfallen. Außerdem empfiehlt sich eine Frequenzregelung und spezielle

Zusammenführungen. Die Geländerführungen sollten aus VA-Stahl sein, sodass keine **Glassplitter** den Kunststoff beschädigen können. Auch bei PET-Flaschen gibt es eine Sortierung und Leerflascheninspektion, gegebenenfalls sogar mit Leckageprüfung (Vakuum).
Die **Lufttransportanlagen für PET-Flaschen** mit sog. Neckhandling stellen für den Flaschentransport einen speziellen Luftkanal dar, in dem die Flaschen durch Radialventilatoren mit frequenzgeregelter Geschwindigkeit sehr beschleunigt transportiert werden und wo durch spezielle seitlich im Kanal angeordnete Kiemenreihen das Eindringen von Transportluft in die Flaschenmündung verhindert wird und weniger Luft benötigt wird. Die Transportluft wird zuvor zur Entkeimung gefiltert. Mit dem **Neckhandling** im Lufttransporteur und später auch bei der Abfüllanlage , dem Rinser u.a. mit der Flaschenweitergabe befasster Vorrichtungen erreicht man durch **Aufhängen der Flasche an deren Halsring** eine Flaschenführung, die für fast alle Flaschenformen und Flaschengrößen mit gleich großen Halsring geeignet ist, sodass die sonst bei anderen Verfahren bei Flaschenumstellung erforderliche Umstellung der Formatteile erübrigt werden kann. Beste Prozesshygiene und hohe einstellbare Leistungsziffern von 20.000 bis 100.000 Flaschen pro Stunde sind weitere zu befürwortende Gesichtspunkte.

4.2.3   Herstellung und Spülung der PET-Einwegflasche

Die Einweg-PET-Flasche wird zumeist vor Ort vor der Abfüllanlage im **Spritzgussverfahren** oder mit einer sog. **Streckblasmaschine** automatisch hergestellt und dabei auch durch Druckprüfung einem Eignungstest unterzogen. Die Produktion von PET-Einwegflaschen erfolgt z.B. mit Streckblasmaschinen in vorgefertigten Preforms für die gewünschten Behältergrößen und -formen direkt im Abfüllbetrieb und Senkung der Keimzahlen durch UV-Strahlen und/oder Ausblasen der Preforms mit ionisierter Luft. Die Herstellung der Flasche in diesem Aggregat geschieht durch Erwärmen der Vorformlinge aus PET, die dann anschließend in eine Form geblasen werden.
Neue **PET-Recyclinganlagen** z.B. nach dem URRC-Verfahren der Fa. Krones ermöglichen direkt vor Ort ein Flasche zu Flasche Recycling.

Angelieferte PET-Neuflaschen können zur Reinigung in sog. **Rinsern mit Wasser oder mit ionisierter Luft** behandelt werden. Die Rinsung mit Wasser benötigt 0,09 bis 0,13 (bis zu 0,25) Liter Wasser je Flasche. Die Rinsung mit ionisierter Luft dient der elektrostatischen Entladung und Reinigung der PET-Flasche. Es wird gefilterte Sterilluft als Trägermaterial mit einer direkt an der Düse installierten Ionisierungselektrode ionisiert, Diese Ionen bewirken einen Ladungsausgleich in der Flasche, sodass durch die Neutralisierung der elektrostatischen Aufladung die an der Innenwandung der Flasche anhaftenden Partikel sich problemlos ausbringen lassen und auch keine Reinfektion zulassen bzw. sie erschweren. Der Ausblasvorgang erfordert mit 1 bis 2 Sekunden sehr viel weniger Zeit als der herkömmliche Rinservorgang mir Wasser, sodass diese Rinser nur 50 % des Platzes benötigen als die Rinser mit Wasser, zumal auch die Austropfzeit für Wasser entfällt. In Betrieben mit Trinkwassermangel oder mit hohen Wasserkosten ist die beträchtliche Wassereinsparung bei Umstellung auf ionisierte Luft sehr zu befürworten.

Leerflascheninspektion

Die leeren Glas- oder PET-Mehrwegflaschen gelangen in einen Multifunktions-Klemmstern, der gleichzeitig als Einlaufstern bei dieser in Rundlaufprinzip arbeitenden Maschine dient. Die Anlage inspiziert Flaschenboden, Seitenwand, Dichtfläche und kontrolliert auf Restflüssigkeit. Mit hoch empfindlicher Kameratechnik und hoher Bild- und Graustufenauflösung werden mit sehr präziser Steuerung selbst kleinste Beschädigungen und Verunreinigungen in den Flaschen erkannt und mit einem zuverlässigen Ausleitsystem die beanstandeten Flaschen ausgeleitet.

4.2.4 Abfüllvorgang in Glas- und PET-Flaschen

Die Abfüllung erfolgt in so genannten Rundfüllern, in denen sich der Flaschenumlauf unterteilen lässt in Einschub, Hub, Füllung, Absenken, Ausschub und Leerlauf. Bei PET-Flaschen entfällt häufig der Flaschenträger oder Hubzylinder und die Flasche wird nur am Flaschenhals arretiert (Hängefüller). Andere Anlagen arbeiten mit einer starren, gabelförmigen Zentrierhalterung für die PET-Flasche an Stelle des Hubzylinders.

Die bisher für Glasflaschen übliche Niveaufüllung wird bei PET-Flaschen wegen deren Volumenänderung häufig durch das volumetrische Maßfüllprinzip ersetzt. Sowohl bei Glas- als auch bei PET-Flaschen erfolgt häufig das Blocken der Füll- und Verschließmaschine, bei Einwegflaschen sogar noch ergänzt um einen vorgeschalteten Rinser zur Ausspülung der Flaschen.

Die **Füllsysteme** lassen sich in **Maßfüller** (Dosierfüller) und in **Höhenfüller** (Niveaufüller) einteilen. Letztere sind am häufigsten vertreten, zumeist als Einkammergleichdruckfüller und weniger als Mehrkammerdifferenzdruckfüller im Überdruck- oder Unterdruckbereich. Bei den Einkammergleichdruckfüllern unterscheidet man solche im Druckbereich als Gegendruckfüller, andere im Unterdruckbereich als Unterdruckfüller, die nur für stille Getränke auch bei Heißabfüllung von Fruchtsaftgetränken und Fruchtsäften im sehr niedrigem Unterdruck arbeiten. Ferner kommen noch im Normaldruckbereich arbeitende Einkammergleichdruckfüller vor.

Die mit Kohlensäure imprägnierten Getränke zeichnen sich bekanntlich durch die Eigenart aus, dass jede Druckentlastung eine Kohlensäureentbindung nach sich zieht, die den Abfüllvorgang wesentlich erschwert.

Die Folge davon sind schlecht gefüllte Flaschen mit Getränken, die einen zu geringen Kohlensäuregehalt aufweisen.

Die zugleich nach dem isobarometrischen Prinzip (**druckausgleichendem Prinzip**) arbeitenden Abfüllapparate spannen die zu füllenden Gefäße vor der eigentlichen Befüllung mit der sog. Vorluft bzw. CO_2 vor und setzen die Gefäße dabei unter den gleichen Druck, wie er in dem imprägnierten Getränk herrscht. Erst nach Erzielung des Druckausgleiches zwischen der in den Flaschen befindlichen Vorluft und dem im Ringkanal befindlichen Getränk fließt das Getränk durch sein eigenes Gefälle in die Flasche und verdrängt dabei unter ständiger Einhaltung des Druckausgleiches die Vorluft (siehe Abbildung 15)

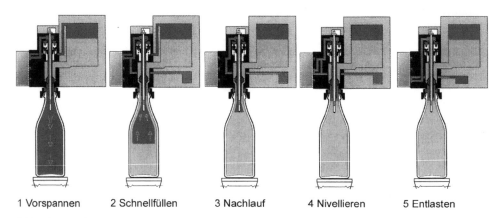

1 Vorspannen   2 Schnellfüllen   3 Nachlauf   4 Nivellieren   5 Entlasten

Abb. 15: Abfüllvorgang bei einem füllrohrlosen Füller. (nach Fa. KHS)

Die Abb. 15 verdeutlicht den Abfüllvorgang mittels füllrohrloser Füllventile der Füllelemente. Man erkennt den das Getränk enthaltenden Ringkanal, unter dem die Füllelemente für die abzufüllenden Flaschen angeordnet sind.

Vorspannen
- Die angepresste Flasche hebt mit der Zentriertulpe die Steuerstange an und öffnet das Gasvorspannventil oben im Kessel: es erfolgt Druckausgleich.

Füllen
- Durch den Druckausgleich zwischen Flasche und Füller öffnet sich mit Hilfe der Druckfeder das Flüssigkeitsventil. Das Getränk läuft über die Strahlmanschette (Schirmchen) in freiem Fall entlang der Flaschenwand in die Flasche bis zur Höhe des zentralen Rücklaufrohrs.

Nachlauf
- Das nachlaufende Getränk füllt die Flasche noch etwa 10 mm höher. Durch Betätigung der Hebelsteuerung wird die Steuerstange mittels Schließfeder nach unten gedrückt. Es schließt sich das Vorspann- und Flüssigkeitsventil.
- Nivellieren
- Das CO_2-Druckventil wird geöffnet und das CO_2-Gas verdrängt die Flüssigkeit aus Flasche und Rücklaufrohr bis unter dessen Mündung. Der Flaschenhals wird mit Kohlensäure ausgespült und gefüllt.

Entlasten
- Durch Öffnen des Entlastungsventils wird ein Druckausgleich zwischen Außenluft und Flasche hergestellt. Die Flasche kann abgezogen und verschlossen werden. Im Flaschenhals verbleibt CO_2 als Schutzgas.

Vorevakuierung und CO_2-Spülung der Flasche
- Für Sauerstoff empfindliche Getränke kann darüber hinaus noch eine Vorevakuierung vor der CO_2-Vorspannung durchgeführt werden. In diesem Fall befindet sich an dem Ringkanal noch ein Vakuumkanal. Das Getränk nimmt dann während der Füllung weniger Sauerstoff auf und der Gesamtsauerstoffgehalt der abgefüllten Flasche ist geringer.

CO_2 Nachfüllen

Das CO_2-Nachfüllen findet nur bei füllrohrlosen Füllern statt, die neben dem Ringkanal und dem Vakuumkanal noch einen separaten CO_2-Kanal haben. Durch diesen strömt dann nach Füllende auch CO_2 in die Flasche und verdrängt das Gas im Flaschenhals. Dadurch wird ein zusätzlicher Oxidationsschutz bei sauerstoffempfindlichen Getränken und die exakte Einhaltung einer festgelegten Füllhöhe gewährleistet, weil mit dem CO_2 auch der Nachlauf durch das Rückgasrohr in den Ringkanal zurückgeführt wird.

Reinigungsarbeiten

Die in die Anlage integrierte CIP-Reinigung erstreckt sich sowohl auf das komplette Füllsystem als auch auf die Getränkeaufbereitung.
Vor Wiederinbetriebnahme der Abfüllanlage wird mit biologisch einwandfreiem Wasser durchgespült, um zu verhindern, dass Desinfektionsmittelreste in das Getränk gelangen.

Einkammer- Überdruckfüllsystem für Softdrinks in PET-Flaschen.

Dieser mechanisch gesteuerte Höhenfüller arbeitet mit Luft- und Rückgasrohr. Vorgespannt wird mit dem Vorspanngas Kohlensäure, bis Gleichdruck zwischen Ringkanalkessel und Flasche hergestellt ist. Erst unter den Gleichdruckbedingungen öffnet sich das Flüssigkeitsventil. Das in die Flasche einfließende Getränk verdrängt das Vorspanngas aus der Flasche und führt dieses in den Ringkanalkessel zurück. Sobald das Rückluftrohr durch das in der Flasche aufsteigende Getränk geschlossen wird, ist der Einfüllvorgang beendet. Danach erfolgt durch das Entlastungsventil die Druckentlastung. Dieser schonende Abfüllprozess arbeitet bei einer Temperatur von **4 °C mit maximaler Leistung**, dagegen bei einer Temperatur von 15 °C mit einer um 10 % verringerten Abfüllleistung. Um **Kondenswasserbildung** bei 4 °C gefüllten kalten Flaschen zu verhindern, werden diese Flaschen anschließend in einem Flaschenwärmer auf 25 °C erwärmt.

Volumenfüller für PET-Flaschen.

Auch hier wird vor dem eigentlichen Füllvorgang mit dem Vorspanngas Kohlensäure ein Gleichdruck zwischen Ringkanalkessel und Flasche hergestellt. Danach fließt die z.B. über induktive Durchflussmessung abgemessene Getränkemenge in die Flasche ein. Das Füllventil schließt elektropneumatisch bei Erreichen des gewählten Volumens. Danach folgt die Druckentlastung der Flasche. Dieser Füller arbeitet ohne Füllrohr und die zur schonenden Abfüllung erforderliche Abstrahlung des eingefüllten Getränkes an die Flascheninnenwand erfolgt über einen innenliegenden Drallkörper.

Der **Vorteil des Volumenfüllers** gegenüber dem Höhenfüller besteht auch darin, dass stets die exakt programmierte Getränkemenge in die Flasche eingebracht wird, während beim Höhenfüller mit Überfüllungen in die Flasche gearbeitet wird, um die Getränkemenge in der Flasche sicherzustellen. Die hieraus beim Höhenfüller durch die Überfüllungen resultierenden Produktverluste bewirken eine **Sirupeffizienz** von nur 99,5 % gegenüber **von 99,9 %** bei den effektiveren nahezu verlustfreien Volumenfüllern.

4.2.5 Abfüllung in Dosen

Auch dieser Füller ist ein Ringkesselfüller mit Dosen- Füllventil oder kombiniertem Dosen-Flaschenfüllventil, bei dem im Fall der Umstellung von Dosen auf Flaschen oder umgekehrt lediglich die Zentriertulpen und die Rückluftrohre gewechselt werden. Es handelt sich um die üblichen Gegendruckfüller. Zum Vorspannen dient im allgemeinen Kohlensäure. Das Getränk wird über das Füllröhrchen an die Dosenwand geführt, um Turbulenzen zu verhindern. Die Dosen werden pneumatisch mittels Hubzylinder an die Füllventile gepresst. Die Abwärtsbewegung der Hubzylinder erfolgt durch Schwerkraft, kombiniert mit einer Abziehkurve. Vor dem Verschließen der Dosen sorgt eine Unterdruckbegasung für die Luftentfernung aus der Flüssigkeit.
Auch eine Volumenfüllung mittels integrierter induktiver Durchflussmessung ist gebräuchlich.

4.2.6 Sterilfüllung, Flaschenpasteurisation, Heißabfüllung

Die Abfüllung auf kaltem Wege wird bei kohlensäurefreien Getränken, bei denen die bakterizide Wirkung der Kohlensäure nicht ausgenutzt werden kann, über die vorangehende Sterilfiltration (EK-Filtration) unter aseptischen Bedingungen durchgeführt. Die **Kaltsteril-Abfüllung**, ein produktschonendes Entkeimungs- und Füllverfahren, besteht in einer getrennten Entkeimung aller das verkaufsfertige Produkt ausmachenden Bestandteile, wie Produkt, Behälter und Verschluss. Das Produkt wird durch eine Hoch-Kurzzeiterhitzungsanlage mit minimaler Produktschädigung entkeimt, Behälter und Verschlüsse können mit Dampf oder mit chemischen Mitteln entkeimt werden. Die sterilen Einzelbestandteile werden dann unter kontrollierten keimarmen Bedingungen zueinander geführt. Vorteile bestehen in der Energieeinsparung und Einsparung an Verpackungskosten, da auch für empfindliche Getränke wiederbefüllbare Kunststoffflaschen eingesetzt werden können.(Zuber, M.: Brauwelt (1995) S. 2533)
In der Fruchtsaftindustrie kommen aber vielfach die Flaschenpasteurisation oder Heißabfüllung zum Einsatz.

Flaschenpasteurisation
Das zunächst kalt abgefüllte Getränk wird in der verschlossenen Flasche in kleineren Betrieben diskontinuierlich in Pasteurisationswannen mit Wasserbadtemperaturen von 72 °C 20 Minuten lang pasteurisiert, in großen Betrieben jedoch in sog. **Tunnelpasteuren** pasteurisiert. In diesen Tunnelpasteuren gelangen die auf Transportbändern stehenden Glasflaschen kontinuierlich durch die Anwärm-, Pasteurisier- und Abkühlzone, deren Temperatur durch Berieselung mit entsprechend temperiertem Wasser erreicht wird. Das nur noch vereinzelt bestehende Verfahren wird mehr und mehr durch die Heißabfüllung von Glasflaschen abgelöst.

Heißabfüllung
Bei der Heißabfüllung werden die in der Waschmaschine mit heißem Wasser an Stelle von kaltem Wasser nachgespritzten Glasflaschen bei 60 °C mit heißem Saftgetränk befüllt. Das Getränk wird beim Durchströmen eines Plattenapparates erhitzt (Hochkurzzeiterhitzung). Die Temperatur der erhitzten Getränke ist unterschiedlich und richtet sich nach der Heißhaltezeit. Sie beträgt z. B. 85 °C für „Hohes C" und Apfelsaft.

Temperaturüberschreitungen, wie sie bei Stillstand der Maschine befürchtet werden müssen, sofern kein Getränkeumlauf im Erhitzer vorgesehen ist, sind wegen Schädigung der Getränke zu vermeiden.

Allgemein führt eine zu hohe Wärmebehandlung und eine zu langsame Abkühlung zur Schädigung der Getränke. Neben dunkler Verfärbung treten ein **karamellartiger Kochgeruch und Kochgeschmack** auf, hervorgerufen durch einen erhöhten Gehalt des **Zersetzungsproduktes Hydroxymethylfurfurol (HMF)**. Große Bedeutung hat demzufolge auch die Abkühlung, am besten mit einem Flaschenkühler, bei dem die Flaschen mit Wasser verschiedener Temperaturen in einzelnen Temperaturzonen, von denen jede ca. 15 °C Temperaturdifferenz aufweist, berieselt werden. Hierbei wird eine Abkühlung auf 30 °C erreicht.

Bei der Heißabfüllung sollten die Flaschen wegen der Getränkeschädigung durch Sauerstoff möglichst ohne Leerraum gefüllt werden. Der Sauerstoffgehalt im Getränk selbst ist durch Verwendung geeigneter Rührwerke und Pumpen sowie entlüfteten Wassers zuvor möglichst gering zu halten. Ein Leerraum entsteht dann in den Flaschen durch Kontraktion des Flascheninhaltes bei der Abkühlung.
Verständlicherweise ist die Heißabfüllung nur für Glasgefäße geeignet und für die allgemein nicht hitzebeständigen Kunststoffpackungen nicht anwendbar. Hier empfiehlt sich die zuvor geschilderte Sterilfüllung.

Tabelle: Hitzeschädigung der Getränke bei verzögerter Abkühlung

Kühlung	Geruch und Geschmack	Farbe	Gehalt an HMF
vor der Füllung rasche Kühlung im Wärmeaustauscher	fruchtig, frisch, mild	gelborange	0,11 mg %
nach der Füllung langsamere Kühlung durch Wasserberieselung	fruchtig, frisch, etwas vollmundig und herber	gelborange etwas intensiver	0,15 mg %
nach der Füllung sehr langsame Luftkühlung	fruchtig, herb	orange	0,25 mg %
heiß in Karton gepackt, Kühlung dauert u.U. Tage	karamellartig, wenig aromatisch	braun-orange	0,8 mg %

4.2.7 Abfüllung von Tetrapackungen, Blockpackungen

Neben den bereits gegenüber Glasflaschen dargestellten Vorteilen bei PET-Flaschen bestehen noch Umsätze in Packungen aus kunststoffkaschierten Aluminiumfolien, kunststoffkaschierten Kartons und Papieren (Tetra Pak) und Kunststoffbechern mit Aluminiumverschlussfolien. Diese Verbundmaterialien dienen für Tetrapackungen und Blockpackungen.
Es bedarf deren Erzeugung in der Maschine und einer Sterilisation mittels Wasserstoffperoxid. Zur Abfüllung in diese Behälter dienen Spezialfüller, sog. **Aseptische Abfüll-**

linien. Da die Behälter einer Pasteurisiertemperatur nicht standhalten, wird die aseptische Arbeitsweise, wenn zulässig, durch Zusatz von Dimethyldicarbonat (Velcorin) unterstützt, desgleichen durch UV-Bestrahlung der auf den Transportbändern befindlichen Behälter.

Eine neue platzsparende Einwegpackung aus fester Polyester-Folie mit Papiermanschette und einem Leergewicht von nur 10 g hat die Form eines kurzen Kunststoffschlauchstückes, dessen Enden zugeschweißt sind. Die Verpackung ist speziell für kohlensäurehaltige Getränke entwickelt, die ohne Leerraum den Inhalt ausfüllen, was einen Sauerstoffkontakt einschränkt.
Literaturhinweis: Eine eingehende Beschreibungen des Blockpack- und Bottlepack-aseptic-Systems bringt Brockmann in seinem Buch: Maschinen in der Fruchtsaftindustrie und ähnlichen Fabrikationszweigen, Verlag G. Hempel, Braunschweig, 1975.

4.2.8 Kontrollsysteme, Füllstandskontrollsysteme

Nach dem Verschließen (Beschreibung auf der nächsten Seite) erfolgt neben einfachen Zählsystemen für Flaschen, Dosen und den verschiedenen anderen Gebinden auch eine Füllstandskontrolle. Das Füllstandskontrollsystem arbeitet mittels verschiedener geeigneter Methoden, wie optische Sensoren, Ultraschall, Video- und Infrarotkameras, HF, Gamma- oder Röntgenstrahlen und der Massebestimmung, um die Unter- oder Überfüllung in durchsichtigen oder undurchsichtigen Behältern zu kontrollieren.(vgl. auch Kapitel Abfüllkontrolle, wozu die Vorschriften der Fertigpackungsverordnung verpflichten.)
Die Anlagen vervollständigen verschiedene Aussortiereinrichtungen mit pneumatischen Zylindern arbeitend oder mit einem servoangetriebenen rotierenden Segment oder mit einem anderen eigenangetriebenen Sortiersystem arbeitend. Die Daten werden erfasst und an die Betriebsdatenerfassung weitergegeben.

Abfüllung in Behälter
Hierzu gelangen Behälter aus rostfreiem Edelstahl zum Einsatz, welche mit selbsttätig schließenden Ventilen zur Befüllung mit Vorspanngas oder Fördergas sowie zum Befüllen und Entleeren von Getränk oder Getränkesirup ausgestattet sind. Ferner ist ein handgroßer Deckelverschluss als Reinigungsöffnung vorhanden, der lediglich zur Spülung in der Behälterspülmaschine geöffnet wird, um durch die Öffnung den Spritzkopf der Spülmaschine einzuführen. Dazu ist der Behälter auf den Kopf zu stellen und durch Anschlussschläuche werden auch die vorgenannten Ventile und ihr in den Behälter führendes Anschlussrohr gereinigt.
Nach der Reinigung und dem Verschluss der Reinigungsöffnung sind die Behälter zu sterilisieren. Über die Ventile, an die zur Befüllung Kunststoffschläuche angeschlossen werden, werden die Behälter nach dem isobarometrischen Prinzip zunächst mit Vorspanngas befüllt und anschließend mit Getränk oder Sirup.
Der Behälterinhalt lässt sich über eine Waage überprüfen. Die in den Behältern abgefüllten Getränkesirupe sind für sog. Postmix-Zapfgeräte bestimmt, in denen die Ausmischung des Sirups mit Trinkwasser zum Fertiggetränk an der Zapfstelle automatisch erfolgt.

4.3 Das Verschließen von Flaschen

Wir unterscheiden Schraubverschlüsse, Kronenkorken und für so genannte Weithalsflaschen Twist-off-Verschlüsse. Während die **Twist-off-Verschlüsse** für die **Weithalsflaschen** zumeist bei Fruchtsäften und Nektaren bei Heißabfüllung und Vakuumverschluss nur eingesetzt werden, ist ihr Verbreitungsgrad gegenüber demjenigen der Schraubverschlüsse und ggf. noch der Kronenkorken relativ gering. Auch die Kronenkorken besitzen gegenüber den Schraubverschlüssen Wettbewerbsnachteile. Sie benötigen ein Öffnungswerkzeug, lassen sich nicht wiederverschließen und stellen auch nicht einen derartig originalitätssichernden Verschluss dar, wie das beim Schraubverschluss der Fall ist. Oftmals werden auch Kronenkorken durch Korrosionen optisch unansehnlich.

Der **gasdichte Schraubverschluss** hat sich auch für kohlensäurehaltige Getränke durchgesetzt. Es handelt sich um Verschlüsse mit vorgefertigtem Gewinde, die durch den Verschließer an das Schraubgewinde der Flaschenmündung angerollt werden. Dabei wird auch ein Sicherungsring umbördelt. Die Verschlusskappen bestehen einesteils aus weichen Aluminiumlegierungen, die innen eine PVC-Dichtungsscheibe zum gasdichten Verschluss der Flasche enthalten. In jüngster Zeit werden aber auch Schraubverschlüsse aus Kunststoff mit und ohne Dichtscheiben hergestellt. Auch hier befindet sich an der Unterkante des Schraubverschlusses ein Sicherungsring, der beim Öffnen des Schraubverschlusses abspringt und somit eine **Originalitätssicherung** für den Flascheninhalt gewährleistet.

Die mit Hilfe des Sicherungsringes gewährleistete Originalitätssicherung erfüllt die Anforderungen des Gesetzgebers, dass der Endverbraucher auch den Flascheninhalt bekommt, für den er sich entschieden hat, z.B. natürliches Mineralwasser.

Neben der Originalitätssicherung haben diese Flaschenverschlüsse aber auch die Aufgabe, der Gefahr des Berstens der Flasche durch entstehenden Überdruck vorzubeugen. Das geschieht durch so genannte **druckausgleichende Verschlüsse**. Sie bieten mehr Sicherheit auch im Hinblick auf das Produkthaftungsgesetz für den Hersteller und sie bieten mehr Sicherheit auch für den Verbraucher, weil die Gefahr einer Flaschenexplosion oder eines wegfliegenden Verschlusses deutlich reduziert wird.

Die druckausgleichenden Verschlüsse funktionieren folgendermaßen: Sobald ein höherer Innendruck entsteht, hebt sich der Verschlussdeckel und die eingestanzten **Venterschlitze** werden frei. Damit wird der wichtige Ausgleich zwischen Innen- und Außendruck erreicht. Der Verschluss wird bei Erreichen eines bestimmten kritischen Innendrucks dann abblasen, sich aber beim Erreichen des zulässigen Drucks wieder schließen. Auch nach mehrfacher Wiederholung dieses Vorgangs bleibt der für das Getränk notwendige Druck weitgehend erhalten. Die Gefahr von zerplatzten Flaschen und wegfliegenden Verschlüssen wird aber weitgehend reduziert und die Abfüller gewinnen mehr Sicherheit im Hinblick auf das Produktionshaftungsgesetz und der Konsument ist besser gegen Verletzungen geschützt.

Auch bei der PET-Flasche und den Schraubverschlüssen aus Kunststoffkappen sind diese **druckausgleichenden Verschlussfunktionen** gewährleistet. Hier werden in die Schraubwindungen der Kunststoffflasche noch vier Senkrechteinschnitte eingearbeitet, sodass bereits zu Beginn des Öffnens des Drehverschlusses ein gegebenenfalls durch Lagerhaltungsfehler erhöhter Innendruck vorzeitig abblasen kann.

Allgemein bleibt beim Öffnen des Flaschenverschlusses der perforierte Sicherungsring am Flaschenhals.

Schraubverschlüsse erfordern ebenso wie Kronenkorken spezielle **Verschließmaschinen**. Bei der leichten PET-Flasche wird im Verschließer eine Halsunterstützung sowie eine Verdrehsicherung eingesetzt, um ein einwandfreies Verschließen der Flaschen zu gewährleisten. Das Verschließen der Flaschen mit Kunststoffschraubverschlüssen erfolgt rein mechanisch oder mit separat angetriebenen Spindeln, wobei jede mit einem eigenen Elektromotor angetrieben wird und über eine SPS gesteuert wird. Mit anfangs hoher Drehzahl wird der Verschluss auf die Flasche gedreht bis ein Drehmomentanstieg erkannt wird. Die dann verminderte Drehzahl bewirkt ein langsameres Zudrehen bis zum Enddrehmomentwert und der Drehantrieb schaltet automatisch ab um ein Überdrehen zu verhindern.

Schraubverschlüsse aus Kunststoff haben meist eine Umdrehung mehr als die klassischen Aluminiumschraubverschlüsse. Bei zuckerhaltigen Getränken müssen die Schraubgewinde der Flaschen beispielsweise durch eine Düse abgespritzt werden, da sonst auskristallisierender Zucker den Verschluss nur mit großem Kraftaufwand aufdrehen lässt.

Für die Messung des **Aufschraubwiderstandes** gibt es Messgeräte, die die für das Aufdrehen erforderliche Kraft an einer Messskala anzeigen. Danach wird die Verschließmaschine eingestellt, um zu verhindern, dass der Verbraucher zu große Kraft für das Aufdrehen anwenden muss.

Die meist mit dem Füllaggregat kombinierten Verschließmaschinen sind ähnlich wie die Rundfüller derartig gestaltet, dass der Flaschenumlauf im Vollkreis des **Verschließers** in die einzelnen Arbeitsbereiche des Verschließens untergliedert ist. Die Verschließer besitzen automatische oder halbautomatische Höhenverstellungen. Die Verschlüsse werden durch Rohrleitungen über lange Strecken zum Verschließer pneumatisch gefördert transportiert. Die Kappen werden zuvor in Silocontainern oder Kartonagen angeliefert. Die Vorratsbehälter für Schraubverschlüsse und Kronenkorken sind mit einer Füllstandskontrolle und einer Mangelsicherung versehen, durch einen elektronisch arbeitenden Näherungsinitiator werden die verschlossen Flaschen abgetastet. Sind mehrere Flaschen hintereinander nicht verschlossen, so wird die Maschine automatisch abgeschaltet.

4.4 Etikettierung

Hierzu befinden sich eine ganze Reihe von Hochleistungsmaschinen auf dem Markt. Sie arbeiten meistens nach dem Karussellprinzip mit umlaufender Flaschenführung bei gleich bleibender Geschwindigkeit. Die Etiketten werden in der Maschine durch Leim oder Saugluft aus dem Etikettenmagazin abgenommen, durch Rippenwalzen streifig oder punktartig beleimt, zur vorbeilaufenden und auf dem Flaschenförderband aufrecht stehenden Flasche herangeführt und durch Schwämme oder Bürsten angedrückt und festgerollt.

Das Etikettenpapier ist ein etwa 70 g/m^2 schweres saugfähiges Papier. Seine Faserrichtung sollte quer zur Flaschenachse liegen. Maßhaltigkeit und Sauberkeit der Etiketten ist für die einwandfreie Arbeitsweise außerordentlich wichtig. Desgleichen ist die Leimbeschaffenheit auf zahlreiche Faktoren abzustimmen, um die Funktion der Hochleistungsmaschinen zu gewährleisten.

Daneben sind auch Anlagen mit **Selbstklebeetiketten** im Handel und solche, wo die Etiketten aus Kunststoff oder Papier von großen Endlosrollen geschnitten und mittels eines speziellen Aggregates auf die Behälter gebracht werden. Andere Baureihen enthalten Baugruppen für jeweilige **Ausstattungswünsche** mit verschiedenen Etiketten, Stanniol, Halsring, Sektschleife u.a.

Die Etiketten erhalten zumeist eine **Markierung**, die unter Zuhilfenahme eines Codes das **Abfülldatum** erkennen lässt.

Mit dem Trend zu PET-Flaschen gewinnt die Rundumetikettierung größere Bedeutung. Sie arbeiten mit vorbereiteten Etiketten, die mit Leimstreifen am Anfang und am Ende versehen sind oder mit der sog. **Schrumpf-Sleeve-Technologie**. In Rundläufern werden die Behälter mit **Sleeves** ausgestattet, wobei entweder dehnbare Folien z.B. über die Kunststoffflasche gezogen werden oder ein Folienabschnitt lose über den Behälter gestülpt und anschließend im Dampf- oder Heißlufttunnel angeschrumpft wird.

4.5 Ausschank von Saftgetränken unter CO_2- und N_2-Druck in Gaststätten

Getränkeschankanlagen unterliegen der Getränkeschankanlagen-Verordnung, die u.a. die Schankanlagen und deren Reinigungsverfahren in Schankgaststätten einer Zulassung unterwirft und die Reinigungszeitabstände, Kontrollverfahren sowie die zulässigen Treibgase festlegt. Für Förderdrücke gilt ab Ende 2002 die neue **Betriebssicherheits-VO**.
Die Anlagen enthalten einerseits Behälterkühlschränke, andererseits meistens aber nur Durchlaufkühler für die Kühlung der jeweils benötigten Getränkemenge. Ferner sind Treibgasbehälter (fallen nicht unter die Getränkeschankanlagen-Verordnung) und Druckminderer sowie Zapfhähne und Reinigungsgeräte wesentliche Bestandteile.
Es gilt zu unterscheiden zwischen den unter 2.7 und nachfolgenden unter 4.5.1 bis 4.5.3 genannten Anlagen:

4.5.1 Zapfanlagen zum Ausschank kohlensäurehaltiger Getränke

Es werden gleich bleibend gute Schankverhältnisse bis zum letzten Glas Getränk ohne vorherige Kohlensäureverluste damit erreicht, indem der Behälterdruck zumindest so hoch ist wie der von der Temperatur und dem Kohlensäuregehalt abhängige Sättigungsdruck. Dieser Druck muss dann schonend ohne Turbulenzen abgebaut werden. Diese Druckkompensation in Getränkeschankanlagen erfordert eine Reihe von Konstruktionsmerkmalen der Anlagen wie z.B. bestimmte Rohrquerschnitte zur Rohrlänge einer Rohrwendel, bestimmte Druckminderer usw.
Ein neuer mit Durchflussregler ausgestatteter Zapfhahn ermöglicht die Regulierung der Durchlaufgeschwindigkeit beim Zapfen, erlaubt damit höheren Zapfdruck, wodurch die sonst übliche CO_2-Entbindung in Behältern und Leitungen entfällt; dadurch kann am folgenden Tag verlustfrei weitergezapft werden.

4.5.2 Premixzapfgeräte für CO_2-haltige und CO_2-freie Getränke

Es handelt sich um Anlagen zur portionsweisen Ausgabe von Premixgetränken (bereits fertig ausgemischte Getränke) z.B. in automatischen Premixzapfsäulen oder Automaten. Die zur Portionisierung der Getränke elektromagnetisch geöffneten Zapfhähne sind mit einem Getränkebehälter durch einen Schlauch verbunden. Durch Kohlensäuredruck bis maximal 7 bar wird das Getränk zunächst bis zum Zapfhahn gedrückt. Die durch einen Drucktaster veranlasste Öffnungszeit des Zapfhahnes ist durch ein Zeitwerk eingestellt und an die Durchflussgeschwindigkeit und den Getränkedruck angepasst.

4.5.3 Postmix-Zapfgeräte

Es handelt sich um einen **Ausschankautomaten** mit einem Gerät zur Herstellung von alkoholfreien, gekühlten Getränken aus fertig ausgemischten und in Behältern abgefüllten Getränkeansätzen, die in diesen Automaten lediglich noch mit Trinkwasser wahlweise mit und ohne CO_2, **lediglich portionsweise hergestellt** und in Becher abgefüllt zum Zeitpunkt des Geldeinwurfs, also erst gegen sofortige Bezahlung endgültig hergestellt und ausgegeben werden.

Das Gerät enthält neben dem Münzmechanismus einen Becherausgabemechanismus, ferner Kohlensäureflasche mit Reduzierventil, mehrere Sirupbehälter mit z.B. jeweils 18 l Inhalt für ca. 600 Becher, einen Kühlteil mit Adsorbtionsapparat für die Fertigung des Sodawassers, Sirupleitungen und Dosierkopf mit Feineinstellung für Sirupe, Becherempfang und Tropfeimer.

Der Automat wird an das elektrische Netz und an das Wasser angeschlossen. Die Leitung füllt sich bis zum Misch- und Ausgabekopf am Magnetventil für CO_2-freie Wässer mit Wasser. Beim Eintritt in die Kühleinheit führt eine Abzweigleitung in den Karbonisator, wo das Wasser mit CO_2 angereichert wird. Die Kohlensäure aus der Stahlflasche wird durch das Reduzierventil auf 2 bar reduziert und als Treibgas verteilt. Ferner treibt die CO_2 das karbonisierte Wasser und den Sirup durch die Kühlschlangen zum Misch- und Ausgabekopf, wo für jeden Sirup und für Wasser mit und ohne CO_2 Magnetventile oberhalb der Becherausgabe angebracht sind.

Dieses Gas geht keine chemischen Reaktionen ein und bietet einen ausgezeichneten Schutz vor Oxidationsprozessen, die in Süßgetränken beträchtliche Getränkefehler hervorrufen.

Die Behälter der Zapfanlagen sind nach der Entleerung und während des Rücktransportes zum Abfüllbetrieb bis zur Reinigung durch die selbsttätigen Verschlussventile geschlossen, sodass die früher in offenen Behältern auftretende Fremdverschmutzung

Besser können Sie Geschmack nicht abfüllen

**Das Keg-Programm
der No. 1 – weltweit!**

- Edelstahl Kegs als Industrie-Standard oder High-Quality für Premium-Marken
- individuelle Finn Kegs, komfortable Gummi-Stahl-Gummi Kegs, feierfreundliche Party Kegs
- plus: wirtschaftlicher Franke Keg-Service

Blefa GmbH & Co.KG
Hüttenstr. 43 · D-57223 Kreuztal
Telefon 02732/777-0
www.bc.franke.com

wie Entwicklung von Mückenbrut, Infektionen und Belägen sowie Korrosionen und rasche Alterung der Behälterauskleidung verhindert wird.

4.6 Abfüllkontrolle

Zur **innerbetrieblichen Füllmengenkontrolle** sind die Hersteller von Fertigpackungen seit dem 1. Januar 1975 gemäß den Vorschriften der Fertigpackungsverordnung verpflichtet, die auf das Gesetz über das Maß- und Eichwesen (Eichgesetz von 1969) Bezug nimmt. Die Messwerte müssen aufgezeichnet und den Eichbehörden auf Verlangen vorgelegt werden. Die Betriebe sind also zur diesbezüglichen Kontrolle ihrer Produktion verpflichtet.

Wie bereits vier Seiten zuvor über **Kontrollsysteme** und **Füllstandskontrollsysteme** berichtet, werden von der Maschinenindustrie elektronische Füllstandskontrollgeräte mit gleichzeitiger Verschlussprüfung und Etikettenkontrolleinrichtung angeboten. Es handelt sich um einen in das Flaschentransportband eingebauten Prüftunnel, in dem mehrere Lichtschranken angeordnet sind. Die zu kontrollierenden Flaschen werden also im freien Durchlauf auf Höhe sowie auf Verschluss geprüft. Wird von der optischen Abtastvorrichtung des Kontrollgerätes ein Fehler erkannt, tritt eine Ausstoßeinrichtung in Tätigkeit und befördert die fehlerhafte Flasche auf einen Sammeldrehteller (z.B. Anlagen der Fa. Heuft u.a.).

Aus einer ganzen Reihe von Gründen, wie z.B. Erschütterung der bewegten Flasche während des Messvorganges, Störung durch Schaummengen, Abweichung von der Messtemperatur usw. genügen die Füllhöhenkontrollgeräte nicht den rechtlichen Vorschriften der Fertigpackungs-Verordnung und können somit die **Schablonenmessmethode oder Gewichtsmaßmethode** nicht ersetzen. Die Geräte sind jedoch insofern sinnvoll, als damit sichergestellt werden kann, dass keine verkehrsunfähigen Packungen zum Verkauf gelangen.

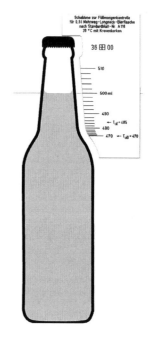

Um die Kontrolle zu erleichtern, wurde das dafür entworfene **Messschablonenverfahren** von der Behörde für maßhaltigkeitsbeständige Glasflaschen genehmigt, während die diesbezüglich weniger beständigen Kunststoffflaschen zur genaueren Füllmengenkontrolle ausgewogen werden müssen. Die Abbildung zeigt als Beispiel eine Schablone zur Füllmengenkontrolle für die AMG-Glasflasche (Arbeitsgemeinschaft moderne Getränkeverpackung, Wirtschaftsvereinigung Alkoholfreie Getränke Berlin).

Die Schablone verzeichnet die Werte für die Sollfüllmenge und Sollfüllhöhe, für die zulässige **Mindestfüllmenge gemäß der Fertigpackungs-VO** und für die zulässige Menge für Ausreißer in der ab 1. Januar 1975 gültigen Höhe. Die Schablone muss eichamtlich geprüft sein. Die Überprüfung geschieht an der verschlossenen

Abb. 16: Füllmengenschablone

Flasche, und zwar hintereinander an mindestens so viel Flaschen, wie an der Füllmaschine Füllorgane vorhanden sind. Diese Flaschen sind hintereinander dem Transportband zu entnehmen, um damit sicherzustellen, dass von jedem Füllorgan eine gefüllte Flasche zur Prüfung entnommen wurde. Die abgelesenen Werte an den Flaschen werden schriftlich festgehalten, diese Füllmengen addiert und durch Teilen mit der Stückzahl das arithmetische Mittel der Füllung festgestellt. Das schriftlich festgehaltene Untersuchungsergebnis ist dann der kontrollierenden Behörde vorzulegen. Die Stichprobenentnahme hat im Allgemeinen nur dann zu erfolgen, wenn die Grundeinstellung des Füllers zu überprüfen ist, oder wenn bei Wechsel der Getränke oder Flaschensorte Änderungen oder Umstellungen an den Füllorganen vorgenommen wurden.

Die Schablonen sind auch für andere Flaschen von der **Verpackungsprüfstelle der VLB Berlin** zu beziehen oder speziell anfertigen zu lassen.

4.7 Weitere Maßnahmen zur Produktionskontrolle und Qualitätssicherung

Vielfach besitzen diese Maßnahmen eine Doppelfunktion. Sie sind zur laufenden Produktionskontrolle ebenso bedeutsam wie zur **Qualitätssicherung**. Eine Reihe von Maßnahmen wurde bereits im Zusammenhang mit der Produktion in den vorangegangenen Kapiteln geschildert.

Es sind u.a. noch folgende weitere Maßnahmen zu beachten:

4.7.1 Dosiergenauigkeit durch kontinuierliche Konzentrationsmessung

Ungenaue Dosierungen, verursacht durch erschlaffte Federn, eingedrungene Fremdkörper oder andere Defekte der Dosieranlagen, führen zur Produktion nicht verkaufsfähiger Fertigware und besonders hohen Verlusten, wenn durch Automatisation und hohe Stundenleistung der Abfüllmaschinen die Ursache nicht sofort erkannt wird. Regelmäßige Getränkekontrolle in kurzen Zeitabständen wird unvermeidlich. Noch besser ist die laufende Überwachung wie z.B. durch die kontinuierliche Konzentrationsmessung (Gesamtextrakt in Gew.% bzw. °Brix) mit dem Steuma-Prozessrefraktometer, dessen Messgenauigkeit mit + 0,01 Gew.% durch Reinigungsvorrichtungen selbst für Light-Getränke besser sein soll als diejenige der sonst zur Produktionskontrolle üblichen Handrefraktometer oder Spindeln, welche eine Toleranz von 0,2 Gew.% aufweisen können.

Messverfahren

Ein Nebenstrom des fertig ausgemischten Getränkes wird in eine jederzeit leicht zugängliche ca. 5 cm³ fassende Messkammer geleitet. Die Messgröße nD der untersuchten Flüssigkeit wird durch Bildung der Differenz zwischen eingestrahlter und an der Grenzfläche Messprisma-Flüssigkeit reflektierter Lichtintensität gewonnen. Die elektrisch erfassten Lichtintensitäten ergeben die Messwerte, die auf einen Linienschreiber aufgezeichnet werden können.

An der Stellschraube eines Steuergerätes oder Grenzwertgebers werden vom Bedienungspersonal die Qualitätsnormwerte des verarbeitenden Getränkes eingestellt. Bei Über- oder Unterschreiten der Toleranzen um 0,05 bzw. 0,1 Gew. % wird ein akustisches oder optisches Signal ausgelöst und bei weiterer Abweichung der Qualitätsnorm schaltet sich die gesamte Produktionsanlage aus. Bereits bei Abweichung der Dosierung vom Sollwert kann durch Atomation die Wasser- oder Sirupdosierpumpe so verstellt werden, dass die Qualitätsnorm erfüllt wird.

Eine Beeinflussung des Messergebnisses durch die Farbe des Messgutes besteht nicht, da das Messgut nicht von aktiven Lichtbündeln durchsetzt wird. Trübungen können infolge Streulicht u.U. stören, was sich jedoch kompensieren lässt. Die Messempfindlichkeit liegt bei einem Messbereichumfang von 5 °Brix besser als 0,01 °Brix. Die Messguttemperatur kann 0 ° bis 10 °C betragen, der Druck 0 bis 10 bar und die Umgebungstemperatur 0 bis 40 °C.

Die bei Überschreitung der Qualitätsnorm verursachten Kostenerhöhungen lassen sich mit dem Gerät vermeiden. Der dadurch erzielte Gewinn (0,15 Gew.% = 75 bis 100 € bei 100.000 bis 150.000 Flaschen/Tag) führt zur kurzen Amortisationszeit des Gerätes.

4.7.2 Störungen bei der Abfüllung und deren Vermeidung

Störungen durch **ungleiche Temperaturen** von Sirup und Wasser sind gegebenenfalls durch Einschalten eines Durchlaufkühlers bzw. Plattenapparates zu umgehen. Die Temperatur sollte möglichst nur 1 bis 2 °C von der Temperatur des abzufüllenden Wassers abweichen. **Störende Luft** im Zucker- oder Limonadensirup kann durch das Rührwerk bedingt sein.

Rohrkrümmungen besonderer Schärfe, Querschnittsveränderungen der Rohre, gedrosselte Absperrvorrichtungen und Hahnküken verursachen **Wirbelbildung**, CO_2-Entbindung und eine unruhige Füllung. Sind die Größenverhältnisse und die **Antriebsgeschwindigkeit** der Füllmaschine nicht mit dem Flaschenformat abgestimmt, erzielt man keine vollständig gefüllten Flaschen.
Schlecht gewartete Füller bieten nicht die Gewähr für einen erschütterungsfreien Lauf der Maschine. Rüttelbewegung setzt CO_2 frei. Dichtungen, Ventile, Steuerorgane müssen dicht sein bzw. dürfen nicht klemmen, wenn eine **ruhige Abfüllung** gewährleistet sein soll.
Erschütterungen der Flaschen können durch abgenutzte Flaschenführung, unebene Teller, nicht fest sitzender Ausbringerstern usw. auftreten.

Störungen des Druckausgleichsgewichtes, die für CO_2-**Entbindungen** verantwortlich zu machen sind, können durch folgende Vorgänge eintreten:
- Druckentlastung bei nicht vollständig geöffnetem Einlaufhahn des Füllers.
- Nicht vollständig geschlossene Entlüftungsvorrichtung, wenn der Schwimmer voll gelaufen ist oder Dichtungen, Klemmen etc. schadhaft sind.
- Undichte Stellen am Abfüllapparat oder Gummikonus des Füllstutzens und am Füllzapfen selbst.
- Versagen der Schnellschlussventile bei häufig platzenden Flaschen.

Abfüllschwierigkeiten durch das Schäumen von Zitronenlimonade und deren Vermeidung. Im starken Maße wird die Abfüllgeschwindigkeit von klaren Zitronenlimonaden durch ihr vielfach auftretendes Schäumen beeinflusst.

An der **Schaumbildung** sind beteiligt: 1. Schaumstoffe des Zuckers;
2. Zitronensäure;
3. Alkohole als Lösungsmittel in den Essenzen.

Schaumzerstörend wirken dagegen die **Terpene**, die aus dem Zitronenöl stammen. Da trübe Limonaden etwa zwanzig Mal soviel Terpene enthalten wie klare Limonaden, werden durch den Terpengehalt der trüben Limonaden die Schaumbildner paralysiert. Daher ist die Abfüllung derartiger Limonaden kein großes Problem. Bei klaren Limonaden sind zwar Zitronensäure und Alkohol in der Essenz Schaumbildner, jedoch durch den Terpengehalt der geringen Mengen Zitronenöl wird ihre schaumbildende Wirkung allgemein aufgehoben. Andererseits kann die Schaumbildung durch die Essenzzugabe in so bedeutendem Maße durch evtl. vorhandene Schaumbildner des Zuckers gefördert werden, dass diese so weit wie möglich beseitigt werden sollten. Bei der Herstellung klarer Zitronenlimonaden ist daher entweder der Zucker (Grundsorte) vor seiner Weiterverwendung gründlich zu kochen und dabei abzuschäumen oder im Falle kaltgelösten Zuckers (was auf jeden Fall ungünstiger ist) nur beste Raffinade zu verwenden.

Andere Ursachen für Abfüllschwierigkeiten durch Schäumen beruhen in heftiger Kohlensäureentbindung bei Druckentlastung der Flaschen am Füller infolge zu hoher Temperatur oder ungleicher Temperatur der Getränkekomponenten mit der Folge von Turbulenzen. Erklärung findet man in den Druck- und Temperatureinflüssen auf die Karbonisierung, vgl. Kapitel 3.4.9.3.
Bei Abfülltemperaturen von 15 °C bewirkt das Schäumen bereits große **Leistungsverluste**, die bei kleinen Flaschen 20 % und bei großen Flaschen 5 % betragen. Flaschen mit engem Hals (Vichy) haben noch höhere Verluste. Eine Verringerung der Verluste durch Kühlung auf niedrige Abfülltemperaturen ist möglich, jedoch viel zu teuer (ca. 35.000 € für zwei große Anlagen). Über die Abfüllkosten bei drei verschiedenen Temperaturen sagt eine Tabelle der Fa. Noll aus, dass die Kosten bei der niedrigsten Temperatur am geringsten sind.

4.7.3 Qualitäts- und Maßhaltigkeitsanforderungen an die Flaschen einhalten

Infolge höherer Leistung der Abfüllanlagen sowie strengerer Verordnungen des Gesetzgebers bezüglich der Füllmengen sind höhere Anforderungen an die Flaschenqualität zu stellen. Die **Flaschenqualität** wird bestimmt durch die Abmessungen, das Gewicht, das Volumen, die Innendruckfestigkeit und durch das Auftreten von visuell erkennbaren Fehlern wie Glaszapfen in der Mündung, Fehler, die den gasdichten Verschluss der Flasche verhindern, Risse, Blasen, Wackelflaschen, ferner Blasen und dauernde Verschmutzung, die zu Abfüllschwierigkeiten führen usw. Die messenden Prüfungen erstrecken sich auf Merkmale, von denen Sollwerte für die wesentlichsten Flaschensorten aus den **DIN-Normen** oder aus den Standardblättern der Hohlglasindustrie zu entnehmen sind. Es handelt sich um Angaben für: größter Körperdurchmesser, Höhe, Mündungsdurchmesser außen, Halsdurchmesser innen, Inhalt randvoll in ml, Achsabweichung in mm, Innendruckfestigkeit in kg/cm^2, Tiefe der Mündung. Ferner werden in der Flaschenprüfstelle noch der Inhalt füllvoll, der Leerraum bei der empfohlenen Leerraumhöhe, das Leergewicht, der Tiefenwinkel und die Tiefe der Bodenwölbung festgestellt.

Außer den vorgenannten Positionen werden bei den **Kunststoffflaschen noch Anforderungen** bzw. Spezifizierungen sowie Testverfahren für die folgenden Merkmale festgelegt: Gewicht, Schrumpfung, Lebensmittelbeständigkeit des Materials, Fallfestigkeit, Werkzeugtrennlinie, Anspritzpunktversatz, Wandstärke, Acetaldehydgehalt, CO_2-Verlust, Spannungsrisse, Axialdruck, Kopfdruck, Ovalität, Ausdehnung, Mündungsgewinde, Mündungsschiefe, Aussehen der Flasche, Codierung, Verpackung bei Lieferung.

Besondere Bedeutung kommt bei Glasflaschen dem **Füllvolumen** zu, denn in der Fertigpackungs-Verordnung wird darauf hingewiesen, dass die Leerraumhöhe, also der Abstand zwischen Mündung und Flüssigkeitsspiegel bei Befüllung mit dem Nennvolumen bei allen Flaschen des gleichen Musters hinreichend konstant sein muss. Hierbei handelt es sich um das wesentlichste Maß für die richtige Einstellung der Füllorgane bei Höhenfüllern. Der Abfüller kann entweder die Fertigpackungs-Verordnung nicht einhalten oder wird einen **höheren Schwund** in Kauf nehmen müssen, wenn dieses Maß nicht bei allen Flaschen der gleichen Sorte, also auch von verschiedenen Glashütten hinreichend konstant ist, also die **Maßhaltigkeit** der Flasche nicht gewährleistet ist. Bei den Flaschen handelt es sich um ausgesprochene Massenartikel, und es muss eine bestimmte Anzahl von Flaschen und nicht nur eine oder wenige geprüft werden, um eine Aussage über die Qualität der Lieferung von vielleicht 10.000 oder 20.000 Stück machen zu können. Entsprechend groß wird der Aufwand mit speziellen Messgeräten und durch Serienuntersuchungen. Die Auswertung der anfallenden Messwerte erfolgt mittels EDV. Die erforderlich hohen Investitionskosten rechtfertigen die Prüfung in einer Verpackungsprüfstelle z.B. an der VLB Berlin durchführen zu lassen.

Die **Verpackungsprüfstelle an der Versuchs- und Lehranstalt für Brauerei in Berlin** überprüft die Flaschen nach den o.a. Kriterien und auf ihre Schlagfestigkeit, Stabilität, Temperaturwechselbeständigkeit u.a. Es werden außerdem sämtliche Verpackungsmaterialien (Etiketten u.a.) und Verpackungsgegenstände (z.B. Kästen) untersucht und beurteilt.

Literatur zum Kapitel 4 bis 4.7.3:
- Anforderungen an die PET-Flasche und Testverfahren, Kartell der Brunnen. Das Erfrischungsgetränk 6 (1993) S.163
- Glas, PET und Dose; Das Erfrischungsgetränk 13 (1993) S. 404 ff
- Dörr, C. u. Müller, K.: Neue Entwicklungen der Kunststoff-Einwegflaschen, Verbesserung der Barriereeigenschaften, AFG- Wirtschaft 4 (2001) S.27 u. 28
- Mette, M.: Gasdurchlässigkeit Permeabler Getränkeflaschen unter dem Aspekt der Haltbarkeit des Füllgutes, Brauindustrie 4 (2000) S. 202
- Arndt, G.: Messebericht, AFG-Wirtschaft 12 (2001) S. 29-42
- Rung, J.: Rinser mit ionisierter Luft für PET-EWF. Das Erfrischungsgetränk 7 (2000) S. 28
- Gometz, L.: Innovative Entwicklung, AFG-Wirtschaft 3 (2002) S. 6-9
- Büdenbender, R.: Sicherheitsverschluß, Das Erfrischungsgetränk (1993) S. 339

- Arndt, G.: Bericht zur drinktec-interbrau in München, AFG-Wirtschaft 12 (2001) S. 29-42
- Foitzik, B.: Abfüllanlagen für die Getränkeindustrie. Verlag moderne Industrie in Landsberg/Lech, ISBN 3-478-93223-8
- M. Zuber: Sterile Kaltabfüllung von Eistee, Brauwelt 47/48 (1995) S. 2533
- Schöffel, F.: Zapfanlagen für Erfrischungsgetränkeausschank, Brauwelt 114 (1974) S. 1183
- Zapfanlagen für Erfrischungsgetränkeausschank, Brauwelt 112 (1972) S. 1867
- Dörsam, K.: Paragraphen zum Zapfen, Aspekte des Getränkeschankanlagenrechts, Brauindustrie 4 (2002) Seite 12
- Richter, K.: Reinigen von Getränkeschankanlagen, Stand der Technik 2002, Brauindustrie 4 (2002) S.16
- Berg, F.: Messschablonenverfahren, Das Erfrischungsgetränk 27 (1974) S. 1161
- Steinbrecher, R.: Füllstandskontrollgeräte, Das Erfrischungsgetränk 28 (1975) S. 406
- Vogelpohl, H.: Füllstandskontrollgeräte, Brauwelt 115 (1975) S. 937
- Kremkow, C.: Verpackungsprüfung, Tageszeitung f. Brauerei 97/98 (1973)
- PET-Flaschenkartell der Brunnen, Das Erfrischungsgetränk (1993) S.163

4.7.4 Getränkefehler, Ursache und Abhilfe

Getränke mit Fehlern werden bekanntlich von den Kunden weniger gern gekauft. Sie sind meist die Folge von Produktionsfehlern.

Die Vermeidung von Oxidationsschäden
Zu den Grundsätzen bei der Herstellung alkoholfreier Erfrischungsgetränke gehört von jeher eine gute Entlüftung des Wassers vor der Karbonisierung (Imprägnierung) und eine Vermeidung von Luft- und Sauerstoffaufnahme der übrigen Getränkekomponenten. Die in ihrer Auswirkung sehr kostspieligen **Nachteile durch Sauerstoff** bestehen

- in einer CO_2-Entbindung und einer Störung beim Imprägnieren und Abfüllen,
- in der Starthilfe des Sauerstoffs für Hefezellen und Azetobacter,
- im Verlust an Trübungsstabilität,
- im Verlust an Ascorbinsäure,
- im Aromaschwund,
- in Geschmacksveränderungen (seifig, terpentinartig) und
- im Farbverlust.

Selbstverständlich ist hinsichtlich der Nachteile durch Sauerstoff zwischen den Getränkearten entsprechend ihrer Inhaltsstoffe zu differenzieren.

Grundsätzlich besteht eine sehr **unterschiedliche Oxidationsempfindlichkeit** der verschiedenen Getränke. Das Mineral-, Quell- und Tafelwasser wird nur von dem ersten Einflussfaktor der oben aufgezählten Nachteile betroffen. Alle aufgezählten Faktoren spielen dagegen für Süßgetränke eine wesentliche Rolle und auch hier gilt es wieder zu spezifizieren zwischen der fast **oxidationsunempfindlichen** Fassbrause auf Apfelbasis und den besonders **oxidationsempfindlichen** Getränken, zu denen die Zitronenlimonade auf Essenzbasis und die zitronenhaltigen Limonaden gehören. Da heute in den Betrieben oftmals fast alle Getränkegattungen vertreten sind, ist unbedingt allen o.a. Gesichtspunkten Rechnung zu tragen.

Es handelt sich bei den **Störeinflüssen** auch um sehr **kostenintensive** Positionen wenn man bedenkt, dass beispielsweise der Störung beim Abfüllprozess von aufbrausenden Getränken durch eine gedrosselte Maschinenleistung begegnet werden muss und die Getränkeschäden oder Getränkefehler nicht nur die Unverkäuflichkeit der Getränke nach sich zieht, sondern auch die Nachfrage des Verbrauchers stark reduziert [1].

Bei den **biologischen Schäden** in Süßgetränken standen nach Dachs [2] an erster Stelle als Ursache die **Hefen** und an zweiter Stelle die **Essigbakterien**. Beide Mikroorganismen gedeihen besonders gut mit der Starthilfe des Sauerstoffs. Die durch die Hefetätigkeit in Süßgetränken gebildete Gärungskohlensäure löst Bombagen aus und hatte das **Zerknallen** eines Teils **der Flaschen** zur Folge. Der **Verlust an Trübungsstabilität** ist einesteils mikrobiologisch verursacht, anderseits chemisch-physikalisch. In beiden Fällen spielt der Sauerstoff und der Luftgehalt eine wesentliche Rolle.

Die **Verschlechterung der organoleptischen Qualität** ist sehr stark vom Oxidationsgrad abhängig. Ein Zusatz von Ascorbinsäure, wie er teilweise als Gegenmaßnahme praktiziert wird, beschleunigt die Sauerstoffbindung nur unmerklich, weil die Fixierung von Sauerstoff an Fruchtsaftbestandteile um ein wesentliches schneller verläuft als die Reaktion mit der Ascorbinsäure. In parallelen Messungen von Sauerstoff und Vitamin C beobachteten wir eine erstaunliche **Langzeitreaktion der Ascorbinsäure** bei der **Sauerstoffbindung**.

Der **Farbverlust** wird besonders in Gegenwart von **Sonnenlicht und Schwermetallen** stark forciert. Da die Erfrischungsgetränkeindustrie keine dunklen Flaschen, sondern farbloses Flaschenmaterial verwendet, bestehen diesbezüglich ungünstige Vorraussetzungen.

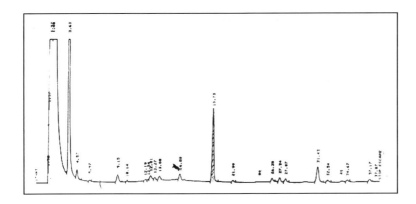

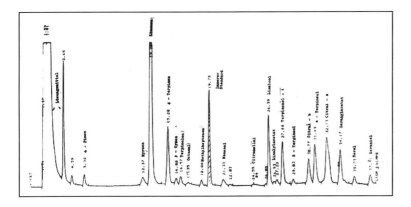

Abb. 17: Aromafraktogramm von sauerstoffgeschädigter Limonade mit nur noch wenigen sog. Peakausschlägen (oben) im Gegensatz zu noch nicht geschädigter Limonade mit sehr vielen Peakausschlägen (unten).

Die im unteren Teil der Abbildung in frischen Getränken noch recht zahlreich vertretenen Aromastofffraktionen werden durch die Oxidation abgebaut und man erhält danach ein stark geschwächtes Aromafraktogramm wie im oberen Teil der Abbildung (vgl. auch Kapitel über Essenzen und Aromaöle).

Die Abbildung verdeutlicht den oxidativen Abbau der Aromastofffraktionen. Im oberen Teil der Abbildung über die Aromafraktogramme in Getränken wird der Aromaschwund und die Geschmacksveränderung deutlich, wie sie infolge hohen Sauerstoffeinflusses eintreten [3] und das **Getränk sogar ungenießbar** machen.

Diese folgenschweren Reaktionen werden auch besonders **beschleunigt und intensiviert** durch Sauerstoffreste, wie sie aus der **Ozonisierung** oder **Chlorung des Wassers** stammen können. Bei Getränken ohne Ascorbinsäure und ohne Fruchtsaftfarben geht dann die gesamte Oxidationskraft auf die Aromastoffe, die verharzen und **Terpentin- und Seifengeschmack** auslösen.

Sauerstoffrichtwerte

Im Getränk soll der Sauerstoffgehalt wegen der schnellen Sauerstoffumsetzung sofort nach der Abfüllung gemessen werden und nicht mehr als 1,4 mg O_2/l betragen. Addiert man dazu nun die Sauerstoffgehalte im Flaschenhals, ergeben sich die in folgender Berechnung zusammengestellten höheren **Richtwerte von 2,6 bis 3 mg, oder 1,3 bis 1.8 mg O_2/l Getränk** nach geraumer Zeit nach der Abfüllung. Diese Richtwerte für Erfrischungsgetränke sind zwei bis drei mal so hoch als die der wesentlich sauerstoffempfindlicheren Biere (Richtwert 0,5 bis 0,9 mg O_2/l Bier).

Überwiegend lautet der **Richtwert vieler Hersteller 3 mg O_2/l abgefülltes Getränk**, besser: 2,6-3 mg O_2/l abgefülltes Getränk

Erklärende Berechnung:

6 ml Luft im Flaschenhals (= 1,2 ml O_2 • 1,33 Dichte)	= 1,6 mg O_2/l
+ Getränk	= 1,0 bis 1,4 mg O_2/l
Summe	= 2,6 bis 3 mg O_2/l

Bei Vakuumabfüllung resultieren die niedrigeren Richtwerte für den Sauerstoffgehalt wie zum Beispiel:

Im Flaschenhals nur 1,0 bis 1,3 ml Luft (= 0,2 ml O_2 • 1,33 d)	= 0,27 mg O_2/l
+ Getränk	= 1,0 bis 1,4 mg O_2/l
Summe	= 1,3 bis 1,8 mg O_2/l

Für Bier gelten noch niedrigere Werte:

Sauerstoff im Bier	= 0,3 – 0,5 mg/l gelöst
+ Luft im Flaschenhals	= + 0,2 – 0,4 mg/l
Summe	= 0,5 – 0,9 mg/l

Diese für Erfrischungsgetränke geltenden Richtwerte sind wesentlich höher als beim Bier, wo bekanntlich nur ein Richtwert von weniger als 1,0 mg Sauerstoff/l Bier als max. zulässige Gesamtbelastung angesehen wird. Hierin ist die Vorbelastung am Bierfüllereinlauf mit 0,25 bis 0,35 enthalten. Der Luftwert im Flaschenhals einer 0,5-l-Bierflasche beträgt dann 1,0 bis 1,5 ml.

Für die Erfrischungsgetränke ist der Richtwert des Bieres mehr als verdoppelt, da die Erfrischungsgetränke kein so einheitliches Erzeugnis wie das Bier darstellen und zahlreiche Messergebnisse in Erfrischungsgetränken auch bei diesen höheren Werten noch keine Beanstandungen gebracht haben. Offensichtlich sind die Erfrischungsgetränke nicht ganz so sauerstoffempfindlich wie die Biere.

Die Untergliederung in **verschiedene Richtwerte** der Abbildung ergibt sich bei den Erfrischungsgetränken durch die **Abfülltechnik**. Da die Luftwerte im Flaschenhals bei den Erfrischungsgetränken häufig höher ausfallen als beim Bier, wo ein feinblasiger Schaum vor dem Verschließen der Flasche den Sauerstoff aus dem Flaschenhals herausdrängt, wurde im Richtwert noch der Fall mit 6 ml Luft berücksichtigt. Diese erschienen größtenteils insofern unvermeidlich

- weil selbst durch fruchtsafthaltige Süßgetränke nicht so ein feinblasiger sauerstoffverdrängender Schaum erzeugt werden kann wie beim Bier und ein großblasiger Schaum nicht diese gute Sauerstoffverdrängungseigenschaft besitzt
- weil nicht zuletzt aus Kostengründen eine Vakuumfüllung oder eine Abfüllung unter inertem Schutzgas, die die Sauerstoffaufnahme beim Abfüllen verhindern, im allgemeinen in der Erfrischungsgetränke-Industrie so gut wie nicht ergriffen werden.

Sauerstoffbelastung am Füller
Versuchsergebnisse belegen, dass die Luft im Flaschenhals eine entscheidende Rolle für die Gesamtsauerstoffbelastung spielt.

Sauerstoffmessmethode
Die während der Herstellung unter Kohlensäuredruck oder Pumpendruck stehenden Erfrischungsgetränke und deren Flüssigkeitsströme zur Sauerstoffmessung müssen zwangsläufig unter Druck in einem Durchlaufapparat gemessen werden, da andernfalls eine CO_2-Entbindung auch eine Sauerstoffentbindung vergleichbar wie bei einer Druckentgasung bewirkt, was zu falschen Messergebnissen führen würde. Es gab lange Zeit für die Erfrischungsgetränke keine ausgereifte Untersuchungsmethodik, die diese Voraussetzungen erfüllt.

Die mit Durchlaufapparat ausgestatteten Sauerstoffmessgeräte bringen sehr gute Voraussetzungen für die Messungen in Erfrischungsgetränken mit. Die Ausführung ist druckfest bis zu 4 bar.

Gegenmaßnahmen und Ursachen bei zu hohen Sauerstoffwerten
Die Gegenmaßnahme eines Ascorbinsäurezusatzes zur Sauerstoffabbindung, die nach unseren Erfahrungen mit dem Sauerstoffmessgerät nur nach verhältnismäßig langer Reaktionszeit eintritt, eignet sich **nur bei niedrigen Sauerstoffwerten**. Diese Art der Vitaminisierung mit etwa 50 mg Ascorbinsäure/Liter braucht nicht deklariert zu werden. **Pro mg Sauerstoff benötigt man 10 mg Ascorbinsäure**, also die zehnfache Menge zum Sauerstoffgehalt.
Sinnvoller ist es jedoch, die Ursachen zu hoher Sauerstoffwerte zu beseitigen. Die **Ursachen für zu hohe Sauerstoffwerte** können technologisch bedingt sein, wie z.B.
- Nebenluft infolge undichter Dichtungen
- zu geringer Abfülldruck
- Sauerstoffeintrag bei der Sirupbereitung
- unzureichende Vakuumentlüftung.

Durch die **Wasseraufbereitung** bedingte **hohe Sauerstoffwerte** werden ausgelöst z.B. nach der Enteisenung mittels Belüftungsverfahren und wenn infolge einer falsch konzipierten Wasserentgasungsanlage **zu geringer Eingangsdruck in die Vakuumentlüftungsanlage** besteht, so dass dort die Entlüftung nicht vollständig stattfindet, selbst wenn die Schwachstelle des zu geringen Eingangsdrucks durch eine größere Düsenzahl im Vakuumentgaser ausgeglichen wurde. Es bedarf also unbedingt einer Druckerhöhung.

Wichtig ist die Beseitigung von Sauerstoff aus dem Getränkewasser.

Häufigere Oxidations- und Geschmacksschäden entstehen nach **Wasserentkeimungsverfahren** durch **Oxidationsmittel** wie: Chlorverfahren mittels Chlorgas (Cl_2), Natriumhypochlorid ($NaClO_2$), Calciumhypochlorid, Chlorammoniumverfahren, Elektroloyseverfahren, Chlordioxid ($ClO_{2)}$, Ozon (O_3).
Ähnliche Erscheinungen entstehen aber auch bei der Wasserentkeimung durch Zusatz von Silber wie z.B. durch Silberpräparate, durch das Elektro-Katadynverfahren, durch Aktivkohle mit Silber.

Sauerstoffwerte im abgefüllten Getränk, Veränderung durch Lagerung und Transport

Die Sauerstoffwerte in den abgefüllten Getränken und deren Veränderung durch Lagerung, Transport usw. führten u.a. zu der Schlussfolgerung, dass die **Sauerstoffumsetzung temperaturabhängig** und ganz erheblich sein kann, **nahezu vollständig in den fruchtsafthaltigen Getränken** und etwas **langsamer verlaufend in den Cola-Getränken**. Hierbei ist also zwischen den **Getränkearten** entsprechend ihrer **Inhaltsstoffe** zu differenzieren. Ein Aromaabfall und ein Fremdeindruck wird bei bestimmten Getränkearten geschmacklich stärker erkennbar.

Die **Verkostung** sauerstoffgeschädigter Getränke ließ bei den fruchtsafthaltigen Getränken deutlich den Aromaabfall, wenn nicht sogar einen Fremdeindruck nach Terpentin erkennen. Wir sind davon überzeugt, dass bei weniger oder gar keinen Fruchtsaft enthaltenden Süßgetränken die Sauerstoffschädigung größer ist.

Die Erkenntnisse hinsichtlich der langsam verlaufenden Oxidationszeit bei Colagetränken wurden auch von Kieninger [6] bestätigt. Die Ergebnisse einer geschmacklichen und aromatischen Veränderung bei Fruchtsaftgetränken und Limonaden während der Lagerung mit 7-8 mg O_2/l decken sich mit den Erkenntnissen von Bärwald. [7]

Es wurde festgestellt, dass die Fixierung von Sauerstoff an Fruchtbestandteile wesentlich schneller verläuft als die überraschende Langzeitreaktion mit der Ascorbinsäure (Ergebnis von Vitamin-C-Messungen). Das besitzt Bedeutung für die Gegenmaßnahmen eines Ascorbinsäurezusatzes zum Getränk bei der Abfüllung in die etwas sauerstoffdurchlässigeren PET-Flaschen.

Lichteinfluss

Zur Schädlichkeit der Sonnenlichteinwirkung ist darauf hinzuweisen, dass sie bei weißem Glas 70 bis 80 % gegenüber von 30 bis 40 % bei grünem und nur 5 bis 10 % bei braunem Glas beträgt.

Ascorbinsäureverlust, Nachtrübungen
Aus verpackten Produkten kann Sauerstoff auch durch ursprünglich enthaltene Ascorbinsäure entfernt werden. Dieser damit einhergehende Verlust an Vitamin C ist jedoch für viele Getränke unerwünscht. Zitrussäfte ohne Vitamin C gelten lebensmittelrechtlich sogar als verdorben.

Der den Vitamin-C-Verlust begründende Oxidationsprozess der sehr reaktionsfreudigen Ascorbinsäure wird durch **Metallspuren** wie Kupferionen, Silberionen und Eisenionen sowie durch **erhöhte Temperaturen** sehr **beschleunigt**. Die Verwendung mancher Armaturen, die Schwermetallionen abgeben, ist daher sehr nachteilig, ebenso die Silberung von Wasser zu dessen Entkeimung.

Beim Ascorbinsäurezerfall tritt ein **Redoxsprung** ein. Das führt vielfach zu **Nachtrübungen**. Mit dem Übergang von Ascorbinsäure zur Dehydroascorbinsäure ist die Bildung von höher oxidierbaren Polyphenolen verbunden, die ihrerseits zu Nachtrübungen führen können.

Sehr schwierig ist die Vermeidung von Vitamin-C-Verlusten bei der Abfüllung und Lagerung. Das Getränk soll auch bei der Flaschenfüllung mit möglichst **wenig Luft** in Berührung kommen und der Luftraum im Flaschenhals auf ein Minimum beschränkt werden. Während der **Pasteurisation** beträgt dann der hauptsächlich von Sauerstoff bewirkte **Ascorbinsäureverlust 10 bis 14 %**. 80 % des im Saft gelösten Sauerstoffs wird bei der Pasteurisation zur Oxidation von verschiedenen Saftinhaltsstoffen verbraucht. Während der **Lagerung** findet im Zeitraum der ersten drei Monate der stärkste Ascorbinsäureabbau statt. [8]
Hinsichtlich der Fernhaltung von Sauerstoff vom Fertigprodukt während der Getränkeproduktion ist auch die richtige Stellung der **Rührflügel des Rührwerkes** für den Zuckersirup von großer Bedeutung. Möglichst wenig Luft in den Zuckersirup bzw. Limonadensirup einzuwirbeln ist genauso wichtig wie eine gute **Entlüftung** nach der Sirupbereitung und den Mischvorgängen sowie beim Wasser selbst. Sehr bewährt hat sich die allerdings recht kostspielige Mischung und gleichzeitige Entlüftung durch Einleitung von Kohlensäure in den Mischkessel.

Salziger Geschmack, Bodensatzbildung
Eine Reihe solcher Fehler wird durch den Gesamtsalzgehalt bzw. eine zu hohe Gesamthärte des verwendeten Wassers verursacht. Es empfiehlt sich, den Salzgehalt des Wassers in bestimmten Grenzen zu halten, um einen Fehlgeschmack bzw. salzigen Geschmack zu vermeiden und zum anderen der Gefahr des Verschwindens der Trübung in fruchtfleischhaltigen Getränken oder der Bodensatzbildung vorzubeugen. Ein Salzgehalt von **500 bis 800 mg/l** wird allgemein als günstig angesehen. Enthält ein Wasser weniger als 100 mg gelöster Salze/l, so besitzt es andererseits den Nachteil, dass das daraus hergestellte Getränk geschmacklich zu ausdruckslos erscheint. Ist der Calciumgehalt zu hoch, so besteht die Möglichkeit von **Calciumphosphatausfällungen bei phosphorsäurehaltigen Cola-Getränken**.

Zu geringer Säuregeschmack
Erscheint der saure Geschmack des Getränkes zu gering, so besteht die Möglichkeit einer Neutralisation der Fruchtsäure, z.B. durch die Salze der **Karbonathärte** des Wassers. Es empfiehlt sich eine Korrektur des Wassers durch Entkarbonisierung oder

die Anhebung des Säuregrades des Getränkes unter Berücksichtigung der einschlägigen lebensmittelrechtlichen Vorschriften, wie z.B. der Zusatzstoff-VO oder der Leitsätze für Erfrischungsgetränke.

Bitterer Fehlgeschmack, Verfärbungen
Da die Oxidationsvorgänge durch die Gegenwart von Kupfer und Eisen gefördert werden und diese Ionen auch in anderem Zusammenhang schädlich sind, ist Apparaten aus nichtrostendem Stahl der Vorzug gegenüber eisernen und kupfernen Geräten zu geben. **Metallionen** haben den Nachteil, dass sie in Getränken einen **bitteren** oder sonstigen Fehlgeschmack hervorrufen können und vielfach sowohl für **Ausbleichungsvorgänge**, als auch für eine **Braunfärbung** verantwortlich zu machen sind.

Ölring, Bodensatz, Schwinden der Fruchttrübung
Eine andere Gruppe von Getränkefehlern taucht bei fruchttrüben Getränken auf und äußert sich durch eine Störung der **kolloidalen Verhältnisse** in Form einer Ausbildung eines Ölringes oder Bodensatzes aus Fruchtfleisch oder in dem gänzlichen oder teilweisen **Verschwinden der Fruchttrübung**.

Während die häufig dafür verantwortlich zu machenden lebenden Organismen wie Hefen, Schimmelpilze und Bakterien durch einen auffälligen verdorbenen oder falschen sauren Geschmack kenntlich werden, lässt sich ein Trübungsfehler auch auf **Enzymwirkungen** in den Getränken zurückführen, die keine lebenden Organismen enthalten [9]. Solche Pektin abbauenden Enzyme, die u.a. auch aus bereits abgetöteten und autolysierten Hefen und Schimmelpilzzellen vom Zucker oder anderen **Infektionsquellen** her ins Getränk gelangt sein können, sind mitunter dafür verantwortlich zu machen, dass das im Fruchtsaft enthaltene **Pektin**, das als Träger der kolloidalen Stabilität anzusehen ist, **abgebaut** wird, indem die Hydrathülle im Pektinanteil der Trubpartikel entzogen wird, wobei die Fruchtfleischteilchen sich zusammenballen und als Bodensatz absetzen. Um diese Erscheinungen zu verhindern, wird der Grundstoff allgemein von Hause aus pasteurisiert.

Was die nachträglichen Infektionsquellen anbelangt, so können diese durch zahlreiche Betriebsvorgänge auch später noch eintreten. Der niedrige pH-Wert von 3,0 bis 3,2 in den Getränken wirkt sich zwar auf die Mikroorganismen und enzymatischen Reaktionen sehr **hemmend** aus, kann sie jedoch nicht gänzlich verhindern, so dass diese Getränkefehler mitunter erst nach längerer Lagerzeit auftreten.

Verantwortlich für den Pektinabbau sind die Pektinesterasen. Es fällt Calciumpektat aus, das die Trübungen mitreißt. Man unterscheidet folgende drei **Pektinarten**:
- Protopektin (natronlaugelöslich)
- wasserlösliches Pektin und
- oxalatlösliches Pektin.

Außer durch pektolytische Enzyme kann die Trübungsstabilität auch durch die **dehydrierende** Wirkung von konzentriertem **Zuckersirup** auf die Pektinhülle der Trübungsteilchen beeinträchtigt werden. Dem Pektin, das als Träger der Fruchtteilchen dient, wird also durch den konzentrierten Zuckersirup Wasser entzogen, so dass die Fruchtteilchen nicht mehr in Schwebe bleiben. Aufgrund von Untersuchungsergebnissen gelangte Dachs [10] zu folgenden **Empfehlungen**:

1) Das Vorverdünnen des Grundstoffes mit Wasser (z.B. 1:1) ehe er mit dem Sirup vermischt wird, ist auf jeden Fall zu empfehlen und kann sich nur verbessernd auf die Trübungsstabilität auswirken, insbesondere dann, wenn der Ansatz längere Zeit stehen bleibt. Bei einer schnellen Verarbeitung ist diese Verdünnung nicht unbedingt erforderlich.

2) Der Ansatz sollte möglichst nicht allzu lange nach dem Ausmischen verarbeitet werden. Je älter der Ansatz wird, umso mehr neigt er zum Gelieren und umso weniger bleibt die Trübung im Fertiggetränk in Schwebe.

3) Vom Rührwerk sollte nur sparsamster Gebrauch gemacht werden, also nur von Zeit zu Zeit einschalten. Es darf keine Luft eingerührt werden.

4) Ob Flüssigraffinade oder selbst gelöster Kristallzucker verwendet wird, ist ohne Einfluss.

5) Ohne Einfluss sind Wasserhärte und der pH-Wert. Orangenlimonade besitzt einen pH von 2,9.

6) Von großer Bedeutung für eine gleichbleibende Trübung ist die Zusammensetzung der Grundstoffe.

Als **Ursache von Ölringbildung**, die u.a. infolge ungenügender Homogenisierung des Grundstoffs, durch schwankende Lagertemperatur der Fertigware, durch ungenügende Dispersion des Aromaöls oder eine ungenügende Festigkeit des Aromas gegenüber der Pasteurisationstemperatur eintreten kann, kommt noch eine andere sehr interessante Möglichkeit in Frage, die von Schara [11] aufgrund von Untersuchungsergebnissen dargelegt wurde. Er stellte fest, dass Undichtigkeiten in Flaschenverschlüssen, vor allem bei Kronkorken mit Presskorkeinlagen, für eine **Propfbildung, Aufrahmung** und Ölringbildung verantwortlich zu machen sind. Die in **undicht verschlossenen Flaschen** sehr langsam **aufsteigenden Gasbläschen** nehmen die aus Bruchstücken von Häutchen, Saftschläuchen und feinen Zellhäuten bestehenden Fruchtfleischteile beim Aufsteigen mit an die Oberfläche und bewirken dort die Ringbildung. Eine solche Erscheinung kann nebenbei bemerkt auch **im Limonadensirupgefäß** eintreten, wenn durch fehlerhafte Arbeitsweise zu viel Luft eingetragen wurde.
Abhilfe für den in der Flasche auftretenden Getränkefehler können der Ersatz ermüdeter Federn beim Kronkorker und die Erhöhung des Anpressdruckes sowie der Wechsel von Presskorkeinlage auf PVC-Einlage im Kronkorken schaffen.

Mikrobiologisch bedingte Fehler
Süße Erfrischungsgetränke sind ein **guter Nährboden für** Hefen, Milchsäurebakterien, Leuconostoc (Schleimbildner), Essigbakterien und Schimmelpilze. Im Gegensatz zu den stillen Getränken treten in Kohlensäurehaltigen Getränken Milchsäurestäbchen und Essigbakterien fast nicht auf, hier sind mehr Hefen und Leuconostoc verbreitet. Der schädliche Einfluss der Mikroorganismen äußert sich zumindest in den bekannten dafür charakteristischen Geruchs- und Geschmacksabweichungen, sofern es nicht schon vorher zum völligen Verderb des Erzeugnisses oder einer bis zur Flaschenexplosion reichenden Zunahme des Kohlensäuredrucks (Gärungskohlensäure der Hefe) gekommen ist.

Der Einfluss von **keimhaltiger Luft** als Infektionsursache im Erfrischungsgetränkebetrieb wurde durch Untersuchungen vielfach nachgewiesen [12]. Eine fortwährende Luftinfektion bewirkt neben **Insekten** etc. besonders das in den Betrieb zurückkommende **Leergut** mit seinen infizierten Getränkerückständen infolge der Luftumwälzung in den Räumen. Getränkereste von während der Abfüllung zerbrochenen Flaschen, lange Förderwege der gereinigten Flaschen bis zur Abfüllung und der gefüllten Flaschen bis zum Verschließen, sind eine große Gefahr für eine **Reinfektion**. Eine räumliche Trennung zwischen Abfüllraum, Sirupraum, Leergut und Vollgut bzw. den Reinigungsmaschinen ist deshalb vorteilhaft.

Der wachsende Anteil an stillen Getränken mit erhöhtem Saftgehalt und die Abfüllung dieser Getränke in Einwegpackungen erfordern eine **nahezu keimfreie Arbeitsweise** und stellen naturgemäß hohe Anforderungen an die hygienische Beschaffenheit des Wassers und der übrigen Rohstoffe und Zwischenprodukte. Es wurde darauf bereits im Kapitel Wasseraufbereitung, Sirupbereitung etc. näher eingegangen und Verbesserungsmöglichkeiten genannt. Von besonderem Interesse sind noch die Verfahren der Haltbarkeitsverbesserung der Fertigerzeugnisse. Hierzu sei auf das einschlägige Kapitel verwiesen. Über die Möglichkeiten und das Ausmaß der Hitzeschädigung befinden sich an anderen Stellen dieses Buches nähere Ausführungen.

Tabelle: Mindestanforderungen bei der mikrobiologischen Betriebskontrolle [13]

	Hefen und Schimmelpilze	Gesamtkeimzahl
Wasser:	unter 1/ml	unter 100/ml
Zuckersirup:	unter 1/ml	unter 20/ml
Grundstoff u. Fruchtsaftkonzentrat:	unter 10/ml	unter 1000/ml
Fertige Füllungen:	unter 1/ml	unter 10/ml
gereinigte Flaschen:	0	keine getränkeschädlichen Keime
Verschlüsse:	0	geringe Keimzahl

Über die Moderne Mikrobiologie im Erfrischungsgetränke-Betrieb wie z.B. über Mikrobiologische Anfälligkeit der Getränkearten, Schädlinge, Probenahmestellen, Nachweismethoden berichtet Schmidt. [14]

Betriebskontrollschema eines AfG-Betriebes

Die Überprüfung umfasst:
A) Rohstoffe (Wasser, Zucker, Grundstoffe)
B) Halbfertigprodukte (z.B. Ansätze)
C) Fertiggetränke
D) Hilfsstoffe wie Laugen, Reinigungsmittel, Flaschen, Etiketten, Leim, Flaschenverschlüsse
E) Abfallprodukte (Abwasser, Altlauge)

Mit wenigen Ausnahmen – am Schluss von D) und E) – handelt es sich um eine grobschematische Darstellung einer Stufenkontrolle, mit der mögliche Störungen lokalisiert werden.

Die Betriebskontrolle besteht im einzelnen aus:

1. Aufzeichnung von Daten z.B. Temperatur der Flaschenreinigungsstationen, Konzentrationsangaben bei A), B) und C), Ergebnisse der analytischen und mikrobiologischen Betriebskontrolle, Verbrauchsdaten für Roh- und Hilfsstoffe.

2. Analytischer Betriebskontrolle
   a) sensorische Prüfung (Geschmack, Geruch etc.)
   b) physikalische Untersuchungen
   c) chemische Untersuchungen

3. Mikrobiologische Betriebskontrolle

Die für den Bereich Flaschenreinigung durchzuführenden Kontrollen sind an anderer Stelle dieses Buches spezifiziert.

Die analytische und mikrobiologische Betriebskontrolle widmet sich aber auch besonders den unter A), B) und C) genannten Produkten. Für die Überprüfung z.B. von Getränken schlägt Ellerich [15] einen **Fragebogen** vor, der folgende Fragen enthält:

- Datum, Getränkeart, Flaschengröße und Flaschenverschluss,
- Füllhöhe/Inhalt, CO_2 in g/l, Zuckergehalt, pH-Wert,
- Säuregehalt, Aussehen, Bodensatz, Geruch, Geschmack,
- Bakteriologische Überprüfung mit Keimzahl auf Standardagar,
- Hefen und Schimmelpilze auf Würzeagar, Säurebildner Chinablau
- Rückstellmuster mit Datum im ersten Raum mit einer Temperatur von 14 bis 18 °C und im zweiten Raum mit 28 bis 35 °C. Überprüfung der Rückstellmuster mit einer Rückstellzeit von 4 bis 6 Monaten.

Die Rückstellmuster dienen u.a. der Qualitätsbestätigung der Ware und einem Reklamationsrückgriff.

Die **Verordnung über Lebensmittelhygiene** (Bundesgesetzblatt I Nr.56 S. 2008 vom 8.8.1997) richtet sich an alle Unternehmen, die gewerbsmäßig Lebensmittel herstellen, behandeln und in Verkehr bringen und beschreibt die hygienischen Grundanforderungen für diese Tätigkeiten. Die Lebensmittel dürfen bei diesen Tätigkeiten der Gefahr einer nachteiligen Beeinflussung nicht ausgesetzt sein. Die nachteilige Beeinflussung ist definiert als eine ekelerregende oder sonstige Beeinträchtigung der einwandfreien hygienischen Beschaffenheit von Lebensmitteln durch verschiedene Umstände wie z.B. Mikroorganismen, Verunreinigungen etc. Dazu sind die im Anhang der VO beschriebenen **Mindestanforderungen** zu beachten und umzusetzen. Genannt sind Vorgaben für die Beschaffenheit von Betriebstätten, Räumen, Anlagen und Geräten sowie Anforderungen beim Umgang mit Lebensmitteln und an das Personal. Zur Gewährleistung und Abwehr gesundheitlicher Gefahren sind in jedem Unternehmen angemessene Sicherungsmaßnahmen festzulegen, durchzuführen und zu überprüfen. Dieses **Sicherungskonzept** ist auszubauen. Es wird auf **das HACCP-Konzept** verwiesen, auf die **Darlegungsverpflichtung** gegenüber den Überwachungsbehörden gemäß **§ 41 LMBG** und auf die Pflicht zur Unterrichtung und Schulung in Fragen der Lebensmittelhygiene von Personen, die mit Lebensmitteln umgehen und zwar entsprechend ihrer Tätigkeit und Ausbildung.

Weiterführende Literatur
Über die Analysenmethoden in der Betriebs- und Qualitätskontrolle berichtet das Buch von E. Krüger und H.J. Bielig. Lit.: E. Krüger und H.J. Bielig, Betriebs- und Qualitätskontrolle in Brauerei und alkoholfreier Getränkeindustrie, Verlag Paul Parey, Berlin und Hamburg.

Über analytische Prüfungen und Qualitätskontrolle der Fertigprodukte besonders auch in Frucht- und Gemüsesäften finden sich Ausführungen im Handbuch der Lebensmitteltechnologie von Schobinger, Frucht- und Gemüsesäfte, Verlag E. Ulmer, Wollgrasweg 41 in Stuttgart Hohenheim.
Aus dem gleichen Verlag ist das 1986 erschienene Buch von J. Koch, Getränkebeurteilungen, zu beziehen.

Die Mikrobiologische Betriebskontrolle wurde u.a. von H.W. Mallmann sehr ausführlich mit Betriebskontrollplänen und den anzuwendenden Methoden geschildert, Lit.: Mallmann, H.W., Das Erfrischungsgetränk 28 (1975) S. 311 ff und S. 331 ff.

Über die Moderne Mikrobiologie im Erfrischungsgetränke-Betrieb (Mikrobiologische Anfälligkeit der Getränkearten, Schädlinge, Probenahmestellen, Nachweismethode) berichtet Schmidt in Das Erfrischungsgetränk (1994) S. 3.

Back, W.: Anfälligkeit neuer Getränkeprodukte, Vermeidung mikrobiologischer Probleme, Brauwelt 17 (2001) S. 617.

Back, W.: Der Mineralbrunnen 1 (2001) S. 14

Über die Füllmengenkontrolle befinden sich in diesem Buch Hinweise, desgleichen über die Verpackungsprüfstelle der VLB und im lebensmittelrechtlichen Teil.

4.7.5 Qualitätsmanagement und Zertifizierung nach DIN ISO 9000 ff

Die Qualitätssicherung kann beeinträchtigt werden u.a. durch Qualitätsmängel des Produktes und der Rohstoffe, durch Produktionsfehler, Materialverluste, Produktionsausfälle, Störungen im Arbeitsablauf und durch Arbeitsunfälle.

Um solchen unerwünschten und nicht zulässigen Situationen entgegenzutreten, muss ein Betrieb oder eine Produktion so geführt und organisiert werden (Management = leiten, organisieren, durchführen), dass alle technischen, organisatorischen und personellen Gegenmaßnahmen greifen.

Die Betriebe, die ein Qualitätsmanagement zur Qualitätssicherung ihrer Produkte eingeführt haben, erhalten eine Zertifizierung nach DIN ISO 9000 ff, also ein anerkanntes und nebenbei auch sehr werbewirksames Zertifikat bzw. Zeugnis, wenn sie die Voraussetzungen dafür erfüllen, wie sie ebenfalls in der DIN ISO 9000 ff festgelegt wurden. Diese Voraussetzungen oder Forderungen kommen in den verschiedenen **Grundelementen** der DIN ISO 9000 ff zur Geltung, wie z.B.

- in dem Qualitätssicherungs (QS)-Element 4.1 mit der Verantwortung der obersten Leitung (Bereitstellung von Finanz- und Personalmitteln und deren Beauftragung der einschlägigen Prozessüberwachungen, Bestellung von Qualitätssicherungsbeauftragten, Berichterstattung u.a.).
- QS-Element 4.1.4 über Korrekturmaßnahmen, z.B. bei den Prozess- bzw. Produktionsstörungen mit Protokollen, Arbeitsanweisungen, Verfahrensanweisungen, Laboraufzeichnungen usw.
- QS-Element 4.1.5 über Handhabung, Lagerung, Verpackung und Versand (Umgang mit Roh-, Hilfs-, Betriebsstoffen und Fertigprodukten.
- QS-Element 4.1.8 über Schulungen zur verbesserten Qualifikation der Mitarbeiter
- QS-Element 4.2 mit Regelung der Verantwortlichkeiten, Beschreibung der einzelnen Ablaufverfahren mit schriftlichen Anweisungen, Zusammenarbeit der einzelnen Abteilungen und Bereitstellung von Mitteln und Personal u.a.
- QS-Element 4.6 über Beschaffung, wo die Sicherstellung der Qualitätsforderungen der Rohstoffe, Zusatzstoffe, Hilfsstoffe, Betriebsstoffe, Wasserbehandlungsmittel und Maschinen und Anlagen erfolgen muss beispielsweise durch Prüfanweisungen u.a.
- QS-Element 4.9 über Prozesslenkung, wo sämtliche zur Produktion gehörenden Einflüsse berücksichtigt werden müssen.

Es handelt sich bei dem Qualitätsmanagementsystem nach DIN ISO 9000 ff um ein sehr umfangreiches **Regelwerk**, das auf die bereits in den Betrieben sehr umfangreich vorhandenen, bisherigen Produktionskontroll- und Qualitätssicherungsverfahren zurückgreift, die dann aber in diesen Raster der DIN ISO 9000 ff auch einzuordnen, zu ergänzen und zu überprüfen sind. Sehr hilfreich erweist sich ein Muster-**Qualitätssicherungshandbuch**, das EDV-gestützt ist und auch mit Muster-Verfahrens- und Arbeitsanweisungen als Hilfsmittel zur Erstellung einer betriebseigenen, DIN-konformen Qualitätssicherungsdokumentation dienen kann.

Große Bedeutung gewinnt das Qualitätsmanagementsystem und dessen Zertifizierung auch im Zusammenhang mit der **Produkthaftung**, weil dann der Betriebsleiter und

Betriebsinhaber einen Beleg dafür in den Händen hat, alles getan zu haben, um Fälle einer Produkthaftung zu vermeiden.

Literatur zum Kapitel 4.74 und 4.75

[1] Schumann, G.: Das Erfrischungsgetränk (1993) S. 440
Schumann, G.: Fachbuch Alkoholfreie Erfrischungsgetränke, Neuauflage 1979, Verlagsabteilung der VLB Berlin
[2] Dachs, E.: Das Erfrischungsgetränk 29 (1976) S. 994
und Das Erfrischungsgetränk 30 (1977) S. 274
[3] Schumann, G.: Das Erfrischungsgetränk 31 (1978) S. 247
[4] Wackerbauer, K., Teske, G.,Tödt, F. und Graff, M.: Proceedings of the European Brewery Convention, Nizza (1975) S. 757
[5] Schmidt, G.: Brauindustrie 63 (1978) S. 550
[6] Kieninger, H., Käberlein, A. und Boeck, D.: Brauwelt 12 (1976) S. 384
[7] Bärwald, G. und Held, W.: Das Erfrischungsgetränk 31 (1978) S. 768
[8] Krug, K.: Ind. Obst- u. Gemüseverwertung 52 (1967) S. 697
[9] Knorr, F.: Der Brauereitechniker 20 (1968) S. 139
[10] Dachs: Das Erfrischungsgetränk, 24 (1972) S. 965
Das Erfrischungsgetränk 29 (1976) S. 994
[11] Schara, Mineralwasserzeitung 16 (1967) S. 20
Röcken, Brauwelt 8 (1979) S. 224
[12] Fresenius, Der Naturbrunnen 17 (1967) S. 3
[13] nach Sand u. Kolfschoten
[14] Schmidt, Das Erfrischungsgetränk (1994) S. 3
[15] Ellerich, E.: Brauwelt 114 (1974) S. 653
[16] Merdian, J.: Brauwelt (1993) S. 2573

4.8 Reinigungstechnik

4.8.1 Flaschenreinigung

Man unterscheidet drei Arten von Längsmaschinen für die Flaschenreinigung :

1. Weichverfahren (Soaker-Typ) mit Reinigung der Flaschen vornehmlich durch Weichebäder
2. Spritzverfahren, d.h. Reinigung durch Spritzen der Flaschen
3. Kombiniertes Weich- und Spritzverfahren, d.h. Reinigung durch Weichen und Spritzen der Flaschen

Dieser unter Punkt 3 am weitesten verbreitete Maschinentyp besitzt eine größere Reinigungswirkung als die unter Punkt 1 und 2 genannten.

Es handelt sich entweder um **Einendmaschinen** mit Aufgabe und Abgabe der Flaschen an einer Seite der Anlage in zwei verschiedenen Stockwerken oder um **Doppelendmaschinen**, wo die Schmutzflaschen an einem Kopfende der Maschine eingegeben werden und die gereinigten Flaschen am gegenüberliegenden anderen Ende die Maschine verlassen, sodass die Möglichkeit einer Reinfektion der Flaschen verringert ist. Allerdings erfordern diese Maschinen einen größeren Raumbedarf.

Die Maschinen besitzen eine relativ lange **Tauchweiche**, sodass in Kombination mit hohen Temperaturen und langen Kontaktzeiten die keimtötende Äquivalente auch mit relativ geringen Konzentrationen an Reinigungsmitteln erreichbar ist.

In den Maschinen befinden sich mindestens **zwei** und mitunter auch **drei Laugen** unterschiedlicher Konzentrationen und Temperaturen und Zusammensetzung; z.B. Vorweiche 65 °C, Hauptweiche 65-85 °C, Spritzlauge 65 °C, Phosphatstation 45 °C, Kalt-

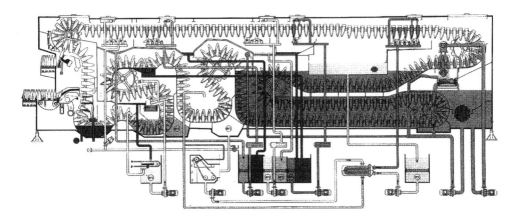

Abb 18: Längsschnitt durch eine Weich- und Spritzmaschine zur Flaschenreinigung z.B. Modell Flamatic.

wasserspritzungen. Die **Ergänzung** der sich stark verbrauchenden Flüssigkeitsmenge von Lauge I erfolgt durch Lauge II und III, die täglich neu angesetzt werden, während die Lauge I in der Laugenkonzentration aufgestärkt wird und nur noch selten erneuert wird. Die Konzentrationsüberwachung und **Nachschärfung der Lauge** erfolgt mit automatisch gesteuerten Leitfähigkeitsmess- und Dosiergeräten.
Bei den neuen Flaschenreinigungsmaschinen wurde der Energieeinsatz bedeutend verringert und die Belange des Umweltschutzes verbessert.

Flaschenwegbeschreibung
Die Flaschen durchlaufen gewöhnlich in Förderkörben, die sich an Förderketten befinden, nach ihrer Restentleerung und Vorspritzung mit bereits gebrauchtem Wasser mehrere Tauchweichbäder. Durch Umlenken der Ketten gelangen die Flaschen in eine zur Restentleerung geeignete Lage, sodass die Verschleppung der Reinigungsmittel nicht überhand nimmt. Anschließend passieren die Flaschen im oberen Teil der Maschine die Spritzstationen. Nach den verschiedenen Laugenbehandlungen folgt zumeist eine separate Zwischenspritzung zur Laugenabspülung mit getrennter Ableitung, um das anschließende Warmwasserspritzabteil nicht übermäßig durch anhaftende Lauge zu alkalisieren. Damit beugt man einer Verkeimung bei hohem pH und einer Versteinung etwas vor. Am Schluss befindet sich die Nachspritzung mit Wasser von Trinkwasserqualität.
Die **Reinigungswirkung ist abhängig** von der Laugentemperatur, dem Druck und der Art des Flüssigkeitsstrahles und der Einwirkungsdauer der Weich- und Spritzflüssigkeiten. Die **Keimfreiheit** ist mit ca. 1%iger Lauge von 65-70 °C in einer Weiche von 4-5 Minuten erzielbar. Nach einem Praxisbeispiel beträgt die Gesamtbehandlungsdauer aller Flaschen in der Reinigungsmaschine 13 Minuten, wovon mehr als 6 Minuten lang die Flaschen bei mindestens 80 °C untergetaucht sind.

Das **Temperaturgefälle** innerhalb der Behandlungsstufen in der Maschine ist zur Vermeidung von Flaschenbruch den Erfordernissen der Glasflaschen angepasst. Der **Energie- und Wasserhaushalt** der Maschinen ist durch geeignete Wiederverwendungsmöglichkeiten rationalisiert. Die Maschinen verfügen über einen Austrag der beim Überschwallen entfernten Etiketten.
Die Reinigungslauge wird im externen Absetzbehälter durch Sedimentation regeneriert. Eine **Isolierung** dieses Behälters vermindert die Energieverluste während der längeren Maschinenstillstandzeiten über Nacht. Bei modernen Maschinen erfolgt die Reinigung des Maschineninnenraums in den wesentlichen Behandlungszonen mit integrierten Hochdruck-Spritzvorrichtungen.

Zur Reduzierung der **Abwasserschmutzfracht** wurden die Etikettenaustragungseinrichtungen stark verbessert, um den **Etikettenaustrag** zu beschleunigen und die Laugekontaktzeit mit den Etiketten zu reduzieren. Dadurch ergibt sich eine wesentliche Verringerung der Abwasserschmutzfracht (Schumann 1978).
Der hohe Anteil der **Getränkereste in den Rücklaufflaschen** an der Abwasserschmutzfrachtbildung (vgl. Schumann 1983) hat zur getrennten Restentleerung der Flaschen vor der Vortemperierung durch Innenspritzung und Überschüttung mit ablaufendem warmem Wasser aus der Warmwasserzwischenspritzung geführt. Der Betrieb dieser Zusatzeinrichtung ist jedoch nur sinnvoll, wenn man das hier gewonnene Abwasserkonzentrat mit den Getränkeresten der Rücklaufflaschen über einen separaten Kanal nach außen abführen und gesondert entsorgen kann (vgl. Kapitel Abwasser).

Die Anlagen lassen sich auch mit automatischer CO_2-Zudosierung in die Wasserzwischenspritzungen zur **Neutralisation des Abwassers** ausstatten. Für diejenigen Betriebe, die auch Flaschen mit Aluminiumausstattung reinigen, empfiehlt sich eine automatische Ein- und Abschaltung des **Entlüftungssystem**s zum Ableiten der explosiven Wasserstoffkonzentrationen (Knallgasbildung).

Auf die Einzelheiten der unterschiedlichen Maschinenkonstruktionen kann verständlicherweise in diesen sich nur dem Prinzipiellen widmenden Ausführungen nicht eingegangen werden. Hierzu sei auf die Fachliteratur verwiesen.
Auf die Flaschenreinigung von Kunststoffflaschen aus PET wurde bereits im Kapitel Abfülltechnik eingegangen, weil die Anlagen für PET oftmals in Blöcke zusammengefasst werden.

Behandlung von Einwegflaschen
Die Einwegflaschen aus Neuglas werden heute mit Glashüttenhygiene staubdicht in Schrumpffolien oder in Stülpboden verpackt angeliefert. Die allenfalls nur geringe **Staubreste** enthaltenden Flaschen bedürfen lediglich eines verminderten Reinigungsaufwandes in speziellen, dafür eingerichteten Maschinen.

Wegen der mikrobiologischen Anfälligkeit der Getränke auf Fruchtsaftbasis sollten die hierfür auf dem Markt befindlichen **Ausblasmaschinen**, die die Flaschen lediglich mit Druckluft von 3-5 bar 10 Sekunden lang ausblasen, nicht Verwendung finden. Ausspritzmaschinen reinigen die Flaschen besser. Die **Ausspritzmaschine „Rinser"** arbeitet entweder mit Kalt- und Warmwasserspritzung oder nur mit einer unterteilten Kaltausspritzung oder bei PET-Flaschen auch mit ionisierter Luft. Nähere Angaben zu den Rinsern für PET-Kunststoffflaschen befinden sich im Kapitel Abfülltechnik ebenso wie die anderen Anlagen für PET, die oftmals miteinander geblockt werden.

So genannte **Bottle-Inspektoren** inspizieren auf physikalisch-mechanische Weise die gereinigten Flaschen vor der Füllung auf Fremdkörper, Glasbeschädigung, Laugereste etc. Das beanstandete Leergut wird aussortiert (Fotozellen, Initiatoren etc.).
Es empfiehlt sich, den Flaschenreinigungsraum von dem Füllraum räumlich zu trennen, andererseits den Flaschenweg der gereinigten Flasche bis zur Abfüllstation wegen der **Reinfektionsgefahr** möglichst begrenzt zu halten. Mitunter wird der Reinfektionsgefahr durch Abdeckung dieser Förderbänder und einer UV-Bestrahlung vorgebeugt.

Flaschenkellereinrichtungen
Außer den Getränkebereitungsanlagen, Flaschenwaschmaschinen und Füllapparaten gehören zur Ausstattung noch Anlagen zur Etikettierung, evtl. Pasteurisierung, Transporteinrichtungen, Aus- und Einpackmaschinen, Palettenanlagen, Kastenreinigungsmaschinen, Leerflascheninspektionsmaschinen usw. In Anbetracht der zahlreichen Konstruktionen sei auf die Fachliteratur [5 bis 8] und besonders auf die einschlägigen Kundenzeitschriften der Maschinenbaufirmen bzw. ihrer neuesten Prospekte verwiesen.

Rinser für die Einwegflaschenreinigung vgl. Kapitel Abfüllung dieses Buches

4.8.2 Flaschenreinigungsmittel

Wir unterschieden bei den Flaschenreinigungsmaschinen mehrere an der Reinigung beteiligte Faktoren. Es handelt sich um die mechanische Wirkung von Spritzdüsen, ferner um den Einsatz höherer Temperaturen, längerer Einweichzeiten und schließlich die Anwendung chemischer Flaschenreinigungsmittel. Selbstverständlich müssen alle diese genannten Punkte aufeinander abgestimmt werden, wobei der Arbeitsweise des Maschinentyps und auch dem Umstand der Flaschenfüllung wie z.B. Mineralwasserflasche oder Süßgetränkeflasche Rechnung getragen werden muss. [1 bis 4]

Die Mehrwegflaschen stellen eine ganze Reihe von **Anforderungen an die Beschaffenheit des chemischen Flaschenreinigungsmittels**. Von Bedeutung sind :
1. Schmutzlösung
2. Tiefenwirkung
3. Benetzung bzw. Oberflächenaktivität
4. Schmutztragevermögen
5. Spülfähigkeit
6. Unempfindlichkeit gegenüber der Wasserhärte, keine Niederschlagsbildung
7. Verseifung von Ölen und Fetten
8. Vermeidung von Korrosionen
9. Ungiftigkeit
10. Biologische Abbaubarkeit im Hinblick auf die Abwasserreinigung (Detergentiengesetz)
11. Große Wirtschaftlichkeit
12. Keimtötende Wirkung
13. Antischaummittel
14. Keine Entmischung der Bestandteile
15. Leichte Löslichkeit im Interesse einer schnellen Bereitung.

Die **Ausgangsbasis der Flaschenreinigungsmittel** für bürstenlose Reinigungsmaschinen ist Ätznatron (NaOH). In flüssigen Mitteln verwendet man zunehmend auch wässrige Ätznatronlösung, die **Natriumhydroxid** in einer Konzentration bis zu 50 % enthalten. Dem Grundstoff Ätznatron werden noch andere Alkalien oder **Detergentien** zugegeben, um den Reiniger in seiner Wirkung hinsichtlich Reinigungsvermögen, Stabilisierung der Lauge und Desinfektion sowie schnelles Abspülvermögen zu verstärken. Die Zusammensetzung der konfektionierten Flaschenreinigungsmittel für den Einsatz in bürstenlosen Reinigungsmaschinen variiert ganz erheblich und wird beeinflusst durch die Art des Reinigungsgutes, durch die Wasserhärte und durch die Reinigungseinrichtungen.

Steinbildung
Ähnlich wie bei der Entkarbonisierung des Wassers mit Calciumhydroxid bilden sich aus dem Calciumbikarbonat der **Karbonathärte** durch die Natronlauge Calciumkarbonat, Soda und Wasser (vgl. Reaktionsgleichung 1).
Die in der Reinigungslauge vorhandene Soda sowie die bei der vorgenannten Entkarbonisierung gebildete Soda vermögen ferner die **Nichtkarbonathärte** umzusetzen, und zwar ebenfalls in Calcium- und Magnesiumkarbonat (vgl. Reaktionsgleichung 2).

Reaktionsgleichungen

1. $Ca(HCO_3)_2 + 2\ NaOH \rightarrow CaCO_3 + Na_2CO_3 + 2\ H_2O$
2. $CaSO_4 + Na_2CO_3 \rightarrow CaCO_3 + Na_2SO_4$

Die **nachteiligen Folgen** einer solchen Kalksteinablagerung in der Maschine sind ganz beträchtlich. Außer verstopften Düsen, die dann einen ungenügenden Reinigungseffekt zur Folge haben, können die auf den Flaschenträgerketten abgelagerten Kalkschichten durch ihre Porösität die Verschleppung von Weichlauge ganz beträchtlich erhöhen, was wiederum zur Beschleunigung des Steinbildungsprozesses beiträgt. Die Gewichtszunahme der versteinten Flaschentransportketten erfordert einen erhöhten Energiebedarf der Flaschenreinigungsanlage, und die im Wärmeaustauscher gebildete Kalkschicht vermag sich nicht nur nachteilig auf den Heizstrombedarf auszuwirken, sondern verändert auch das Temperaturgefälle innerhalb der Maschine, sodass durch hohe Temperatursprünge ein übermäßiger Flaschenbruch eintreten kann. Darüber hinaus sind die porösen Kalksteinbeläge aber auch ideale Brutstätten für Keime, sodass neben der unzureichenden Reinigung infolge verstopfter Düsen und zu geringer Laugentemperatur auch in biologischer Hinsicht die Leistung der Reinigung mangelhaft ist. Zur Abhilfe wird vielfach **enthärtetes oder entkarbonisiertes Wasser** für die Flaschenreinigung verwendet.

Zusatzstoffe

Liegt also keine geringe Härte im Reinigungswasser vor, setzt man der Soda-Ätznatronlauge noch **Polyphosphate** zu. Dieses Salz ist in der Lage, die störenden Kalksalze und Kieselsäuresalze zu maskieren, d.h. sie in Lösung zu halten und ihre störende nachteilige Ablagerung zu verhindern. Da Polyphosphate aber auch die Reinigungswirkung der Natronlauge übertreffen, die Spülfähigkeit der Lauge erhöhen, ferner als Emulgiermittel wirken, d.h. für eine gute Verteilung der Schmutzstoffe sorgen, wird vielfach ein Teil der Lauge durch Phosphat ersetzt.

Phosphathaltige Laugen besitzen demzufolge auch eine erheblich geringere Ätzalkalität. Durch Art und Menge der in Frage kommenden Phosphate wird Reinigungslauge für harte und weiche Wässer differenziert.

Phosphate haben andererseits auch gewisse Nachteile. Die Polyphosphate werden bei höheren Temperaturen, besonders bei alkalischer Reaktion, in weniger wirksame Orthophosphate abgebaut, die die Kalkausfällungen nicht in dem Maße wie Polyphosphate verhindern können. Aber auch in der Abwasserfrage ergeben sich durch Phosphate Schwierigkeiten, sodass die Verwendung von Phosphaten zumindest eingeschränkt wird.

An Stelle des Zusatzes von Phosphaten eignen sich auch bestimmte organische Mittel wie z.B. **Polyglycerin** und **Glucanate**, die Kalkniederschläge sogar bei höheren Temperaturen verhindern, im Gegensatz zu Polyphosphaten sehr beständig sind und das Schmutztragevermögen erhöhen. Neuere Zusatzmittel besitzen darüber hinaus sogar noch entschäumende Wirkung.

Zur Erzielung von quellenden und lösenden Wirkungen sowie als Korrosionsschutz kommt der Zusatz von **Silikat** in Frage. Um einer Entmischung der in manchen Reinigungsmitteln zahlreich vertretenen Komponenten entgegenzuwirken, werden Füllstoffe zugesetzt.

Netzmittel oder **Detergentien** entspannen das Wasser und erteilen ihm eine bessere Reinigungswirkung, weil das entspannte Wasser tiefer in feine Poren und Ritzen einzudringen vermag und somit auch in der Lage ist, fein verteilte und schwer zugängliche Schmutzpartikel zu entfernen.

Für die Erhöhung der keimtötenden Wirkung kommen verschiedene **Desinfektionsmittelzusätze** in Frage, zumeist Chlorpräparate. Generell kann gesagt werden, dass es wirtschaftlicher ist, die Flaschenreinigung mit höheren Temperaturen und dementsprechend niedrigerer Reinigungsmittelkonzentration zu betreiben.

Laugenkonzentration
Hohe Laugekonzentrationen von über 2 % verursachen einen Angriff der Glasoberfläche mit **Ätzung** und Mattwerden der Flaschen. Absolute Zahlen für die Laugenkonzentrationen lassen sich deshalb nicht nennen, weil sie in engerem Zusammenhang mit den anderen Reinigungsfaktoren stehen. Üblich sind Konzentrationen von **1,5 bis 2 % NaOH bei 80 bis 85 °C für Glasflaschen**. Ein Laugenwechsel sollte unter dem Gesichtspunkt gesehen werden, dass die Keime und der Schmutz erst durch das Ablassen der Lauge endgültig entfernt werden.

Große Bedeutung muss der **Laugenkontrolle** beigemessen werden. Die Laugenkonzentration nimmt einesteils durch **Neutralisation**svorgänge ab, wie sie von den sauren Getränkeresten der leeren Rücklaufflaschen bewirkt werden; andererseits wird Lauge aber auch in andere Abteilungen der Maschine **verschleppt** und durch das Benetzungswasser der Flaschen verdünnt. Die Laugenverschleppung und der absolute Laugeverlust sind bei geringerer Laugenkonzentration kleiner. Infolgedessen empfiehlt es sich, nahe der erforderlichen Laugenmindestkonzentration zu arbeiten und den Verlust durch **häufiges Nachschärfen** auszugleichen. Weniger häufiges Nachschärfen müsste durch höhere Laugekonzentration ausgeglichen werden und bedingt dann einen höheren Laugeverlust. Um die erforderliche Mindestkonzentration aufrecht zu erhalten, wird eine Nachschärfung auf der Grundlage der Kontrollergebnisse der **Leitfähigkeitsmessung** oder genauer durch Titration der Lauge vorgenommen.

In der Praxis richtet sich die Aufstärkung der Lauge gewöhnlich nach Erfahrungswerten, wobei man sich bei der laufenden Kontrolle nur auf die Titration des p-Wertes beschränkt. Bei der Berechnung der Laugenstärke werden dann Korrekturfaktoren eingesetzt, die die eingangs genannten Zusätze zur Verbesserung der Reinigungslauge berücksichtigen.

Eine Laugenkontrolle durch Bestimmung des pH-Wertes der Lauge stößt wegen der **geringen** konzentrationsbedingten **pH-Unterschiede** (vgl. Tabelle) auf Schwierigkeiten.

Tabelle: Abhängigkeit des pH-Wertes von der Konzentration der Lauge

%-Gehalt der Lauge	pH-Wert der Lauge
1,0	11,92
0,9	11,91
0,8	11,91
0,7	11,90
0,6	11,90
0,5	11,80
0,4	11,79
0,3	11,78
0,2	11,76
0,1	11,51
0,05	11,36
0,03	11,20
0,01	10,80
0,001	9,18

Der Ansatz der Laugenbäder erfolgt durch Zugabe der Reinigungskomponenten in vorgeschriebener Reihenfolge in das kalte Bad, das zu gleichem Zeitpunkt aufgeheizt werden kann.
Gelegentlich zu Beginn auftretende Schaumbildung ist meist nach Erreichen der Arbeitstemperatur nicht mehr vorhanden.
Bei Ansatz im kalten Bad gelangen die Komplexbildner zur Vermeidung von Härteausfällungen und die Antischaumbildner besser zur Auswirkung.

Die **Nachschärfung** erfolgt durch Einpumpen der abgemessenen Lösungen oder abgewogenen Mengen in die betreffenden Maschinenbehälter oder durch Zusatz von Hand. Man beachte dabei unbedingt die einschlägigen Daten bezüglich der Dichte.

Stark verbreitet und zuverlässig arbeitet die **automatische Laugekontrolle** mit elektronischer Leitfähigkeitsmessung. Sie kann mit einem Schreibgerät gekoppelt werden und über Grenzwertmelder die automatische Nachdosierung bestätigen. Auf diese Weise ist es möglich, ständig an der unteren Grenze von z.B. **1,5-2 % Reinigungsmittelkonzentration** zu arbeiten.

Laugenverschleppung- Warmwasserabteil
Besitzt die Flaschenreinigungsanlage zwei oder drei getrennte Laugenzonen, so kann man das letzte Bad bei härteren Wässern zur Steinverhütung ohne Ätznatron und nur mit Wirkstoffkonzentrat (Phosphat etc.) beschicken. Da aber Lauge aus dem ersten Bad in die nächsten Bäder hinübergeschleppt wird, ist der Steinverhütungseffekt in manchen Fällen begrenzt. Lauge wird aber auch in das nachfolgende Warmwasserbad verschleppt, sodass es hier **zur Versteinung, zur pH-Anhebung und Keimanreicherung** kommen kann. Die Dosierung eines Desinfektionsmittels auf Chlorbasis mit einem Aktivchlorgehalt im Warmwasserbad von ca. 15 bis 40 mg/l ist in dieser Station wegen einer Bildung von Halogenkohlenwasserstoffen nicht so vorteilhaft wie das diesbezüg-

lich **besser geeignete Chlordioxid**. Quartärnäre Ammoniumbasen sind wegen zu starken Schäumens hier ungeeignet.

Darüber hinaus ist der Laugeeinschleppung, Steinbildung **und Düsenverstopfung** unbedingt zu begegnen. Verwendung **enthärteten Wassers**, Zwischenspritzung, letztes Laugebad mit Wirkstoffkonzentrat beschicken, Entsteinung usw. kommen als Maßnahmen hierfür in Betracht. Das Warmwasserbad wird wegen der hier häufig eintretenden Reinfektionsmöglichkeiten (höherer pH und Temperatur) als neuralgischer Punkt der Maschine angesehen.

Entsteinung
Sie erfolgt in den meisten Fällen auf chemischem Wege durch Einfüllen **salzsäurehaltiger Sparbeize** in die zuvor mit der entsprechenden Wassermenge gefüllten Weichbäder unter Beachtung einer Reihe von Vorkehrungen (z.B. Blindflanschen der Vorspritzung etc.) sowie anschließende gründliche Ausspritzung der Anlage. Die Entkalkung dauert **ca. 3 bis 4 Stunden** und sollte beim Nachlassen der Gasentwicklung beendet werden. Das Mischungsverhältnis von Säure zu Wasser beträgt in der Sparbeize 1:4. Die Säure muss unterhalb des Wasserspiegels eingeleitet werden.

Nachspritzung mit Kaltwasser
Hierzu dient das der Frischwasserspritzung entstammende Wasser. Die Flaschen werden dabei von ihrer Restalkalität, wie sie von der Laugeverschleppung im Warmwasser herrührt, befreit und weiter abgekühlt.

Kontrollen
Die Überprüfung des Reinigungseffektes erfolgt einesteils durch ständig visuelle oder **optische Kontrolle** der Flaschen, zum anderen bedarf es aber auch der **mikrobiologischen Prüfung** z.B. durch Ausrollen der Flaschen mit Nährbodenlösung oder durch Ausspülen mit sterilem Wasser, das anschließend mittels Plattentest auf seinen aus den Flaschen entstammenden Keimgehalt untersucht wird, um entsprechende Rückschlüsse auf die hinsichtlich der Haltbarkeit der Getränke so außerordentlich wichtigen mikrobiologischen Reinheit der Flaschen zu ziehen. Zur Kontrolle gehört aber auch die laufende Überprüfung der an der Reinigung beteiligten Faktoren wie **Temperatur, Wasser- und Laugedruck, freien Düsen, Aufenthaltszeiten, Konzentration der Reinigungslösungen, Dosierung im Warmwasserabteil.**

4.8.3 Auswahl und Anwendung von Reinigungsmitteln

Die Zusammensetzung der konfektionierten Reinigungsmittel für den Einsatz in bürstenlosen Reinigungsmaschinen variiert ganz erheblich und wird beeinflusst durch die Art des Reinigungsgutes, durch die Wasserhärte und durch die Reinigungseinrichtungen.

1. Flaschenreinigungsmittel
vgl. zuvor

2. Sprühreinigungsmittel
Verschmutzungen vorwiegend organischer Art lassen sich mit Sprühreinigungs-Chemikalien entfernen. Hier gelangen meist alkalische Reinigungsmittel zum Einsatz. Soweit diese Mittel mit Aluminiumoberflächen in Kontakt gebracht werden sollen, dürfen sie keinesfalls Ätzalkalität aufweisen.
Als Basis für die meisten alkalischen Sprühreinigungsmitteln dient **Soda**, ergänzt durch **Phosphate** und andere organische Substanzen zur Wasserbehandlung. Neben diesen Stoffen werden **korrosionsschützende Inhibitoren** und oberflächenaktive **Netzmittel** dem Reinigungsmittel bei der Herstellung beigegeben. Um ein problemfreies Arbeiten in den modernen Tank- und Behälterreinigungsanlagen, die mit Überdrücken von 1 bis 60 bar betrieben werden, sicherzustellen, werden diesen Reinigungsmitteln im Werk außerdem entsprechende **schaumbremsende Stoffe** zugesetzt.
Kombinierte Reinigungsmittel, d.h. solche, die zur Erzielung eines gewissen keimtötenden Effektes zusätzlich Desinfektionskomponenten enthalten, basieren neben den bereits angeführten Bestandteilen auf der Wirkung von Aktivchlor. Das Chlor ist je nach Produkt an verschiedenartige Chlorträger gebunden.
Bei Sprühreinigungsmitteln, die ausschließlich für die Reinigung von **Edelstahl- oder Kunststoffoberflächen** eingesetzt werden, verwendet man heute wegen der stärkeren Reinigungskraft als Basis **Ätznatron** (NaOH). Die anderen Zusätze bleiben im Wesentlichen die gleichen wie die in den sodahaltigen Mitteln.

Neben alkalischen oder ätzalkalischen Reinigungsmitteln finden auch **saure Produkte** Verwendung. Sie werden in bestimmten Fällen als Ergänzung dort eingesetzt, wo anorganische Rückstände entfernt werden müssen, die gewöhnlich nicht im alkalischen Bereich zu lösen sind. Als Ausgangsbasis für die säurehaltigen Mittel dient **Phosphor-, Schwefel- oder Salpetersäure**. Die Mittel enthalten außerdem oberflächenaktive Substanzen und spezielle **Inhibitoren**.

3. Umlaufreinigungsmittel
Für die Umlaufreinigung, bekannt als Umpumpreinigung (CIP), kommen vorwiegend ätzalkalische Mittel in Betracht. In ihrer **Zusammensetzung** enthalten sie einen sehr hohen Anteil an NaOH. Der chemische Aufbau ist im Allgemeinen etwas einfacher als bei den Flaschenreinigern und noch mehr auf den Wirkstoff Ätzalkalität ausgerichtet. Daneben sind oberflächenaktive Substanzen, Phosphate und wirksame Schaumbremsen eingearbeitet. In manchen Betrieben sind neben ätzalkalischen Reinigungsmitteln kombinierte Mittel auf der Basis von Soda und Aktivchlor anzutreffen. Von Zeit zu Zeit ist eine saure Ergänzung der alkalischen Reinigung nicht zu vermeiden. Diese sauren Reinigungsmittel enthalten inhibierte anorganische und organische Säuren sowie stabilisierende und netzende Substanzen. Die Grundsäuren dieser Mittel sind Schwefel-, Salpeter- und Phosphorsäure.

4. Reinigungsmittel für Container
An die Reinigungsmittel für Container werden sehr hohe Anforderungen gestellt. Diese können gewöhnlich durch den Einsatz von hochalkalischen Flaschenreinigungsmitteln voll erfüllt werden.

5. Reinigungsmittel für Flaschenkästen aus Kunststoff
Reinigungsmittel für die maschinelle Reinigung von Kunststoffkästen beruhen auf der ausgezeichneten Wirksamkeit von Ätznatron. Sie enthalten darüber hinaus antistatisch

wirkende Stoffe, die meist selbst zur starken Schaumbildung neigen und durch schaumbremsende Substanzen kaschiert werden müssen.

4.8.4 Verfahren zur Reinigung und Desinfektion von Behältern und Leitungssystemen sowie Maschinen (vgl. auch Literatur 9 bis 11)

Wir unterscheiden
1. Manuelle Reinigung
2. Mechanische Reinigung durch Hochdruckgerät
3. Chemische Reinigung im Niederdruckverfahren
4. Chemische Reinigung im Hochdruckverfahren

Die **manuelle Reinigung** umfasst das Vorspülen, das Abbürsten unter Zuhilfenahme eines geeigneten Mittels, das Nachspülen, die Desinfektion durch ein geeignetes Mittel und dessen Einwirkenlassen von mindestens einer Stunde oder über Nacht, sowie die Nachspülung mit Trinkwasser. Alle 14 Tage oder besser wöchentlich sind die Füllanlagen und Leitungen auseinander zu nehmen, zu reinigen und zu desinfizieren.

Bei dem **Hochdruckverfahren** werden durch den Sprühstrahl mit hohem Druck (70-100 bar) die Verunreinigungen abgeschleudert. Die **Niederdruckreinigung** besteht nur in einem Versprühen der Reinigungsmittel ohne mechanischem Begleiteffekt bei 1 bis 8 bar.

In beiden Systemen verwendet man in die Behälter eingebaute oder mobile Spritzköpfe (z.B. sog. Igelköpfe).

Hinsichtlich der Reinigungs- und Desinfektionslösung unterscheidet man:

A) die Stapelreinigung, d.h. Stapelung der wieder gewonnenen Lösung in Vorratsbehältern, Ergänzung ihrer Konzentrationsverluste und Neueinsatz nach ca. sieben bis zehn Reinigungskreisläufen.
B) sog. verlorene Reinigung, d.h. einmalige Verwendung der Lösungen, die im Allgemeinen eine niedrigere Konzentration als bei A besitzen.

Die **Umlaufreinigung** von Einrichtungen und Rohrleitungen, die hierbei zu einem oder mehreren Kreisläufen zusammengeschlossen werden, hat ihre Perfektion unter der **Bezeichnung CIP (Cleaning in place** = Reinigung am Platz, also ohne Zerlegung der Apparate und Leitungen) erfahren, wobei die erforderlichen Arbeitsgänge, wie Wechsel der umzupumpenden Reinigungs- und Desinfektionsflüssigkeiten und deren Kontrolle sowie Nachschärfungen usw. automatisch mittels Lochkartensystem, pneumatisch oder elektromagnetisch gesteuerter Ventile oder Leitfähigkeitsgeber gesteuert werden. Über CIP-Anlagen, ihre richtige Auslegung und Wartung im Betrieb berichtet Evers [12].

Beispiel eines Schemas bei Systemreinigungen

1. Vorspülung mit Wasser z.B. 5 Minuten
2. alkalische Reinigung (heiß bei 85 °C) oder kombinierte Reinigung und Desinfektion z.B. 15 Minuten
3. Nachspülung mit Wasser (heiß/kalt) z.B. 10 bis 20 Minuten
4. saure Reinigung bis 65 °C ca. 30 Minuten
5. Zwischenspülung ca. 10 Minuten
6. chemische Desinfektion (warm, heiß) aktivchlorhaltig ca. 30 Minuten
7. Nachspülung mit Wasser (heiß/kalt) ca. 20 bis 30 Minuten

Ein solches Schema ist selbstverständlich anzupassen an die vom Material bedingten Voraussetzungen hinsichtlich der Auswahl der Reinigungs- und Desinfektionslösungen, ihrer Konzentration, Temperatur, Einwirkungszeit etc.

Um beim Stapelverfahren die Vorratsbehälter für die mehrmals einzusetzenden Reinigungs- und Desinfektionslösungen nicht mit den Grobverschmutzungen zu belasten, lässt man mitunter die erste Partie der am meisten mit Schmutz beladenen Lösungen in den Abwasserkanal. Im Falle einer biologischen Kläranlage oder Einleitung in Oberflächengewässer sind hier allerdings u.a. wegen der Schädigung der am Klärprozess beteiligten Mikroorganismen Einwände geltend zu machen.

Bei der Umlauf- oder Kreislaufreinigung muss eine intensive Strömung gewährleistet sein. Die **Fließgeschwindigkeit** in den Rohrleitungen sollte mindestens bei 1 m/s liegen, üblich sind 1 bis 1,5 m/s und 6 bis 7 bar.

Sehr ausführliche Ausführungen über die Reinigung und Desinfektion in der Getränkeindustrie gibt Manger [10] und Evers [11] über die Hygiene im Flaschenkeller.

Literatur:
- [1] Dachs, E.: Getränke-Industrie 17 (1963) S. 3
- [2] Schumann, G.: Brauer- u. Mälzer-Lehrling 6 (1969) S. 83
  Schumann, G.: Brauer- u. Mälzer-Lehrling 8 (1970) S. 66
- [3] Klenk, K.: Anforderungen an die moderne Flaschenreinigung, Das Erfrischungsgetränk (1993) S.430
- [4] Schlüßer/Mrozek, Henkel, Praxis der Flaschenreinigung S. 20 u. Abb.
  Zeinecker, R.: Betriebshygiene im Getränkebetrieb u. Abb.: Verlag W. Sachon, S. 181
- [5] Kutter, F.: Flaschenfüllerei, 5. Ausgabe 1972 Verlag Schweizer Brauerei-Rundschau, Postfach 190, CH-8047 Zürich
  Zentgraf, G.: Brauerei im Bild, Verlag Hans Carl, Nürnberg 1971
  Bottling and Canning of Beer, Ruff-Becker Siebel-Institut Chicago, Übersetzung Stadler, H. u. Zeller, F. Verlag K.G. Lohse, Frankfurt/M.
  Rückblick drinktec 93, Brauindustrie (1993) S. 1232
- [6] Arndt, G.: Olympiade der Getränkewirtschaft, Nachbericht zur drinctec-interbrau, AFG-Wirtschaft 12 (2001) S. 29-42
- [7] Gomez, L.: Innovative Entwicklung, AFG-Wirtschaft 3 (2002) S. 6-9
- [8] Messer, K.: Spezifische Reinigungstechnologie für PET-Flaschen, Das Erfrischungsgetränk 2 (2000) S. 20-23
- [9] Zeinecker, R.: Betriebshygiene im Getränkebetrieb, Verlag W. Sachon
  Roth, K.: Das Erfrischungsgetränk 23 (1970) S. 970 ff
- [10] Manger, H.-J.: Reinigung und Desinfektion in der Getränkeindustrie, Brauerei-Forum 3 (1998) S.70-73
- [11] Evers, H.: Hygiene im Flaschenkeller, Brauerei-Forum 9 (1999) S. 244-247
- [12] Evers, H.: CIP-Anlagen – richtige Anlagenauslegung, Wartung und Betrieb, Brauerei-Forum 6 (2000) S.165

5 Abwasser- und Abfallbeseitigung

Abwasserbeschaffenheit und Abwasservorbehandlung in der Erfrischungsgetränkeindustrie

5.1 Einleitung

Ein betriebsinternes Abwasserentsorgungskonzept muss sich sowohl den unterschiedlichen Einleite- und Gebührenvorschriften der jeweiligen Kommune als auch der dortigen Kläranlagensituation anpassen. Voraussetzung hierfür sind Kenntnisse über die Abwasserbeschaffenheit, die infolge der großen Produktpalette von Erfrischungsgetränken eine sehr unterschiedliche Zusammensetzung aufweisen kann. Durch die Kennzeichnungsangaben für die Abwasserbeschaffenheit erhält man die Grundlagen für die Umsetzung der Einleite- und Gebührenvorschriften, über die Höhe der Abwassergebühren, aber auch für die Kennzahlen der Abwässer aus der Erfrischungsgetränke- Industrie. Damit sind gestützt auf eine Kosten/Nutzen-Analyse die entsprechend angepassten Abwasservermeidungs- und Rückhaltemaßnahmen als auch die Anlagenkonzepte zur Abwasservorbehandlung oder Abwasserklärung, über die hier ebenfalls berichtet wird, rentabel zu betreiben.

5.2 Abwasserbeschaffenheit durch unterschiedliche Zusammensetzung

Zunächst die Grundsatzfrage, was versteht man unter Abwasser? **Abwasser ist definiert** als ein in seinen Eigenschaften verändertes abfließendes Wasser mit der Beseitigungsabsicht, sich dessen zu entledigen und es nicht wieder zu verwenden. [1]

Die Abwasserbeschaffenheit wird von der **Zusammensetzung** der Abwässer beeinflusst, also von der Getränkeart, ob Wasser-, Mineralwasser oder Süßgetränk oder Fruchtsaft abgefüllt werden. Einfluss besitzen fernerhin die Abfüllung in Einweg- oder Mehrwegflaschen, eine mögliche Abwasserbelastung durch Produktreste, Fehlchargen, Zuckersirupreste, Grundstoffreste, Getränkereste und zu bedeutenden Anteilen auch die Flaschenfüllereiabwässer. Darin besitzen die Produktreste als Bestandteil im Leergut bei dessen Reinigung einen erheblichen Schmutzfrachtanteil. In elf Versuchsreihen zu 45 Flaschen wurden von uns im Durchschnitt 1,6 ml Getränkerest je Flasche ermittelt. Hohe Verschmutzungsanteile im Flaschenkellerabwasser stellen jedoch auch die ausgelaugten Etiketten dar. Da die Etiketten durch Leim und wasserlösliche Extrakte ohnehin Abwasserbelastung erzeugen, lässt sich der durch Natronlauge zusätzliche gelöste Etikettenextrakt durch eine Wareneingangskontrolle quantifizieren und durch eine entsprechende Etikettenauswahl dann minimieren. Untersuchungen dazu werden an der VLB durchgeführt. [2]

Bei der Abfüllung in Einwegflaschen kommen die Schmutzfrachtanteile, die bei den Mehrwegflaschen aus den o.a. 1.6 ml Getränkeresten je Flasche und aus den Etiketten herrühren, nicht zu Stande.

Wie die später unter 5.4 zusammengestellten Kennzahlen der Abwässer aus der Erfrischungsgetränke- Industrie deutlich machen, hängt die Quantität und Zusammensetzung der Abwässer sowohl von der Produktionsmenge des jeweiligen Betriebes ab, als auch von dem Stand der Abwasservermeidungsmaßnahmen bei Produktion, Reinigung und Abfüllung, wobei Größendegressionseffekte bei großen Produktionsstätten mit Großgefäßen sowie größere Abfüllmengen in Einwegflaschen und Dosen die Abwasserfrachten verringern gegenüber der Abfüllung in Mehrwegflaschen.

Die Abwässer aus der Fruchtsaftindustrie sind im Falle einer betriebseigenen Fruchtsaftherstellung ca. dreifach höher konzentriert als die Abwässer der Betriebe mit Produktion und Abfüllung süßer Erfrischungsgetränke, die ihrerseits in Menge, Konzentration und Fracht vergleichbar sind mit den Abwässern aus Betrieben, die nur Fruchtsäfte und Fruchtnektare abfüllen.

5.3 Kennzeichnungsangaben der Abwasserbeschaffenheit

Die **pH- und Temperaturwerte** als physikalisch-chemische Kenngrößen spielen in den Einleitungsbedingungen für die Kanalisation und die Kläreinrichtung zur Vermeidung von Bausubstanzschäden und zur Optimierung von Klärvorgängen eine große Rolle und sind auf zulässige Bereiche begrenzt.

Die im Abwasser enthaltenen summerischen Stoffe werden als **absetztbare Stoffe** in ml/l, als BSB_5, als CSB und als TOC erfasst. Hierbei können die absetzbaren ungelösten Stoffe in ml/l Abwasser nach ½ oder 2 Stunden Standzeit bestimmt werden, und die Standzeit ist dabei unbedingt anzugeben.

Aus dem Überstand der absetzbaren Stoffe wird häufig der CSB_{sed} (Chemischer Sauerstoffbedarf) oder der $BSB_{5\,sed}$ (Biochemischer Sauerstoffbedarf nach 5 Tagen Sauerstoffzehrung) oder der TOC_{sed} (Totaler organischer Kohlenstoffgehalt) bestimmt und mit dem Kürzel „sed" gekennzeichnet. Im Gegensatz dazu kann aber auch nach Durchmischen der Abwasserprobe im homogenisierten Abwasser der CSB_{hom} oder der $BSB_{5\,hom}$ oder der TOC_{hom} bestimmt werden. Er erhöht sich demzufolge um den CSB der zuvor nicht abgetrennten absetzbaren Stoffe mit der Folge von ca. 50 % höheren Ergebnissen bei häuslichem Abwasser. Mit anderen Worten ist der CSB_{sed} ca. 2/3 so hoch wie der CSB_{hom}, desgleichen ist auch der $BSB_{5\,sed}$ nur etwa 2/3 so hoch wie der $BSB_{5\,hom}$

Der **Chemische Sauerstoffbedarf (CSB)** drückt den nahezu gesamten Sauerstoffverbrauch eines Abwassers aus, wie er zu dessen Oxidation benötigt wird.

Bei der Bestimmung werden in schwefelsaurer Lösung unterstützt durch einen Katalysator und sehr hoher Temperaturen die Abwasserinhaltstoffe gut aufgeschlossen und mit Kaliumdichromat weitgehendst oxidiert.

Aus dem Verbrauch an Kaliumdichromat errechnet sich der Sauerstoffverbrauch, also der CSB in mg O_2/l.

Der **Biochemische Sauerstoffbedarf (BSB_5)** drückt nur den Sauerstoffverbrauch eines Abwassers aus, wie er zum biochemischen Abbau seiner organischen Inhaltstoffe unter Mitwirkung von Mikroorganismen innerhalb von fünf Tagen bei einer Temperatur von 20 °C im Dunkeln benötigt wird. Dieser sog. Verdauungsansatz in speziellen sog. Sauerstoffflaschen wird nach 5 Tagen Zehrungsdauer abgebrochen, mitunter auch erst nach 20 Tagen mit demzufolge höheren Ergebnissen, was dann aber durch die Kennzeichnung BSB_{20} statt BSB_5 vermerkt werden muss. Bei der Bestimmung werden die Abwässer mit sauerstoffhaltigem und nährsalzhaltigem Wasser verdünnt in den erforderlichen Messbereich, damit nach der Zehrungsdauer in der Probe noch mindestens 2 mg O_2/l enthalten sind und demzufolge ein zu niedriges Ergebnis etwa durch Sauerstoffmangel in der Probe ausgeschlossen werden kann. Ein zu niedriges Ergebnis kann aber auch durch Verdünnungsfehler, durch toxische Abwasserinhaltsstoffe oder Nährsalzmangel u.a. ausgelöst werden, weil die Tätigkeit der Mikroorganismen und damit der Sauerstoffverbrauch gehemmt wurde.

Da neben dem BSB_5 auch im gleichen Abwasser der CSB bestimmt wird, hat man in Richtung einer Doppelbestimmung auch eine Abschätzung über die Größe des BSB_5, da der CSB im Allgemeinen 2 bis 2,4 mal höher ausfällt als der BSB_5 bei häuslichen Abwässern; bei Abwässern der Getränkeindustrie mit hohen Gehalt biologisch leicht abbaubarer organischer Inhaltsstoffe wie z.B. Getränkeresten liegt der CSB nur 1,3 bis 1,7 mal höher als der BSB_5. Bei Gegenwart von toxischen Abwasserinhaltsstoffen aus höheren Mengen an Reinigungs- und Desinfektionsmittelresten in der Abwasserprobe tritt infolge des dadurch gebremsten niedrigen BSB_5-Wertes dann ein hohes **CSB/BSB_5-Verhältnis** von über 2,4 auf, weil die biologische Abbaubarkeit dieses Abwassers schlechter geworden ist.

Der **TOC-Wert**, also der gesamte organische Kohlenstoff, misst aus der bei der Verbrennung der Abwasserinhaltsstoffe entstehenden CO_2-Menge vermindert um den anorganischen Kohlenstoff (TOC = Total Inorganic Carbon), den TOC in mg/l. Diese Kennzahl für eine Abwasserbelastung liegt nur ca. 1/3 so hoch wie der CSB.

Die Analysenverfahren sind in den Deutschen Einheitsverfahren zur Wasser-, Abwasser- und Schlammuntersuchung beschrieben und daselbst in DIN 38404 bis 38412 und DIN ISO 10304 und 8192 abwasserbezogen festgelegt. [3]

Der **Einwohnergleichwert (EGW)** bezeichnet die einem Einwohner äquivalente täglich anfallende Schmutzfracht. Dazu wird durch das Produkt aus Kubikmeter Tagesabwassermenge und dazugehöriger Verschmutzungskonzentration die Fracht in g oder kg BSB_5 oder CSB oder andere wesentliche Abwasserinhaltsstoffe berechnet und durch die äquivalente Tagesabwasserfracht eines Einwohners geteilt mit folgenden Einwohnerpauschalwerten:

60 g $BSB_{5\,hom}$ aus 0,2 m³ Abwasser und 300 mg O_2/l als BSB_5 oder 40 g $BSB_{5\,sed}$ aus 0,2 m³ und 200 mg O_2/l $BSB_{5\,sed}$ im sedimentierten Abwasser ohne absetzbare Stoffe.
Beim CSB lauten diese Einwohnerbasiswerte 120 g CSB_{hom} oder 80 g CSB_{sed}.
Für die absetzbaren Stoffe gelten die Bezugsgrößen 50 g/Einwohner·d bzw. 20 g BSB_5/Einwohner·d oder für Sedimentvolumen 1,8 l/Einwohner·d (9 ml/l).

Im **Abwasserabgabengesetz** [4], das die Gebühren für die gereinigten Abwässer aus Kläranlagen bei Einleitung in die öffentlichen Gewässer, den sog. Vorflutern, in diesem Fall für die sog. Direkteinleiter festlegt, wird diese **Abwasserabgabe** entsprechend der abgeleiteten Abwassermenge und Abwasserkonzentration erhoben.

Aus letzterem werden die Schadeinheiten (SE) berechnet. Eine Bewertung entfällt außer bei Niederschlagswasser und Kleineinleitungen, wenn die angegebenen Schwellenwerte für Schadstoffkonzentrationen oder Jahresmenge nicht überschritten werden.

Die Höhe der **Schadeinheiten (SE)** addiert sich aus den folgenden Einzelgrößen :
- 50 kg CSB = 1 SE
- 3 kg Phosphor = 1 SE
- 25 kg Stickstoff = 1 SE
- 2 kg Halogen berechnet als org. gebundenes Chlor bei org. Halogenverbindungen als absorbierbare org. geb. Halogene (AOX) = 1 SE
- 20 g Quecksilber = 1 SE
- 100 g Cadmium = 1 SE
- 500 g Chrom = 1 SE
- 500 g Nickel = 1 SE
- 500 g Blei = 1 SE
- 1000 g Kupfer = 1 SE
- Fischgiftigkeit größer als 2 in 3000 m³ = 1 SE

Die Höhe der Schadeinheiten wird mit einem gestaffelten DM-Betrag z.B. von 70 DM ab 1.1.1997 multipliziert zur Höhe der Abwasserabgabe. Der Abgabesatz (z.B. 70 DM) halbiert sich für die Schadeinheiten, die nicht vermieden werden, wobei noch die dort detaillierten Ausführungen im Zusammenhang mit den Mindestanforderungen nach § 7a des Wasserhaushaltgesetzes zu beachten sind.

Verschiedene Abwasserverbände erheben die Gebühren für die Indirekteinleiter, also die Mitbenutzer ihrer Kanalisation und Kläranlagen, nach der Kubikmetermenge und der Abwasserschädlichkeit in Schadeinheiten. Diese Schadeinheiten bezeichnen ebenfalls wie der Einwohnergleichwert den Vielfachen, auf einen Einwohner bezogenen Abwasserschädlichkeitsbetrag.

5.4 Kennzahlen der Abwässer aus der Erfrischungsgetränke-Industrie

Durch die Vielfalt der Getränkearten in der Erfrischungsgetränke-Industrie kommen recht unterschiedliche Abwasserfrachtwerte und Werte für die Abwasserbeschaffenheit zu Stande. Das verdeutlicht die folgende Pauschalwerttabelle, mit der man **Zielvorgaben** oder die betriebliche Abwasserfracht einschätzen kann. Mit diesen spezifischen, auf 1 hl Getränk bezogenen Pauschalwerten sind dann in einer **Mischrechnung** die unterschiedlich hohen Pauschalwerte für Süßgetränke und Tafelwässer in Mehrweg- und Einwegflaschen zu einem Mittelwert zu kombinieren.

Tabelle: Pauschalwerte für Abwässer der Erfrischungsgetränke-Industrie

	Süßgetränke Mehrweg	Süßgetränke Einweg	Mineral- u. Tafelwasser Mehrweg	Fruchtsaft-Produktion
m^3/hl	0,14-0,28	0,14-0,28	0,10-0,20	0,18-0,28
$BSB_{5\ sed}$ mg/l	570-850	240	110-220	1500-3000
CSB_{sed} mg/l	860-1280	380	190-380	3000-6000
BSB_5 kg/hl	0,08-0,24	0,069	0,022	0,27-0,6
CSB_{sed} kg/hl	0,12-0,36	0,05-0,10	0,02-0,08	0,54-1,2
EGW_{40}/hl	2-6	1,72	0,5	6,7-15
Sedim. ml/l	3,7	0,1-1	0,1	10-30
pH-Wert	6,5-8,5	6,5-7,5	6,5-8,5	5,1-6,1
$N_{ges.}$ mg/l	6-40	6-40	6	15-27
$P_{ges.}$ mg/l	6-9	6-9	6	9-22

Tabelle: Beispiele produktionsspezifischer Kennzahlen in Abhängigkeit vom Intensitätsgrad bei den Abwasservermeidungsmaßnahmen

		Mineralwasser	Süßgetränke
höhere Richtwerte			
	m^3/hl	0,10	0,14
	kg CSB_{hom}/hl	0,05	0,25
mittlere Richtwerte			
	m^3/hl	0,05	0,10
	kg CSB_{hom}/hl	0,04	0,20
niedrigste Richtwerte			
	m^3/hl	0,04	0,04
	kg CSB_{hom}/hl	0,04	0,16

Die Ergebnisse in den Süßgetränke herstellenden Betrieben können dann durch die hohe Abwasserbelastung infolge von **Produktresten** ganz erheblich überschritten werden, wie das die Werte in der folgenden Tabelle darstellen.

Tabelle: Abwasserbelastung durch Produktreste

	CSB mg/l	BSB mg/l	BSB$_5$ kg/l	EGW$_{60}$/l
Zuckersirup	859.100	502.660	0,5	8,3
Limonadensirup	878.400	496.950	0,5	8,3
Fruchtsaftsirup	947.000	802.700	0,8	13,3
Orangenlimonade	89.770	49.820	0,05	0,8
Zitronenlimonade	94.600	51.400	0,05	0,8
Colalimonade	113.600	47.000	0,05	0,8

In **Fruchtsaftbetrieben** können sich ggf. hohe Schmutzfrachten durch die höher **konzentrierten Teilströme aus der Fruchtsaftherstellung** ergeben, wie z.B. aus den Entsaftungs- bzw. Pressvorgängen, der Obstwäsche, der Kelterung, der Tankreinigung etc. Hiervon sind aber insbesondere nur die Fruchtsaftbetriebe betroffen, deren Abwasserreinhaltemaßnahmen und Abwasservorbehandlungsanlagen deshalb einen höheren Wirkungsgrad erfüllen müssen.

Tabelle: Analysenmittelwerte vom Gesamtabwasser einer Fruchtsaftfabrik (ohne Abfüllung) für verschiedene Verarbeitungskampagnen

Verarbeitung	pH	absetzbare Stoffe nach 2 h ml/l	BSB$_5$ (original) mg/l	CSB (original) mg/l	N$_{ges.}$ mg/l	P$_{ges.}$ mg/l
Äpfel*	5,3	33,4	2523	5511	26,5	21,3
Apfelsaft**	5,6	16,5	2495	5071	26,9	22,6
Rote Beete*	6,1	23,5	2735	8588	-	-
Sauerkirschen*	5,1	8,7	2275	4045	15,0	-
Johannisbeeren*	5,8	23,8	2614	4874	13,6	12,5
Johannisbeersaft**	5,6	21,2	2095	4601	-	8,7
Säfte unverdünnt	3-4					

* Pressen, Schönen, Konzentrieren, Lagern
** Konzentrieren, Lagern - keine Analysenwerte
Bestimmung: - BSB5 manometrisch
                - CSB Küvettentest

Die **spezifischen Schmutzfrachtwerte für die Fruchtsaftabfüllung** liegen etwas höher (ca. 20 %) als die für die Süßgetränke in Mehrwegflaschen, was auf die Fruchtinhaltsstoffe und ihren konzentrierteren Verschmutzungsgrad zurückzuführen ist. Eine sehr bedeutungsvolle Einsparung stellt der Abtransport des **Zentrifugates zur Mülldeponie** dar.
Zur Lebensmittelhygiene im Produktionsbetrieb sind Reinigungs- und Desinfektionsmittel sowie die Anwendung hoher Temperaturen unumgänglich. Zwangsläufig können dann hohe Abwassertemperaturen und Abwässer mit nicht abverbrauchten Resten an Reinigungs- und Desinfektionsmitteln (Säuren, Laugen, Biozide etc.) vielschichtige Probleme im Entwässerungssystem verursachen.

Zusammenfassend können sich die folgenden problematischen Punkte der Abwasserbeschaffenheit ergeben:

- Temperatur, heiße Teilströme
- Säure, Lauge, SO_4
- Biozide, Additive, NO_3
- gefährliche Stoffe, Cu, Cl, AOX
- Sed., Al, Verschlammung, Anaerobreaktor
- CSB, Tenside
- N, P

5.5 Anforderungen an die Abwassereinleitung

Für die sog. **Indirekteinleiter**, d.h. die Mitbenutzer der öffentlichen Kanalisation und der öffentlichen Kläranlagen sind in den **Entwässerungssatzungen** bzw. in dem **Arbeitsblatt 115** der Abwassertechnischen Vereinigung die Bedingungen für die Abwasserbeschaffenheit zusammengestellt, bei denen für die Kanalisation, die Kläranlage, für das Personal keine Bedenken bestehen. Deshalb sind die Temperaturgrenzwerte auf **35 °C** begrenzt, die zulässigen **pH-Werte auf 6,5 bis 10** und die zulässigen Werte für absetzbare Stoffe bis 0,5 ml/l nach 0,5 Stunden Absetzzeit nur soweit eine Schlammabscheidung betrieben wird. Ein **Sulfatgehalt ist nur bis 600 mg/l zulässig.** Anorganischer **Stickstoff ist bis 80 mg/l** und **Phosphor bis 15 mg/l** begrenzt. Gefährliche Stoffe, wie Kupfer, Chlor, AOX sind ebenfalls mit niedrigen Werten begrenzt und auch überwacht gemäß der Bestimmungen in der Verordnung zur Überwachung von gefährlichen Stoffen (VGS).

Wird nach diversen Reinigungs- und Sterilisationsmaßnahmen durch stoßweisen Ablass und durch sehr heiße Teilströme das Temperaturniveau überschritten, so kommt es zu Angriffen auf Kunststoffteile und Dichtungen der Kanalisation und in der Kläranlage. In der betriebsinternen Abwasservorbehandlungsanlage bestehen bei Temperaturen von mehr als 40 °C Probleme mit dem Sauerstoffeintrag bei der Abwasserbelüftung.

Sulfathaltige Abwasserteilströme greifen ebenfalls die Bausubstanz der Kanalisation an. Saure und hoch alkalische Abwasserteilströme beeinträchtigen das Zellmaterial der Mikroorganismen in den Abwasserreinigungsanlagen. Diverse andere Nachteile bestehen darin, dass die biologischen Prozesse auch anfällig sind gegenüber bioziden Wirkstoffen und Additiven von Reinigungs- und Desinfektionsmitteln, gegenüber Konzentrationsstößen und im Falle eines anaeroben Abwasserreinigungsprozesses gegenüber dem im Nitrat chemisch gebundenen Sauerstoff. Weitere Abwasserprobleme können sich mit gefährlichen Stoffen wie Kupfer, Chlor und seltener vorkommenden AOX ergeben. Ferner mit Tensiden, mit Aluminium wegen der Neutralisationsschlämme und ggf. mit diversen absetzbaren Stoffen, die sich durch Fäulnis bildende Ablagerungen in der Kanalisation und durch Konzentrations- und sekundäre Säurestöße nachteilig auf den Verschmutzungsgrad und auf die abwasserklärenden Mikroorganismen auswirken.

Zur Vermeidung einer Gewässereutrophierung sind auch die Nährsalze Stickstoff und Phosphor zu begrenzen, letztere durch Verringerung von diversen Getränkeresten im Abwasser und durch Phosphatersatzstoffe bei den Reinigungsmitteln. Das Gebot eines dichten Kanalisationssystems zur Vermeidung von Abwasserversickerungen und deren negativen Folgen für die Grundwasserqualität ist unumgänglich.

Die **wassergefährdenden Stoffe** werden in einer neuen **Verwaltungsvorschrift (VwVO) [5] zum Wasserhaushaltsgesetz (WHG) § 19g** über die Einstufung wassergefährdender Stoffe in Wassergefährdungsklassen geregelt. Danach handelt es sich um wassergefährdende Stoffe, die geeignet sind, nachhaltig die physikalische, chemische oder biologische Beschaffenheit des Wassers nachteilig zu verändern. Als nicht wassergefährdend im Sinne des WHG werden bestimmt u.a. Lebensmittel im Sinne des Lebensmittel und Bedarfsgegenständegesetzes (LmBdG) und Futtermittel im Sinne des Futtermittelgesetzes. Entsprechend ihrer Gefährlichkeit werden die in Anhang 2 der VwVO genannten wassergefährdenden Stoffe in **drei Wassergefährdungsklassen (WGK) eingestuft**: WGK 3 = stark gefährdend, WGK 2 = wassergefährdend, WGK 1 = schwach wassergefährdend. Nicht wassergefährdend sind z.B. Bitumen, Eisen, Kohlensäure, Stickstoff, Zink. Wassergefährdende Stoffe sind z.B. Ammoniak (WGK 2), Benzoesäure (WGK 1), Calciumchlorid (WGK 1), Chlor (WGK 2) mit der Anmerkung keiner Einschränkung für die Wasseraufbereitung, Ethanol unvergällt (WGK 1), Heizöl (WGK 2) usw. Gemische werden gemäß einer entsprechenden Sonderregelung eingestuft, auch abhängig vom Massengehalt der Einzelstoffe. Es besteht ferner eine Regelung für die Verpflichtung zur Selbsteinstufung und zur Dokumentation einer WGK-Einstufung und der Veröffentlichung.

Auch europaweite Regelungen sind zu erfüllen, wie die Umweltrahmenrichtlinie, die Deponierichtlinie bzw. das Abfallwirtschaftskreislaufgesetz und die TA Abfall mit der Tendenz: Vermeidung von Abfall durch mehr Kreislauf und Verbrennung von Klärschlamm an Stelle von Deponie. Schließlich ist noch die **Öko-Audit-Verordnung** der EG zu nennen, wo die Öffentlichkeit zu informieren ist über begutachtete Umweltschutzaktivitäten des Industriebetriebes. Aus Gründen des Wettbewerbs wird sich auch freiwillig jeder Betrieb dieser vertrauensbildenden Maßnahme zwischen Industrie und Bevölkerung anschließen und durch einen unabhängigen, anerkannten Gutachter seine Umweltschutzaktivitäten registrieren und beurteilen lassen sowie noch bestehende Mängel beseitigen lassen. [6]

Außer den zuvor genannten und überwiegend vorkommenden Indirekteinleitern gibt es in wenigen Einzelfällen noch sog. Direkteinleiter. **Direkteinleiter** sind Betreiber eigener oder kommunaler Kläranlagen, die dann die dort geklärten Abwässer direkt in ein öffentliches Gewässer (Fluss oder See) einleiten. Nach § 7a des **Wasserhaushaltsgesetzes (WHG)** kann die Erlaubnis zur Einleitung von Abwasser in ein Gewässer nur erteilt werden, wenn die Schadstofffracht so gering gehalten wird, wie das bei Anwendung der in Frage kommenden Klärverfahren nach dem „Stand der Technik" zu erreichen ist und die direkt einzuleitenden Abwässer dann die Anforderungen erfüllen, wie sie in den für die jeweiligen Branchen erstellten Anhängen der „Abwasserverordnung" zu entnehmen sind [7], die die früher hierfür geltenden Mindestanforderungen ersetzen (vgl. Tabelle).

Tabelle: Anforderungen an das Abwasser für die Einleitungsstelle in das Gewässer gemäß der Anhänge 6, 11 und 21 der Abwasserverordnung

	Qualifizierte Stichprobe oder 2-Stunden-Mischprobe				
	BSB_5 mg/l	CSB mg/l	NH_4-N mg/l	$N_{ges.}$ mg/l	$P_{ges.}$ mg/l
Anhang 6, Herstellung von Erfrischungsgetränken u. Getränkeabfüllungen (auch Mineral- und Tafelwasser)	25	110	2		

Neu ist mit der Einführung des neuen Standards **„Stand der Technik"**, der auch das Techniknivau für den Bau und Betrieb von Abwasseranlagen vorschreibt, der stärker betonte Verhältnismäßigkeitsgrundsatz. Danach werden bei vorhandenen genehmigten Einleitungen zusätzliche Anforderungen (siehe Tab. oben)nur gestellt, wenn der mit der Erfüllung der Anforderungen verbundene Aufwand nicht außer Verhältnis zu dem mit der Anforderung angestrebten Erfolg steht (§ 5 Abs.1 Satz 1 WHG). [8]

Nach § 6 gilt der CSB auch als eingehalten, wenn der vierfache Wert des gesamten organisch gebundenen Kohlenstoffs, also der TOC in mg/l, diesen CSB-Wert nicht überschreitet.

5.6 Abwassergebühren, Beiträge und Abgaben

Bei den Abwasserkosten sind die folgenden **Kostenarten** in Betracht zu ziehen [9]:
- **Abwassergebühren** in **Euro/m³** für die Abwasserentsorgung, für die Mitbenutzung der Kanalisation, deren Erneuerungsmaßnahmen und für die Abwasserreinigung in der Kläranlage;
- **Beiträge** oder Baukostenzuschüsse zumeist in **Euro/EGW** für mitbenutzte Kapazitätsanteile an der kommunalen oder verbandseigenen Gruppenkläranlage;
- **Starkverschmutzerzuschläge** nach den unterschiedlichsten Formeln mit Bemessungsparametern für die verschiedenen Abwasserinhaltsstoffe;
- **Strafgebühren** und Haftungsansprüche als finanzieller Ausgleich für verursachte Schadenspotenziale in Kanalisation und / oder Kläranlage durch Nichteinhaltung der Einleitegrenzwerte für Temperatur, pH, Sulfat, toxische Stoffe u.a. oder durch Überschreitung der Kapazitätsanteile durch zu große Stoßfrachten oder zu große Abwasserfrachten bei Leckagen etc. Auf die Verursacher kommen daraufhin auch hohe Abwasserabgaben nach dem Abwasserabgabengesetz zu;
- **Abwasserabgaben für Direkteinleiter** (Betreiber vollbiologischer Kläranlagen mit deren Ablaufeinleitung in öffentliche Gewässer), die auf die Indirekteinleiter, also die Mitbenutzer dieser Kläranlagen umgelegt werden und bei Störung der Kläranlagenfunktion erhöht werden.

Am häufigsten werden die Abwassergebühren gemäß der erstgenannten Position erhoben. Diese Kosten sind **verschmutzungsunabhängig** und beziehen sich auf die Abwassermenge, die sich aus dem über Wasseruhren gemessenen Frischwasserverbrauch errechnet durch dessen Verminderung um die sog. Absetzungen, d.h. um die nicht ins Abwasser übergehenden verbrauchten Wassermengen wie in den produzierten Getränken, den verdunsteten oder in Nebenprodukten enthaltenen Wassermengen u.a.

Bei den Getränkeproduzenten sind die Absetzungen abhängig von der Getränkemenge, der Art der Abfüllung und Gebindereinigung u.a. Die **Absetzungsquote** für das Mehrwegprogramm beziffert sich inklusiv der Getränkemenge u.a. Verlustziffern auf **0,1303 m³/hl**. Beim Einwegprogramm beträgt die Absetzung inklusiv der Getränkemenge nur **0,0971 m³/hl**.

Eine **direkte Abwassermengenmessung** kann durch spezielle, in den Kanal oder das Abwasserrohr eingebaute Geräte erfolgen, z.B. durch Venturi-Rinnen, Überfallwehre oder durch induktive **Durchflussmesser (IDM)**. Wegen diverser Störanfälligkeiten bei Schäumung der Abwässer oder grober mitgeführter Bestandteile können Fehlmessungen auftreten, bei denen unlogischerweise der gleichzeitig über geeichte Wasseruhren gemessene Frischwasserverbrauch niedriger ist als die fehlerhaft angezeigte Abwassermenge. Daher empfiehlt sich die ständige Gegenkontrolle durch die erwähnte **indirekte Abwassermengenmessung** aus dem Wasserverbrauch und den Absetzungsquoten.

Die Abwassergebühren in €/m³ liegen nach Schweer [10] in größeren Gebührenveranlagungsräumen durch Größendegressionseffekte u.a. der Betriebskosten wesentlich niedriger als in kleineren Veranlagungsräumen. Das bedeutet eine Benachteiligung der ländlichen Strukturen. Mit Nachdruck ist ein gesplitteter Maßstab nach Schmutzwasser und Regenwasser zu fordern, sofern dieser noch nicht bestehen sollte.

Die übrigen genannten Abwasserkosten wie Beiträge, Starkverschmutzerzuschläge, Strafgebühren und Abwasserabgaben sind zugleich auch verschmutzungsabhängig.
Die Beiträge und **Baukostenzuschüsse** richten sich nach den bereits erläuterten Einwohnergleichwerten, nach denen die Gesamtkosten auf die Benutzer aufgeteilt werden. Durch Größendegressionseffekte sind die **Investitionskosten** und deren spezifische Größen bei den größeren Anlagen niedriger als bei kleineren Anlagen. Bei kommunalen Anlagen mit über 100000 EGW lagen sie in der Größenordnung von 300 Euro/EGW, bei kleineren Anlagen unter 100000 EGW in der Größenordnung von 400 bis 500 Euro/EGW. Bei betriebseigenen Kläranlagen ergibt sich ein wesentlich niedrigeres Kostenniveau ebenfalls begleitet von Größendegressionseffekten [9].

Für die Erhebung von **Starkverschmutzerzuschlägen** dürfen **nur die verschmutzungsabhängigen Anteile** der Abwassergebühr herangezogen werden und auf keinen Fall die nicht verschmutzungsabhängigen Anteile wie z.B. die logischerweise nicht verschmutzungsabhängige Inanspruchnahme der Kanalisation (vgl. nachfolgende Formel aus der Mustersatzung in Hessen, wo die verschmutzungsabhängigen Anteile mit 0,3 = 30 % und die verschmutzungsunabhängigen mit 0,7 = 70 % festgelegt werden):

$$\text{Basisgebühr} \cdot \left(0{,}3 \cdot \frac{CSB_{hom}\ mg/l}{600\ mg/l} + 0{,}7\right) = \text{Abwassergebühr}$$

Die 0,3 bedeutet, dass nur ein Drittel der Gebühr verschmutzungsabhängig ist.

Zur Ermittlung des **Abwasserverschmutzungsgrad**es, der produktionsbedingt sehr kurzfristigen Schwankungen unterliegen kann, sollte ein mengenproportionaler **Dauerprobenehmer** eingesetzt werden, bei dem die Probenahmeintervalle von der gleichzeitigen direkten Mengenmessung angesteuert werden.

Bei der Frage nach dem Kosten/Nutzen-Verhältnis von verschmutzungsabhängigen Abwassergebühren hat sich bei Umfragen gezeigt, dass mittlerweile viele Städte und Gemeinden von der Erhebung dieser Gebühren wegen des erhöhten Verwaltungsaufwandes absehen.

5.7 Erst Abwasservermeidung und dann die Abwasserklärung

Die Abwasserklärung ist immer teurer als die Vermeidung von Abwasser. **Zur Verringerung der Abwasserschmutzfracht empfehlen sich folgende Maßnahmen:**

1. Die Sammlung von Produktresten, Fehlchargen, Getränkeresten und Sirupen aus Leergut und Produktionsanlagen, deren Recycling oder separate Entsorgung entweder über eine Kompaktkläranlage eines Industriebetriebes oder über eine Gruppenkläranlage zu Zeiten, in denen sich die Anlage im so genannten Hungerzustand befindet. Ganz problematisch wird es bei einer Leckage der Tagesproduktionsmenge von Süßgetränken, wodurch der Tagesabwasser-Frachtwert sich ca. 20-fach erhöht mit der Folge von Kläranlagenstörungen durch Sauerstoffdefizite u.v.a.m. Gleiches gilt für Zuckersirupe, Limonadensirupe u.a. Diese Beispiele erhärten die Forderung, die innerbetrieblichen Maßnahmen unbedingt zuverlässig zu gestalten und Leckagen sowie Fehlchargen zu vermeiden. Eine betriebsinterne Beckenanlage zur Abwasservorbehandlung eignet sich auch als Havariebecken mit der Möglichkeit zur Korrektur solcher kläranlagengefährdender Einleitungen. Die innerbetrieblichen Vermeidungsmaßnahmen wurden von Schumann sehr detailliert in der Literatur zusammengestellt.
2. Für die Gewinnung der Limonadenreste in den Rücklaufflaschen sind solche Reinigungsmaschinen erforderlich, die eine Restentleerung der Rücklaufflaschen durch Spülung und deren separate Ablaufführung gestatten. Die Entsorgung dieser konzentrierten Prozessabläufe kann dann wie bei Position 1 erfolgen oder durch eine teilbiologische Klärung in einem Misch- und Ausgleichsbecken der VLB-Baureihe.
3. Weitere Empfehlungen von Abwasserreinhaltemaßnahmen gelten der Minimierung der Abspritzverluste durch entsprechende Kontrollverfahren oder durch abspritzfreie Abfüllanlagen.
4. Die Minimierung der Produktumstellungen und der dabei erforderlichen Zwischenspülungen und Ausschübe verringern die Abwasserschmutzfracht. Eine exakte Phasentrennung von Produkt und Wasser unterstützen Inline-Prozess- Fotometer. [11]
5. Produkthaltige Vor- und Nachläufe aus geschlossenen Rohr- und Anlagensystemen sammeln und wieder verwenden durch Nachdosierung [12]. Noch besser ist das verlustfreie An- und Abfahren von Ausmischanlagen. [12] AFG-Wirtschaft 1 (2001) S. 32
6. Größere Gefäße mit entsprechend kleinerer getränkemengenspezifischer Behälterfläche sowie kürzere und optimal gestaltete Produktleitungen verringern die

Abwasserschmutzfracht. Gleichermaßen erklärt sich die Abwasserschmutzfrachtverringerung durch größere Gefäße, durch größeren Einweganteil und vermehrten Einsatz von Neuflaschen. Bei den größeren Gebinden würde dann auch die Etikettenfläche kleiner und weniger schmutzfrachterzeugend sein.

7. Ein weiteres Gebiet der Abwasserreinhaltemaßnahmen betrifft die Standzeitverlängerung der Reinigungslauge und deren unterstützende Behandlungsverfahren durch Sedimentation und Filtration (Ultrafiltration [13]) durch physikalische und chemische Umsetzungen, durch Bindung von Problemsubstanzen an Aktivkohle, durch chemischen Abbau mit Oxidationsmitteln u.a.
8. Vermeidung von Hochtemperaturzuläufen durch Verteilung in Stapelbehältern und deren Wärmerückgewinnung mit entsprechenden Wärmeaustauschregistern, durch Wärmepumpen u.a. auch im Abwasserbecken.
9. Vermeidung gefährlicher Stoffe durh Umstellung auf andere Stoffe und Verfahren bei der Reinigung und Desinfektion mit entsprechender Auswahl anhand der Sicherheitsdatenblätter der Reinigungs- und Desinfektionsmittel.
10. Membranverfahren bei der chemikalienfreien Wasseraufbereitung
11. Spülwasseraufbereitung der Spülwässer von Wasseraufbereitungsanlagen [14]
12. Vermeidung von Produktresten, Trub, Filterrückständen, Klärmittelschlämmen,Trestern und Kieselgur im Abwasser der Fruchtsaftindustrie
13. Maßnahmen zur Senkung der Abwassermengen und Abwasserfracht durch Möglichkeiten für innerbetriebliche Wasserkreisläufe
14. Wareneingangskontrolle der Etiketten nach dem VLB-Untersuchungsverfahren
15. Neue Flaschenreinigungsmaschinen mit wesentlich verringertem Wasserverbrauch und entsprechenden Temperatursenkungsmaßnahmen über Heizregister und verbessertes Wasserrecycling
16. Verringerte Laugenkonzentration und dadurch verringerte Laugenverschleppung durch bessere Regelungstechniken der Dosierung
17. Einbau und Kontrolle von Wasserzählern, Einsatz von Wassersparventilen und Hochdruckreinigungsgeräten, Einsatz bedienungsfreundlicher Armaturen, Verwendung von geeigneten Kreislaufwässern.
18. Kreislaufreinigung (CIP), Einsatz von Tankreinigungsgeräten u.a.

5.8 Abwasserbehandlung

Die Abwasserschmutzfracht wird wesentlich von der Getränkeart, ob Fruchtsaft oder süße alkoholfreie Erfrischungsgetränke oder Mineralwasser und Tafelwasser, sowie von der Abfüllung in Einweg- und Mehrwegflaschen beeinflusst, wobei die Intensität der zuvor genannten Vermeidungsmaßnahmen eine wesentlich Rolle spielt hinsichtlich des Aufwandes für die nachfolgende Abwasserklärung oder die betriebsinterne Abwasservorbehandlung. So ist es auch zu erklären, dass der eine Betrieb weniger Aufwand für die Abwasservorbehandlung als der andere aufbringen muss. Verschiedentlich bestehen auch ausreichende Kläranlagenkapazitätsanteile in der kommunalen Gruppenkläranlage, sodass man den Betrieb nur zur Einhaltung der Grenzwerte für Temperatur, pH-Wert und gefährliche Stoffe und der übrigen satzungsbedingten Grenzwerte veranlasst.

Eine Grob- und **Feststoffabscheidung mit Siebanlagen**, Bogensieben oder rotierenden Trommelsieben mit Schlitz- und Lochbreiten von 1 bis 1,5 mm wird man vorwiegend in der Fruchtsaftindustrie finden.

Einige Betriebe ohne oder mit nur sehr geringem Süßgetränkeanteil kommen auch mit einer einfachen **Neutralisationsanlage** aus, wo als Neutralisationsmittel zum Abbau erhöhter Alkalitäten **Abfall-Kohlensäure** aus dem Füller verwendet wird (so genanntes Carboflux-Verfahren) und wo die in der Spritzzone oder im Warmwasserbad abgespülte Verschleppungslauge mit CO_2 neutralisiert wird. Dabei wird auch die nachteilige Wassersteinbildung in der Flaschenreinigungsmaschine gebremst. Andere Neutralisationsanlagen arbeiten mit **Rauchgas**.

Höheren Ansprüchen genügen die **Misch- und Ausgleichsbecken** der VLB-Baureihe [15], wo bereits im kleinsten Bautyp auch ein Ausgleich der Temperatur, des pH und des Verschmutzungsgrades der mit produktionsbedingten Belastungsstößen ankommenden Beckenzuläufe erfolgt und wo durch teilbiologischen Abbau sich so genannte **biogene Kohlensäure** bildet, die überschüssige Alkalitäten neutralisiert. Bei den Verfahren mit CO_2 als Neutralisationsmittel ist eine Übersäuerung des Abwassers im Gegensatz zur Verwendung von Salzsäure im Allgemeinen nicht gegeben, es kann sogar auf eine pH-Messelektrode zur Bemessung der CO_2-Gasmenge verzichtet werden.

Da in reinen Abfüllbetrieben während der Sommermonate ein geringer Rauchgasanfall besteht und es zu Engpasssituationen kommt, wenn gerade in den Sommermonaten hier mit Ausstoßspitzen zu rechnen ist, wird man mit den Misch- und Ausgleichsbecken der VLB-Baureihe mit teilbiologischem Abbau und deren selbsttätig entstehender biogener Neutralisationskohlensäure besser fahren, zumal dadurch auch ein Temperaturausgleich sowie ein Ausgleich aller anderen Konzentrationen und zahlreiche weitere Vorteile gegeben sind, die sich dann auch in niedrigeren Abwasserkosten niederschlagen.

In einem belüfteten Halbtagesbecken oder besser noch in einem **Tagesausgleichsbecken** (VLB-Typ A1 und B1) oder auch in einem Wochenausgleichsbecken (VLB-Typ A2 und B2) werden die diskontinuierlich anfallenden Betriebsabwässer bezüglich der Menge und Inhaltsstoffe (pH, Temperatur, Verschmutzungsgrad etc.) egalisiert und Risiken für die nachfolgende Kanalisation und die nachfolgende Gruppenkläranlage vermieden, sodass auch eine kleinere **Kläranlage gleichmäßig beschickt** wird und somit wirkungsvoller arbeitet. Mit Hilfe des Misch- und Ausgleichsbeckens werden auch die um die zurückgehaltenen konzentrierten Prozessabläufe beträchtlich reduzierten Abwasserfrachten der Werktage weiter herabgesetzt, und zwar durch Misch- und Ausgleichsvorgänge, durch **Übertragung der Abwasserfrachten** der Tagesstunden **auf die Nachtabflüsse** und durch Übertragung auf die Abflüsse der produktionsfreien Wochentage.
Darüber hinaus wird durch spontan oxidierbare Stoffe und durch **teilbiologische Abbauprozesse** die bereits durch vorgenannte Umstände reduzierte Abwasserfracht abermals herabgesetzt, sodass eine sonst anstehende Vergrößerung der Kläranlagenkapazität überflüssig wird und die klärtechnischen Risiken selbst für eine zu knapp bemessene Kläranlage vermieden werden.

Wie aus den Konzentrationswerten in den Abwässern nach dem Misch- und Ausgleichsbecken und deren Vergleich mit den teils unterschiedlichen verschmutzungszuschlagspflichtigen Konzentrationsangaben vieler Entwässerungssatzungen hervorgeht, **entfallen** bei Beachtung dieser Abwasservermeidungs- und Abwasserbehandlungsvorschläge in vielen Fällen sogar **Starkverschmutzerzuschläge** bei den Gebühren oder werden erheblich **vermindert**. Viele vom Verfasser geplante, inzwischen realisierte und langjährig im Betrieb befindliche Misch- und Ausgleichsbecken haben auch in der Erfrischungsgetränke-Industrie in Abnahmeversuchen diese Aussage bestätigt. Dabei ist eine ausreichend bemessene Belüftung und Umwälzung sowie eine richtige Planung eine selbstverständliche Voraussetzung, um Störungen wie z.B. Geruchsbelästigungen auszuschließen. Langfristig gewinnen die Misch- und Ausgleichsbecken aus den hier genannten Gründen für fast alle Betriebe zunehmende Bedeutung.

Sehr vorteilhaft ist bei den kleineren Misch- und Ausgleichsbecken die Möglichkeit einer bedarfsgesteuerten Korrektur oder Nachneutralisation des Abwassers durch Öffnen einer im Bypass zur Luftleitung angeschlossenen CO_2-Leitung. Das ist bei den größeren Wochenausgleichsbecken und oftmals schon bei den Tagesausgleichsbecken meistens überflüssig, weil die biogene Kohlensäure zur Neutralisation ausreicht. Die Becken üben auch eine Sicherheitsfunktion durch Zurückhaltung stoßweise unabsichtlich abgelassener abwassergefährdender Flüssigkeiten aus, wie z.B. bei Reinigungslaugen, Fehlchargen, Getränken oder von größeren Leckagen und anderen Produktionslösungen. Ferner werden auch auftretende Hemmstoffe abgepuffert, die sonst den biologischen Klärprozess empfindlich beeinträchtigen könnten.

Es lassen sich mit den Becken verträglich mit der Gemeinde vereinbarte Tagesfrachten durch **Streckung der Spitzenabflüsse** auf Tage mit unterdurchschnittlichem Abwasseranfall einhalten, desgleichen eventuell durch Leitungsdurchmesser bedingte abwassermengenbegrenzende Abflusswerte. Zunehmendes Interesse gewinnen die Becken für die Entsorgung von konzentrierten Prozessabläufen der Werktage, wie z.B. bei den Getränkeresten aus den Rücklaufflaschen. Diese Flüssigkeiten werden durch Einleitung und Verdünnung und durch den biologischen Teilabbau im Misch- und Ausgleichsbecken besonders während der produktionsabwasserfreien Wochenenden entsorgt. Über die Größenauslegung der Beckenanlagen gibt die nachfolgende Tabelle Aufschluss.

Tabelle: Anlagenvergleich (600 m³ Abwasser/d)

Anlage	m³ Reaktor	BR (kg BSB/m³)	% BSB_{5red}
MABTag -A1 und B1	360	ca. 1,7	30 - 55
MABWoche -A2 und B2	1000	ca. 0,6	50 - 85

Durch eine **temperaturbedingte höhere Raum-Zeit-Ausbeute** gegenüber den im Allgemeinen mit niederen Temperaturen arbeitenden kommunalen Gruppenkläranlagen kommt ein schnellerer teilbiologischer Abbau mit niedrigeren Biomassenerträgen, d.h. niedrigeren Überschussschlammengen zu Stande, wobei dann auch das höhere Schlammalter in den mit B bezeichneten Becken mit **Biomassenrückhaltung** neben anderen Einflussfaktoren eine wesentliche Rolle spielt, worüber entsprechende Forschungsarbeiten vom Verfasser ausgeführt wurden.

Es würde den Rahmen dieser Ausführungen sprengen, hier die Beckenvarianten und ihre technischen Einzelheiten und Funktionsmerkmale aufzuzeigen. Das sollte Einzelgesprächen vorbehalten bleiben. Vom Verfasser werden im Rahmen der Ingenieurbürotätigkeit hier gern Entscheidungshilfen gegeben und alle Planungsaufgaben übernommen. Auf entsprechende Veröffentlichungen, auch in der Zeitschrift Das Erfrischungsgetränk sei verwiesen. [15]

Eine **betriebsinterne Abwasservorbehandlungsanlage** ist gemäß der oben angeführten Funktionen auch eine **Absicherung gegenüber Haftungsansprüchen**. Das **Bundesimissionsschutzgesetz** schreibt im § 52 vor, dass Betreiber von Produktionsanlagen den Behörden einen Umweltverantwortlichen nennen müssen. Zudem muss der Betrieb so organisiert werden, dass Störfälle ausgeschlossen werden. Bei dem Organisationsverschulden haftet der Geschäftsführer auch strafrechtlich , sofern er die Störfälle nicht durch **Sicherheitsstandards** (z.B. Umweltschutzhandbuch) nahezu ausgeschlossen hat. Hierbei hilft das betriebsinterne belüftete Misch- und Ausgleichsbecken. Es sichert Störfälle in der öffentlichen Abwasserentsorgungsanlage, also in der Kanalisation und in der Kläranlage durch Leckagen und Ähnliches ab. Es ist somit auch Bestandteil des Abwasserkatastrophenplanes bei Leckagen von Reinigungs- und Desinfektionsmitteln oder hochbelasteten Abwasserfrachten wie sie durch größere Mengen von Zuckersirup, Getränkesirup oder Getränken als Abwasserbestandteile dargestellt werden. Die Beckenanlage besitzt dann eine **unentbehrliche Rückhalte- und Aufbereitungsfunktion**. Es ist einleuchtend, dass dann eine solche Baumaßnahme besser ist als eine Versicherung gegen die Folgekosten von Schadensfällen nach dem **Umwelthaftungsgesetz** (seit Januar 1992 in Kraft), weil man sich durch eine Versicherung nicht gegen strafrechtliche Anklagen versichern kann.

Auch sichern die Anlagen die Abwasserqualität ab und es entfallen Strafgebühren wegen Nichteinhaltung der Einleitewerte in der Ortssatzung oder wegen einer Gruppenhaftung für die Kläranlagenstörung, wodurch sich dann ganzjährig erhöhte Abgaben vermeiden lassen. Ferner ergeben sich beträchtliche Einsparungen bei den Beiträgen der Kläranlagenausbaukosten infolge der geringeren Schmutzfrachten.

5.8.1 Betriebskläranlagen mit vollbiologischem aerobem Abbau für Direkteinleiter

Die Entwicklung der vorgenannten Beckenanlagen geht z.T. zu höheren Bauhöhen hin, also zu höheren Wasserspiegelhöhen, wozu entsprechende mit Vordruck betriebene Belüftereinrichtungen erforderlich werden, wie z.B. auch in der Turmbiologie oder dem Tiefschachtverfahren.
Durch Ergänzung der mit Biomassenrückhaltung arbeitenden **Misch- und Ausgleichsbecken oder SBR-Verfahren** mit Sieb- und Schlammbehandlungsverfahren sowie ggf. Vorschaltung eines Tagesausgleichsbeckens und Nachschaltung eines Verteilerbeckens und Nachklärvorrichtung sind die Anforderungen für Direkteinleiter zu erreichen, aber auch durch Kombination mit der einen oder anderen Membrantechnik oder mit Biofilmverfahren, Tauchzelltropfkörperanlage oder anderer Tropfkörpervarianten. Eine solche **Festbetttechnologie** wird ggf. auch in durchmischte Belebungsbecken zur Erhöhung der Raumbelastung integriert, also zur Belastung der Anlage mit einer höheren Schmutzfracht, weil die Biomassenkonzentration durch den Festkörper

erhöht wird, obwohl ein Teil davon durch die Nachklärung ausgetragen wird. Neben dem Vorteil zweier Biozönosen besteht der Nachteil hohen Belüfteraufwandes und Energieverbrauchs, um die an den Einbauten haftenden Bakterien gut mit Nährstoff und Sauerstoff zu versorgen und deren Stoffwechselprodukte ständig zu entsorgen. Zu beachten sind Wirtschaftlichkeitsfragen und Verstopfungsgefahren.

Die anaeroben Abwasserreinigungsverfahren müssen wegen ihres auf die Größenordnung von 80 % begrenzten Abbaugrades noch für die Belange der Direkteinleiter durch Nachschaltung eines aeroben Klärverfahrens ergänzt werden.

5.8.2 Anaerobe Abwasserreinigungsverfahren und kombiniertes anaerobes/aerobes Verfahren

Bei der aeroben und anaeroben Abwasserreinigung stehen sich zwei Verfahrensvarianten gegenüber, die jeweils dort Vorteile aufweisen, wo die Nachteile der anderen Variante liegen. So weist das aerobe Verfahren eine effektive Energieausnutzung des Abwassers und somit einen hohen Abbaugrad auf, produziert dabei aber relativ viel Biomasse, also Klärschlamm, der entsorgt werden muss. Diese Schlammproduktion ist beim anaeroben Prozess außerordentlich minimal. Dafür sind hier die Energieausnutzung und der Abbaugrad zwar hoch, aber dennoch geringer als bei der aeroben Abwasserreinigung. Andererseits ist die **anaerobe Abwasserreinigung für höhere Abwasserkonzentrationen besser geeignet** als die aerobe, während diese jedoch die bessere Prozessstabilität aufweist. Die anaerobe Bakterienvielfalt ist geringer als die aerobe, und in ihrem Spezialisierungsgrad liegt die Gefahr einer **gewissen Störanfälligkeit** und längerer Unterbrechungen in der anaeroben Klärstufe.

Bei der aeroben Variante ist der Energiebedarf auf Grund der erforderlichen Sauerstoffversorgung größer, während aus dem beim anaeroben Prozess gebildeten Biogas sogar noch Energie gewonnen werden kann. Auch der Platzbedarf ist bei den flächigen aeroben Anlagen in der Regel größer als bei den mehr turmartigen anaeroben Anlagen. Diese Konstellation „Vorteile der einen Variante gleich Nachteile der anderen" wurde von Schumann [16] in der **Verfahrenskombination anaerob-aerob optimiert** durch anaerobe Teilstrombehandlung hoch konzentrierter organischer Prozessabläufe und deren aerobe Nachreinigung zusammen mit den übrigen dünneren Betriebsabwässern.

Die verfahrenstechnischen Varianten der anaeroben Abwasserreinigung wurden kürzlich von Ahrens [17] in einer Übersicht zusammengestellt. Sie wurden in einigen Betrieben für die Erfordernisse der Direkteinleiter, in anderen für die der Indirekteinleiter umgesetzt, wie in neueren Veröffentlichungen berichtet wird. [18, 19]

5.8.3 Störfallmanagement für die Abwasserbehandlung

Hierzu wurden von Ahrens und Schumann [20] die vielfältigen **Gefährdungspotenziale** für die Abwasserreinigung katalogisiert, die Funktions- und Eigenkontrolle einer aeroben Abwasserbehandlungsanlage in ihren Notwendigkeiten erläutert sowie das Zusammenspiel von **chemisch-technischen Prüfdaten und klärtechnischen Anlagedaten.** Die mikroskopische **Belebtschlammdiagnose,** auf die sich Ahrens [20] spezialisiert hat, ist ein wichtiger Bestandteil zur **Fehlersuche** und deren Behebung, die in einer **Checkliste** über die möglichen Beobachtungen, Ursachen und Gegenmaßnahmen von der Wassertechnischen Abteilung der VLB Berlin zusammengestellt wurden. [20, 21]

Als Resultat eingehender Untersuchungen zur **Früherkennung** einer Beeinträchtigung der Abwasserbehandlung **durch Reste von Reinigungs- und Desinfektionsmitteln** sind modifizierte **Testsysteme von der WTA** entwickelt worden, die auch eine Abstufung der Störfallpotenziale zu den unterschiedlichen Biomassenkonzentrationen in den Kläranlagen berücksichtigen und sich dadurch von herkömmlichen Testsystemen abheben. [20]

Durch innerbetriebliche Abwasserreduzierungsmaßnahmen, durch Prozesswasserrecycling, durch unterschiedliche betriebsintegrierte Abwasserreinigungsanlagen können die Kosten unter bestimmten Voraussetzungen gedämpft werden. [9, 22]

5.8.4 Schlussbetrachtung zur Abwasserbeseitigung

Eine Abwasservorbehandlung in der Erfrischungsgetränke-Industrie sollte zunächst der grundsätzlichen Forderung Rechnung tragen: Erst Vermeidung und dann Entsorgung. Es sollten auch die Anlagen einer Sicherung durch regelmäßige Inspektion, Wartung und Steuerung unterzogen werden, um für eine sichere Vermeidung der Abwasserfrachtanteile und für eine sichere Entsorgung der verbliebenen Abwasserfrachten mit der betriebsinternen Abwasservorbehandlungsanlage vorzusorgen. Die Sicherung vor Abwasserproblemen erfolgt somit in erster Linie durch Vermeidung und in zweiter Linie durch eine betriebsinterne Abwasservorbehandlungsanlage entsprechend den unterschiedlichen bedarfsangepassten Bautypen der VLB-Baureihe, wie hier dargestellt.

Dieses **Abwasserbehandlungskonzept** passt auch in die im März 1993 in Brüssel verabschiedete **Öko-Audit-Verordnung der EG**, wo die Umweltschutzaktivitäten der Industriebetriebe begutachtet und in die Öffentlichkeit getragen werden als vertrauensbildende Maßnahme zwischen Industrie und Bevölkerung. Davon betroffen ist auch die Erfrischungsgetränke-Industrie. Sie ist mit ihren kundennahen Unternehmen wie alle anderen Betriebe der Lebensmittelbranche geradezu verpflichtet, jeden Imageverlust zu vermeiden.

5.9 Abfallbeseitigung

Im Wesentlichen gelangt neben diversem Müll zur Abfallbeseitigung Etikettenmaterial, evtl. Rückstände diverser Wasseraufbereitungsverfahren, verbrauchte Filterschichten und insbesondere bei den Fruchtsaftherstellern mit eigenen Keltereien der **Trub als Zentrifugat** oder als sog. Filterkuchen, z.T. mit Kieselgurfiltermaterial vermischt.

Die Filterkuchen enthalten teils 5, teils 10 oder 15, bei einem Filter sogar 28 Gewichts-% Trockensubstanz und sind auch bei nur 5 % deponierfähig, desgl. die Trubrückstände von Vakuumfilter und Drehfilter. Dagegen ist der **Trubrückstand vom Dekanter** oder der Zentrifuge zähflüssig und nicht so ohne weiteres deponierfähig, sofern nicht die vorerwähnte ergänzende Trubbehandlung über Filter durchgeführt wurde. Andererseits käme für nicht deponierfähigen Trub über Behälterfahrzeuge die direkte Zufuhr zur Schlammbehandlungsstufe der Kläranlage (z.B. in den Faulraum) als Beseitigungsmöglichkeit in Frage. Eine andere Weiterverarbeitung des Trubes besteht in der **Kompostierung.**

Für die Ablagerung und Deponie gewerblicher Abfälle sind die in den einzelnen Ländern erlassenen Richtlinien (in Deutschland z.B. die **Technischen Vorschriften zur Abfallbeseitigung**) zu beachten, denn die bisherige Art der Abfallbeseitigung durch einfaches Abkippen in vorhandene Bodenvertiefungen oder durch Haldenbildung verursacht in hygienischer und wasserwirtschaftlicher Hinsicht oftmals Missstände, zu denen auch Geruchsbelästigungen und Beeinträchtigungen des Landschaftsbildes zählen. Die geordnete Ablagerung muss **bodenphysikalischen Erfordernissen** Rechnung tragen. Es muss gewährleistet sein, dass Oberflächengewässer, Grundwasser und Quellen nicht verunreinigt werden, und zwar direkt, wenn die Stoffe unmittelbar in diese gelangen würden, noch indirekt, wenn sie wegfließen, versickern oder z.B. durch Regen- u.a. Oberflächenwasser ausgelaugt würden, und die Auslaugungsprodukte dann in die Gewässer gelangen können. Aus diesem Grunde müssen zur Ableitung des oberflächlich abfließenden mit Auslaugungsprodukten angereicherten Wassers Gräben angelegt werden und der Untergrund des Abfall-Lagerplatzes gegen das Grundwasser **abgedichtet** werden, wenn keine natürliche Abdichtung durch Fels, Lehm oder toniger Grundmoräne besteht.

Um eine Auslaugung der gelagerten Abfälle durch Niederschlagswasser zu verhindern, Ablagerungsbrände zu verhüten und Ungeziefer-, Staub- und Geruchsbelästigung zu vermeiden, ist die Ablagerung mit einem geeigneten Material **abzudecken.**

Durch **Verdichtung der Abfallstoffe** sollen Brutstätten krankheitsübertragenden Ungeziefers sowie die Bildung oder Ausbreitung von Bränden verhindert werden.

Literaturhinweise zu Kapitel 5
[1] Urteil des Verwaltungsgerichtes Köln v. 9.2.1993, 14 K 3595/91 vgl. Brauwelt 133 (1993) S. 2371
[2] Schumann, G., Gammert, G.: Etikettenuntersuchung auf Abwasserbeeinträchtigung. Getränketechnik (1984) S. 42
Schumann, G.: Abwasserentlastung im Flaschenkeller. Brauwelt (1991) S. 1056
[3] Deutsche Einheitsverfahren zur Wasser-, Abwasser- u. Schlammuntersuchung, VCH-Verlagsges. u. Beuth-Verlag
[4] Gesetz über Abgaben für das Einleiten von Abwasser in Gewässer v. 3.11.1994 BGBl I 3370 u. 11.11.1996 BGBl I 1690
[5] Allgem. Verwalt.vorschr. z. WHG § 19g über die Einstufung wassergefährdender Stoffe in Wassergefährdungsklassen 17.5.1999.
[6] Schumann, G.: Die Umsetzung des Öko-Audits im Abwasserbereich, Brauwelt 1/2 (1995) S. 17-20
[7] Abwasserverordnung v. 22.12.1998 BGBl. I 3919 (1998)
[8] Schweer, C.-S., Vortrag VLB-Seminar 1998 in Dresden Zum Stand der Abwasser- u. Wassergesetzgebung, Brauwelt 21/22 (1999) S. 1010
[9] Schumann, G.: Kostenbetrachtungen zur Abwasserbehandlung. Vortrag VLB-Seminar in Bayreuth, Brauwelt 15/16 (1998) S. 684-685

[10] Schweer, D.: Neue rechtliche Vorschriften der Abwasserbeseitigung, Brauwelt 1/2 (1994) S. 5-6
[11] Philipp, R., Evers, H.: Brauerei-Forum 12 (2001) S. 337
[12] Hinninger, L.: AFG-Wirtschaft 1 (2001) S. 32
[13] Schildbach, S., Kähm, V.: Brauwelt 33/34 (2000) S. 1333
[14] Eumann, M.: Brauindustrie 12 (2001) S. 18
[15] Schumann, G., Hübner, G.: Abwasserbehandlung mit Misch- und Ausgleichsbecken als Einbeckenanlage. Das Erfrischungsgetränk (1987) S. 442
Privatbrauerei Egerer mit betriebseigener Abwasservorkläranlage, VLB leistet Beitrag zum Schutz der Umwelt. Brauerei-Forum (1992) S. 163
Schumann, G.: Abwasser- und Abfallbeseitigung. Kapitel im Handbuch der Lebensmitteltechnologie, Frucht- und Gemüsesäfte, Verlag Eugen Ulmer, Stuttgart (Hohenheim), Wollgrasweg 41, 2. Auflage 1987, S. 457 bis 469
Schumann, G.: Das Erfrischungsgetränk (1993) S. 542-546
Schumann, G.: Sicherung vor Abwasserproblemen, Brauwelt 29 (1993) S. 1272-1277
Schumann, G.: Kostenminimierung durch innerbetriebliche Abwasserreinigung und die Abwasserkennzahlen. Vortrag VLB-Seminar in Bayreuth, Brauwelt 15/16 (1998) S. 683
Orawetz, R.: Die Prozesssteuerung und -visualisierung der VLB-Anlagen, Brauwelt 15/16 (1998) S. 684
[16] Schumann, G.: Kosteneinsparung durch effiziente Kombination anaerober und aerober Abwasserreinigung. Brauindustrie 7 (1996) S. 524-529
[17] Ahrens, A.: Grundlagen der anaeroben Abwasserreinigung und ihre Umsetzung am Beispiel einer VLB-Modellanlage. VLB-Jahrbuch 1995, S. 261-272, ISSN 0409-1809
[18] Franzmann,B.: Weitestgehende Abwasserreinigung auf kleinster Fläche. Brauindustrie 4 (1999) S. 208-210
[19] Nothhaft,H., Schnüll,D.: Ausbau der Abwasserbehandlung in der Kulmbacher Brauerei. Brauwelt 12 (1999) S. 514-516
[20] Ahrens,A. u. Schumann, G.: Krisen-und Störfallmanagement bei der Abwasserbehandlung, Ursachenerkennung und Gegensteuerung, Brauwelt 15/16 (1998) S. 658-663
[21] Schumann, G.: Ursachen und Vermeidung von Betriebsstörungen in Kläranlagen, Brauerei- Forum 2 (1995) S. 26-27
[22] Schumann, G.: Kostenminimierung durch innerbetriebliche Abwasserreinigung und die Abwasserkennzahlen. Vortrag VLB-Seminar in Bayreuth, Brauwelt 15/16 (1998) S. 683

6 Lebensmittelrechtliche Bestimmungen

Ausgewählte Kapitel aus dem Lebensmittelrecht und verwandter Vorschriften, insbesondere im Hinblick auf die alkoholfreien Getränke.

Vorbemerkung

Das Lebensmittelrecht soll den Verbraucher vor gesundheitlichen Schädigungen und Gefährdungen, zum anderen aber auch vor wirtschaftlicher Benachteiligung durch das Inverkehrbringen nachgemachter, verfälschter, verdorbener und irreführend bezeichneter Lebensmittel schützen. Um diese Zielsetzung bis in jede Einzelheit zu erfüllen, bedarf es eines sehr umfangreichen Gesetzes, dem Lebensmittel- und Bedarfsgegenständegesetz, abgekürzt LMBG.

Das Lebensmittel- und Bedarfsgegenständegesetz (LMBG) (Gesetz über den Verkehr mit Lebensmitteln, Tabakerzeugnissen, kosmetischen Mitteln und sonstigen Bedarfsgegenständen) muss als Dachgesetz für das gesamte Lebensmittelrecht betrachtet werden. Es enthält die entscheidenden Grundsätze für die Begriffe Lebensmittelzusatzstoffe und Bedarfsgegenstände, ferner die wesentlichen Bestimmungen für die Lebensmittelüberwachung, die erforderlichen Strafvorschriften sowie Vorschriften zum Schutz der Bevölkerung vor einer Reihe von Gefahren (z.B. Verfälschung, Irreführung, gesundheitliche Gefährdung etc.)

Das **Deutsche Lebensmittelbuch** ist eine **Sammlung von Leitsätzen**, in denen Herstellung, Beschaffenheit oder sonstige Merkmale von Lebensmitteln, die für die Verkehrsfähigkeit der Lebensmittel von Bedeutung sind, beschrieben werden. Die Leitsätze werden von der Deutschen Lebensmittelbuch-Kommission beschlossen (vgl. § 33 des Lebensmittel- und Bedarfsgegenständegesetzes).
Zu den Leitsätzen zählen u.a. die **Leitsätze für Erfrischungsgetränke** in der Änderung von 1997, die im Jahre 2002 überarbeitet werden, weil sie mit dem EU- Recht nicht mehr zu vereinbaren sind (vgl. Kapitel 1.1 und 1.3.3 dieses Buches). Ferner sei auf die Leitsätze für Gemüsesaft und Gemüsetrunk und auf die Leitsätze für Fruchtsäfte (Bekanntmachung der Änderungen vom 10. Oktober 1997 im Bundesanzeiger 49, Nr. 293 a) als weitere Beispiele verwiesen.

Zu anderen, den Handelsbrauch und die Verbrauchererwartung wiedergebenden Richtlinien und Leitsätzen, die noch nicht im Lebensmittelbuch enthalten sind, gehören die

Begriffsbestimmungen für Kurorte, Erholungsorte und Heilbrunnen. (vgl. 2.5)

Interessant und wichtig erscheint in diesem Zusammenhang die Frage, welche lebensmittelrechtlichen Bestimmungen für die Justiz und die Lebensmittelüberwachung unsere europäischen Partner besitzen.

Für den EU (EWG)-Bereich wurden und werden EG-Richtlinien zusammengestellt, die in deutsches Recht umgesetzt wurden oder künftig werden. Das gilt auch für alle anderen Länder, die in der Europäischen Union (EU) zusammengeschlossen sind. Aber auch die Lebensmittelhygiene-VO von 1998 setzt das EU-Recht in Deutsches Recht um.

In der nicht der EU angehörenden Schweiz gilt das Schweizerische Lebensmittelbuch.

Die Verordnung über Lebensmittelhygiene, auf die im Kapitel 4.7.4 näher eingegangen wird, verpflichtet die mit Lebensmitteln beschäftigten Betriebe zu hygienischer Sorgfalt, entsprechender Personalausbildung, hygienischer und mikrobiologischer Überwachung von Produkt und Betrieb in regelmäßigen Abständen und zum Ausbau eines **Sicherungskonzeptes** zur hygienischen Gewährleistung, wie z.B. **HACCP**. Es wird auf die **Darlegungsverpflichtung** gegenüber den Überwachungsbehörden verwiesen gemäß **§ 41 des LMBG**.

Eine wichtige Rolle für den Getränkeausschank und die verschiedenen Zapfanlagen spielen die Vorschriften der Getränkeschankanlagen-Verordnung, über die in Kapitel 4.5 berichtet wird.

Nach diesem allgemeinen Überblick sei auf einige Einzelheiten der deutschen lebensmittelrechtlichen Bestimmungen eingegangen, die für die Getränketechnologie und speziell für die Erfrischungsgetränke von Bedeutung sind.

6.1 Das Lebensmittel- und Bedarfsgegenständegesetz

§§ 1-7: Sie enthalten **Definitionen** für Lebensmittel, Zusatzstoffe, Bedarfsgegenstände, Verbraucher, Herstellen, Inverkehrbringen, Behandeln und Verzehren.

§ 8: Durch Lebensmittel darf nicht die Gesundheit geschädigt werden.

§ 11: Es ist verboten, nicht zugelassene Zusatzstoffe zuzusetzen.

§ 13: Das Bestrahlungsverbot mit nicht zugelassener Bestrahlung

§ 16: Die Kenntlichmachung zugelassener Zusatzstoffe und zugelassener Bestrahlung

§ 17: Besonders wichtig ist der **§ 17. Die Verbote zum Schutz des Verbrauchers vor Täuschung, Verbot des Nachmachens, der Verfälschung, der irreführenden Bezeichnung und irreführenden Aufmachung.**

Nach § 17 ist es verboten, zum Verzehr ungeeignete Lebensmittel in Verkehr zu bringen, desgleichen nachgemachte ohne ausreichende Kenntlichmachung, oder wertgeminderte ohne ausreichende Kenntlichmachung oder geschönte ohne ausreichende Kenntlichmachung.
Ferner ist es verboten, Bestrahlungsverfahren anzuwenden, die die Brauchbarkeitsminderung des Lebensmittels überdecken.
Es ist verboten, auf die Natürlichkeit von Lebensmitteln hinzuweisen, wenn sie Zusatzstoffe oder Rückstände von Pflanzenschutzmitteln oder Pharmaka enthalten, und es ist verboten, nicht ausreichend gesicherte Wirkungen den Lebensmitteln beizulegen.
Ferner ist es verboten, irreführende Angaben über die Herkunft, die Menge, das Gewicht, den Herstellungs- oder Abpackungszeitpunkt oder die Haltbarkeit von Lebensmit-

teln zu machen, und es ist verboten, Lebensmitteln den Anschein von Arzneimitteln zu geben. Es dürfen auch keine besseren Eigenschaften (Schönung) vorgetäuscht werden. Auch sind Reinheitsbezeichnungen verboten. Das schließt jedoch nicht aus, dass Hinweise auf bestimmte natürliche Bestandteile oder Eigenschaften vorgenommen werden können, wie z.B. „naturtrüb".

Irreführend wäre z.B. die Werbung mit der Aussage „frei von künstlichen Aromastoffen" bei einer Limonade, wo diese ohnehin nur natürliche und keine künstlichen Aromastoffe enthalten darf.

Auch die Werbung mit viel Vitaminen birgt Gefahren der Irreführung, wenn nicht z.B. vier Vitamine namentlich genannt werden. Vorsätzliche Verstöße gegen § 17 LMBG können bestraft werden, bei Fahrlässigkeit droht ein Bußgeld, in gerichtlichen Verfahren schlimmstenfalls eine einstweilige Verfügung.

§ 18: Verbot der krankheitsbezogenen, nicht aber der gesundheitsbezogenen Werbung

Hiernach darf ein Lebensmittel als gesund ausgelobt werden ; es darf aber nicht gesund machen und die Beseitigung einer Krankheit versprechen, weil das dem krankheitsbezogenen Werbungsverbot des § 18 unterliegt, ebenso wie eine Vorbeugung oder Linderung von Krankheiten als Werbungsaussage bei Lebensmitteln verboten ist. Dieses Verbot im § 18 Abs. 1 des LMBG gilt in allen Ländern der Europäischen Union.

Weitere Paragraphen widmen sich dem Verkehr mit Bedarfsgegenständen (Lebensmittelbeständigkeit), dem Deutschen Lebensmittelbuch, den Überwachungsmaßnahmen und den Strafverfügungen. Außerdem gibt es eine Lebensmittelkontrolleur-Verordnung.

Das Lebensmittel- und Bedarfsgegenständegesetz ist eine für alle Lebensmittel geltende umfassende Rechtsregelung. In diesem Gesetz sind die Zusatzstoffe definiert, die dazu bestimmt sind, zusammen mit anderen Bestandteilen des Lebensmittels verzehrt zu werden. Es dürfen **nur Zusatzstoffe verwendet** werden, die vom Bundesminister für Jugend, Familie und Gesundheit durch Rechtsverordnungen **zugelassen worden sind. Solche Zulassungen von Zusatzstoffen befinden sich u.a. in den folgenden Verordnungen:**

- Zusatzstoffzulassungs-VO
- Diät-VO (vgl. 3.2.4 und 3.2.5 dieses Buches)
- Vitamin-VO (vgl. 1.3.6.2)
- Nährwertkennzeichnungs-VO (vgl. 1.3.6.2)
- Essenzen-VO (vgl. 3.5)
- Mineral-, Quell- und Tafelwasser-VO (vgl. auch 2.1.4 und Verordnungstext auf den Folgeseiten)
- Trinkwasser-VO (vgl. 3.1.2 und Verordnungstext auf den Folgeseiten)
- Nach § 11.3 der TVO werden die Zusatzstoffe für die Trinkwasserbereitung nach Art, Menge und Restmenge für die einzelnen zugelassenen Verfahren spezifiziert und in einer Liste des Umweltbundesamtes zusammengestellt, die vom Bundesgesundheitsamt veröffentlicht wird.

Neben den erlaubten Zusatzstoffen, wie sie für die Trinkwasseraufbereitung genannt werden, zwingt sich die Frage nach der Regelung hier unerwähnt gebliebener Stoffe auf. Nach § 11 des Lebensmittel- und Bedarfsgegenständegesetzes besteht **Zulassungspflicht für alle Zusatzstoffe mit Ausnahme der folgenden Stoffe:**

- Für Stoffe, die wieder entfernt werden.
- Für technische Hilfsstoffe wie Aktivkohle, Flockungsmittel, Filter etc., da sie entweder nicht benötigt werden oder vollständig wieder entfernt werden oder ihre Reste gesundheitlich und geschmacklich unbedenklich sind.
- Für Stoffe, die nicht im Wasser verbleiben, wie z.B. Luft, Stickstoff, Sauerstoff, Kohlensäure.

Auf die Besonderheiten in der **Zusatzstoffzulassungs-VO**, wo der Grundsatz gilt, dass nur die dort aufgeführten Zusatzstoffe in den dort angegebenen Mengen nach Maßgabe der Vorschriften (Höchstmengen etc.) zulässig sind mit der Vorschrift der Kenntlichmachung (vgl. auch Kapitel 1.3.6), wurde in den vorangegangenen Kapiteln jeweils hingewiesen in Zusammenhang mit den Zusatzstoffen Süßstoffe (3.2.4 und 3.2.5), Genusssäuren (3.3), Kohlensäure (3.4.9), Essenzen und Grundstoffe (3.5), Koffein, Taurin (3.4.6), Chinin (3.4.5), Vitamine und Mineralstoffe (1.3.6.2), Konservierungsstoffe (3.4.2), Antioxidantien (3.4.3), Farbstoffe (3.4.4) u.a. (vgl. 3.4 und die zu den o.a. Verordnungen genannten Nummern der Abschnitte dieses Buches.) Die **Zulassung der Zusatzstoffe** nach deren toxikologischer Untersuchung und Festsetzung ihres **ADI Wertes und ihrer E-Nummern** siehe Kapitel 3.4.8.

Die ernährungsphysiologischen und die technologischen Zusatzstoffe (vgl. 1.3.6.2) unterliegen im europäischen Recht und im deutschen Recht unterschiedlichen Zulassungen. (Hagenmeyer, M in AFG-Wirtschaft 12 (2001) S. 47/48)

Im Zusammenhang mit der Getränkeübersicht wurde auf die wesentlichsten Bestimmungen der diätetischen Getränke nach der **Diät-VO** (1.3.3.4), auf die kalorienarmen (1.3.3.5) und die vitaminhaltigen Getränke nach der **Vitamin-VO** verwiesen (1.3.3.6).

Ferner wurde bei den Getränken auf die **Kennzeichnungs-VO LMKV** (1.3.6), auf die Nährwertkennzeichnungs-VO (1.3.6.2) und auf die Essenzen-VO (3.5) eingegangen.
Die Kennzeichnung im Zutatenverzeichnis vgl. Kapitel Konservierungsstoffe 3.4.2 oder Süßstoffe 3.2.5 u.a.

Nach der **Lebensmittel-Kennzeichnungsverordnung LMKV** ist jedes Lebensmittel mit einer korrekten **Verkehrsbezeichnung** zu kennzeichnen, nach § 4 mit der in Rechtsvorschriften festgelegten Bezeichnung, anderenfalls eine verkehrsübliche (z.B. aus den Leitsätzen) oder in Ermangelung eine beschreibende Verkehrsbezeichnung. Der Oberbegriff Erfrischungsgetränk reicht allein nicht aus. Es bedarf ggf. des Zusatzes koffeinhaltiges Erfrischungsgetränk mit Pflanzenextrakten o.a. Auch eine ausländische EU übliche Verkehrsbezeichnung ist verwendbar, wenn dadurch eine Irreführung des Verbrauchers ausgeschlossen ist. Anderenfalls ist sie durch beschreibende Angaben zu ergänzen. Die geforderte ordentliche Verkehrsbezeichnung kann nicht durch Marken- oder Fantasienamen ersetzt werden, auch durch sehr bekannte Markennamen nicht.

Für die Fruchtsäfte und gleichartigen Erzeugnisse wurden die einschlägigen Bestimmungen der **Fruchtsaft-VO** und der **VO über Nektare** erörtert (vgl. 1.1 und 1.3.2). Gleiches gilt für die **Mineral-, Quell- und Tafelwasser-VO** und die **Trinkwasser-VO**. Diese beiden Verordnungen, die ebenfalls Bestandteile des Lebensmittel- und Bedarfsgegenständegesetzes sind, werden auf den nachfolgenden Seiten noch einmal gesondert vollständig abgedruckt, die Anlagen der Trinkwasserverordnung sind im Kapitel 3.1.2 dieses Buches bereits enthalten.

Das Lebensmittel- und Bedarfsgegenständegesetz ermächtigt den Verordnungsgeber zum Erlass weiterer erforderlicher Verordnungen, wie die bereits genannten Verordnungen zur Lebensmittelkennzeichnung (1.3.6), Fruchtsaft-VO (1.3.2). Ferner sind wichtig die im LMBG am Schluss aufgeführten Regelungen über die Überwachung des Verkehrs mit Lebensmitteln sowie die Straf- und Bußgeldvorschriften.

Auf die innerbetriebliche Füllmengenkontrolle wurde in den vorangegangenen Kapitel 4.6 und die weiteren Maßnahmen zur Produktionskontrolle und Qualitätssicherung im Kapitel 4.7 dargestellt, das Qualitätsmanagement und die Zertifizierung im Kapitel 4.7.5.

Weiterhin wird im nachfolgenden Anhang auch noch einmal der vollständige Text der Leitsätze für Erfrischungsgetränke (Fruchtsaftgetränke, Limonaden und Brausen) abgedruckt. Diese Leitsätze, die im Jahre 2002 noch überarbeitet werden und dem EU-Recht angepasst werden, sind nicht Bestandteile des Lebensmittel- und Bedarfsgegenständegesetzes, sie sollen aber die dort festgelegten einschlägigen Bestimmungen berücksichtigen und somit den Handelsbrauch wiedergeben.

Literaturhinweise zum Lebensmittelrecht:
- **Lebensmittelrecht** (Klein, Rabe, Weis) von den Autoren M. Horst und A. Mrohs auch als CD-Rom oder Online im Internet beim B. Behr`s Verlag, Hamburg
- **Zusatzstoff-Recht**, 1. Aufl. 2001, D. Gorny u. P. Kuhnert, Behr`s Verlag, Hamburg, ISBN 3-86022-763-7
- Der Kommentar zum **Fertigpackungsrecht (Füllmengen, Preisangaben u.a.)** von A. Strecker erscheint im Behr´s Verlag, Hamburg, unter ISBN 3-86022-315-1
- **Lexikon für Lebensmittelrecht** von Peter Hahn im Behr´s Verlag, Hamburg, ISBN 3-86022-334-8
- **Lebensmittel-Kennzeichnungsverordnung**, Kommentar von Moritz Hagenmeyer, Verlag C.H. Beck in München, ISBN 3-406-48157-4

6.2 Texte der Verordnungen

6.2.1 Verordnung über natürliches Mineralwasser, Quellwasser und Tafelwasser (Mineral- und Tafelwasser-Verordnung)

Vom 14. Dezember 2000 (vgl. auch Abschnitt 2.1.4 dieses Buches)

Mineral- und Tafelwasser-Verordnung

i. d. F. v. 14. Dezember 2000

**1. Abschnitt
Allgemeine Vorschriften**

§ 1
Anwendungsbereich

Diese Verordnung gilt für das Herstellen, Behandeln und Inverkehrbringen von natürlichem Mineralwasser, von Quellwasser und Tafelwasser sowie von sonstigem in zur Abgabe an den Verbraucher bestimmten Fertigpackungen abgefülltem Trinkwasser. Sie gilt nicht für Heilwasser. Soweit diese Verordnung nichts anderes bestimmt, gelten für Quellwasser und für sonstiges Trinkwasser nach Satz 1 im Übrigen die Vorschriften der Trinkwasserverordnung.

**2. Abschnitt
Natürliches Mineralwasser**

§ 2
Begriffsbestimmung

Natürliches Mineralwasser ist Wasser, das folgende besondere Anforderungen erfüllt:

1. Es hat seinen Ursprung in unterirdischen, vor Verunreinigungen geschützten Wasservorkommen und wird aus einer oder mehreren natürlichen oder künstlich erschlossenen Quellen gewonnen;

2. es ist von ursprünglicher Reinheit und gekennzeichnet durch seinen Gehalt an Mineralien, Spurenelementen oder sonstigen Bestandteilen und gegebenenfalls durch bestimmte, insbesondere ernährungsphysiologische Wirkungen,

3. seine Zusammensetzung, seine Temperatur und seine übrigen wesentlichen Merkmale bleiben im Rahmen natürlicher Schwankungen konstant, durch Schwankungen in der Schüttung werden sie nicht verändert;

4. sein Gehalt an den in Anlage 1 aufgeführten Stoffen überschreitet, gegebenenfalls nach einem Verfahren nach § 6, nicht die in Anlage 1 angegebenen Höchstwerte.

§ 3
Amtliche Anerkennung

(1) Natürliches Mineralwasser darf gewerbsmäßig nur in den Verkehr gebracht werden, wenn es amtlich anerkannt ist. Die amtliche Anerkennung wird auf Antrag erteilt. Sie setzt voraus, dass die Anforderungen nach § 2 erfüllt sind und dies unter

1. geologischen und hydrologischen,
2. physikalischen, physikalisch-chemischen und chemischen,
3. mikrobiologischen und hygienischen sowie
4. bei Wässern mit weniger als 1000 Milligramm gelöster Mineralstoffe oder weniger als 250 Milligramm freien Kohlendioxids in einem Liter gegebenenfalls zusätzlich unter ernährungsphysiologischen oder sonstigen Gesichtspunkten mit wissenschaftlich anerkannten Verfahren überprüft worden ist.

(2) Der amtlichen Anerkennung nach Absatz 1 steht die von der zuständigen Behörde eines anderen Mitgliedstaates der Europäischen Union für ein natürliches Mineralwasser aus dem Boden dieses Mitgliedstaates oder eines Drittlandes erteilte amtliche Anerkennung und die von der zuständigen Behörde eines anderen Vertragsstaates des Abkommens über den Europäischen Wirtschaftsraum für ein natürliches Mineralwasser aus dem Boden dieses Vertragsstaates oder eines Drittlandes erteilte amtliche Anerkennung gleich.

(3) Natürliche Mineralwässer aus dem Boden eines Staates, der nicht Mitgliedstaat der Europäischen Union oder anderer Vertragsstaat des Abkommens über den Europäischen Wirtschaftsraum ist, werden nach Maßgabe des Absatzes 1 amtlich anerkannt, wenn die zuständige Behörde des Staates, in dem das natürliche Mineralwasser gewonnen worden ist, bescheinigt hat, dass es den Anforderungen nach §§ 2 und 4 entspricht und die Einhaltung der in Anlage 2 genannten Nutzungsvoraussetzungen seiner Quellen laufend kontrolliert wird; die Bescheinigung darf nicht älter als fünf Jahre sein. Sie ist vor Ablauf von fünf Jahren jeweils zu erneuern. Die Anerkennung erlischt, wenn die erneute Bescheinigung nicht innerhalb der Frist bei der zuständigen Behörde eingegangen ist.

(4) Amtlich anerkannte Mineralwässer werden mit dem Namen der Quelle und dem Ort der Quellnutzung vom Bundesminister für Gesundheit im Bundesanzeiger bekannt gemacht.

§ 4
Mikrobiologische Anforderungen

(1) Natürliches Mineralwasser muss frei sein von Krankheitserregern. Dieses Erfordernis gilt als nicht erfüllt, wenn es in 250 Milliliter Escherichia coli, coliforme Keime, Fäkalstreptokokken oder Pseudomonas aeruginosa sowie in 50 Milliliter sulfitreduzierende, Sporen bildende Anaerobier enthält. Die Koloniezahl darf bei einer Probe, die innerhalb von 12 Stunden nach der Abfüllung entnommen und untersucht wird, den Grenzwert von 100 je Milliliter bei einer Bebrütungstemperatur von 20 °C ± 2 ° und den

Grenzwert von 20 je Milliliter bei einer Bebrütungstemperatur von 37 °C ± 1 ° nicht überschreiten.

(2) Bei natürlichem Mineralwasser soll außerdem die Koloniezahl am Quellaustritt den Richtwert von 20 je Milliliter bei einer Bebrütungstemperatur von 20 °C ± 2 ° und den Richtwert von 5 je Milliliter bei einer Bebrütungstemperatur von 37 °C ± 1 ° nicht überschreiten. Natürliches Mineralwasser darf nur solche vermehrungsfähigen Arten an Mikroorganismen enthalten, die keinen Hinweis auf eine Verunreinigung bei dem Gewinnen oder Abfüllen geben.

(3) Zur Feststellung, ob die Bestimmungen der Absätze 1 und 2 eingehalten werden, sind die in der Anlage 3 angegebenen Untersuchungsverfahren anzuwenden.

§ 5
Gewinnung

(1) Ein natürliches Mineralwasser darf vorbehaltlich anderer Rechtsvorschriften nur aus Quellen gewonnen werden, für die die zuständige Behörde eine Nutzungsgenehmigung erteilt hat.

(2) Die Genehmigung wird auf Antrag erteilt, wenn die in Anlage 2 genannten Voraussetzungen erfüllt sind. Deren Einhaltung wird von der zuständigen Behörde amtlich überwacht.

(3) Erfüllt das aus der Quelle gewonnene natürliche Mineralwasser nicht mehr die mikrobiologischen Anforderungen des § 4 Abs. 1 oder 2 Satz 2, enthält es chemische Verunreinigungen oder geben sonstige Umstände einen Hinweis auf eine Verunreinigung der Quelle, so muss der Abfüller unverzüglich jede Gewinnung und Abfüllung zum Zweck des Inverkehrbringens solange unterlassen, bis die Ursache für die Verunreinigung beseitigt ist und das Wasser wieder den mikrobiologischen und chemischen Anforderungen entspricht.

§ 6
Herstellungsverfahren

Beim Herstellen von natürlichem Mineralwasser dürfen nur folgende Verfahren angewendet werden:

1. Abtrennen bestimmter natürlicher Inhaltsstoffe, wie Eisen- und Schwefelverbindungen, durch Filtration oder Dekantation, gegebenenfalls nach Belüftung, sofern die Zusammensetzung des natürlichen Mineralwassers durch dieses Verfahren in seinen wesentlichen, seine Eigenschaften bestimmenden Bestandteilen nicht geändert wird;

2. vollständiger oder teilweiser Entzug der freien Kohlensäure durch ausschließlich physikalische Verfahren;

3. Versetzen oder Wiederversetzen mit Kohlendioxid.

Natürlichem Mineralwasser dürfen keine Stoffe zugesetzt werden; es dürfen keine Verfahren zu dem Zweck durchgeführt werden, den Keimgehalt im natürlichen Mineralwasser zu verändern.

§ 7
Abfüllung und Verpackung

(1) Natürliches Mineralwasser, das nicht unmittelbar nach seiner Gewinnung oder Bearbeitung verbraucht wird, muss am Quellort abgefüllt werden. Es darf gewerbsmäßig nur in zur Abgabe an Verbraucher im Sinne des § 6 Abs. 1 des Lebensmittel- und Bedarfsgegenständegesetzes bestimmten Fertigpackungen in den Verkehr gebracht werden.

(2) Die zur Abfüllung von natürlichem Mineralwasser verwendeten Fertigpackungen müssen mit einem Verschluss versehen sein, der geeignet ist, Verfälschungen oder Verunreinigungen zu vermeiden.

§ 8
Kennzeichnung

(1) Für ein natürliches Mineralwasser sind die Bezeichnung „natürliches Mineralwasser" sowie die nach den Absätzen 2 bis 4 vorgeschriebenen Bezeichnungen Verkehrsbezeichnung im Sinne der Lebensmittel-Kennzeichnungsverordnung.

(2) Als „natürliches kohlensäurehaltiges Mineralwasser" muss ein Wasser bezeichnet werden, das

1. nach einer etwaigen Dekantation und nach der Abfüllung denselben Gehalt an eigenem Kohlendioxid (Quellkohlensäure) wie am Quellaustritt besitzt, auch wenn das im Verlauf dieser Behandlung und unter Berücksichtigung üblicher technischer Toleranzen frei gewordene Kohlendioxid durch eine entsprechende Menge Kohlendioxid desselben Quellvorkommens ersetzt wurde, und

2. unter normalen Druck- und Temperaturverhältnissen von Natur aus oder nach dem Abfüllen spontan und leicht wahrnehmbar Kohlendioxid freisetzt.

(3) Als „natürliches Mineralwasser mit eigener Quellkohlensäure versetzt" muss ein Wasser bezeichnet werden, dessen Gehalt an Kohlendioxid, das dem gleichen Quellvorkommen entstammt, nach etwaiger Dekantation und nach der Abfüllung höher ist als am Quellaustritt.

(4) Als „natürliches Mineralwasser mit Kohlensäure versetzt" muss ein Wasser bezeichnet werden, das mit Kohlendioxid versetzt wurde, das eine andere Herkunft hat als das Quellvorkommen, aus dem das Wasser stammt.

(5) Natürliches Mineralwasser darf zusätzlich als Säuerling oder Sauerbrunnen oder gleichsinnig nur dann bezeichnet werden, wenn es aus einer natürlichen oder künstlich erschlossenen Quelle stammt, einen natürlichen Kohlendioxidgehalt von mehr als 250 Milligramm in einem Liter Mineralwasser aufweist und, abgesehen von einem etwaigen

weiteren Zusatz an Kohlendioxid, keine willkürliche Veränderung erfahren hat. An Stelle der vorgenannten zusätzlichen Bezeichnungen darf auch die Bezeichnung Sprudel für Säuerlinge benutzt werden, die aus einer natürlichen oder künstlich erschlossenen Quelle im Wesentlichen unter natürlichem Kohlensäuredruck hervorsprudeln. Zusätzlich als Sprudel darf auch unter Kohlendioxidzusatz abgefülltes Mineralwasser bezeichnet werden.

(6) Natürliches Mineralwasser, das vor Inkrafttreten dieser Verordnung unter der Bezeichnung Tafelwasser in den Verkehr gebracht worden ist, darf weiterhin zusätzlich so bezeichnet werden

(7) Natürliches Mineralwasser darf gewerbsmäßig nur in den Verkehr gebracht werden, wenn die Kennzeichnung zusätzlich zu den durch die Lebensmittel-Kennzeichnungsverordnung vorgeschriebenen Angaben deutlich sichtbar, leicht lesbar und unverwischbar enthält:

1. den Ort der Quellnutzung und den Namen der Quelle;

2. die Angabe der analytischen Zusammensetzung unter Nennung der charakteristischen Bestandteile (Analysenauszug);

3. die Angabe „enteisent" oder „entschwefelt", sofern das natürliche Mineralwasser einer Bearbeitung nach § 6 Satz 1 Nr. 1 unterworfen wurde;

4. die Angabe „Kohlensäure ganz entzogen" oder „Kohlensäure teilweise entzogen", sofern das natürliche Mineralwasser einer Bearbeitung nach § 6 Satz 1 Nr. 2 unterworfen wurde;

5. die Angabe „fluoridhaltig", sofern das natürliche Mineralwasser mehr als 1,5 Milligramm Fluorid im Liter enthält.

(8) Natürliches Mineralwasser, dessen Gehalt an Fluorid 5 Milligramm im Liter übersteigt, darf gewerbsmäßig nur in den Verkehr gebracht werden, wenn auf der Fertigpackung deutlich sichtbar, leicht lesbar und unverwischbar in deutscher Sprache der Warnhinweis angebracht ist, dass es wegen des erhöhten Fluoridgehaltes nur in begrenzten Mengen verzehrt werden darf.

(9) Abweichend von § 3 Abs. 1 der Lebensmittel-Kennzeichnungsverordnung braucht bei natürlichem Mineralwasser, das mit Kohlensäure versetzt ist, das Kohlendioxid nicht im Verzeichnis der Zutaten angegeben zu werden, wenn auf die zugesetzte Kohlensäure in der Verkehrsbezeichnung hingewiesen wird.

§ 9
Irreführende Angaben

(1) Ein natürliches Mineralwasser, das aus ein und derselben Quellnutzung stammt, darf nicht unter mehreren Quellnamen oder anderen gewerblichen Kennzeichen in den Verkehr gebracht werden, die den Eindruck erwecken können, das Mineralwasser stamme aus verschiedenen Quellen.

(2) Wird für ein natürliches Mineralwasser auf Etiketten oder Aufschriften oder in der Werbung zusätzlich zum Namen der Quelle oder dem Ort ihrer Nutzung ein anderes gewerbliches Kennzeichen verwendet, das den Eindruck des Namens einer Quelle oder des Ortes einer Quellnutzung erwecken kann, so muss der Name der Quelle oder der Ort ihrer Nutzung in Buchstaben angegeben werden, die mindestens eineinhalbmal so hoch und breit sind wie der größte Buchstabe, der für die Angabe des anderen gewerblichen Kennzeichens benutzt wird.

(3) Wird bei einem natürlichen Mineralwasser im Verkehr oder in der Werbung auf den Gehalt an bestimmten Inhaltsstoffen oder auf eine besondere Eignung des Wassers hingewiesen, so sind bei den in Anlage 4 aufgeführten oder bei gleichsinnigen Angaben die dort genannten Anforderungen einzuhalten.

3. Abschnitt
Quellwasser, Tafelwasser

§ 10
Begriffsbestimmungen

(1) Quellwasser ist Wasser, das

1. seinen Ursprung in unterirdischen Wasservorkommen hat und aus einer oder mehreren natürlichen oder künstlich erschlossenen Quellen gewonnen worden ist,

2. bei der Herstellung keinen oder lediglich den in § 6 aufgeführten Verfahren unterworfen worden ist.

(2) Tafelwasser ist Wasser, das eine oder mehrere der von § 11 Abs. 1 erfassten Zutaten enthält

§ 11
Herstellung

(1) Zur Herstellung von Tafelwasser dürfen außer Trinkwasser und natürlichem Mineralwasser nur verwendet werden:

1. Natürliches salzreiches Wasser (Natursole) oder durch Wasserentzug im Gehalt an Salzen angereichertes natürliches Mineralwasser,
2. Meerwasser,
3. Natriumchlorid,
4. Zusatzstoffe nach Maßgabe der Zusatzstoff-Zulassungsverordnung. § 11 Abs. 2 Nr.2 des Lebensmittel- und Bedarfsgegenständegesetzes bleibt unberührt.

(2) (aufgehoben)

(3) Tafelwasser darf nur so hergestellt werden, dass die in § 2 in Verbindung mit Anlage 2 der Trinkwasserverordnung für Trinkwasser festgelegten Grenzwerte für chemische Stoffe eingehalten sind.

(3 a) (aufgehoben),

(4) Bei Quellwasser in zur Abgabe an den Verbraucher bestimmten Fertigpackungen findet § 3 in Verbindung mit Anlage 4 Nr. 4 und 5 der Trinkwasserverordnung keine Anwendung.

§ 12
Gewinnung, Abfüllung

(1) Quellwasser darf nur aus Quellen gewonnen oder abgefüllt werden, die den Anforderungen der Anlage 2 entsprechen.

(2) Erfüllt das aus der Quelle gewonnene Quellwasser nicht mehr die mikrobiologischen Anforderungen des § 13, enthält es chemische Verunreinigungen oder geben sonstige Umstände einen Hinweis auf eine sonstige Verunreinigung der Quelle, so muss der Abfüller unverzüglich jede Gewinnung und Abfüllung zum Zweck des Inverkehrbringens solange unterlassen, bis die Ursache für die Verunreinigung beseitigt ist und das Wasser wieder den mikrobiologischen und chemischen Anforderungen entspricht.

(3) Quellwasser darf in die zur Abgabe an den Verbraucher bestimmten Fertigpackungen nur am Quellort abgefüllt werden.

§ 13
Mikrobiologische Anforderungen

(1) Für Quellwasser und Tafelwasser gilt § 4 Abs. 1 Satz 1 und 2 entsprechend. Bei Quellwasser und Tafelwasser, das in zur Abgabe an den Verbraucher bestimmten Fertigpackungen abgefüllt wird, müssen zusätzlich die in § 4 Abs. 1 Satz 3 festgelegten Anforderungen erfüllt sein. Für Quellwasser gilt darüber hinaus § 4 Abs. 2 entsprechend.

(2) Zur Feststellung, ob die Bestimmungen des Absatzes 1 eingehalten werden, sind die in der Anlage 3 angegebenen Untersuchungsverfahren anzuwenden.

§ 14
Kennzeichnung

(1) Verkehrsbezeichnung im Sinne der Lebensmittel-Kennzeichnungsverordnung ist
1. für das in § 10 Abs. 1 definierte Wasser die Bezeichnung „Quellwasser",

2. für das in § 10 Abs. 2 definierte Wasser die Bezeichnung „Tafelwasser".

Bei Tafelwasser, das mindestens 570 Milligramm Natriumhydrogencarbonat in einem Liter sowie Kohlendioxid enthält, kann die Verkehrsbezeichnung „Tafelwasser" durch „Sodawasser" ersetzt werden.

(2) Für Quellwasser und Tafelwasser, die mit Kohlendioxid versetzt wurden, darf die Verkehrsbezeichnung durch einen Hinweis hierauf ergänzt werden.

(3) (aufgehoben)

(4) (aufgehoben)

(5) Für Quellwasser gilt § 8 Abs. 7 Nr. 1 und 3, für Quellwasser und Tafelwasser § 8 Abs. 9 entsprechend.

§ 15
Irreführende Angaben

(1) Quellwasser und Tafelwasser dürfen nicht unter Bezeichnungen, Angaben, sonstigen Hinweisen oder Aufmachungen gewerbsmäßig in den Verkehr gebracht werden, die

1. geeignet sind, zu einer Verwechslung mit natürlichen Mineralwässern zu führen, insbesondere die Bezeichnungen Mineralwasser, Sprudel, Säuerling, bei Tafelwasser auch die Bezeichnungen Quelle, Bronn, Brunnen; dies gilt auch für Wortverbindungen, Fantasienamen oder Abbildungen, sei es auch nur als Bestandteil der Firma des Herstellers oder Verkäufers oder im Zusammenhang mit dieser;

2. auf eine bestimmte geografische Herkunft eines Tafelwassers oder seiner Bestandteile, ausgenommen Sole, hinweisen oder die geeignet sind, eine solche geografische Herkunft vorzutäuschen.

3. (aufgehoben)

(2) Es dürfen Tafelwasser, das den Anforderungen des § 11 Abs. 3 entspricht, sowie Quellwasser mit einem Hinweis auf eine Eignung für die Säuglingsernährung gewerbsmäßig nur in den Verkehr gebracht werden, wenn der Gehalt an Sulfat 240 Milligramm, an Natrium 20 Milligramm, an Nitrat 10 Milligramm, an Fluorid 0,7 Milligramm, an Mangan 0,05 Milligramm, an Nitrit 0,02 Milligramm, an Arsen 0,005 Milligramm in einem Liter nicht überschreitet und die in § 4 Abs. 1 Satz 3 genannten Grenzwerte auch bei der Abgabe an den Verbraucher eingehalten werden.

(3) Die Absätze 1 und 2 gelten entsprechend für die Verwendung der dort genannten Bezeichnungen, Angaben, sonstigen Hinweise oder Aufmachungen in der Werbung für Quellwasser und Tafelwasser.

4. Abschnitt
Verkehrsverbote,
Straftaten und Ordnungswidrigkeiten

§ 16
Verkehrsverbote

Gewerbsmäßig dürfen nicht in den Verkehr gebracht werden:

1. Wässer mit der Bezeichnung „natürliches Mineralwasser", „Quellwasser" oder „Tafelwasser", die nicht den für sie jeweils in den §§ 2 und 10 vorgesehenen Begriffsbestimmungen entsprechen,

2. natürliches Mineralwasser, Quellwasser und Tafelwasser, die den mikrobiologischen Anforderungen nach § 4 Abs. 1, auch in Verbindung mit § 13, nicht entsprechen,

3. natürliches Mineralwasser und Quellwasser, die den mikrobiologischen Anforderungen nach § 4 Abs. 2 Satz 2, auch in Verbindung mit § 13, nicht entsprechen,

4. natürliches Mineralwasser, das aus einer nicht genehmigten Quelle gewonnen worden ist,

5. natürliches Mineralwasser, das nach § 5 Abs. 3 nicht gewonnen oder abgefüllt werden darf,

6. natürliches Mineralwasser, Quellwasser und Tafelwasser, deren Herstellung nicht den Anforderungen des § 6, auch in Verbindung mit § 10 Abs. 1 Nr. 2, oder des § 11 Abs. 1 Nr. 1 bis 3 entspricht

7. Tafelwasser, bei dessen Herstellung die in § 11 Abs. 3 genannten Grenzwerte für chemische Stoffe nicht eingehalten sind,

8. (aufgehoben)

9. Quellwasser, das nach § 12 Abs. 2 nicht gewonnen oder abgefüllt werden darf.

§ 17
Straftaten und Ordnungswidrigkeiten

(1) Nach § 51 Abs. 1 Nr. 2, Abs. 2 bis 4 des Lebensmittel- und Bedarfsgegenständegesetzes wird bestraft, wer vorsätzlich oder fahrlässig

1. entgegen § 5 Abs. 3 oder § 12 Abs. 2 natürliches Mineralwasser oder Quellwasser gewinnt oder abfüllt,

2. a) entgegen § 16 Nr. 2, auch in Verbindung mit § 18, natürliches Mineralwasser oder Quellwasser, Tafelwasser oder sonstiges Trinkwasser,

   b) entgegen § 16 Nr. 4 oder 5 natürliches Mineralwasser,

c) entgegen § 16 Nr. 7 Tafelwasser oder

d) entgegen § 16 Nr. 9 Quellwasser

in den Verkehr bringt.

(2) Nach § 52 Abs. 1 Nr. 2 des Lebensmittel- und Bedarfsgegenständegesetzes wird bestraft, wer entgegen § 8 Abs. 8 natürliches Mineralwasser in den Verkehr bringt, bei dem der vorgeschriebene Warnhinweis nicht oder nicht in der vorgeschriebenen Weise angebracht ist.

(3) Nach § 52 Abs. 1 Nr. 11 des Lebensmittel- und Bedarfsgegenständegesetzes wird bestraft, wer

1. einer Vorschrift des § 9 oder des § 15, auch in Verbindung mit § 18, über irreführende Angaben zuwiderhandelt oder

2. entgegen § 16 Nr. 1 oder 6 natürliches Mineralwasser, Quellwasser oder Tafelwasser in den Verkehr bringt.

(4) Wer eine in Absatz 2 oder 3 bezeichnete Handlung fahrlässig begeht, handelt nach § 53 Abs. 1 des Lebensmittel- und Bedarfsgegenständegesetzes ordnungswidrig.

(5) Ordnungswidrig im Sinne des § 53 Abs. 2 Nr. 1 Buchstabe a des Lebensmittel- und Bedarfsgegenständegesetzes handelt, wer vorsätzlich oder fahrlässig

1. natürliches Mineralwasser

a) entgegen § 7 Abs. 1 Satz 1 nicht am Quellort abfüllt oder

b) entgegen § 7 Abs. 1 Satz 2 nicht in Fertigpackungen oder entgegen § 7 Abs. 2 in Fertigpackungen, die den dort vorgeschriebenen Anforderungen nicht entsprechen, in den Verkehr bringt,

2. entgegen § 12 Abs. 3 Quellwasser nicht am Quellort abfüllt oder

3. entgegen § 16 Nr. 3 natürliches Mineralwasser oder Quellwasser in den Verkehr bringt.

(6) Ordnungswidrig im Sinne des § 2 Abs. 1 des Gesetzes über Zulassungsverfahren bei natürlichen Mineralwässern handelt, wer vorsätzlich oder fahrlässig entgegen § 3 Abs. 1 Satz 1 natürliches Mineralwasser in den Verkehr bringt, das nicht amtlich anerkannt ist.

(7) Ordnungswidrig im Sinne des § 54 Abs. 1 Nr. 2 des Lebensmittel- und Bedarfsgegenständegesetzes handelt, wer vorsätzlich oder fahrlässig entgegen § 8 Abs. 7 natürliches Mineralwasser, das nicht oder nicht in der vorgeschriebenen Weise mit den dort vorgeschriebenen Angaben gekennzeichnet ist, in den Verkehr bringt.

5. Abschnitt
Schlussbestimmungen

§ 18
Trinkwasser

Für Trinkwasser, das nicht die Begriffsbestimmungen der §§ 2 oder 10 erfüllt und in zur Abgabe an den Verbraucher bestimmten Fertigpackungen in den Verkehr gebracht wird, gelten § 4 Abs. 1 und 3, § 11 Abs. 4 sowie die §§ 15 und 16 Nr. 2 entsprechend.

§ 19
(aufgehoben)

§ 20
Übergangsregelung

(1) Natürliches Mineralwasser, das bei Inkrafttreten dieser Verordnung gewonnen und in den Verkehr gebracht wird, gilt als vorläufig anerkannt; diese Anerkennung erlischt, wenn nicht innerhalb von sechs Monaten nach Inkrafttreten dieser Verordnung die endgültige amtliche Anerkennung beantragt wird, im Falle rechtzeitiger Antragstellung mit Eintritt der Unanfechtbarkeit der Entscheidung über den Antrag. Satz 1 gilt entsprechend für die Nutzungsgenehmigung nach § 5.

(2) Lebensmittel, die den Vorschriften dieser Verordnung in der vom 30. Oktober 1999 an geltenden Fassung nicht entsprechen, dürfen noch bis zum 31. Dezember 2000 nach den bis zum 29. Oktober 1999 geltenden Vorschriften gekennzeichnet und auch nach dem 31. Dezember 2000 noch bis zum Aufbrauchen der Bestände in den Verkehr gebracht werden.

(3) Wässer, die den Vorschriften dieser Verordnung in der bis zum 20. Dezember 2000 geltenden Fassung entsprechen, dürfen noch bis zum 20. Juni 2001 hergestellt und eingeführt und über diesen Zeitpunkt hinaus in den Verkehr gebracht werden.

§ 21
Inkrafttreten, abgelöste Vorschrift

Diese Verordnung tritt am Tage nach der Verkündung in Kraft.

Anlage 1
(zu § 2)

Liste der zulässigen Grenzwerte für natürliches Mineralwasser

Lfd. Nr.	Stoff	Grenzwert		berechnet als
1	Arsen	0,05	mg/l	As
2	Cadmium	0,005	mg/l	Cd
3	Chrom, gesamtes	0,05	mg/l	Cr
4	Quecksilber	0,001	mg/l	Hg
5	Nickel	0,05	mg/l	Ni
6	Blei	0,05	mg/l	Pb
7	Antimon	0,01	mg/l	Sb
8	Selen, gesamtes	0,01	mg/l	Se
9	Borat	30	mg/l	BO_3^{3-}
10	Barium	1	mg/l	Ba

Anlage 2
(zu § 3 Abs. 3, § 5 Abs. 2 und § 12 Abs. 1)

Voraussetzungen für die Nutzung von Quellen mit natürlichem Mineralwasser

Die zur Nutzung bestimmten Einrichtungen müssen so beschaffen sein, dass Verunreinigungen vermieden werden und dass die Eigenschaften erhalten bleiben, die das Wasser am Quellaustritt besitzt und die seinen Charakter als natürliches Mineralwasser begründen. Insbesondere müssen

1. die Quelle und der Quellaustritt gegen die Gefahren einer Verunreinigung geschützt sein,

2. Fassungen, Rohrleitungen und Wasserbehälter aus einem für das Mineralwasser geeigneten Material bestehen und derart beschaffen sein, dass sie keine nachteilige chemische physikalisch-chemische und mikrobiologische Veränderung des Wassers verursachen,

3. die Nutzungseinrichtungen, insbesondere die Flaschenreinigungs- und Abfüllanlagen, den hygienischen Anforderungen genügen,

4. die Behältnisse so behandelt oder hergestellt sein, dass sie die mikrobiologischen und chemischen Merkmale des Mineralwassers nicht verändern.

Anlage 3
(zu § 4 Abs. 3)

Mikrobiologische Untersuchungsverfahren

1. Escherichia coli und coliformen Keimen gemeinsam ist die Fähigkeit, bei einer Temperatur von 37° ± 1 ° C Laktose innerhalb von 20 ± 4 Stunden unter Gas- und Säurebildung abzubauen.

    1.1 Die Untersuchung auf Escherichia coli in mindestens 250 Milliliter Wasser kann durch:

    a. Flüssiganreicherung in doppelt konzentrierter Laktosebouillon, Bebrütungstemperatur 37 ± 1 °C oder 42 ± 0,5 °C, Bebrütungszeit 20 ± 4 Stunden (Beobachtungszeit und Bebrütung bis 44 ± 4 Stunden), oder

    b. Membranfiltration und Bebrütung des Membranfilters auf Laktose-Fuchsin-Sulfitager (Endoagar), Bebrütungstemperatur 37 ± 1 °C oder 42 ± 0,5 °C, Bebrütungszeit 20 ± 4 Stunden,

    erfolgen.

    Eine endgültige Diagnose ist durch das Stoffwechselmerkmal „Gas- und Säurebildung aus Laktose", bzw. Bildung von fuchsinroten Kolonien auf dem bebrüteten Membranfilter allein nicht möglich, sodass zusätzlich nach Sub- bzw. Reinkultur auf Endoagar mindestens folgende Stoffwechselmerkmale geprüft werden müssen:

    Cytochromoxidasereaktion: negativ

    Laktosevergärung: Gas- und Säurebildung bei 37 ± 1 °C innerhalb 20 ± 4 Stunden

    Indolbildung aus tryptophanhaltiger Bouillon: positiv

    Spaltung von Laktose, Dextrose oder Mannit bei 44 ± 0,5 °C innerhalb von 20 ± 4 Stunden zu Gas und Säure: positiv.

    Ausnutzung von Citrat als einziger Kohlenstoffquelle: negativ.

    1.2 Die Untersuchung auf coliforme Keime in mindestens 250 Milliliter Wasser kann durch:

    a. Flüssiganreicherung in doppelt konzentrierter Laktosebouillon, Bebrütungstemperatur 37 ± 1 °C, Bebrütungszeit 20 ± 4 Stunden (Bebrütung und Beobachtungszeit bis 44 ± 4 Stunden), oder

b. Membranfiltration und Bebrütung des Membranfilters auf Laktose-Fuchsin-Sulfitagar (Endoagar), Bebrütungstemperatur 37 ± 1 °C, Bebrütungszeit 20 ± 4 Stunden,

erfolgen.

Eine endgültige Diagnose ist durch das Stoffwechselmerkmal „Gas- und Säurebildung aus Laktose" bzw. durch die Bildung von fuchsinroten Kolonien auf dem bebrüteten Membranfiter nicht möglich, sodass zusätzlich nach Sub- bzw. Reinkultur auf Endoagar mindestens folgende Stoffwechselmerkmale geprüft werden müssen:

Cytochromoxidasereaktion: negativ

Laktosevergärung: Gas- und Säurebildung bei 37 ± 1 °C innerhalb 44 ± 4 Stunden

Indolbildung aus tryptophanhaltiger Bouillon: in der Regel negativ (positive Reaktion möglich)

Spaltung von Dextrose, Laktose oder Mannit zu Gas und Säure bei 44 ± 0,5 °C innerhalb von 20 ± 4 Stunden: in der Regel negativ (positive Reaktion möglich)

Ausnutzung von Citrat als einziger Kohlenstoffquelle: positiv oder negativ

Coliforme Keime spalten also in jedem Falle Laktose bei 37° ± 1 ° C unter Gas- und Säurebildung, weichen aber in der Indolbildung und/oder im Zuckerabbau bei einer Bebrütungstemperatur von 44° ± 0,5° C und/oder im Citratabbau von den für Escherichia coli genannten Merkmalen ab.

2. Die Untersuchung auf Faekalstreptokokken kann durch:

a. Flüssiganreicherung in doppelt konzentrierter Azid-Dextrose-Bouillon, Bebrütungstemperatur 37 ° ± 1 ° C, Bebrütungszeit 20 ± 4 Stunden (Beobachtungszeit und Bebrütung bis 44 ± 4 Stunden), oder

b. Membranfiltration und Bebrütung des Membranfilters entweder auf Tetrazolium-Natriumazid-Agar, Bebrütungstemperatur 37 ± 1 °C, Bebrütungszeit 20 ± 4 Stunden oder in einfach konzentrierter Azid-Dextrose-Bouillon, Bebrütungstemperatur 37 ± 1 °C, Bebrütungszeit 20 ± 4 Stunden (Beobachtungszeit und Bebrütung bis 44 ± 4 Stunden)

erfolgen.

Die endgültige Diagnose ist durch Wachstum in Azid-Dextrose-Bouillon oder auf Tetrazolium-Natriumazid-Agar nicht möglich, sodass zusätzlich nach Sub-

und Reinkultur auf Blutagar mindestens folgende Merkmale geprüft werden müssen:

Aesculinabbau:

positiv nach Verimpfen in Aesculinbouillon, Bebrütungstemperatur 37 ± 1 °C, Bebrütungszeit mindestens 40 ± 4 Stunden, Farbreaktion mit frischer 7%iger wässriger Lösung von Eisen-II-Chlorid

Wachstum bei pH 9,6:

positiv nach Verimpfen in Nährbouillon pH 9,6, Bebrütungstemperatur 37 ± 1° C, Bebrütungszeit 20 ± 4 Stunden

Wachstum bei 6,5%igem Kochsalzzusatz:

positiv nach Verimpfen in Nährbouillon mit 6,5 % Kochsalzzusatz, Bebrütungstemperatur 37 ± 1 °C, Bebrütungszeit 20 ± 4 Stunden.

3. Die Untersuchung auf Pseudomonas aeruginosa kann durch:
    a. Flüssiganreicherung in doppelt konzentrierter Malachitgrünbouillon, Bebrütungstemperatur 37 ± 1 °C, Bebrütungszeit 20 ± 4 Stunden (Beobachtungszeit und Bebrütungszeit bis 44 ± 4 Stunden), oder
    b. Membranfiltration und Bebrütung des Membranfilters in einfach konzentrierter Malachitgrünbouillon, Bebrütungstemperatur 37 ± 1 °C, Bebrütungszeit 20 ± 4 Stunden (Beobachtungszeit und Bebrütungszeit bis 44 ± 4 Stunden),

erfolgen.
Eine endgültige Diagnose ist durch Wachstum in Malachitgrünbouillon nicht möglich, sodass zusätzlich nach Sub- und Reinkultur auf Laktose-Fuchsin-Sulfitagar (Endoagar) oder anderen geeigneten Selektivagar mindestens folgende Stoffwechselmerkmale geprüft werden müssen:

Bildung von Fluorescein:

positiv nach Verimpfen auf das Medium nach King (b) F, Bebrütungstemperatur 37 ± 1 °C, Bebrütungszeit 44 ± 4 Stunden

und Bildung von Pyocyanin:

positiv nach Verimpfen auf (ammoniumfreie) Acetamid-Standard-Mineralsalzlösung, Bebrütungstemperatur 37 ± 1 °C, Bebrütungszeit 20 ± 4 Stunden, positive Reaktion mit Nessler's Reagenz.

4. Die Untersuchung auf sulfitreduzierende, Sporen bildende Anaerobier kann durch

   a. Membranfiltration und Bebrütung des Membranfilters unter ein Schicht von Dextrose-Eisensulfat-Natriumsulfitagar, Bebrütungstemperatur 37 ± 1 °C, Bebrütungszeit 20 ± 4 Stunden, Beobachtung für weitere 20 ± 4 Stunden, Auszählung der schwarzen Kolonien, oder

   b. Flüssiganreicherung in 50 ml doppelt konzentrierter Dextrose-Eisencitrat Natriumsulfit-Bouillon, Bebrütungstemperatur 37 ± 1 °C, Bebrütungszeit 20 ± 4 Stunden, Beobachtung für weitere 20 ± 4 Stunden, positiv bei Schwärzung des Flüssignährbodens,

   erfolgen.

5. Bestimmung der Koloniezahl
   Als Koloniezahl wird die Zahl der mit 6- bis 8facher Lupenvergrößerung sichtbaren Kolonien bezeichnet, die sich auf den in 1 ml des zu untersuchenden Wassers befindlichen Bakterien in Plattengusskulturen mit nährstoffreichen, peptonhaltigen Nährboden (1 % Fleischextrakt, 1 % Pepton) bei einer Bebrütungstemperatur von 20 ± 2 °C nach 44 ± 4 Stunden oder einer Bebrütungstemperatur 37 ± 1 °C nach 20 ± 4 Stunden Bebrütungszeit bilden.

   Die verschiedenen bei der Bestimmung verwendeten Nährboden unterscheiden sich hauptsächlich durch das Verfestigungsmittel, sodass folgende Methoden möglich sind:

   5.1 Gelatinennährboden, Bebrütungstemperatur 20 ± 2 °C,

   5.2 Agarnährboden, Bebrütungstemperatur 20 ± 2 °C oder 37 ± 1 °C,

   5.3 Kieselsäure-Phosphatbouilion-Nährboden, Bebrütungstemperatur 20 ± 2 °C oder 37 ± 1 °C.

6. Werden bei den Untersuchungen nach Nummer 1.2 und 2 bis 5 Ergebnisse erzielt, die auf eine Überschreitung der festgelegten Grenzwerte hindeuten, so ist an mindestens 4 weiteren Proben festzustellen, dass die Grenzwerte im Wasser nicht überschritten werden.

Anlage 4
(zu § 9 Abs. 3)

Angaben	Anforderungen
mit geringem Gehalt an Mineralien	Der als fester Rückstand berechnete Mineralstoffgehalt beträgt nicht mehr als 500 mg/l
Mit sehr geringem Gehalt an Mineralien	Der als fester Rückstand berechnete Mineralstoffgehalt beträgt nicht mehr als 50 mg/l
Mit hohem Gehalt an Mineralien	Der als fester Rückstand berechnete Mineralstoffgehalt beträgt mehr als 1500 mg/l
Bicarbonathaltig	Der Hydrogencarbonat-Gehalt beträgt mehr als 600 mg/l
Sulfathaltig	Der Sulfatgehalt beträgt mehr als 200 mg/l
Chloridhaltig	Der Chloridgehalt beträgt mehr als 200 mg/l
Calciumhaltig	Der Calciumgehalt beträgt mehr als 150 mg/l
Magnesiumhaltig	Der Magnesiumgehalt beträgt mehr als 50 mg/l
Fluoridhaltig	Der Fluoridgehalt beträgt mehr als 1 mg/l
Eisenhaltig	Der Gehalt an zweiwertigem Eisen beträgt mehr als 1 mg/l
Natriumhaltig	Der Natriumgehalt beträgt mehr als 200 mg/l
Geeignet für die Zubereitung von Säuglingsnahrung	Der Gehalt an Natrium darf 20 mg/l, an Nitrat 10 mg/l, an Nitrit 0,02 mg/l an Sulfat 240 mg/l, an Fluorid 0,7 mg/l, an Mangan 0,05 mg/l und an Arsen 0,005 mg/l nicht überschreiten. Die in § 4 Abs. 1 Satz 3 genannten Grenzwerte müssen auch bei der Abgabe an den Verbraucher eingehalten werden.
Geeignet für natriumarme Ernährung	Der Natriumgehalt beträgt weniger als 20 mg/l

6.2.2 Allgemeine Verwaltungsvorschrift über die Anerkennung und Nutzungsgenehmigung von natürlichem Mineralwasser

Vom 9. März 2001, Bundesanzeiger 53, Nr. 56 vom 21.3.2001 Seite 4605

Allgemeine Verwaltungsvorschrift über die Anerkennung und Nutzungsgenehmigung von natürlichem Mineralwasser*)

vom 9. März 2001

Nach Artikel 84 Abs. 2 des Grundgesetzes wird folgende allgemeine Verwaltungsvorschrift erlassen:

1 Anwendungsbereich

Diese allgemeine Verwaltungsvorschrift hat die Aufgabe, für die Allgemeinbegriffe der Mineral- und Tafelwasser-Verordnung jeweils bestimmte Anforderungsmerkmale für natürliche Mineralwässer aufzulisten, die mindestens zu überprüfen sind. Diese Überprüfung erfolgt unter geologischen, hydrogeologischen, physikalischen, chemischen, physikalisch-chemischen, mikrobiologischen, hygienischen und technischen Gesichtspunkten.

2 Antrag

Die Anerkennung als natürliches Mineralwasser und die Genehmigung seiner Nutzung erfolgen jeweils auf Antrag des Nutzungsberechtigten durch die zuständige Behörde.

3 Anerkennung

3.1 Die Anerkennung als natürliches Mineralwasser bezieht sich auf die Quellnutzung, aus der das Mineralwasser entnommen wird. Die Quellnutzung kann aus einer oder mehreren Entnahmestellen bestehen. Für die Quellnutzung sind der Name und der Quellort anzugeben.

3.2 Eine Änderung des Quellnamens bedarf keiner neuen Anerkennung, wenn hiermit keine Änderungen der Quellnutzung verbunden sind. Die Änderung ist der Anerkennungsbehörde unter Angabe der Gründe anzuzeigen.

3.3 Die Anerkennung kann nur erteilt werden, wenn bei Antragstellung oder in angemessener Frist nach Antragstellung die in Anlage 1 aufgeführten Angaben gemacht und fachgutachtlich beurteilt sind. Umfasst die Nutzung mehrere Entnahmestellen zur Erschließung unterirdischer Wasservorkommen, so sind von jeder Entnahmestelle die in Anlage 1 Nr. 3.4.3. 4 und 6 angegebenen Unterlagen vorzulegen.

Aus den vorgelegten Angaben muss erkennbar sein, dass das natürliche Mineralwasser der Begriffsbestimmung in § 2 der Mineral- und Tafelwasser-Verordnung entspricht. Aus den Unterlagen muss sich insbesondere ergeben, dass das natürliche Mineralwasser aus unterirdischen Wasservorkommen stammt. Diese sind in den Kluft- und Porenhohlräumen des grundwasserleitenden Gesteins entwickelt. Solche Fließsysteme umfassen die Gesamtheit der geologischen und hydrogeologischen Gegebenheiten, die den Charakter der jeweiligen Quellnutzung bestimmen. Mineralwasser kann aus mehreren Fließsystemen gespeist werden. Mehrere Grundwasserhorizonte können einer gemeinsamen Nutzung zugeführt werden.

Sowohl die geologischen, hydrogeologischen, hydrologischen sowie fassungs- und fördertechnischen Angaben zum Quellvorkommen als auch die physikalischen, physikalisch-chemischen, chemischen und mikrobiologischen Angaben zur Beschaffenheit des natürlichen Mineralwassers dürfen nicht erkennen lassen, dass mit anthropogenen Verunreinigungen (z. B. durch Mülldepots, Bergbau, Landwirtschaft) gerechnet werden muss. Einen Anhalt für die Abwesenheit von anthropogenen Stoffen bieten die Orientierungswerte für die in Anlage la genannten Parameter als Belastungsstoffe in natürlichen Mineralwässern.

Die Entnahme von natürlichem Mineralwasser aus Quellen, Galerien, natürlichen oder künstlich erschlossenen Brunnen muss mit den hydrogeologischen Gegebenheiten im Einklang stehen, d. h. ein Zufluss von anderem als natürlichem Mineralwasser darf nicht erfolgen. Natürliches salzreiches Wasser mit einem Mindestgehalt von 14 Gramm gelösten Salzen in 1 Kilogramm (Sole), das als solches gewonnen und unverdünnt nicht zum Verzehr geeignet ist, gilt nicht als natürliches Mineralwasser.

3.4 Wasser, das weniger als 1000 Milligramm gelöste Mineralstoffe oder weniger als 250 Milligramm freie Kohlensäure in einem Liter enthält, kann eine ernährungsphysiologische Wirkung zugesprochen werden, wenn es mindestens einen der in Anlage 2 genannten Stoffe in den dort aufgeführten Mindestkonzentrationen aufweist. Für andere, nicht in Anlage 2 aufgeführte Stoffe (Mineralstoffe, Spurenelemente und sonstige Bestandteile) kann der Nachweis ihrer ernährungsphysiologischen Eigenschaften in natürlichem Mineralwasser durch Untersuchungen nach anerkannten Methoden oder durch klinische Beobachtungen erbracht werden. Auch vorhandene Untersuchungsergebnisse von Wässern vergleichbarer Zusammensetzung können zum Nachweis der ernährungsphysiologischen Wirkungen herangezogen werden.

3.5 Die Beschaffenheit des natürlichen Mineralwassers am Quellaustritt bzw. Brunnenkopf muss. im Rahmen natürlicher Schwankungen so konstant bleiben, dass die Eigenart sowie ursprüngliche Reinheit des natürlichen Mineralwassers erhalten bleiben. Als natürliche Schwankungen werden hierbei bei den das Wasser charakterisierenden festen gelösten Bestandteilen, sofern der Gehalt mehr als 20 Milligramm pro Liter beträgt, Schwankungen von ± 20 %, bei dem gelösten Kohlendioxid Schwankungen von ± 50 % toleriert. Die Beschaffenheit des abgefüllten natürlichen Mineralwassers muss mit Ausnahme der veränderlichen Parameter (z. B. Temperatur, pH-Wert, elektrische Leitfähigkeit, Sauerstoffgehalt) sowie der nach den zugelassenen Behandlungsverfahren veränderlichen Parameter (z. B. Eisen, Mangan. gelöstes Kohlendioxid) mit der Beschaffenheit des Wassers der Quellnutzung übereinstimmen.

3.6 Die Anerkennung ist zu begründen. Die Begründung enthält die in Anlage 3 aufgeführten Angaben. Die zuständige Behörde teilt die ausgesprochene Anerkennung dem Bundesministerium für Gesundheit umgehend mit, ebenso Änderungen des Quellnamens (vgl. Nr. 3.2).

4 Nutzungsgenehmigung

Die Genehmigung der Nutzung eines natürlichen Mineralwassers bezieht sich auf eine oder mehrere Quellnutzungen des Antragstellers, die durch den Namen der Quelle und den Ort der Nutzung gekennzeichnet sind.

Eine Nutzungsgenehmigung kann nur erteilt werden, wenn auf Grund einer fachgutachtlichen Beurteilung nachgewiesen ist, dass die in Anlage 2 der Mineral- und Tafelwasser-Verordnung aufgeführten Voraussetzungen für die Nutzung von Quellen mit natürlichem Mineralwasser erfüllt sind. Hierzu ist die in Anlage 4 wiedergegebene Betriebsbeschreibung zu Grunde zu legen.

5 Inkrafttreten

Diese allgemeine Verwaltungsvorschrift tritt am Tage nach ihrer Veröffentlichung in Kraft. Zum gleichen Zeitpunkt tritt die Allgemeine Verwaltungsvorschrift zur Verordnung über natürliches Mineralwasser, Quellwasser und Tafelwasser vorn 26. November 1984 (BAnz. S. 13 173) außer Kraft.

Der Bundesrat hat zugestimmt.

Bonn, den 9. März 2001

Der Bundeskanzler Gerhard Schröder	Die Bundesministerin für Verbraucherschutz, Ernährung und Landwirtschaft Renate Künast

Die Verpflichtungen aus der Richtlinie 98/34 EG des Europäischen Parlaments und des Rates vom 22. Juni 1998 über ein Informationsverfahren auf dem Gebiet der Normen und technischen Vorschriften (ABl. EG Nr. L 204 S. 37). geändert durch die Richtlinie 98/48, EG des Europäischen Parlaments und des Rates vom 20. Juli 1998 (ABl. EG Nr. L 217 S. 18), sind beachtet worden.

Anlage 1

Angaben, die zur amtlichen Anerkennung natürlicher Mineralwässer zu begutachten sind

1 Zur geologischen, hydrogeologischen, hydrochemischen sowie fassungs- und fördertechnischen Überprüfung der unterirdischen Wasservorkommen (Quellvorkommen), der Entnahmestellen und der Quellnutzung sind darzustellen:

1.1 Regionale Situation der unterirdischen Wasservorkommen

1.1.1　Geologische Situation der Wasservorkommen

1.1.2　Hydrogeologische und hydrochemische Situation der Wasservorkommen

1.1.3　Beschaffenheit der überdeckenden Schichten und deren Schutzfunktion gegen Oberflächeneinflüsse

1.2　Lokale Situation der Quellnutzung

1.2.1　Art und Lage der Quellnutzung

1.2.1.1　Angaben zu den Entnahmestellen

1.2.1.2　Lage und geodätische Höhe der Entnahmestellen (Darstellung auf topografischer Karte 1: 25.000 und/oder 1:10.000 sowie auf Lageplan im Maßstab der amtlichen Flurkarte)

1.2.2　Hydrogeologische Verhältnisse der Entnahmestellen

1.2.2.1　Mächtigkeit und Beschaffenheit der Mineralwasserleiter und Fließsysteme

1.2.2.2　Schüttung, Dauerergiebigkeit, Ruhewasserspiegel, abgesenkter Wasserspiegel (Pumpversuch)

1.2.2.3　Beständigkeit der charakteristischen Merkmale des Mineralstoffgehalts

1.2.3　Fassung und Fördertechnik

1.2.3.1　Beschreibung der Entnahmestellen mit Angabe des Baujahrs, des Ausbaumaterials usw.

1.2.3.2　Art der Wasserförderung mit Beschreibung der zugehörigen technischen Einrichtungen

1.3　Regionaler und lokaler Schutz des Wasservorkommens und der Entnahmestelle gegen Verunreinigungen

2　Wasserrechtliche Erlaubnis, Bewilligung oder vorzeitige wasserrechtliche Zulassung bzw. Erschließungsgenehmigung

3　Physikalische, physikalisch-chemische, chemische, mikrobiologische und hygienische Beschaffenheit der Quellnutzung und Begutachtung der Analysendaten

3.1　Allgemeine Angaben

- Beschreibung der Quellnutzung
- Datum der Probenahme und der örtlichen Untersuchungen

- Lage der Probenahmestelle mit Ortsbeschreibung, Entnahmebeschreibung, Name des Instituts
- Schüttung/Pumpenleistung zur Zeit der Probenahme

3.2 Sensorische Prüfung
Aussehen, Geruch und Geschmack des Wassers an Ort und Stelle

3.3 Physikalische und physikalisch-chemische Untersuchungen
- Temperatur des Wassers an der Probenahmestelle
- Temperatur der Luft (Außen- und ggf. Raumtemperatur)
- pH-Wert bei Entnahme (Angabe der Entnahmetemperatur)
- Elektrische Leitfähigkeit bei Entnahme (Angabe der Entnahmetemperatur)
- Elektrische Leitfähigkeit bei 25° C Wassertemperatur
- Redoxspannung bei Entnahme (Angabe der Entnahmetemperatur)
- Sauerstoff (O_2)
- Radioaktivität (natürliche Alphastrahler) α-Aktivität an der Probenahmestelle
- α-Restaktivität nach 2 bis 15 Tagen

3.4 Chemische Untersuchungen
3.4.1 Hauptbestandteile
3.4.1.1 Kationen und Anionen

Lithium (Li^+)
Natrium (Na^+)
Kalium (K^+)
Ammonium (NH_4^+)
Magnesium (Mg^{2+})
Calcium (Ca^{2+})
Strontium (Sr^{2+})
Barium (Ba^{2+})
Mangan (Mn^{2+})
Eisen (Fe^{2+3+})

Fluorid (F^-)
Chlorid (Cl^-)
Bromid (Br^-)
Jodid (J^-)
Nitrit (NO^{2-})
Nitrat (NO^{3-})
Sulfat (SO_4^{2-})
Hydrogenphosphat (HPO_4^{2-})
Hydrogencarbonat (HCO_3^-)
Hydrogensulfid

3.4.1.2 Undissoziierte Stoffe
Kieselsäure (berechnet als H_2SiO_3)
Borsäure (berechnet als HBO_2)

3.4.1.3 Summe der gelösten Mineralstoffe

3.4.1.4 Gelöste Gase
Kohlendioxid (CO_2)

3.4.1.5 Abdampfrückstand bei 180 °C
Abdampfrückstand bei 260 °C

3.4.2. Spurenbestandteile

3.4.2.1 Immer sind zu bestimmen:
- Arsen (As)
- Beryllium (Be)
- Cadmium (Cd)
- Chrom (Cr), gesamt
- Quecksilber (Hg)
- Nickel (Ni)
- Blei (Pb)
- Rubidium (Rb)
- Antimon (Sb)
- Selen (Se), gesamt
- Cäsium (Cs)
- Vanadium (V)
- Aluminium (Al)
- Kupfer (Cu)
- Zink (Zn)
- Kobalt (Co)
- Silber (Ag)
- Molybdän (Mo)
- Zinn (Sn)
- Uran (U)

3.4.2.2 Quantitative Bestimmung sonstiger qualitativ nachgewiesener Spurenstoffe

3.4.3 Organische Verbindungen

3.4.3.1 Summenbestimmung
- Färbung (Spektraler Absorptionskoeffizient bei 436 nm)
- UV-Absorption (Spektraler Absorptionskoeffizient bei 254 nm)
- Gelöster organisch gebundener Kohlenstoff (DOC)
- Extrahierbare Substanzen (Lösemittel 1,1,2-Trichlortrifluorethan)

3.4.3.2 Einzelbestimmungen
3.4.3.2.1 Polycyclische aromatische Kohlenwasserstoffe
- Fluoranthen
- Benzo-(b)-Fluoranthen
- Benzo-(k)-Fluoranthen
- Benzo-(a)-Pyren
- Benzo-(ghi)-Perylen
- Indeno-(1,2,3-cd-)pyren

3.4.3.2.2 Flüchtige organische Halogenverbindungen (Lösungsmittel)
- Dichlormethan
- 1,1,1-Trichlorethan
- Trichlorethen
- Tetrachlorethen
- Tetrachlormethan

3.4.3.2.3 Trihalomethane (Haloforme)
- Trichlormethan
- Bromdichlormethan
- Dibromchlormethan
- Tribrommethan

3.4.3.2.4 Benzol

3.4.3.2.5 Phenole (gaschromatografisch)

3.4.3.2.6 Cyanid

Auch andere Stoffe anthropogener Herkunft darf das Wasser wegen des Gebotes der ursprünglichen Reinheit nicht enthalten. Zu diesen organischen Stoffen gehören z.B. Pflanzenschutz- und Schädlingsbekämpfungsmittel, polychlorierte Biphenyle (PCB) bzw. Terphenyle (PCT), chlorierte und nitrierte Aromaten, Weichmacher und Antioxidantien. Bei begründetem Verdacht des Vorhandenseins dieser organischen Stoffe im Wasser sind die Untersuchungen auf diese auszudehnen.

4 Mikrobiologische Beschaffenheit des Wasservorkommens an der Entnahmestelle und an der Quellnutzung

- Koloniezahl 20 °C in 1 ml
- Koloniezahl 37 °C in 1 ml
- Escherichia coli in 250 ml
- Coliforme Bakterien in 250 ml
- Faekalstreptokokken in 250 ml
- Pseudomonas aeruginosa in 250 ml
- Sulfitreduzierende anaerobe Sporenbildner in 50 ml

5 Charakterisierung und Beurteilung des Wassers der Quellnutzung

6 Analyse der Wässer der Entnahmestellen (Charakterisierungsanalyse)

Es ist eine Analyse zu erstellen, die eine Charakterisierung des Wassers einer jeden Entnahmestelle im Hinblick auf das Wasservorkommen zulässt. Dabei handelt es sich einmal um die Hauptbestandteile und wertbestimmenden Stoffe. Zum anderen kann es notwendig sein, bestimmte Spurenstoffe zu erfassen, um Beziehungen zwischen Untergrundbeschaffenheit und Art des Wasservorkommens herzustellen.

Anlage I a

Orientierungswerte für Belastungsstoffe in natürlichen Mineralwässern als Kriterien für die ursprüngliche Reinheit

Lfd Nr.	Parameter	Orientierungswerte für Höchstkonzentrationen
	A. Einzelbestimmungen	
1	Polycyclische aromatische Kohlenwasserstoffe mit Ausnahme von Fluoranthen) (Summe)	0,02 µg/l
2	Flüchtige organische Halogenverbindungen (Mit Ausnahme von Trihalogenmethanen) (Summe)	5 µg/l
3	Trihalogenmethane (Summe)	5 µg/l
4	Phenole (gesamt)	2 µg/l
5	Pflanzenschutzmittel, Arzneimittel	0,05 µg/l
	B. Summenbestimmungen	
6	Organisch gebundener Kohlenstoff (DOC)	0,2-2 mg/l
7	Anionische Detergentien	50 µg/l
8	Kohlenwasserstoffe	
	mit 1,1,2-Trichlortrifluorethan extrahierbar	100 µg/l

Anlage 2

Stoffe in natürlichen Mineralwässern. mit möglichen ernährungsphysiologischen Eigenschaften

Stoff	Mindestgehalt
Calcium	150 mg/l
Magnesium	50 mg/l
Fluorid	1 mg/l

Anlage 3

Muster für die Begründung einer amtlichen Anerkennung eines natürlichen Mineralwassers

Quellname
Quellort:
- Quellnutzung und Entnahmestellen (Anzahl, Art, Baujahr)
- Wasserentnahme (Kubikmeter/Stunde)
- Geologie und Hydrogeologie - Zusammenfassung
- Charakterisierende Bestandteile des natürlichen Mineralwassers

- Menge der gelösten Mineralstoffe (mg/l)
- Menge des gelösten Kohlendioxids (mg/l)
- Auflagen und Bedingungen
- Datum der Anerkennung
- Name und Wohnort des Antragstellers

Anlage 4

Betriebsbeschreibung zum Antrag auf Nutzungsgenehmigung

Antragsteller
Betriebsstätte

I. Verzeichnis der Quellnutzungen
Bezeichnungen oder Namen der Quellnutzungen
Anzahl der Entnahmestellen der jeweiligen Quellnutzung

II. Beschreibung der Quellnutzungen
Jede Quellnutzung ist auf einem gesonderten Blatt unter Berücksichtigung der nachstehend aufgeführten Punkte zu beschreiben. Dabei sind die zur amtlichen Anerkennung nach § 3 Abs. 1 der Mineral- und Tafelwasser-Verordnung gemachten Angaben zu Grunde zu legen.
1   Lage der Quellnutzung und der zugehörigen Entnahmestellen.
    Die Lage der Entnahmestellen und ihre Verbindung zur Quellnutzung sowie die Lage der Entnahmestellen und der Quellnutzung zum Abfüllbetrieb ist anhand
    - einer Übersichtskarte und
    - einer amtlichen Flurkarte (Katasterplan)
    darzustellen und zu erläutern.
2   Geologische Situation der Quellnutzung
3   Hydrogeologische und hydrologische Verhältnisse der Entnahmestellen
4   Regionaler und lokaler Schutz des Wasservorkommens, der Entnahmestellen vor Verunreinigungen

Die Punkte 2, 3 und 4 sind in Form einer Kurzfassung der im Anerkennungsverfahren zu den Punkten 1.1.1, 1.2.2 und 1.3 der Anlage 1 der allgemeinen Verwaltungsvorschrift getroffenen Feststellungen darzustellen.

III. Beschreibung der Betriebsanlagen
Die Betriebsgliederung und die Zuordnung der Betriebsteile zueinander sind anhand
- einer TOP-Karte
- eines Katasterplans und
- eines Plans mit Kennzeichnung der Bau- bzw. Betriebsteile
- darzustellen und die bauliche Gestaltung der Betriebsanlage und
- Ausstattung zu beschreiben.

IV. Beschreibung der Betriebsfunktionen

Die Funktionsbeschreibung ist nach dem folgenden Schema unter Berücksichtigung der zu den einzelnen Produkten vermerkten Hinweise abzuhandeln:

1 Mineralwasserförderung bei den Entnahmestellen
 - durch Unterwasserpumpe oder durch Vakuumpumpe über Vakuumbehälter oder auf andere näher zu beschreibende Weise

2 Kontrolleinrichtungen an den Entnahmestellen und/oder an der Quellnutzung
 - z. B. Messung der Wassermenge

3 Transport des Mineralwassers von den Entnahmestellen zur Quellnutzung und zum Abfüllbetrieb
 - durch Rohrleitungen aus Kunststoff, aus Stahl oder aus anderen Materialien

4 Behandlung des Mineralwassers
4.1 Filtration
 - durch Sand- oder Schichtenfilter oder auf andere Weise
4.2 Anderweitige Behandlung z. B. Enteisenung/Entschwefelung
 - mit Vakuum-Enteisenungseinrichtung unter Verwendung von gegebenenfalls entkeimter Luft und Filtration oder auf andere näher darzustellende Weise

5 Zwischenlagerung des Mineralwassers
 - z.B. in Behältern aus Kunststoff, aus Stahl oder aus anderen Materialien

6 Überführung des Mineralwassers von der Zwischenlagerung zur Karbonisieranlage
 - z. B. durch (Kreisel-) Pumpe, Eigengefälle oder durch Druckbeaufschlagung in Rohrleitungen aus Kunststoff, aus Stahl oder aus anderen Materialien

7 Karbonisieranlage
 - Restentgasung (Entlüftung) erfolgt durch Vakuum oder auf andere näher darzustellende Weise. Die Imprägnierung mit CO_2 erfolgt mit Rieselsäule, Strahlapparat oder in anderer zu erläuternder Weise

8. Abfüllung des Mineralwassers
 - z.B. über Ringkesselfüller direkt in die Getränkebehältnisse. Die Anzahl der vorhandenen Abfülllinien mit Anzahl der eingesetzten Füller und deren Füllstellen ist anzugeben.

9 Verschließung der Getränkebehältnisse
 - z. B. mit Schraub- oder Kronenverschlüssen oder Deckeln (bei Dosen)

10 Kontrolle der Getränkepackungen
 - Einsatz von Füllstands- oder Verschlusskontrollanlage oder auf andere zu beschreibende Weise

11 Behandlung der' Getränkebehältnisse
11.1 Reinigung der Getränkebehältnisse
 - durch Flaschenreinigungsmaschinen, Rinser oder auf andere Weise,

11.2 Kontrolle der gereinigten Getränkebehältnisse
- durch visuelle Beobachtung, Inspektionsmaschinen, Sensoren oder auf andere näher zu erläuternde Weise

12 CO_2-Versorgung
12.1 Eigene Gewinnung
- z. B. aus eigenen Entnahmestellen durch Vakuumbeaufschlagung, Verdichtung, Verflüssigung und Lagerung
12.2 Zuführung des CO_2 zur Karbonisieranlage
- z. B. über Verdampfer durch Stahlleitung oder Kupferleitung und gegebenenfalls über Filter
12.3 Einsatz von fremdbezogenem CO_2
- Angaben über Herkunft, ob Erzeugung als Quellenkohlensäure oder auf andere Weise

13 Behandlung der Verschlüsse
13.1 Zulieferung der Verschlüsse,
- in geschlossenen Gebinden oder auf andere Weise
13.2 Zuführung der Verschlüsse zu den Verschließmaschinen
- z. B. manuell oder mittels Gebläse durch Rohrleitung

14 Reinigung und Desinfektion der Produktleitungen, der Behälter für Lagerung des Mineralwassers, der Karbonisier- und Abfüllanlagen
- durch Standreinigung, Umlaufreinigung (CIP-Anlage) oder auf andere näher zu beschreibende Weise

15 Überwachung der Fertigung, Qualitätskontrolle
- z. B. durch eigenes Betriebslabor oder externes Institut

16 Hinweise auf spezielle betriebliche Einrichtungen und Gegebenheiten

6.2.3 Verordnung zur Novellierung der Trinkwasserverordnung vom 21. Mai 2001

Artikel 1 : Verordnung über die Qualität von Wasser für den menschlichen Gebrauch
(Trinkwasserverordnung – TrinkwV 2001)
Bundesgesetzblatt Jahrgang 2001 Teil 1 Nr.24, ausgegeben zu Bonn am 28.Mai 2001, Seite 959

Verordnung
zur Novellierung der Trinkwasserverordnung
vom 21. Mai 2001

Es verordnen

auf Grund des § 37 Abs. 3 und des § 38 Abs. 1 des Infektionsschutzgesetzes vom 20. Juli 2000 (BGBl. 1 S. 1045) das Bundesministerium für Gesundheit und

auf Grund des § 9 Abs. 1 Nr. 1 Buchstabe a, Nr. 3 und 4 Buchstabe a in Verbindung mit Abs. 3, des § 10 Abs. 1 Satz 1, des § 12 Abs. 1 Nr. 1 und Abs. 2 Nr. 1 in Verbindung mit Abs. 3, des § 16 Abs. 1 Satz 2 und des § 19 Abs. 1 Nr. 1 und 2 Buchstabe b des Lebensmittel und Bedarfsgegenständegesetzes in der Fassung der Bekanntmachung vom 9. September 1997 (BGBl. 1 S. 2296), von denen § 9 gemäß Artikel 13 der Verordnung vom 13. September 1997 (BGBl. 1 S. 2390) geändert worden ist, in Verbindung mit Artikel 56 Abs. 1 des Zuständigkeitsanpassungs-Gesetzes vom 18. März 1975 (BGBl. 1 S. 705) und den Organisationserlassen vom 27. Oktober 1998 (BGBl. 1 S. 3288) und vom 22. Januar 2001 (BGBl. 1 S. 127) das Bundesministerium für Verbraucherschutz, Ernährung und Landwirtschaft im Einvernehmen mit dem Bundesministerium für Wirtschaft und Technologie und, soweit § 12 des Lebensmittel- und Bedarfsgegenständegesetzes betroffen ist, auch im Einvernehmen mit dem Bundesministerium für Umwelt, Naturschutz und Reaktorsicherheit:

Artikel 1

Verordnung
über die Qualität von Wasser
für den menschlichen Gebrauch
(Trinkwasserverordnung.- TrinkwV 2001)*)

1. Abschnitt
Allgemeine Vorschriften

§ 1
Zweck der Verordnung

Zweck der Verordnung ist es, die menschliche Gesundheit vor den nachteiligen Einflüssen, die sich aus der Verunreinigung von Wasser ergeben, das für den menschlichen Gebrauch bestimmt ist, durch Gewährleistung seiner Genusstauglichkeit und Reinheit nach Maßgabe der folgenden Vorschriften zu schützen.

§ 2
Anwendungsbereich

(1) Diese Verordnung regelt die Qualität von Wasser für den menschlichen Gebrauch, Sie gilt nicht für

1. Natürliches Mineralwasser im Sinne des § 2 der Mineral- und Tafelwasserverordnung vom 1. August 1984 (BGBl. I S. 1036), die zuletzt durch Artikel 2 § 1 der Verordnung vom 21. März 2001 (BGBl. I S. 959) geändert worden ist.
2. Heilwasser im Sinne des § 2 Abs. 1 des Arzneimittelgesetzes.

(2) Für Anlagen und Wasser aus Anlagen, die zur Entnahme oder Abgabe von Wasser bestimmt sind, das nicht die Qualität von Wasser für den menschlichen Gebrauch hat, und die zusätzlich zu den Wasserversorgungsanlagen nach § 3 Nr. 2 im Haushalt verwendet werden, gilt diese Verordnung nur, soweit sie auf solche Anlagen ausdrücklich Bezug nimmt.

§ 3
Begriffsbestimmungen

Im Sinne dieser Verordnung

1 ist „Wasser für den menschlichen Gebrauch" „Trinkwasser" und „Wasser für Lebensmittelbetriebe". Dabei ist

a) „Trinkwasser" alles Wasser, im ursprünglichen Zustand oder nach Aufbereitung, das zum Trinken, zum Kochen, zur Zubereitung von Speisen und Getränken oder insbesondere zu den folgenden anderen häuslichen Zwecken bestimmt ist:

---

* Diese Verordnung dient der Umsetzung der Richtlinie 98/83/EG des Rates über die Qualität von Wasser für den menschlichen Gebrauch vom 3. November 1998 (Abl. EG Nr. L 330 S. 32

- Körperpflege und -reinigung,
- Reinigung von Gegenständen, die bestimmungsgemäß mit Lebensmitteln in Berührung kommen,
- Reinigung von Gegenständen, die bestimmungsgemäß nicht nur vorübergehend mit dem menschlichen Körper in Kontakt kommen.

Dies gilt ungeachtet der Herkunft des Wassers, seines Aggregatzustandes und ungeachtet dessen, ob es für die Bereitstellung auf Leitungswegen, in Tankfahrzeugen, in Flaschen oder anderen Behältnissen bestimmt ist;

b) Wasser für Lebensmittelbetrieb ungeachtet seiner Herkunft und seines Aggregatzustandes, das in einem Lebensmittelbetrieb für die Herstellung, Behandlung, Konservierung oder zum Inverkehrbringen von Erzeugnissen oder Substanzen, die für den menschlichen Gebrauch bestimmt sind, sowie zur Reinigung von Gegenständen und Anlagen, die bestimmungsgemäß mit Lebensmitteln in Berührung kommen können, verwendet wird, soweit die Qualität des verwendeten Wassers die Genusstauglichkeit des Erzeugnisses beeinträchtigen kann;

2. sind Wasserversorgungsanlagen

a) Anlagen einschließlich des dazugehörenden Leitungsnetzes, aus denen auf festen Leitungswegen an Anschlussnehmer pro Jahr mehr als 1000 m³ Wasser für den menschlichen Gebrauch abgegeben wird,

b) Anlagen, aus denen pro Jahr höchstens 1000 m³ Wasser für den menschlichen Gebrauch entnommen oder abgegeben wird (Kleinanlagen), sowie sonstige, nicht ortsfeste Anlagen,

c) Anlagen der Hausinstallation, aus denen Wasser für den menschlichen Gebrauch aus einer Anlage nach Buchstabe a oder b an Verbraucher abgegeben wird;

3. sind Hausinstallationen

die Gesamtheit der Rohrleitungen, Armaturen und Geräte, die sich zwischen dem Punkt der Entnahme von Wasser für den menschlichen Gebrauch und dem Punkt der Übergabe von Wasser aus einer Wasserversorgungsanlage nach Nummer 2 Buchstabe a oder b an den Verbraucher befinden;

4. ist Gesundheitsamt

die nach Landesrecht für die Durchführung dieser Verordnung bestimmte und mit einem Amtsarzt besetzte Behörde;

5. ist zuständige Behörde

die von den Ländern auf Grund Landesrechts durch Rechtssatz bestimmte Behörde.

2. Abschnitt
Beschaffenheit des Wassers
für den menschlichen Gebrauch

§ 4
Allgemeine Anforderungen

(1) Wasser für den menschlichen Gebrauch muss frei von Krankheitserregern, genusstauglich und rein sein. Dieses Erfordernis gilt als erfüllt, wenn bei der Wassergewinnung, der Wasseraufbereitung und der Verteilung die allgemein anerkannten Regeln der Technik eingehalten werden und das Wasser für den menschlichen Gebrauch den Anforderungen der §§ 5 bis 7 entspricht.

(2) Der Unternehmer und der sonstige Inhaber einer Wasserversorgungsanlage dürfen Wasser, das den Anforderungen des § 5 Abs. 1 bis 3 und des § 6 Abs. 1 und 2 oder den nach § 9 oder § 10 zugelassenen Abweichungen nicht entspricht, nicht als Wasser für den menschlichen Gebrauch abgeben und anderen nicht zur Verfügung stellen.

(3) Der Unternehmen und der sonstige Inhaber einer Wasserversorgungsanlage dürfen Wasser, das den Anforderungen des § 7 nicht entspricht, nicht als Wasser für den menschlichen Gebrauch abgeben und anderen nicht zur Verfügung stellen.

§ 5
Mikrobiologische Anforderungen

(1) Im Wasser für den menschlichen Gebrauch dürfen Krankheitserreger im Sinne des § 2 Nr. 1 des Infektionsschutzgesetzes nicht in Konzentrationen enthalten sein, die eine Schädigung der menschlichen Gesundheit besorgen lassen.

(2) Im Wasser für den menschlichen Gebrauch dürfen die in Anlage 1 Teil I festgesetzten Grenzwerte für mikrobiologische Parameter nicht überschritten werden.

(3) Im Wasser für den menschlichen Gebrauch, das zum Zwecke der Abgabe in Flaschen oder sonstige Behältnisse abgefüllt wird, dürfen die in Anlage 1 Teil II festgesetzten Grenzwerte für mikrobiologische Parameter nicht überschritten werden.

(4) Soweit der Unternehmer und der sonstige Inhaber einer Wasserversorgungs- oder Wassergewinnungsanlage oder ein von ihnen Beauftragter hinsichtlich mikrobieller Belastungen des Rohwassers Tatsachen feststellen, die zum Auftreten einer übertragbaren Krankheit führen können, oder annehmen, dass solche Tatsachen vorliegen, muss eine Aufbereitung, erforderlichenfalls unter Einschluss einer Desinfektion, nach den allgemein anerkannten Regeln der Technik erfolgen. In Leitungsnetzen oder Teilen davon, in denen die Anforderungen nach Absatz 1 oder 2 nur durch Desinfektion eingehalten werden können, müssen der Unternehmer und der sonstige Inhaber einer Wasserversorgungsanlage eine hinreichende Desinfektionskapazität durch freies Chlor oder Chlordioxid vorhalten.

§ 6
Chemische Anforderungen

(1) Im Wasser für den menschlichen Gebrauch dürfen chemische Stoffe nicht in Konzentrationen enthalten sein, die eine Schädigung der menschlichen Gesundheit besorgen lassen.

(2) Im Wasser für den menschlichen Gebrauch dürfen die in Anlage 2 festgesetzten Grenzwerte für chemische Parameter nicht überschritten werden. Die lfd. Nr. 4 der Anlage 2 Teil 1 tritt am 1. Januar 2008 in Kraft. Vom 1. Januar 2003 bis zum 31. Dezember 2007 gilt der Grenzwert von 0,025 mg/l. Die lfd. Nr. 4 der Anlage 2 Teil II tritt am 1. Dezember 2013 in Kraft; vom 1. Dezember 2003 bis zum 30. November 2013 gilt der Grenzwert von 0,025 mg/l; vom 1. Januar 2003 bis zum 30. November 2003 gilt der Grenzwert von 0,04 mg/l.

(3) Konzentrationen von chemischen Stoffen, die das Wasser für den menschlichen Gebrauch verunreinigen oder seine Beschaffenheit nachteilig beeinflussen können, sollen so niedrig gehalten werden, wie dies nach den allgemein anerkannten Regeln der Technik mit vertretbarem Aufwand unter Berücksichtigung der Umstände des Einzelfalles möglich ist.

§ 7
Indikatorparameter

Im Wasser für den menschlichen Gebrauch müssen die in Anlage 3 festgelegten Grenzwerte und Anforderungen für Indikatorparameter eingehalten sein. Die lfd. Nr. 19 und 20 der Anlage 3 treten am 1. Dezember 2003 in Kraft.

§ 8
Stelle der Einhaltung

Die nach § 5 Abs. 2 und § 6 Abs. 2 festgesetzten Grenzwerte sowie die nach § 7 festgelegten Grenzwerte und Anforderungen müssen eingehalten sein

1. bei Wasser, das auf Grundstücken oder in Gebäuden und Einrichtungen oder in Wasser-, Luft- oder Landfahrzeugen auf Leitungswegen bereitgestellt wird, am Austritt aus denjenigen Zapfstellen, die der Entnahme von Wasser für den menschlichen Gebrauch dienen,
2. bei Wasser aus Tankfahrzeugen an der Entnahmestelle am Tankfahrzeug,
3. bei Wasser, das in Flaschen oder andere Behältnisse abgefüllt und zur Abgabe bestimmt ist, am Punkt der Abfüllung,
4. bei Wasser, das in einem Lebensmittelbetrieb verwendet wird, an der Stelle der Verwendung des Wassers im Betrieb.

§ 9
Maßnahmen im Falle der Nichteinhaltung von Grenzwerten und Anforderungen

(1) Wird dem Gesundheitsamt bekannt, dass im Wasser aus einer Wasserversorgungsanlage im Sinne von § 3 Nr. 2 Buchstabe a, b oder c, sofern daraus Wasser für

die Öffentlichkeit im Sinne des § 18 Abs. 1 bereitgestellt wird, die nach § 5 Abs. 2 oder § 6 Abs. 2 festgesetzten Grenzwerte nicht eingehalten werden oder die Anforderungen des § 5 Abs. 1 oder § 6 Abs. 1 oder die Grenzwerte und Anforderungen des § 7 nicht erfüllt sind, hat es unverzüglich zu entscheiden, ob die Nichteinhaltung oder Nichterfüllung eine Gefährdung der menschlichen Gesundheit der betroffenen Verbraucher besorgen lässt und ob die betroffene Wasserversorgung bis auf weiteres weitergeführt werden kann. Dabei hat es auch die Gefahren zu berücksichtigen, die für die menschliche Gesundheit durch eine Unterbrechung der Bereitstellung oder durch eine Einschränkung der Verwendung des Wassers für den menschlichen Gebrauch entstehen würden. Das Gesundheitsamt unterrichtet den Unternehmer und den sonstigen Inhaber der betroffenen Wasserversorgungsanlage unverzüglich über seine Entscheidung und ordnet die zur Abwendung der Gefahr für die menschliche Gesundheit erforderlichen Maßnahmen an. In allen Fällen, in denen die Ursache der Nichteinhaltung oder Nichterfüllung unbekannt ist, ordnet das Gesundheitsamt eine unverzügliche entsprechende Untersuchung an oder führt sie selbst durch.

(2) Ist eine Gefährdung der menschlichen Gesundheit zu besorgen, so ordnet das Gesundheitsamt an, dass der Unternehmer oder der sonstige Inhaber einer Wasserversorgungsanlage für eine anderweitige Versorgung zu sorgen hat. Ist dies dem Unternehmer oder dem sonstigen Inhaber einer Wasserversorgungsanlage auf zumutbare Weise nicht möglich, so prüft das Gesundheitsamt, ob eine Weiterführung der betroffenen Wasserversorgung mit bestimmten Auflagen gestattet werden kann und ordnet die insoweit erforderlichen Maßnahmen an.

(3) Lässt sich eine Gefährdung der menschlichen Gesundheit auch durch Anordnungen oder Auflagen nach Absatz 2 nicht ausschließen, ordnet das Gesundheitsamt die Unterbrechung der betroffenen Wasserversorgung an. Die Wasserversorgung ist in betroffenen Leitungsnetzen oder Teilen davon sofort zu unterbrechen, wenn das Wasser im Leitungsnetz mit Krankheitserregern im Sinne des § 5 in Konzentrationen verunreinigt ist, die eine akute Schädigung der menschlichen Gesundheit erwarten lassen und keine Möglichkeit zur hinreichenden Desinfektion des verunreinigten Wassers mit Chlor oder Chlordioxid besteht, oder wenn es durch chemische Stoffe in Konzentrationen verunreinigt ist, die eine akute Schädigung der menschlichen Gesundheit erwarten lassen.

(4) Das Gesundheitsamt ordnet in allen Fällen der Nichteinhaltung eines der nach § 5 Abs. 2 oder § 6 Abs. 2 festgesetzten Grenzwerte oder der Nichterfüllung der Anforderungen des § 5 Abs. 1 oder § 6 Abs. 1 oder der Grenzwerte und Anforderungen des § 7 an, dass unverzüglich die notwendigen Abhilfemaßnahmen zur Wiederherstellung der Wasserqualität getroffen werden und dass deren Durchführung Vorrang erhält. Die Dringlichkeit der Abhilfemaßnahmen richtet sich nach dem Ausmaß der Überschreitung der entsprechenden Grenzwerte und dem Grad der Gefährdung der menschlichen Gesundheit.

(5) Gelangt das Gesundheitsamt bei der Prüfung nach Absatz 1 Satz 1 zu dem Ergebnis, dass eine Abweichung für die Gesundheit der betroffenen Verbraucher unbedenklich ist und durch Abhilfemaßnahmen gemäß Absatz 4 innerhalb von höchstens 30 Tagen behoben werden kann, legt es den während dieses Zeitraums zulässigen Wert für den betreffenden Parameter sowie die zur Behebung der Abweichung eingeräumte Frist fest. Satz 1 gilt nicht für Parameter der Anlage 1 Teil 1 lfd. Nr. 1 und 2 und nicht,

wenn der betreffende Grenzwert nach Anlage 1 Teil 1 lfd. Nr. 3 oder nach Anlage 2 bereits während der Prüfung vorangegangenen zwölf Monate über insgesamt mehr als 30 Tage nicht eingehalten worden ist.

(6) Gelangt das Gesundheitsamt bei den Prüfungen nach Absatz 1 zu dem Ergebnis, dass die Nichteinhaltung einer der nach § 6 Abs. 2 festgesetzten Grenzwerte für chemische Parameter nicht durch Abhilfemaßnahmen innerhalb von 30 Tagen behoben werden kann, die Weiterführung der Wasserversorgung für eine bestimmte Zeit über diesen Zeitraum hinaus nicht zu einer Gefährdung der menschlichen Gesundheit führt und die Wasserversorgung in dem betroffenen Gebiet nicht auf andere zumutbare Weise aufrechterhalten werden kann, kann es zulassen, dass von dem betroffenen Grenzwert in einer von dem Gesundheitsamt festzusetzenden Höhe während eines von ihm festzulegenden Zeitraums abgewichen werden kann. Die Zulassung der Abweichung ist so kurz wie möglich zu befristen und darf drei Jahre nicht überschreiten. Bei Wasserversorgungsanlagen im Sinne von § 3 Nr. 2 Buchstabe a unterrichtet das Gesundheitsamt auf dem Dienstweg das Bundesministerium für Gesundheit oder eine von diesem benannte Stelle über die getroffene Entscheidung.

(7) Vor Ablauf des zugelassenen Abweichungszeitraums prüft das Gesundheitsamt, ob der betroffenen Abweichung mit geeigneten Maßnahmen abgeholfen wurde. Ist dies nicht der Fall, kann das Gesundheitsamt nach Zustimmung der zuständigen obersten Landesbehörde oder einer von ihr benannten Stelle die Abweichung nochmals für höchstens drei Jahre zulassen. Bei Wasserversorgungsanlagen im Sinne von § 3 Nr. 2 Buchstabe a unterrichtet die zuständige oberste Landesbehörde das Bundesministerium für Gesundheit oder eine von diesem benannte Stelle über die Gründe für die weitere Zulassung.

(8) Unter außergewöhnlichen Umständen kann die zuständige oberste Landesbehörde oder eine von ihr benannte Stelle auf Ersuchen des Gesundheitsamtes dem Bundesministerium für Gesundheit oder einer von diesem benannten Stelle für Wasserversorgungsanlagen im Sinne von § 3 Nr. 2 Buchstabe a spätestens fünf Monate vor Ablauf des zugelassenen zweiten Abweichungszeitraums mitteilen, dass die Beantragung einer dritten Zulassung einer Abweichung für höchstens drei Jahre bei der Kommission der Europäischen Gemeinschaften erforderlich ist. Für Wasserversorgungsanlagen im Sinne von § 3 Nr. 2 Buchstabe b und c kann die oberste Landesbehörde oder eine von ihr benannte Stelle einen dritten Abweichungszeitraum von höchstens drei Jahren zulassen. Das Bundesministerium für Gesundheit ist hierüber innerhalb eines Monats zu unterrichten.

(9) Die Absätze 6 bis 8 gelten für die Zulassung von Abweichungen von den Grenzwerten und Anforderungen des § 7 entsprechend mit der Maßgabe, dass das Gesundheitsamt die zuständige oberste Landesbehörde über die erste und zweite erteilte Zulassung zu unterrichten hat, und dass für die dritte Zulassung die Zustimmung der zuständigen obersten Landesbehörde erforderlich ist.

(10) Die Zulassungen nach den Absätzen 6 und 7 Satz 2 sowie die entsprechenden Mitteilungen an das Bundesministerium für Gesundheit und die Mitteilungen nach Absatz 8 müssen mindestens die folgenden Feststellungen enthalten:

1. Grund für die Nichteinhaltung des betreffenden Grenzwertes;

2. frühere einschlägige Überwachungsergebnisse;

3. geografisches Gebiet, gelieferte Wassermenge pro Tag, betroffene Bevölkerung und die Angabe, ob relevante Lebensmittelbetriebe betroffen sind oder nicht;

4. geeignetes Überwachungsprogramm, erforderlichenfalls mit einer erhöhten Überwachungshäufigkeit;

5. Zusammenfassung des Plans für die notwendigen Abhilfemaßnahmen mit einem Zeitplan für die Arbeiten, einer Vorausschätzung der Kosten und mit Bestimmungen zur Überprüfung;

6. erforderliche Dauer der Abweichung und der für die Abweichung vorgesehene höchstzulässige Wert für den betreffenden Parameter.

(11) Das Gesundheitsamt hat bei der Zulassung von Abweichungen oder der Einschränkung der Verwendung von Wasser für den menschlichen Gebrauch durch entsprechende Anordnung sicherzustellen, dass die von der Abweichung oder Verwendungseinschränkung betroffene Bevölkerung von dem Unternehmer und dem sonstigen Inhaber einer Wasserversorgungsanlage oder von der zuständigen Behörde unverzüglich und angemessen über diese Maßnahmen und die damit verbundenen Bedingungen in Kenntnis gesetzt sowie gegebenenfalls auf mögliche eigene Schutzmaßnahmen hingewiesen wird. Außerdem hat das Gesundheitsamt sicherzustellen, dass bestimmte Bevölkerungsgruppen, für die die Abweichung eine besondere Gefahr bedeuten könnte, entsprechend informiert und gegebenenfalls auf mögliche eigene Schutzmaßnahmen hingewiesen werden.

(12) Die Absätze 1 bis 11 gelten nicht für Wasser für den menschlichen Gebrauch, das zur Abgabe in Flaschen oder anderen Behältnissen bestimmt ist.

§ 10
Besondere Abweichungen
für Wasser für Lebensmittelbetriebe

(1) Die zuständige Behörde kann für bestimmte Lebensmittelbetriebe zulassen, dass für bestimmte Zwecke Wasser verwendet wird, das nicht die Qualitätsanforderungen der §§ 5 bis 7 oder § 11 Abs. 1 erfüllt, soweit sichergestellt ist, dass die in dem Betrieb hergestellten oder behandelten Lebensmittel durch die Verwendung des Wassers nicht derart beeinträchtigt werden, dass durch ihren Genuss eine Schädigung der menschlichen Gesundheit zu besorgen ist. Dies gilt insbesondere für das Gewinnen von Lebensmitteln in landwirtschaftlichen Betrieben. Die zuständige Behörde kann anordnen, dass dieses Wasser in mikrobiologischer Hinsicht oder auf bestimmte Stoffe der Anlage 2 in bestimmten Zeitabständen zu untersuchen ist.

(2) Abweichend von Absatz 1 darf auf Fischereifahrzeugen zur Bearbeitung des Fanges und zur Reinigung der Arbeitsgeräte Meerwasser verwendet werden, wenn sich das Fischereifahrzeug nicht im Bereich eines Hafens oder eines Flusses einschließlich

des Mündungsgebietes befindet. Die zuständige Behörde kann für bestimmte Teile der Küstengewässer die Verwendung von Meerwasser für die in Satz 1 genannten Zwecke verbieten, wenn die Gefahr besteht, dass die gefangenen Fische, Schalen- oder Krustentiere derart beeinträchtigt werden, dass durch ihren Genuss die menschliche Gesundheit geschädigt werden kann. Zur Herstellung von Eis darf nur Wasser mit der Beschaffenheit von Wasser für den menschlichen Gebrauch verwendet werden.

(3) Absatz 1 gilt in Betrieben, in denen Lebensmittel tierischer Herkunft, ausgenommen Speisefette und Speiseöle, gewerbsmäßig hergestellt oder behandelt werden oder die diese Lebensmittel gewerbsmäßig in den Verkehr bringen, sowie in Einrichtungen zur Gemeinschaftsverpflegung nur für Wasser, das zur Speisung von Dampfgeneratoren oder zur Kühlung von Kondensatoren in Kühleinrichtungen dient. Absatz 2 bleibt unberührt.

3. Abschnitt
Aufbereitung

§11
Aufbereitungsstoffe und Desinfektionsverfahren

(1) Zur Aufbereitung des Wassers für den menschlichen Gebrauch dürfen nur Stoffe verwendet werden, die vom Bundesministerium für Gesundheit in einer Liste im Bundesgesundheitsblatt bekannt gemacht worden sind. Die Liste hat bezüglich dieser Stoffe Angaben zu enthalten über die

1. Reinheitsanforderungen,

2. Verwendungszwecke, für die sie ausschließlich eingesetzt werden dürfen,

3. zulässige Zugabemenge,

4. zulässigen Höchstkonzentrationen von im Wasser verbleibenden Restmengen und Reaktionsprodukten.

Sie enthält ferner die Mindestkonzentration an freiem Chlor nach Abschluss der Aufbereitung. In der Liste wird auch der erforderliche Untersuchungsumfang für die Aufbereitungsstoffe spezifiziert; ferner können Verfahren zur Desinfektion sowie die Einsatzbedingungen, die die Wirksamkeit dieser Verfahren sicherstellen, aufgenommen werden.

(2) Die in Absatz 1 genannte Liste wird vom Umweltbundesamt geführt. Die Aufnahme in die Liste erfolgt nur, wenn die Stoffe und Verfahren hinreichend wirksam sind und keine vermeidbaren oder unvertretbaren Auswirkungen auf Gesundheit und Umwelt haben. Die Liste wird nach Anhörung der Länder, der zuständigen Stellen im Bereich der Bundeswehr sowie des Eisenbahnbundesamtes sowie der beteiligten Fachkreise und Verbände erstellt und fortgeschrieben. Stoffe nach Absatz 1, die in einem anderen Mitgliedstaat der Europäischen Gemeinschaft oder einem anderen Vertragsstaat des

Abkommens über den Europäischen Wirtschaftsraum rechtmäßig hergestellt und rechtmäßig in den Verkehr gebracht werden oder die aus einem Drittland stammen und sich in einem Mitgliedstaat der Europäischen Gemeinschaft oder einem anderen Vertragsstaat des Abkommens über den Europäischen Wirtschaftsraum rechtmäßig im Verkehr befinden, werden in die in Absatz 1 genannte Liste aufgenommen, wenn das Umweltbundesamt festgestellt hat, dass die Stoffe keine vermeidbaren oder unvertretbaren Auswirkungen auf die Gesundheit haben.

(3) Der Unternehmer und der sonstige Inhaber einer Wasserversorgungsanlage dürfen Wasser, dem entgegen Absatz 1 Aufbereitungsstoffe zugesetzt worden sind, nicht als Wasser für den menschlichen Gebrauch abgeben und anderen nicht zur Verfügung stellen.

§ 12
Aufbereitung in besonderen Fällen

(1) Die in Anlage 6 Spalte b aufgeführten Stoffe gelten als zugelassen für Zwecke der Aufbereitung, sofern die Aufbereitung für den Bedarf der Bundeswehr im Auftrag des Bundesministeriums der Verteidigung, für den zivilen Bedarf in einem Verteidigungsfall im Auftrag des Bundesministeriums des Innern sowie in Katastrophenfällen bei ernsthafter Gefährdung der Wasserversorgung mit Zustimmung der für den Katastrophenschutz zuständigen Behörden erfolgt.

(2) Die in Absatz 1 genannten Stoffe dürfen nur für den in Anlage 6 Spalte d genannten Zweck verwendet werden. Die in Anlage 6 lfd. Nr. 1 genannten Aufbereitungsstoffe dürfen nur in Tabletten mit den in Spalte e genannten zulässigen Mengen zugesetzt werden; die in Anlage 6 lfd. Nr. 3 genannten Aufbereitungsstoffe dürfen nur mit den in Spalte e genannten zulässigen Mengen zugesetzt werden.

(3) Die in Absatz 2 Satz 2 genannten Tabletten dürfen nur in den Verkehr gebracht werden, wenn auf den Packungen, Behältnissen oder sonstigen Tablettenumhüllungen in deutscher Sprache, deutlich sichtbar, leicht lesbar und unverwischbar angegeben ist:

1. die Menge des in einer Tablette enthaltenen Dichlorisocyanurats in Milligramm,
2. die Menge des mit einer Tablette zu desinfizierenden Wassers in Liter,
3. eine Gebrauchsanweisung, die insbesondere die Dosierung, die vor dem Genuss des Wassers abzuwartende Einwirkungszeit und die Verbrauchsfrist für das desinfizierte Wasser nennt,
4. das Herstellungsdatum.

Bei Abgabe von Tabletten aus Packungen, Behältnissen oder sonstigen Umhüllungen an Verbraucher können die Angaben nach den Nummern 1 bis 3 auch auf mitzugebenden Handzetteln enthalten sein. Von der Angabe des Herstellungsdatums auf den Handzetteln kann abgesehen werden.

4. Abschnitt
Pflichten des Unternehmers und des sonstigen Inhabers einer Wasserversorgungsanlage

§ 13
Anzeigepflichten

(1) Soll eine Wasserversorgungsanlage errichtet oder erstmalig oder wieder in Betrieb genommen werden oder soll sie an ihren Wasser führenden Teilen baulich oder betriebstechnisch so verändert werden, dass dies auf die Beschaffenheit des Wassers für den menschlichen Gebrauch Auswirkungen haben kann, oder geht das Eigentum oder das Nutzungsrecht an einer Wasserversorgungsanlage auf eine andere Person über, so haben der Unternehmer und der sonstige Inhaber dieser Wasserversorgungsanlage dies dem Gesundheitsamt spätestens vier Wochen vorher anzuzeigen. Auf Verlangen des Gesundheitsamtes sind die technischen Pläne der Wasserversorgungsanlage vorzulegen; bei einer baulichen oder betriebstechnischen Änderung sind die Pläne oder Unterlagen nur für den von der Änderung betroffenen Teil der Anlage vorzulegen. Soll eine Wassergewinnungsanlage in Betrieb genommen werden, sind Unterlagen über Schutzzonen oder, soweit solche nicht festgesetzt sind, über die Umgebung der Wasserfassungsanlage vorzulegen, soweit sie für die Wassergewinnung von Bedeutung sind. Bei bereits betriebenen Anlagen sind auf Verlangen des Gesundheitsamtes entsprechende Unterlagen vorzulegen. Wird eine Wasserversorgungsanlage ganz oder teilweise stillgelegt, so haben der Unternehmer und der sonstige Inhaber dieser Wasserversorgungsanlage dies dem Gesundheitsamt innerhalb von drei Tagen anzuzeigen.

(2) Absatz 1 gilt nicht für Wasserversorgungsanlagen an Bord von nicht gewerblich genutzten Wasser-, Luft- und Landfahrzeugen. Für den Unternehmer und den sonstigen Inhaber einer Wasserversorgungsanlage nach § 3 Nr. 2 Buchstabe c gilt Absatz 1 nur, soweit daraus Wasser für die Öffentlichkeit im Sinne des § 18 Abs. 1 Satz 1 bereitgestellt wird.

(3) Der Unternehmer und der sonstige Inhaber von Anlagen, die zur Entnahme oder Abgabe von Wasser bestimmt sind, das nicht die Qualität von Wasser für den menschlichen Gebrauch hat und die im Haushalt zusätzlich zu den Wasserversorgungsanlagen im Sinne des § 3 Nr. 2 installiert werden, haben diese Anlagen der zuständigen Behörde bei Inbetriebnahme anzuzeigen. Soweit solche Anlagen bereits betrieben werden, ist die Anzeige unverzüglich zu erstatten. Im Übrigen gilt Absatz 1 Satz 1, 2 und 5 entsprechend.

§ 14
Untersuchungspflichten

(1) Der Unternehmer und der sonstige Inhaber einer Wasserversorgungsanlage im Sinne von § 3 Nr. 2 Buchstabe a oder b haben folgende Untersuchungen des Wassers gemäß § 15 Abs. 1 und 2 durchzuführen oder durchführen zu lassen, um sicherzustellen, dass das Wasser für den menschlichen Gebrauch an der Stelle, an der das Wasser in die Hausinstallation übergeben wird, den Anforderungen dieser Verordnung entspricht:

1. mikrobiologische Untersuchungen zur Feststellung, ob die in § 5 Abs. 2 oder 3 in Verbindung mit Anlage 1 festgesetzten Grenzwerte eingehalten werden,

2. chemische Untersuchungen zur Feststellung, ob die in § 6 Abs. 2 in Verbindung mit Anlage 2 festgesetzten Grenzwerte eingehalten werden,

3. Untersuchungen zur Feststellung, ob die nach § 7 in Verbindung mit Anlage 3 festgelegten Grenzwerte und Anforderungen eingehalten werden,

4. Untersuchungen zur Feststellung, ob die nach § 9 Abs. 5 bis 9 zugelassenen Abweichungen eingehalten werden,

5. Untersuchungen zur Feststellung, ob die Anforderungen des § 11 eingehalten werden.

Umfang und Häufigkeit der Untersuchungen bestimmen sich nach Anlage 4. Der Unternehmer und der sonstige Inhaber einer Wasserversorgungsanlage im Sinne von § 3 Nr. 2 Buchstabe a haben ferner mindestens einmal jährlich, der Unternehmer und der sonstige Inhaber einer Wasserversorgungsanlage nach § 3 Nr. 2 Buchstabe b mindestens alle drei Jahre Untersuchungen zur Bestimmung der Säurekapazität sowie des Gehalts an Calcium, Magnesium und Kalium gemäß § 15 Abs. 2 durchzuführen oder durchführen zu lassen.

(2) Der Unternehmer und der sonstige Inhaber einer Wasserversorgungsanlage im Sinne von §3 Nr. 2 Buchstabe a oder b haben regelmäßig Besichtigungen der zur Wasserversorgungsanlage gehörenden Schutzzonen, oder, wenn solche nicht festgesetzt sind, der Umgebung der Wasserfassungsanlage, soweit sie für die Gewinnung von Wasser für den menschlichen Gebrauch von Bedeutung ist, vorzunehmen oder vornehmen zu lassen, um etwaige Veränderungen zu erkennen, die Auswirkungen auf die Beschaffenheit des Wassers für den menschlichen Gebrauch haben können. Soweit nach dem Ergebnis der Besichtigungen erforderlich, sind Untersuchungen des Rohwassers vorzunehmen oder vornehmen zu lassen.

(3) Der Unternehmer und der sonstige Inhaber einer Wasserversorgungsanlage im Sinne von § 3 Nr. 2 Buchstabe a oder b haben das Wasser ferner auf besondere Anordnung der zuständigen Behörde nach § 9 Abs. 1 Satz 4 oder § 20 Abs. 1 zu untersuchen oder untersuchen zu lassen.

(4) Absatz 1 gilt für Wasserversorgungsanlagen an Bord von Wasser-, Luft- und Landfahrzeugen nur, wenn diese gewerblichen Zwecken dienen. Der Unternehmer und der sonstige Inhaber einer Wasserversorgungsanlage an Bord eines Wasserfahrzeuges sind zur Untersuchung nur verpflichtet, wenn die letzte Prüfung oder Kontrolle durch das Gesundheitsamt länger als zwölf Monate zurückliegt. Sofern die Wasserversorgungsanlage an Bord eines gewerblich genutzten Wasserfahrzeuges vorübergehend stillgelegt war, ist bei Wiederinbetriebnahme eine Untersuchung nach Absatz 1 Nr. 1 durchzuführen, auch wenn die letzte Prüfung oder Kontrolle weniger als zwölf Monate zurückliegt.

(5) Absatz 1 Nr. 2 bis 5 gilt nicht für Anlagen zur Gewinnung von Wasser für den menschlichen Gebrauch aus Meerwasser durch Destillation oder andere gleichwertige Verfahren an Bord von Wasserfahrzeugen, die von der See-Berufsgenossenschaft zugelassen und überprüft werden, sowie für Wasserversorgungsanlagen an Bord von Wasser-, Luft- oder Landfahrzeugen, bei denen Wasser für den menschlichen Gebrauch aus untersuchungspflichtigen Wasserversorgungsanlagen übernommen wird.

(6) Der Unternehmer und der sonstige Inhaber einer Wasserversorgungsanlage im Sinne von § 3 Nr. 2 Buchstabe c haben das Wasser auf Anordnung der zuständigen Behörde zu untersuchen oder untersuchen zu lassen. Die zuständige Behörde ordnet die Untersuchung an, wenn es unter Berücksichtigung der Umstände des Einzelfalles zum Schutz der menschlichen Gesundheit oder zur Sicherstellung einer einwandfreien Beschaffenheit des Wassers für den menschlichen Gebrauch erforderlich ist; dabei sind Art, Umfang und Häufigkeit der Untersuchung festzulegen.

§ 15
Untersuchungsverfahren und Untersuchungsstellen

(1) Bei den Untersuchungen nach § 14 sind die in Anlage 5 bezeichneten Untersuchungsverfahren anzuwenden. Andere als die in Anlage 5 Nr. 1 bezeichneten Untersuchungsverfahren können angewendet werden, wenn das Umweltbundesamt allgemein festgestellt hat, dass die mit ihnen erzielten Ergebnisse im Sinne der allgemein anerkannten Regeln der Technik mindestens gleichwertig sind wie die mit den vorgegebenen Verfahren ermittelten Ergebnisse und nachdem sie vom Umweltbundesamt in einer Liste alternativer Verfahren im Bundesgesundheitsblatt veröffentlicht worden sind.

(2) Die Untersuchungen auf die in Anlage 5 Nr. 2 und 3 genannten Parameter sind nach Methoden durchzuführen, die hinreichend zuverlässige Messwerte liefern und dabei die in Anlage 5 Nr. 2 und 3 genannten spezifizierten Verfahrenskennwerte einhalten.

(3) Der Unternehmer und der sonstige Inhaber einer Wasserversorgungsanlage haben das Ergebnis jeder Untersuchung unverzüglich schriftlich oder auf Datenträgern mit den Angaben nach Satz 2 aufzuzeichnen. Es sind der Ort der Probenahme nach Gemeinde, Straße, Hausnummer und Entnahmestelle, die Zeitpunkte der Entnahme sowie der Untersuchung der Wasserprobe und das bei der Untersuchung angewandte Verfahren anzugeben. Die zuständige oberste Landesbehörde oder eine andere auf Grund Lan-

desrechts zuständige Stelle kann bestimmen, dass für die Niederschriften einheitliche Vordrucke oder EDV Verfahren zu verwenden sind. Der Unternehmer und der sonstige Inhaber einer Wasserversorgungsanlage haben eine Kopie der Niederschrift innerhalb von zwei Wochen nach dem Zeitpunkt der Untersuchung dem Gesundheitsamt zu übersenden und das Original ebenso wie die in § 19 Abs. 3 Satz 2 genannte Ausfertigung vom Zeitpunkt der Untersuchung an mindestens zehn Jahre lang aufzubewahren. Der Unternehmer und der sonstige Inhaber einer Wasserversorgungsanlage an Bord eines Wasserfahrzeuges haben, soweit sie zu Untersuchungen nach den §§ 14 und 20 verpflichtet sind, eine Kopie der Niederschriften über die Untersuchungen unverzüglich dem für den Heimathafen des Wasserfahrzeuges zuständigen Gesundheitsamt zu übersenden.

(4) Die nach § 14 Abs. 1, Abs. 2 Satz 2, Abs. 3 und Abs. 6 Satz 1, § 16 Abs. 2 und 3, § 19 Abs. 1 Satz 2, Abs. 2 Satz 1, Abs. 6 und Abs. 7 Satz 1 und § 20 Abs. 1 und 2 erforderlichen Untersuchungen einschließlich der Probenahmen dürfen nur von solchen Untersuchungsstellen durchgeführt werden; die nach den allgemein anerkannten Regeln der Technik arbeiten, über ein System der internen Qualitätssicherung verfügen, sich mindestens einmal jährlich an externen Qualitätssicherungsprogrammen erfolgreich beteiligen, über für die entsprechenden Tätigkeiten hinreichend qualifiziertes Personal verfügen und eine Akkreditierung durch eine hierfür allgemein anerkannte Stelle erhalten haben. Die zuständige oberste Landesbehörde hat eine Liste der im jeweiligen Land ansässigen Untersuchungsstellen, die die Anforderungen nach Satz 1 erfüllen, bekannt zu machen.

(5) Eine von den Untersuchungsstellen unabhängige Stelle, die von der zuständigen obersten Landesbehörde bestimmt wird, überprüft regelmäßig, ob die Voraussetzungen des Absatzes 4 Satz 1 bei den im jeweiligen Land niedergelassenen Untersuchungsstellen erfüllt sind.

§ 16
Besondere Anzeige- und Handlungspflichten

(1) Der Unternehmer und der sonstige Inhaber einer Wasserversorgungsanlage im Sinne von § 3 Nr. 2 Buchstabe a oder b haben dem Gesundheitsamt unverzüglich anzuzeigen,

1. wenn die in §5 Abs.2 oder §6 Abs.2 in Verbindung mit den Anlagen 1 und 2 festgelegten Grenzwerte überschritten worden sind,

2. wenn die Anforderungen des § 5 Abs. 1, § 6 Abs. 1 oder die Grenzwerte und Anforderungen des § 7 in Verbindung mit Anlage 3 nicht erfüllt sind,

3. wenn Grenzwerte oder Mindestanforderungen von Parametern nicht eingehalten werden, auf die das Gesundheitsamt eine Untersuchung nach § 20 Abs. 1 Nr. 4 angeordnet hat,

4. wenn die nach § 9 Abs. 6 Satz 1 oder Abs. 7 Satz 2 oder Abs. 8 oder 9 zugelassenen Höchstwerte für die betreffenden Parameter überschritten werden,

5. wenn ihnen Belastungen des Rohwassers bekannt werden, die zu einer Überschreitung der Grenzwerte führen können.

Sie haben ferner grobsinnlich wahrnehmbare Veränderungen des Wassers sowie außergewöhnliche Vorkommnisse in der Umgebung des Wasservorkommens oder an der Wasserversorgungsanlage, die Auswirkungen auf die Beschaffenheit des Wassers haben können; dem Gesundheitsamt unverzüglich anzuzeigen. Vom Zeitpunkt der Anzeige bis zur Entscheidung des Gesundheitsamtes nach § 9 über die zu treffenden Maßnahmen im Falle der Nichteinhaltung von Grenzwerten oder Anforderungen gilt die Abgabe des Wassers für den menschlichen Gebrauch als erlaubt, wenn nicht nach § 9 Abs. 3 Satz 2 eine sofortige Unterbrechung der Wasserversorgung zu erfolgen hat. Um den Verpflichtungen aus den Sätzen 1 und 2 nachkommen zu können, stellen der Unternehmer und der sonstige Inhaber einer Wasserversorgungsanlage vertraglich sicher, dass die von ihnen beauftragte Untersuchungsstelle sie unverzüglich über festgestellte Abweichungen von den in den §§ 5 bis 7 festgelegten Grenzwerten oder Anforderungen in Kenntnis zu setzen hat.

(2) Bei Feststellungen nach Absatz 1 Satz 1 oder wahrgenommenen Veränderungen nach Absatz 1 Satz 2 sind der Unternehmer und der sonstige Inhaber einer Wasserversorgungsanlage im Sinne von § 3 Nr. 2 Buchstabe a oder b verpflichtet, unverzüglich Untersuchungen zur Aufklärung der Ursachen Sofortmaßnahmen zur Abhilfe durchzuführen oder durchführen zu lassen.

(3) Der Unternehmer und der sonstige Inhaber einer Wasserversorgungsanlage im Sinne von § 3 Nr. 2 Buchstabe c haben in den Fällen, in denen ihnen die Feststellung von Tatsachen bekannt wird, nach welchen das Wasser in der Hausinstallation in einer Weise verändert wird, dass es den Anforderungen der §§ 5 bis 7 nicht entspricht, erforderlichenfalls unverzüglich Untersuchungen zur Aufklärung der Ursache und Maßnahmen zur Abhilfe durchzuführen oder durchführen zu lassen und darüber das Gesundheitsamt unverzüglich zu unterrichten.

(4) Der Unternehmer und der sonstige Inhaber einer Wasserversorgungsanlage im Sinne von § 3 Nr. 2 Buchstabe a oder b haben die verwendeten Aufbereitungsstoffe nach § 11 Abs. 1 Satz 1 und ihre Konzentrationen im Wasser für den menschlichen Gebrauch schriftlich oder auf Datenträgern mindestens wöchentlich aufzuzeichnen. Die Aufzeichnungen sind vom Zeitpunkt der Verwendung der Stoffe an sechs Monate lang für die Anschlussnehmer und Verbraucher während der üblichen Geschäftszeiten zugänglich zu halten. Sofern das Wasser an Anschlussnehmer oder Verbraucher abgegeben wird, haben der Unternehmer und der sonstige Inhaber einer Wasserversorgungsanlage im Sinne von § 3 Nr. 2 Buchstabe a oder b ferner bei Beginn der Zugabe eines Aufbereitungsstoffes nach § 11 Abs. 1 Satz 1 diesen unverzüglich und alle verwendeten Aufbereitungsstoffe, regelmäßig einmal jährlich in den örtlichen Tageszeitungen bekannt zu geben. Satz 3 gilt nicht, wenn den betroffenen Anschlussnehmern und Verbrauchern unmittelbar die Verwendung der Aufbereitungsstoffe schriftlich bekannt gegeben wird.

(5) Der Unternehmer und der sonstige Inhaber einer Wasserversorgungsanlage im Sinne von § 3 Nr. 2 Buchstabe c, die dem Wasser für den menschlichen Gebrauch Aufbereitungsstoffe nach § 11 Abs. 1 Satz 1 zugeben, haben den Verbrauchern die

verwendeten Aufbereitungsstoffe und ihre Menge im Wasser für den menschlichen Gebrauch unverzüglich durch Aushang oder sonstige schriftliche Mitteilung bekannt zu geben.

(6) Der Unternehmer und der sonstige Inhaber einer Wasserversorgungsanlage im Sinne von § 3 Nr. 2 Buchstabe a oder b haben, sofern das Wasser aus dieser gewerblich genutzt oder an Dritte abgegeben wird, bis zum 1. April 2003 einen Maßnahmeplan nach Satz 2 aufzustellen, der die örtlichen Gegebenheiten der Wasserversorgung berücksichtigt. Dieser Maßnahmeplan muss Angaben darüber enthalten,

1. wie in den Fällen, in denen nach § 9 Abs. 3 Satz 2 die Wasserversorgung sofort zu unterbrechen ist, die Umstellung auf eine andere 'Wasserversorgung zu erfolgen hat und

2. welche Stellen im Falle einer festgestellten Abweichung zu informieren sind und wer zur Übermittlung dieser Information verpflichtet ist.

Der Maßnahmeplan bedarf der Zustimmung des zuständigen Gesundheitsamtes.

§ 17
Besondere Anforderungen

(1) Für die Neuerrichtung oder die Instandhaltung von Anlagen für die Aufbereitung oder die Verteilung von Wasser für den menschlichen Gebrauch dürfen nur Werkstoffe und Materialien verwendet werden, die in Kontakt mit .Wasser Stoffe nicht in solchen Konzentrationen abgeben, die höher sind als nach den allgemein anerkannten Regeln der Technik unvermeidbar, oder den nach dieser Verordnung vorgesehenen Schutz der menschlichen Gesundheit unmittelbar oder mittelbar mindern, oder den Geruch oder den Geschmack des Wassers verändern; § 31 des Lebensmittel- und Bedarfsgegenständegesetzes in der Fassung der Bekanntmachung vom 9. September 1997 (BGBl. 1 S. 2296) bleibt unberührt. Die Anforderung des Satzes 1 gilt als erfüllt, wenn bei Planung, Bau und Betrieb der Anlagen mindestens die allgemein anerkannten Regeln der Technik eingehalten werden.

(2) Wasserversorgungsanlagen, aus denen Wasser für den menschlichen Gebrauch abgegeben wird, dürfen nicht mit Wasser führenden Teilen verbunden werden, in denen sich Wasser befindet oder fortgeleitet wird, das nicht für den menschlichen Gebrauch im Sinne des § 3 Nr. 1 bestimmt ist. Der Unternehmer und der sonstige Inhaber einer Wasserversorgungsanlage im Sinne von § 3 Nr. 2 haben die Leitungen unterschiedlicher Versorgungssysteme beim Einbau dauerhaft farblich unterschiedlich zu kennzeichnen oder kennzeichnen zu lassen. Sie haben Entnahmestellen von Wasser, das nicht für den menschlichen Gebrauch im Sinne des § 3 Nr. 1 bestimmt ist, bei der Errichtung dauerhaft als solche zu kennzeichnen oder kennzeichnen zu lassen.

(3) Absatz 2 gilt nicht für Kauffahrteischiffe im Sinne des § 1 der Verordnung über die Unterbringung der Besatzungsmitglieder an Bord von Kauffahrteischiffen vom 8. Februar 1973 (BGBl. 1 S. 66), die durch Artikel 1 in Verbindung mit Artikel 2 der Verordnung vom 23. August 1976 (BGBl. 1 S. 2443) geändert worden ist.

5. Abschnitt
Überwachung

§ 18
Überwachung durch das Gesundheitsamt

(1) Das Gesundheitsamt überwacht die Wasserversorgungsanlagen im Sinne von § 3 Nr. 2 Buchstabe a und b sowie diejenigen Wasserversorgungsanlagen nach § 3, Nr. 2 Buchstabe c und Anlagen nach § 13 Abs. 3, aus denen Wasser für die Öffentlichkeit, insbesondere in Schulen, Kindergärten, Krankenhäusern, Gaststätten und sonstigen Gemeinschaftseinrichtungen, bereitgestellt wird, hinsichtlich der Einhaltung der Anforderungen der Verordnung durch entsprechende Prüfungen. Werden dem Gesundheitsamt Beanstandungen einer anderen Wasserversorgungsanlage nach § 3 Nr. 2 Buchstabe c oder einer anderen Anlage nach § 13 Abs. 3 bekannt, so kann diese in die Überwachung einbezogen werden, sofern dies unter Berücksichtigung der Umstände des Einzelfalles zum Schutz der menschlichen Gesundheit oder zur Sicherstellung einer einwandfreien Beschaffenheit des Wassers für den menschlichen Gebrauch erforderlich ist.

(2) Soweit es im Rahmen der Überwachung nach Absatz 1 erforderlich ist, sind die Beauftragten des Gesundheitsamtes befugt,

1. die Grundstücke, Räume und Einrichtungen sowie Wasser-, Luft- und Landfahrzeuge, in denen sich Wasserversorgungsanlagen befinden, während der üblichen Betriebs- oder Geschäftszeit zu betreten,

2. Proben nach den allgemein anerkannten Regeln der Technik zu entnehmen, die Bücher und sonstigen Unterlagen einzusehen und hieraus Abschriften oder Auszüge anzufertigen,

3. vom Unternehmer und vom sonstigen Inhaber einer Wasserversorgungsanlage alle erforderlichen Auskünfte zu verlangen, insbesondere über den Betrieb und den Betriebsablauf einschließlich dessen Kontrolle,

4. zur Verhütung drohender Gefahren für die öffentliche Sicherheit und Ordnung die in Nummer 1 bezeichneten Grundstücke, Räume und Einrichtungen und Fahrzeuge auch außerhalb der dort genannten Zeiten und auch dann, wenn sie zugleich Wohnzwecken dienen, zu betreten. Das Grundrecht der Unverletzlichkeit der Wohnung (Artikel 13 Abs. 1 des Grundgesetzes) wird insoweit eingeschränkt.

Zu den Unterlagen nach Nummer 2 gehören insbesondere die Protokolle über die Untersuchungen nach den §§ 14 und 20, die dem neuesten Stand entsprechenden technischen Pläne der Wasserversorgungsanlage sowie Unterlagen über die dazugehörigen Schutzzonen oder, soweit solche nicht festgesetzt sind, der Umgebung der Wasserfassungsanlage, soweit sie für die Wassergewinnung von Bedeutung sind.

(3) Der Unternehmer und der sonstige Inhaber einer Wasserversorgungsanlage sowie der sonstige Inhaber der tatsächlichen Gewalt über die in Absatz 2 Nr. 1 und 4 bezeichneten Grundstücke, Räume, Einrichtungen und Fahrzeuge sind verpflichtet,

1. die die Überwachung durchführenden Personen bei der Erfüllung ihrer Aufgabe zu unterstützen, insbesondere ihnen auf Verlangen die Räume, Einrichtungen und Geräte zu bezeichnen, Räume und Behältnisse zu öffnen und die Entnahme von Proben zu ermöglichen,

2. die verlangten Auskünfte zu erteilen.

(4) Der zur Auskunft Verpflichtete kann die Auskunft auf solche Fragen verweigern, deren Beantwortung ihn selbst oder einen der in § 383 Abs. 1 Nr. 1 bis 3 der Zivilprozess Ordnung bezeichneten Angehörigen der Gefahr strafgerichtlicher Verfolgung oder eines Verfahrens nach dem Gesetz über Ordnungswidrigkeiten aussetzen würde.

§ 19
Umfang der Überwachung

(1) Im Rahmen der Überwachung nach § 18 hat das Gesundheitsamt die Erfüllung der Pflichten zu prüfen, die dem Unternehmer und dem sonstigen Inhaber einer Wasserversorgungsanlage auf Grund dieser Verordnung obliegen. Die Prüfungen umfassen auch die Besichtigungen der Wasserversorgungsanlage einschließlich der dazugehörigen Schutzzonen, oder, wenn solche nicht festgesetzt sind, der Umgebung der Wasserfassungsanlage, soweit sie für die Wassergewinnung von Bedeutung ist, sowie die Entnahme und Untersuchung von Wasserproben. Für den Untersuchungsumfang gilt § 14 Abs. 1, für das Untersuchungsverfahren § 15 Abs. 1 und 2, für die Aufzeichnung der Untersuchungsergebnisse § 15 Abs. 3 Satz 1 bis 3 und für die Untersuchungsstelle § 15 Abs. 4 Satz 1 entsprechend.

(2) Soweit das Gesundheitsamt die Entnahme oder Untersuchung von Wasserproben nach Absatz 1 Satz 2 nicht selbst durchführt, muss es diese durch eine von der zuständigen obersten Landesbehörde zu diesem Zweck bestellte Stelle durchführen lassen. Das Gesundheitsamt kann sich stattdessen auf die Überprüfung der Niederschriften (§ 15 Abs. 3) über die Untersuchungen nach § 14 beschränken, sofern der Unternehmer und der sonstige Inhaber einer Wasserversorgungsanlage diese in einer nach Satz 1 bestellten und vom Wasserversorgungsunternehmen unabhängigen Stelle haben durchführen lassen. Bei Wasserversorgungsanlagen an Bord von Wasser-, Luft- und Landfahrzeugen sind stets Wasserproben zu untersuchen oder untersuchen zu lassen.

(3) Die Ergebnisse der. Überwachung sind in einer Niederschrift festzuhalten. Eine Ausfertigung der Niederschrift sind dem Unternehmer und dem sonstigen Inhaber der Wasserversorgungsanlage auszuhändigen, Das Gesundheitsamt hat die Niederschrift zehn Jahre lang aufzubewahren.

(4) Die Überwachungsmaßnahmen nach Absatz 1 sind mindestens einmal jährlich vorzunehmen; wenn die Überwachung während eines Zeitraums von vier Jahren keinen Grund zu wesentlichen Beanstandungen gegeben hat, kann das Gesundheitsamt

die Überwachung in größeren Zeitabständen, die jedoch zwei Jahre nicht überschreiten dürfen, durchführen. Bei Wasserversorgungsanlagen an Bord von Wasserfahrzeugen sollen sie unbeschadet des Satzes 3 mindestens einmal jährlich, bei Wasserversorgungsanlagen an Bord von Wassertransportbooten mindestens vier Mal im Jahr durchgeführt werden. Bei Wasserversorgungsanlagen an Bord von Luft- und Landfahrzeugen sowie an Bord von nicht gewerblich genutzten Wasserfahrzeugen bestimmt das Gesundheitsamt, ob und in welchen Zeitabständen es die Maßnahmen durchführt. Die Maßnahmen dürfen vorher nicht angekündigt werden.

(5) Das Gesundheitsamt kann bei Wasserversorgungsanlagen im Sinne von § 3 Nr.2 Buchstabe a die Anzahl der Probenahmen für die in Anlage 4 Teil 1 Nr. 1 genannten Parameter verringern, wenn
1. die Werte der in einem Zeitraum von mindestens zwei aufeinander folgenden Jahren durchgeführten Probenahmen konstant und erheblich besser als die in den Anlagen 1 bis 3 festgesetzten Grenzwerte und Anforderungen sind und
2. es davon ausgeht, dass keine Umstände zu erwarten sind, die sich nachteilig auf die Qualität des Wassers für den menschlichen Gebrauch auswirken können.

Die Mindesthäufigkeit der Probenahmen darf nicht weniger als die Hälfte der in Anlage4 Teil II genannten Anzahl betragen.

(6) Bei Wasserversorgungsanlagen im Sinne von § 3 Nr. 2 Buchstabe b bestimmt das Gesundheitsamt, welche Untersuchungen nach § 14 Abs. 1 Nr. 2 bis 4 durchzuführen sind und in welchen Zeitabständen sie zu erfolgen haben, wobei die Zeitabstände nicht mehr als drei Jahre betragen dürfen.

(7) Bei Wasserversorgungsanlagen nach § 3 Nr. 2 Buchstabe c, aus denen Wasser für die Öffentlichkeit im Sinne des § 18 Abs. 1 bereitgestellt wird, hat das Gesundheitsamt im Rahmen der Überwachung mindestens diejenigen Parameter der Anlage 2 Teil II zu untersuchen oder untersuchen zu lassen, von denen anzunehmen ist, dass sie sich in der Hausinstallation nachteilig verändern können. Zur Durchführung richtet das Gesundheitsamt ein Überwachungsprogramm auf der Grundlage geeigneter stichprobenartiger Kontrollen ein.

§ 20
Anordnungen des Gesundheitsamtes

(1) Wenn es unter Berücksichtigung der Umstände des Einzelfalles zum Schutz der menschlichen Gesundheit oder zur Sicherstellung einer einwandfreien Beschaffenheit des Wassers für den menschlichen Gebrauch erforderlich ist, kann das Gesundheitsamt anordnen, dass der Unternehmer und der sonstige Inhaber einer Wasserversorgungsanlage

1. die zu untersuchenden Proben an bestimmten Stellen und zu bestimmten Zeiten zu entnehmen oder entnehmen zu lassen haben,

2. bestimmte Untersuchungen außerhalb der regelmäßigen Untersuchungen sofort durchzuführen oder durchführen zu lassen haben,

3. die Untersuchungen nach § 14 Abs. 1 bis 4 und Abs. 6
   a) in kürzeren als den in dieser Vorschrift genannten Abständen,
   b) an einer größeren Anzahl von Proben durchzuführen oder durchführen zu lassen haben,

4. die Untersuchungen auszudehnen oder ausdehnen zu lassen haben zur Feststellung,
   a) ob andere als die in Anlage 1 genannten Mikroorganismen, insbesondere Salmonella spec., Pseudomonas aeruginosa, Legionella spec., Campylobacter spec., enteropathogene E. coli, Cryptosporidium parvum, Giardia lamblia, Coliphagen oder enteropathogene Viren in Konzentrationen im Wasser enthalten sind,
   b) ob andere als die in den Anlagen 2 und 3 genannten Parameter in Konzentrationen enthalten sind, die eine Schädigung der menschlichen Gesundheit besorgen lassen,

5. Maßnahmen zu treffen haben, die erforderlich sind, um eine Verunreinigung zu beseitigen, auf die die Überschreitung der nach § 5 Abs. 2, und § 6 Abs. 2 in Verbindung mit den Anlagen 1 und 2 festgesetzten Grenzwerte, die Nichteinhaltung der nach § 7 in Verbindung mit Anlage 3 und § 11 Abs. 1 Satz 1 festgelegten Grenzwerte und Anforderungen oder ein anderer Umstand hindeutet und um künftigen Verunreinigungen vorzubeugen.

(2) Wird aus einer Wasserversorgungsanlage Wasser für den menschlichen Gebrauch an andere Wasserversorgungsanlagen abgegeben, so kann das Gesundheitsamt regeln, welcher Unternehmer oder sonstige Inhaber die Untersuchungen nach § 14 durchzuführen oder durchführen zu lassen hat.

(3) Werden Tatsachen bekannt, wonach eine Nichteinhaltung der in den §§ 5 bis 7 festgesetzten Grenzwerte oder Anforderungen auf die Hausinstallation oder deren unzulängliche Instandhaltung zurückzuführen ist, so kann das Gesundheitsamt anordnen, dass

1. geeignete Maßnahmen zu ergreifen sind, um die aus der Nichteinhaltung möglicherweise resultierenden gesundheitlichen Gefahren auszuschalten oder zu verringern und
2. die betroffenen Verbraucher über etwaige zusätzliche Abhilfemaßnahmen oder Verwendungseinschränkungen des Wassers, die sie vornehmen sollten, angemessen zu unterrichten und zu beraten sind.

Zu Zwecken des Satzes 1 hat das Gesundheitsamt den Unternehmer und den sonstigen Inhaber der Anlage der Hausinstallation über mögliche Abhilfemaßnahmen zu beraten und kann diese erforderlichenfalls anordnen; das Gesundheitsamt kann ferner anordnen, dass bis zur Behebung der Nichteinhaltung zusätzliche Maßnahmen, wie geeignete Aufbereitungstechniken, ergriffen werden, die zum Schutz des Verbrauchers erforderlich sind.

§ 21
Information der Verbraucher und Berichtspflichten

(1) Der Unternehmer und der sonstige Inhaber einer Wasserversorgungsanlage im Sinne von § 3 Nr. 2 Buchstabe a oder b haben den Verbraucher durch geeignetes und aktuelles Informationsmaterial über die Qualität des ihm zur Verfügung gestellten Wassers für den menschlichen Gebrauch auf der Basis der Untersuchungsergebnisse nach § .14 zu informieren. Dazu gehören auch Angaben über die verwendeten Aufbereitungsstoffe und Angaben, die für die Auswahl geeigneter Materialien für die Hausinstallation nach den allgemein anerkannten Regeln der Technik erforderlich sind. Der Unternehmer und der sonstige Inhaber einer Wasserversorgungsanlage im Sinne von § 3 Nr. 2 Buchstabe c haben die. ihnen nach Satz 1 zugegangenen Informationen allen Verbrauchern in geeigneter Weise zur Kenntnis zu geben.

(2) Das Gesundheitsamt übermittelt bis zum 15. März für das vorangegangene Kalenderjahr der zuständigen obersten Landesbehörde oder der von ihr benannten Stelle die über die Qualität des für den menschlichen Gebrauch bestimmten Wassers nach Absatz 3 erforderlichen Angaben für Wasserversorgungsanlagen im Sinne von § 3 Nr. 2. Buchstabe a. Die zuständige oberste Landesbehörde kann bestimmen, dass die Angaben auf Datenträgern oder auf anderem elektronischen Weg übermittelt werden und dass die übermittelten Daten mit der von ihr bestimmten Schnittstelle kompatibel sind. Die zuständige oberste Landesbehörde leitet ihren Bericht bis zum 15. April dem Bundesministerium für Gesundheit zu.

(3) Für die Berichte nach Absatz 2 ist das von der Kommission der Europäischen Gemeinschaften nach Artikel 13 Abs. 4 der Richtlinie 98/83/EG des Rates vom 3. November 1998 über die Qualität von Wasser für den menschlichen Gebrauch festzulegende Format einschließlich der dort genannten Mindestinformationen zu verwenden. Das Format wird im Bundesgesundheitsblatt vom Bundesministerium für Gesundheit veröffentlicht.

6. Abschnitt
Sondervorschriften

§22
Aufgaben der Bundeswehr

Der Vollzug dieser Verordnung obliegt im Bereich der Bundeswehr sowie im Bereich der auf Grund völkerrechtlicher Verträge in der Bundesrepublik stationierten Truppen den zuständigen Stellen der Bundeswehr.

§23
Aufgaben des Eisenbahnbundesamtes

Der Vollzug dieser Verordnung obliegt im Bereich der Eisenbahnen des Bundes für Wasserversorgungsanlagen in Schienenfahrzeugen sowie für ortsfeste Anlagen zur Befüllung von Schienenfahrzeugen dem Eisenbahnbundesamt.

7. Abschnitt
Straftaten und Ordnungswidrigkeiten

§ 24
Straftaten

(1) Nach § 75 Abs. 2, 4 des Infektionsschutzgesetzes wird bestraft, wer als Unternehmer oder sonstiger Inhaber einer Wasserversorgungsanlage im Sinne von § 3 Nr. 2 Buchstabe a oder b oder Buchstabe c, soweit daraus Wasser für die Öffentlichkeit, im Sinne von § 18 Abs. 1 Satz 1 bereitgestellt wird, vorsätzlich oder fahrlässig entgegen § 4 Abs. 2 oder § 11 Abs. 3 Wasser als Wasser für den menschlichen Gebrauch abgibt oder anderen zur Verfügung stellt.

(2) Wer durch eine in § 25 bezeichnete vorsätzliche Handlung eine in § 6 Abs. 1 Nr. 1 des Infektionsschutzgesetzes genannte Krankheit oder einen in § 7 des Infektionsschutzgesetzes genannten Krankheitserreger verbreitet, ist nach § 74 des Infektionsschutzgesetzes strafbar.

§25
Ordnungswidrigkeiten

Ordnungswidrig im Sinne des § 73 Abs. 1 Nr. 24 des Infektionsschutzgesetzes handelt, wer vorsätzlich oder fahrlässig

1. entgegen § 5 Abs. 4 Satz 2 eine hinreichende Desinfektionskapazität nicht vorhält,
2. einer vollziehbaren Anordnung nach § 9 Abs. 1 Satz 4 oder Abs. 4 Satz 1, § 14 Abs. 6 Satz 2 oder § 20 Abs. 1 oder 3 Satz 2 zuwiderhandelt,

3. entgegen § 13 Abs. 1 Satz 1 oder 5, jeweils auch in Verbindung mit Abs. 3 Satz 3, oder § 16 Abs. 1 Satz 1 oder 2 eine Anzeige nicht, nicht richtig, nicht vollständig oder nicht rechtzeitig erstattet,

4. entgegen § 14 Abs. 1 eine Untersuchung nicht, nicht richtig, nicht vollständig oder nicht in der vorgeschriebenen Weise durchführt und nicht, nicht richtig, nicht vollständig oder nicht in der vorgeschriebenen Weise durchführen lässt,

5. entgegen § 15 Abs. 3 Satz 1 das Untersuchungsergebnis nicht, nicht richtig, nicht vollständig, nicht in der vorgeschriebenen Weise oder nicht rechtzeitig aufzeichnet,

6. entgegen § 15 Abs. 3 Satz 4 oder 5 eine Kopie nicht oder nicht rechtzeitig übersendet oder das Original oder eine dort genannte Ausfertigung nicht oder nicht mindestens zehn Jahre aufbewahrt,

7. entgegen § 15 Abs. 4 Satz 1 eine Untersuchung durchführt,

8. entgegen § 16 Abs. 2 eine Untersuchung oder eine Sofortmaßnahme nicht oder nicht rechtzeitig durchführt und nicht oder nicht rechtzeitig durchführen lässt,

9. entgegen § 16 Abs. 4 Satz 1 oder 2 eine Aufzeichnung nicht, nicht richtig, nicht vollständig, nicht in der vorgeschriebenen Weise oder nicht rechtzeitig macht oder nicht oder nicht mindestens sechs Monate
zugänglich hält,

10. entgegen § 16 Abs. 4 Satz 3 oder Abs. 5 einen Aufbereitungsstoff oder dessen Menge im Wasser nicht, nicht richtig, nicht vollständig, nicht in der vorgeschriebenen Weise oder nicht rechtzeitig bekannt gibt,

11. entgegen § 16 Abs. 6 Satz 1 einen Maßnahmeplan nicht, nicht richtig, nicht vollständig oder nicht rechtzeitig aufstellt,

12. entgegen § 17 Abs. 2 Satz 1 eine Wasserversorgungsanlage mit einem dort genannten Wasser führenden Teil verbindet,

13. entgegen § 17 Abs. 2 Satz 2 oder 3 eine Leitung oder eine Entnahmestelle nicht, nicht richtig oder nicht rechtzeitig kennzeichnet oder

14. entgegen § 18 Abs. 3 eine Person nicht unterstützt oder eine Auskunft nicht, nicht richtig, nicht vollständig oder nicht rechtzeitig erteilt.

8. Abschnitt
Übergangs- und
Schlussbestimmungen

§ 26
Übergangs- und Schlussbestimmungen

(1) Haben der Unternehmer und der sonstige Inhaber einer Wasserversorgungsanlage vor Inkrafttreten dieser Verordnung Untersuchungen des Wassers für den menschlichen Gebrauch durchgeführt oder durchführen lassen, die denen dieser Verordnung vergleichbar sind, kann das Gesundheitsamt bei der Berechnung des in § 19 Abs. 5 genannten Zeitraums einen vor Inkrafttreten dieser Verordnung liegenden Zeitraum von zwei Jahren berücksichtigen.

(2) Hat das Gesundheitsamt vor Inkrafttreten dieser Verordnung Prüfungen im Rahmen der Überwachung durchgeführt, die denen dieser Verordnung vergleichbar sind, kann bei der Berechnung der in § 19 Abs. 4 genannten Zeiträume ein vor Inkrafttreten dieser Verordnung liegender Zeitraum berücksichtigt werden.

Artikel 2
Änderung anderer Rechtsvorschriften

§ 1
Änderung der Mineral- und Tafelwasser-Verordnung

Die Mineral- und Tafelwasser-Verordnung vom 1. August 1984 (BGBl. 1 S. 1036), zuletzt geändert durch Artikel 1 der Verordnung vom 14. Dezember 2000 (BGBl. 1 S. 1728), wird wie folgt geändert:

1. In § 11 Abs. 3 werden die Wörter „in § 2 in Verbindung mit Anlage 2" durch die Wörter „in § 6 in Verbindung mit Anlage 2" ersetzt.
2. § 17 Abs. 1 Nr. 2 Buchstabe a wird wie folgt gefasst:
„a) entgegen § 16 Nr. 2 natürliches Mineralwasser, Quellwasser oder Tafelwasser,"
3. In § 18 werden die Wörter „gelten § 4 Abs. 1 und 3 sowie die §§ 15 und 16 Nr. 2" durch die Wörter „gilt § 15" ersetzt.

§ 2
Änderung der Lebensmittelhygiene-Verordnung

§ 2 Nr. 4 der Lebensmittelhygiene-Verordnung vom 5. August 1997 (BGBl. 1 S. 2008) wird wie folgt gefasst:

„4. Wasser: Wasser im Sinne des § 3 Nr. 1 Buchstabe b der Trinkwasserverordnung vom 21. Mai 2001 (BGBl. 1 S. 959), § 10 der Trinkwasserverordnung bleibt unberührt."

Artikel 3
Inkrafttreten, Außerkrafttreten

Diese Verordnung tritt am 1. Januar 2003 in Kraft. Gleichzeitig tritt die Trinkwasserverordnung in der Fassung der Bekanntmachung vom 5. Dezember 1990 (BGBl. 1 S. 2612, 1991 1 S. 227), zuletzt geändert durch Artikel 2 der Verordnung vom 14. Dezember 2000 (BGBl. 1 S. 1728), außer Kraft.

Der Bundesrat hat zugestimmt.

Bonn, den 21. Mai 2001

Die Bundesministerin für Gesundheit
Ulla Schmidt

Die Bundesministerin für Verbraucherschutz,
Ernährung und Landwirtschaft
Renate Künast

Anlage 1
(zu § 5 Abs. 2 und 3)

Mikrobiologische Parameter

Teil I:
Allgemeine Anforderungen an Wasser für den menschlichen Gebrauch

Lfd. Nr.	Parameter	Grenzwert (Anzahl/100 ml)
1	Escherichia coli (E. coli)	0
2	Enterokokken	0
3	Coliforme Bakterien	0

Teil II:

Anforderungen an Wasser für den menschlichen Gebrauch, das zur Abfüllung in Flaschen oder sonstige Behältnisse zum Zwecke der Abgabe bestimmt ist

Lfd. Nr.	Parameter	Grenzwert
1	Escherichia coli (E. coli)	0/250 ml
2	Enterokokken	0/250 ml
3	Pseudomonas aeruginosa	0/250 ml
4	Koloniezahl bei 22 °C	100/ml
5	Koloniezahl bei 36 °C	20/ml
6	Coliforme Bakterien	0/250 ml

Anlage 2
(zu § 6 Abs. 2)

Chemische Parameter

Teil 1:
Chemische Parameter, deren Konzentration sich im Verteilungsnetz einschließlich der Hausinstallation in der Regel nicht mehr erhöht:

Lfd. Nr.	Parameter	Grenzwert mg/l	Bemerkungen
1	Acrylamid	0,0001	Der Grenzwert bezieht sich auf die Restmonomerkonzentration im Wasser, berechnet auf Grund der maximalen Freisetzung nach den Spezifikationen des entsprechen den Polymers und der angewandten Polymerdosis
2	Benzol	0,001	
3	Bor	1,0	
4	Bromat	0,01	

Alkoholfreie Getränke

Lfd. Nr.	Parameter	Grenzwert mg/l	Bemerkungen
5	Chrom	0,05	Zur Bestimmung wird die Konzentration von Chromat auf Chrom umgerechnet
6	Cyanid	0,05	
7	1,2-Dichlorethan	0,003	
8	Fluorid	1,5	
9	Nitrat	50	Die Summe aus Nitratkonzentration in mg/l geteilt durch 50 und Nitritkonzentration in mg/l geteilt durch 3 darf nicht größer als 1 mg/l sein.
10	Pflanzenschutzmittel und Biozidprodukte	0,0001	Pflanzenschutzmittel und Biozidprodukte bedeuten: organische Insektizide, organische Herbizide, organische Fungizide, organische Nematizide, organische Akarizide, organische Algizide, organische Rodentizide, organische Schleimbekämpfungsmittel, verwandte Produkte (u.a. Wachstumsregulatoren) und die relevanten Metaboliten, Abbau- und Reaktionsprodukte. Es brauchen nur solche Pflanzenschutzmittel und Biozidprodukte überwacht zu werden, deren Vorhandensein in einer bestimmten Wasserversorgung wahrscheinlich ist. Der Grenzwert gilt jeweils für die einzelnen Pflanzenschutzmittel und Biozidprodukte. Für Aldrin, Dieldrin, Heptachlor und Heptachlorepoxid gilt der Grenzwert von 0,00003 mg/l.
11	Pflanzenschutzmittel und Biozidprodukte insgesamt	0,0005	Der Parameter bezeichnet die Summe der bei dem Kontrollverfahren nachgewiesenen und mengenmäßig bestimmten einzelnen Pflanzenschutzmitteln und Biozidprodukten.
12	Quecksilber	0,001	
13	Selen	0,01	
14	Tetrachlorethen und Trichlorethen	0,01	Summe der für die beiden Stoffe nachgewiesenen Konzentrationen.

Teil II:

Chemische Parameter, deren Konzentration im Verteilungsnetz einschließlich der Hausinstallation ansteigen kann:

Lfd. Nr.	Parameter	Grenzwert mg/l	Bemerkungen
1	Antimon	0,005	
2	Arsen	0,01	
3	Benzo-(a)-pyren	0,00001	
4	Blei	0,01	Grundlage ist eine für die durchschnittliche wöchentliche Wasseraufnahme durch Verbraucher repräsentative Probe; hierfür soll nach Artikel 7 Abs. 4 der Trinkwasserrichtlinie ein harmonisiertes Verfahren festgesetzt werden. Die zuständigen Behörden stellen sicher, dass alle geeigneten Maßnahmen getroffen werden, um die Bleikonzentration in Wasser für den menschlichen Gebrauch innerhalb des Zeitraums, der zur Erreichung des Grenzwertes erforderlich ist, so weit wie möglich zu reduzieren. Maßnahmen zur Erreichung dieses Wertes sind schrittweise und vorrangig dort durchzuführen, wo die Bleikonzentration in Wasser für den menschlichen Gebrauch am höchsten ist.
5	Cadmium	0,005	Einschließlich der bei Stagnation von Wasser in Rohren aufgenommenen Cadmiumverbindungen.
6	Epichlorhydrin	0,0001	Der Grenzwert bezieht sich auf die Restmonomerkonzentration im Wasser, berechnet auf Grund der maximalen Freisetzung nach den Spezifikationen des entsprechenden Polymers und der angewandten Polymerdosis.
7	Kupfer	2	Grundlage ist eine für die durchschnittliche wöchentliche Wasseraufnahme durch Verbraucher repräsentative Probe; hierfür soll nach Artikel 7 Abs. 4 der Trinkwasserrichtlinie ein harmonisiertes Verfahren festgesetzt werden. Die Untersuchung im Rahmen der Überwachung nach § 19 Abs. 7 ist nur dann erforderlich, wenn der pH-Wert im Versorgungsgebiet kleiner als 7,4 ist.
8	Nickel	0,02	Grundlage ist eine für die durchschnittliche wöchentliche Wasseraufnahme durch Verbraucher repräsentative Probe; hierfür soll nach Artikel 7 Abs. 4 der Trinkwasserrichtlinie ein harmonisiertes Verfahren festgesetzt werden.

Lfd. Nr.	Parameter	Grenzwert mg/l	Bemerkungen
9	Nitrit	0,5	Die Summe aus Nitratkonzentration in mg/l geteilt durch 50 und Nitritkonzentration in mg/l geteilt durch 3 darf nicht höher als 1 mg/l sein. Am Ausgang des Wasserwerks darf der Wert von 0,1 mg/l für Nitrit nicht überschritten werden.
10	Polyzyklische aromatische Kohlenwasserstoffe	0,0001	Summe der nachgewiesenen und mengenmäßig bestimmten nachfolgenden Stoffe: Benzo-(b)-fluoranthen, Benzo-(k)-fluoranthen, Benzo-(ghi)-perylen und Indeno(1,2,3-cd)-pyren.
11	Trihalogenmethane	0,05	Summe der am Zapfhahn des Verbrauchers nachgewiesenen und mengenmäßig bestimmten Reaktionsprodukte, die bei der Desinfektion oder Oxidation des Wassers entstehen: Trichlormethan (Chloroform), Bromdichlormethan, Dibromchlormethan und Tribrommethan (Bromoform); eine Untersuchung im Versorgungsnetz ist nicht erforderlich, wenn am Ausgang des Wasserwerks der Wert von 0,01 mg/l nicht überschritten wird.
12	Vinylchlorid	0,0005	Der Grenzwert bezieht sich auf die Restmonomerkonzentration im Wasser, berechnet auf Grund der maximalen Freisetzung nach den Spezifikationen des entsprechenden Polymers und der angewandten Polymerdosis.

Anlage 3
(zu § 7)

Indikatorparameter

Lfd. Nr.	Parameter	Einheit	Grenzwert/ Anforderung	Bemerkungen
1	Aluminium	mg/l	0,2	
2	Ammonium	mg/l	0,5	Geogen bedingte Überschreitungen bleiben bis zu einem Grenzwert von 30 mg/l außer Betracht. Die Ursache einer plötzlichen oder kontinuierlichen Erhöhung der üblicherweise gemessenen Konzentration ist zu untersuchen.
3	Chlorid	mg/l	250	Das Wasser sollte nicht korrosiv wirken (Anmerkung 1).
4	Clostridium perfringens (einschließlich Sporen)	Anzahl/ 100 ml	0	Dieser Parameter braucht nur bestimmt zu werden, wenn das Wasser von Oberflächenwasser stammt oder von Oberflächenwasser beeinflusst wird. Wird dieser Grenzwert nicht eingehalten, veranlasst die zuständige Behörde Nachforschungen im Versorgungssystem, um sicherzustellen, dass keine Gefährdung der menschlichen Gesundheit auf Grund eines Auftretens krankheitserregende Mikroorganismen z.B. Cryptosporidium besteht. Über das Ergebnis dieser Nachforschungen unterrichtet die zuständige Behörde über die zuständige oberste Landesbehörde das Bundesministerium für Gesundheit.
5	Eisen	mg/l	0,2	Geogen bedingte Überschreitungen bleiben bei Anlagen mit einer Abgabe von bis 1000 m³ im Jahr bis zu 0,5 mg/l außer Betracht.
6	Färbung (spektraler Absorptionskoeffizient Hg 436 nm)	m^{-1}	0,5	Bestimmung des spektralen Absorptionskoeffizienten mit Spektralphotometer oder Filterphotometer.
7	Geruchs schwellenwert		2 bei 12 °C 3 bei 25 °C	Stufenweise Verdünnung mit geruchsfreiem Wasser und Prüfung auf Geruch
8	Geschmack		für den Verbraucher annehmbar und ohne anormale Veränderung	

Lfd. Nr.	Parameter	Einheit	Grenzwert/ Anforderung	Bemerkungen
9	Koloniezahl bei 22 °C		ohne anormale Veränderung	Bei der Anwendung des Verfahrens nach Anlage 1 Nr. 5 TrinkwV a.F. gelten folgende Grenzwerte: 100/ml am Zapfhahn des Verbrauchers; 20/ml unmittelbar nach Abschluss der Aufbereitung im desinfizierten Wasser; 1000/ml bei Wasserversorgungsanlagen nach § 3 Nr. 2 Buchstabe b sowie in Tanks von Land-, Luft- und Wasserfahrzeugen. Bei Anwendung anderer Verfahren ist das Verfahren nach Anlage 1 Nr. 5 TrinkwV a.F. für die Dauer von mindestens einem Jahr parallel zu verwenden, um entsprechende Vergleichswerte zu erzielen. Der Unternehmer oder der sonstige Inhaber einer Wasserversorgungsanlage haben unabhängig vom angewandten Verfahren einen plötzlichen oder kontinuierlichen Anstieg unverzüglich der zuständigen Behörde zu melden.
10	Koloniezahl bei 36 °C		ohne anormale Veränderung	Bei der Anwendung des Verfahrens nach Anlage 1 Nr. 5 TrinkwV a.F. gilt der Grenzwert von 100/ml. Bei Anwendung anderer Verfahren ist das Verfahren nach Anlage 1 Nr. 5 TrinkwV a.F. für die Dauer von mindestens einem Jahr parallel zu verwenden, um entsprechende Vergleichswerte zu erzielen. Der Unternehmer oder der sonstige Inhaber einer Wasserversorgungsanlage haben unabhängig vom angewandten Verfahren einen plötzlichen oder kontinuierlichen Anstieg unverzüglich der zuständigen Behörde zu melden.
11	Elektrische Leitfähigkeit	µS/cm	2500 bei 20 °C	Das Wasser sollte nicht korrosiv wirken (Anmerkung 1).
12	Mangan	mg/l	0,05	Geogen bedingte Überschreitungen bleiben bei Anlage mit einer Abgabe von bis zu 1000 m³ im Jahr bis zu einem Grenzwert von 0,2 mg/l außer Betracht.
13	Natrium	mg/l	200	
14	Organisch gebundener Kohlenstoff (TOC)		ohne anormale Veränderung	
15	Oxidierbarkeit	mg/l O_2	5	Dieser Parameter braucht nicht bestimmt zu werden, wenn der Parameter TOC analysiert wird.

Lfd. Nr.	Parameter	Einheit	Grenzwert/ Anforderung	Bemerkungen
16	Sulfat	mg/l	240	Das Wasser sollte nicht korrosiv wirken (Anmerkung 1). Geogen bedingte Überschreitungen bleiben bis zu einem Grenzwert von 500 mg/l außer Betracht.
17	Trübung	nephelometrsche Trübungseinheiten (NTU)	1,0	Der Grenzwert gilt am Ausgang des Wasserwerks. Der Unternehmer oder der sonstige Inhaber einer Wasserversorgungsanlage haben einen plötzlichen oder kontinuierlichen Anstieg unverzüglich der zuständigen Behörde zu melden.
18	Wasserstoffionen-Konzentration	pH-Einheiten	kleiner 6,5 und größer 9,5	Das Wasser sollte nicht korrosiv wirken (Anmerkung 1). Die berechnete Calcitlösekapazität am Ausgang des Wasserwerks darf 5 mg/l CaCO3 nicht überschreiten; diese Forderung gilt als erfüllt, wenn der pH-Wert am Wasserwerksausgang ≥ 7,7 ist. Bei der Mischung von Wasser aus zwei oder mehr Wasserwerken darf die Calcitlösekapazität im Verteilungsnetz den Wert von 10 mg/l nicht überschreiten. Für in Flaschen oder Behältnisse abgefülltes Wasser kann der Mindestwert auf 4,5 pH-Einheiten herabgesetzt werden. Für in Flaschen oder Behältnisse abgefülltes Wasser, das von Natur aus kohlensäurehaltig ist oder das mit Kohlensäure versetzt wurde, kann der Mindestwert niedriger sein.
19	Tritium	Bq/l	100	Anmerkungen 2 und 3
20	Gesamtrichtdosis	msv/Jahr	0,1	Anmerkungen 2 bis 4

Anmerkung 1: Die entsprechende Beurteilung, insbesondere zur Auswahl geeigneter Materialien im Sinne von § 17 Abs. 1, erfolgt nach den allgemein anerkannten Regeln der Technik.

Anmerkung 2: Die Kontrollhäufigkeit, die Kontrollmethoden und die relevantesten Überwachungsstandorte werden zu einem späteren Zeitpunkt gemäß dem nach Artikel 12 der Trinkwasserrichtlinie festgesetzten Verfahren festgelegt.

Anmerkung 3: Die zuständige Behörde ist nicht verpflichtet, eine Überwachung von Wasser für den menschlichen Gebrauch im Hinblick auf Tritium oder der Radioaktivität zur Festlegung der Gesamtrichtdosis durchzuführen, wenn sie auf der Grundlage anderer durchgeführter Überwachungen davon überzeugt ist, dass der Wert für Tritium bzw. der berechnete Gesamtrichtwert deutlich unter dem Parameterwert liegt. In diesem Fall teilt sie dem Bundesministerium für Gesundheit über die zuständige oberste Landesbehörde die Gründe für ihren Beschluss und die Ergebnisse dieser anderen Überwachungen mit.

Anmerkung 4: Mit Ausnahme von Tritium, Kalium-40, Radon und Radonzerfallsprodukten.

Anlage 4
(zu § 14 Abs 1)

Umfang und Häufigkeit von Untersuchungen

I. Umfang der Untersuchung

1. Routinemäßige Untersuchungen

Folgende Parameter sind routinemäßig zu untersuchen*:

Aluminium (Anmerkung 1)
Ammonium
Clostridium perfringens (einschließlich Sporen) (Anmerkung 2)
Coliforme Bakterien
Eisen (Anmerkung 1)
Elektrische Leitfähigkeit
Escherichia coli (E. coli)
Färbung
Geruch
Geschmack
Koloniezahl bei 22 °C und 36 °C
Nitrit (Anmerkung 3)
Pseudomonas aeruginosa (Anmerkung 4)
Trübung
Wasserstoffionen-Konzentration

*) *Die Einzeluntersuchung entfällt bei Parametern, für die laufend Messwerte bestimmt und aufgezeichnet werden.*

Anmerkung 1: Nur erforderlich bei Verwendung als Flockungsmittel**
Anmerkung 2: Nur erforderlich, wenn das Wasser von Oberflächenwasser stammt oder von Oberflächenwasser beeinfluss wird**
Anmerkung 3: Gilt nur für Wasserversorgungsanlagen im Sinne von § 3 Nr. 2 Buchstabe b und c
Anmerkung 4: Nur erforderlich bei Wasser, das zur Abfüllung in Flaschen oder andere Behältnisse zum Zwecke der Abgabe bestimmt ist

**) *In allen anderen Fällen sind die Parameter in der Liste für die periodischen Untersuchungen enthalten.*

2. Periodische Untersuchungen

Alle gemäß der Anlagen 1 bis 3 festgelegten Parameter, die nicht unter den routinemäßigen Untersuchungen aufgeführt sind, sind Gegenstand der periodischen Untersuchungen, es sei denn, die zuständigen Behörden können für einen von ihnen festzulegenden Zeitraum feststellen, dass das Vorhandensein eines Parameters in einer bestimmten Wasserversorgung nicht in Konzentrationen zu erwarten ist, die die Einhaltung des entsprechenden Grenzwertes gefährden könnten. Der periodischen Untersuchung unterliegt auch die Untersuchung auf Legionellen in zentralen Erwärmungsanlagen der Hausinstallation nach § 3 Nr. 2 Buchstabe c, aus denen Wasser für die Öffentlichkeit bereitgestellt wird. Satz 1 gilt nicht für die Parameter für Radioaktivität, die vorbehaltlich der Anmerkungen 1 bis 3 in Anlage 3 überwacht werden.

II. Häufigkeit der Untersuchungen

Mindesthäufigkeit der Probenahmen und Analysen bei Wasser für den menschlichen Gebrauch, das aus einem Verteilungsnetz oder einem Tankfahrzeug bereitgestellt oder in einem Lebensmittelbetrieb verwendet wird.

Die Proben sind an der Stelle der Einhaltung nach § 8 zu nehmen, um sicherzustellen, dass das Wasser für den menschlichen Gebrauch die Anforderungen der Verordnung erfüllt. Bei einem Verteilungsnetz können jedoch für bestimmte Parameter alternativ Proben innerhalb des Versorgungsgebietes oder in den Aufbereitungsanlagen entnommen werden, wenn daraus nachweislich keine nachteiligen Veränderungen beim gemessenen Wert des betreffenden Parameters entstehen.

Menge des in einem Versorgungsgebiet abgegebenen oder produzierten Wassers m^3/Tag (Anmerkung 1 und 2)		Routinemäßige Untersuchungen Anzahl der Proben/Jahr (Anmerkungen 3 und 4)	Periodische Untersuchungen Anzahl der Proben/Jahr (Anmerkungen 3 und 4)
<=3		1 oder nach § 19 Abs. 5 und 6	1 oder nach § 19 Abs. 5 und 6
> 3	≤ 1000	4	1
> 1000	≤ 1333	8	
> 1333	≤ 2667	12	1
> 2667	≤ 4000	16	zuzüglich jeweils eine pro 3300 m^3/Tag (kleinere Mengen werden auf 3300 aufgerundet)
> 4000	≤ 6667	24	
> 6667	≤ 10000	36	
> 10000	≤ 100000	36 zuzüglich jeweils 3 pro weitere 1000 m^3 / Tag (kleinere Mengen werden auf 1000 aufgerundet)	36 (kleinere Mengen werden auf 10000 zuzüglich jeweils 3 auf 10000 aufgerundet)
> 100 000			10 zuzüglich jeweils 1 pro 25000 m^3/Tag (kleinere Mengen werden auf 25 000 aufgerundet)

Anmerkung 1: Ein Versorgungsgebiet ist ein geografisch definiertes Gebiet, in dem das Wasser für den menschlichen Gebrauch aus einem oder mehreren Wasservorkommen stammt und in dem die Wasserqualität als nahezu einheitlich im Sinne der anerkannten Regeln der Technik angesehen werden kann.

Anmerkung 2: Die Mengen werden als Mittelwerte über ein Kalenderjahr hinweg berechnet. An Stelle der Menge des abgegebenen oder produzierten Wassers kann zur Bestimmung der Mindesthäufigkeit auch die Einwohnerzahl eines Versorgungsgebiets herangezogen und ein täglicher Pro-Kopf-Wasserverbrauch von 200 l angesetzt werden.

Anmerkung 3: Bei zeitweiliger kurzfristiger Wasserversorgung durch Tankfahrzeuge wird das darin bereitgestellte Wasser alle 48 Stunden untersucht, wenn der betreffende Tank nicht innerhalb dieses Zeitraums gereinigt oder neu befüllt worden ist.

Anmerkung 4: Nach Möglichkeit sollte die Zahl der Probenahmen im Hinblick auf Zeit und Ort gleichmäßig verteilt sein.

III. Mindesthäufigkeit der Probenahmen und Analysen bei Wasser, das zur Abfüllung in Flaschen oder andere Behältnisse zum Zwecke der Abgabe bestimmt ist

Menge des Wassers, das zur Abgabe in Flaschen oder andere Behältnisse bestimmt ist (m^3/Tag*)	Routinemäßige Untersuchungen Anzahl der Proben/Jahr	Periodische Untersuchungen Anzahl der Proben/Jahr
≤10	1	1
> 10 ≤ 60	12	1
> 60	1 pro 5 m^3 (kleinere Mengen werden auf 5 m^3 aufgerundet)	1 pro 100 m^3 (kleinere Mengen werden auf 100 m^3 aufgerundet)

* *Für die Berechnung der Mengen werden Durchschnittswerte – ermittelt über ein Kalenderjahr – zugrundegelegt.*

Anlage 5
(zu § 15 Abs. 1 und 2)

Spezifikationen für die Analyse der Parameter

1. Parameter, für die Analysenverfahren spezifiziert sind

Die nachstehenden Verfahrensgrundsätze für mikrobiologische Parameter haben Referenzfunktion, sofern ein CEN/ ISO-Verfahren angegeben ist. Andernfalls dienen sie – bis zur etwaigen künftigen Annahme weiterer internationaler CEN/ISO-Verfahren für diese Parameter – als Orientierungshilfe.

- Coliforme Bakterien und Escherichia coli (E. coli) (ISO 9308-1)
- Enterokokken (ISO 7899-2)
- Pseudomonas aeruginosa (prEN ISO 12780)
- Bestimmung kultivierbarer Mikroorganismen – Koloniezahl bei 22 °C (nach Anlage 1 Nr. 5 TrinkwV a.F. oder nach EN ISO 6222)
- Bestimmung. kultivierbarer Mikroorganismen – Koloniezahl bei 36 °C (nach Anlage 1 Nr. 5 TrinkwV a.,F. oder nach EN ISO 6222)
- Clostridium perfringens (einschließlich Sporen) (Membranfiltration, dann anaerobe Bebrütung der Membran auf m-CP-Agar (Anmerkung 1) bei 44 ± 1 °C über 21 ± 3 Stunden. Auszählen aller dunkelgelben Kolonien, die nach einer Bedampfung mit Ammoniumhydroxid über eine Dauer von 20 bis 30 Sekunden rosafarben oder rot werden)

Anmerkung 1: Zusammensetzung des m-CP-Agar:

Basismedium
Tryptose	30 g
Hefeextrakt	20 g
Saccharose	5 g
L-Cysteinhydrochlorid	1 g
$MgSO_4 \cdot 7\ H_2O$	0,1 g
Bromkresolpurpur	0,04 g
Agar	15 g
Wasser	1000 ml

Die Bestandteile des Basismediums auflösen und einen pH-Wert von 7,6 einstellen. Autoklavieren bei 121 °C für eine Dauer von 15 Minuten. Abkühlen lassen und Folgendes hinzufügen:

D-Cycloserin	0,4 g
Polymyxin-B-Sulfat	0,025 g
Indoxyl-β-D-Glukosid	0,06 g
aufgelöst in 8 ml sterilem Wasser	
Sterilfiltrierte 0,5%ige	
Phenolphthalein-Diphosphat-Lösung	20 ml
Sterilfiltrierte 4,5%ige Lösung von	2ml
$FeCl_3 * 6\ H_2O$	

2. Parameter, für die Verfahrenskennwerte spezifiziert sind

Für folgende Parameter sollen die spezifizierten Verfahrenskennwerte gewährleisten, dass das verwendete Analyseverfahren mindestens geeignet ist, dem Grenzwert entsprechende Konzentrationen mit den nachstehend genannten Spezifikationen für Richtigkeit, Präzision und Nachweisgrenze zu messen. Unabhängig von der Empfindlichkeit des verwendeten Analyseverfahrens ist das Ergebnis mindestens bis auf die gleiche Dezimalstelle wie bei dem jeweiligen Grenzwert in den Anlagen 2 und 3 anzugeben.

Parameter	Richtigkeit in % des Grenzwertes (Anmerkung 1)	Präzision in % des Grenzwertes (Anmerkung 2)	Nachweisgrenze in % des Grenzwertes (Anmerkung 3)	Bedingungen	Anmerkung
Acrylamid				Anhand der Produktspezifikation zu kontrollieren	
Aluminium	10	10	10		
Ammonium	10	10	10		
Antimon	25	25	25		
Arsen	10	10	10		
Benzo-(a)-pyren	25	25	25		
Benzol	25	25	25		
Blei	10	10	10		
Bor	10	10	10		
Bromat	25	25	25		
Cadmium	10	10	10		
Chlorid	10	10	10		
Chrom	10	10	10		
Cyanid	10	10	10		4
1,2-Dichlorethan	25	25	10		
Eisen	10	10	10		
elektrische Leitfähigkeit	10	10	10		
Epichlorhydrin				Anhand der Produktspezifikation zu kontrollieren	
Fluorid	10	10	10		
Kupfer	10	10	10		
Mangan	10	10	10		
Natrium	10	10	10		
Nickel	10	10	10		
Nitrat	10	10	10		
Nitrit	10	10	10		
Oxidierbarkeit	25	25	10		5

Pflanzenschutzmittel und Biozidprodukte	25	25	25	6
Polyzyklische aromatische Kohlenwasserstoffe	25	25	25	7
Quecksilber	20	10	10	
Selen	10	10	10	
Sulfat	10	10	10	
Tetrachlorethen	25	25	10	8
Trichlorethen	25	25	10	8
Trihalogenmethane	25	25	10	7
Vinylchlorid			Anhand der Produktspezifikation zu kontrollieren	

Für die Wasserstoffionen-Konzentration sollen die spezifizierten Verfahrenskennwerte gewährleisten, dass das verwendete Analyseverfahren geeignet ist, dem Grenzwert entsprechende Konzentrationen mit einer Richtigkeit von 0,2 pH-Einheiten und einer Präzision von 0,2 pH-Einheiten zu messen.

Anmerkung 1: Dieser Begriff ist in ISO 5725 definiert.
Anmerkung 2: Dieser Begriff ist in ISO 5725 definiert.
Anmerkung 3: Nachweisgrenze ist entweder
die dreifache relative Standardabweichung (innerhalb einer Messwertreihe) einer natürlichen Probe mit einer niedrigen Konzentration des Parameters oder die fünffache relative Standardabweichung (innerhalb einer Messwertreihe) einer Blindprobe.
Anmerkung 4: Mit dem Verfahren sollte der Gesamtcyanidgehalt in allen Formen bestimmt werden können.
Anmerkung 5: Die Oxidation ist über 10 Minuten bei 100 °C in saurem Milieu mittels Permanganat durchzuführen.

Anmerkung 6: Die Verfahrenskennwerte gelten für jedes einzelne Pflanzenschutzmittel und Biozidprodukt und hängen von dem betreffenden Mittel ab. Die Nachweisgrenze ist möglicherweise derzeit nicht für alle Pflanzenschutzmittel und Biozidprodukte erreichbar, die Erreichung dieses Standards sollte jedoch angestrebt werden.
Anmerkung 7: Die Verfahrenskennwerte gelten für die einzelnen spezifizierten Stoffe bei 25 % des Grenzwertes in Anlage 2.
Anmerkung 8: Die Verfahrenskennwerte gelten für die einzelnen spezifizierten Stoffe bei 50 % des Grenzwertes in Anlage 2.

3. Parameter, für die kein Analyseverfahren spezifiziert ist

- Färbung
- Geruch
- Geschmack
- Organisch gebundener Kohlenstoff
- Trübung (Anmerkung 1)

Anmerkung 1: Für die Kontrolle der Trübung von aufbereitetem Oberflächenwasser sollen die spezifizierten Verfahrenskennwerte gewährleisten, dass das angewandte Analyseverfahren mindestens geeignet ist, den Trübungswert mit einer Richtigkeit, einer Präzision und einer Nachweisgrenze von jeweils 25 % zu messen.

Anlage 6
(zu § 12 Abs. 1 und 2)

Mittel für die Aufbereitung in besonderen Fällen

Lfd. Nr.	Bezeichnung	EWG-Nr.	Verwendungszweck	Zulässige Zugabe mg/b
a	b	c	d	e
1	Natriumdichlorisocyanurat Kaliumdichlorisocyanurat		Desinfektion	40[1]
2	Natriumcarbonat	500		
	Natriumhydrogencarbonat	500		
	Adipinsäure	500		
	Natriumbenzoat	335	Tablettierhilfsmittel	
	Polyoxymethylenpolyglykolwachse	E 211		
	Natriumchlorid			
	Weinsäure	E 334		
3	Natrium- Calcium- Magnesiumhypochlorit	925	Oxidation Desinfektion	200[2,3]

1) Die Mindestmenge beträgt 33 mg/l.
2) Berechnet als aktives Chlor.
3) Sie Mindestmenge beträgt 100 mg/l.

6.2.4 Leitsätze für Erfrischungsgetränke (Fruchtsaftgetränke, Limonaden und Brausen)

Die im Bundesanzeiger Jahrgang 46 Nr. 58 a vom 24.03.1994 Seite 5 und 6 erfolgte Bekanntmachung des Deutschen Lebensmittelbuches beinhaltet diese Leitsätze für Erfrischungsgetränke auch in der unverändert gebliebenen Fassung von 1997. Ihr Inhalt bezieht sich ausschließlich auf die dort erwähnten verkehrsfertigen Getränke. Sie sind Ausdruck der gegenwärtigen Verkehrsanschauung der Lebensmittelwirtschaft. Die Leitsätze werden in den Branchen der Erfrischungsgetränkeindustrie, der Mineralbrunnenindustrie und der Fruchtsaftindustrie als redlicher Handelsbrauch anerkannt und angewandt. Das ist jedoch nur mit Einschränkungen gültig. Wie bereits im Kapitel 1.3.3 vermerkt, entsprechen die deutschen Leitsätze im Jahre 2002 nicht mehr der einheitlichen Auffassung in der Europäischen Union und verhindern sogar Produktinnovation in Deutschland. Sie müssten überarbeitet und angepasst werden oder müssten entfallen, da das europaweit geltende Kennzeichnungs- und Zusatzstoffrecht den Verbraucher ohnehin umfassend vor Täuschung und gesundheitlichen Schäden schützt.

Vom Bundesministerium für Gesundheit wird in der Bekanntmachung der Leitsätze des Deutschen Lebensmittelbuches vom 31. Januar 1994 auf Folgendes hingewiesen:
Die in den Leitsätzen des Deutschen Lebensmittelbuches vorgesehenen Bezeichnungen haben nach der Lebensmittel-Kennzeichnungsverordnung folgende Bedeutung. Lebensmittel, deren Bezeichnung nicht durch Rechtsvorschriften festgelegt ist, müssen entsprechend den Vorschriften der Lebensmittel-Kennzeichnungsverordnung entweder mit der nach allgemeiner Verkehrsauffassung üblichen Bezeichnung (§ 4 Satz 1 Nr.1 LMKV) oder einer Beschreibung (§ 4 Satz 1 Nr.2 LMVK) versehen werden. Die in den Leitsätzen vorgesehenen Bezeichnungen entsprechen der allgemeinen Verkehrsauffassung und genügen deshalb in jedem Fall den Anforderungen der Lebensmittel-Kennzeichnungsverordnung. Es ist jedoch erlaubt, an ihrer Stelle Beschreibungen im Sinne des § 4 Satz 1 Nr.2 LMKV zu gebrauchen.

Unter dem im vorletzten Absatz geschilderten Umständen der europaweiten Regelungen haben im Jahre 2002 in Deutschland die nachfolgend abgedruckten Leitsätze von 1994 / 97 nur noch für die darin aufgeführten klassischen Erfrischungsgetränke eine Bedeutung.

Leitsätze für Erfrischungsgetränke

I. Allgemeine Beurteilungsmerkmale

A. Begriffsbestimmungen

Erfrischungsgetränke im Sinne dieser Leitsätze [1] sind folgende alkoholfreien Getränke:
a) Fruchtsaftgetränke,
b) Limonaden,
c) Brausen, künstliche Kaltgetränke, künstliche Heißgetränke.

Sie werden aus Trinkwasser [2], Mineralwasser [3], Quellwasser [3] oder Tafelwasser [3] und geschmackgebenden Zutaten mit oder ohne Zusatz von Kohlensäure, Mineralstoffen sowie mit oder ohne Zusatz von verkehrsüblichen Zuckerarten, aus Früchten hergestellten zuckerhaltigen Konzentraten, ganz oder teilweise entsäuert, zum Teil entmineralisiert und entfärbt oder von Süßstoffen hergestellt [4].

Bei brennwertverminderten und brennwertarmen Fruchtsaftgetränken, Limonaden, Brausen, künstlichen Kalt- und Heißgetränken wird der Gehalt an verkehrsüblichen Zuckerarten und aus Früchten hergestellten zuckerhaltigen Konzentraten, ganz oder teilweise entsäuert, zum Teil entmineralisiert und entfärbt, ganz oder teilweise durch Süßstoffe ersetzt.

Sie enthalten gegebenenfalls weitere Zutaten entsprechend den besonderen Beurteilungsmerkmalen.

B. Beschaffenheitsmerkmale

1. Erfrischungsgetränke enthalten höchstens 2 g/l Alkohol, der aus den Fruchtbestandteilen oder den Aromen stammt. Aromen, die zur Herstellung von Fruchtsaftgetränken und Limonaden verwendet werden, enthalten als Lösungsmittel ausschließlich Wasser und/oder Ethylalkohol.

2. Eine Trübung von Erfrischungsgetränken stammt nur aus den verwendeten Fruchtbestandteilen (Fruchtsaft, Fruchtsaftkonzentrat, Fruchtmark, Fruchtmarkkonzentrat oder eine Mischung dieser Erzeugnisse). Bei Erfrischungsgetränken auf Zitrusfruchtbasis stammt sie auch aus Zubereitungen der nicht konservierten Flavedoschicht von Zitrusfrüchten, anteilig auch mit wässrigen Extrakten aus dem essbaren Anteil der Pressrückstände, bei chininhaltigen Erfrischungsgetränken auf Zitrusfruchtbasis auch aus Zubereitungen der gesamten Schale.

C. Bezeichnung und Aufmachung

1. Für Erfrischungsgetränke im Sinne dieser Leitsätze sind die folgenden Verkehrsbezeichnungen [5] (Kursivdruck) üblich, sofern nicht nachfolgend andere Verkehrsbezeichnungen genannt sind:
a) Fruchtsaftgetränk
b) Limonade
c) Brause, künstliches Kaltgetränk, künstliches Heißgetränk.
Werden Erfrischungsgetränke am Quellort unter ausschließlicher Verwendung von natürlichem Mineralwasser oder von Quellwasser hergestellt und abgefüllt, kann darauf in Verbindung mit der Verkehrsbezeichnung hingewiesen werden.

2. Wenn bei Erfrischungsgetränken auf die Mitverwendung von Fruchtsaft und/oder Fruchtmark hingewiesen wird, so wird der Mindestgehalt an Fruchtsaft und/oder Fruchtbestandteilen angegeben [6].

3. Die Verkehrsbezeichnung Fruchtsaftgetränk kann durch die Bezeichnung der geschmackgebenden Frucht oder Früchte ergänzt werden (z.B. Apfelfruchtsaftgetränk, Fruchtsaftgetränk Apfel).

4. An Stelle der Verkehrsbezeichnung Fruchtsaftgetränk kann bei zitrussafthaltigen Fruchtsaftgetränken eine Bezeichnung verwendet werden, die den Namen der saftliefernden Frucht mit der Endsilbe „-ade" trägt, soweit der Saftanteil überwiegend aus der genannten Frucht stammt (z.B. Orangeade).

5. Bei Fruchtsaftgetränken ist auch ein Hinweis auf die Art des verwendeten Saftes durch die Angabe „X-Saftgetränk" (z.B. Orangensaftgetränk) üblich, wenn

a) der Saftanteil
- bei Orangensaftgetränken und Grapefruitsaftgetränken mindestens 30 Gewichtshundertteile beträgt,
- bei den übrigen Saftgetränken mindestens doppelt so hoch ist wie der in den besonderen Beurteilungsmerkmalen für das jeweilige Fruchtsaftgetränk genannte Mindestgehalt,

b) der Saftanteil ausschließlich aus der namengebenden Frucht stammt, ausgenommen ein geringer Anteil an Zitronensaft, der in Verbindung mit der Verkehrsbezeichnung angegeben wird,

c) kein chemisch konservierter oder mit Schwefeldioxid vorbehandelter Saft verwendet worden ist und

d) die Saftgetränke nicht zusätzlich aromatisiert und Saftgetränke aus Kernobst nicht unter Verwendung von Zitronensäure, Weinsäure, Milchsäure und Äpfelsäure hergestellt wurden.

6. Die Verkehrsbezeichnung Limonade kann gegebenenfalls durch die Bezeichnung der geschmackgebenden Frucht oder Früchte ergänzt werden (z.B. Apfel-Limonade). Als Hinweis auf den Geschmack werden bei Limonaden auch Bezeichnungen wie Limonade mit Apfelgeschmack, Limonade mit Apfel-Aroma und bei Limonaden mit Pflanzenauszügen (Gewürze, Kräuter, Süßholz) z.B. die Bezeichnung Limonade mit Auszug verwendet.

7. Die Verkehrsbezeichnungen Brause, künstliches Kaltgetränk, künstliches Heißgetränk können durch Angaben wie mit Waldmeister-Geschmack, mit Waldmeisteraroma ergänzt werden.

8. Fantasienamen, Markennamen sowie sonstige Angaben und Abbildungen werden nicht verwendet, wenn sie geeignet sind, nicht vorhandene Eigenschaften vorzutäuschen, insbesondere wenn sie auf eine nicht erfolgte Verwendung von Fruchtsaft und/oder Fruchtmark hindeuten.

Ein Hinweis auf den Geschmack durch Abbildungen von ganzen Früchten oder Pflanzenteilen ist bei Fruchtsaftgetränken und Limonaden üblich. Bei Brausen werden Früchte oder Pflanzenteile nicht abgebildet.

9. Bei Limonaden ohne Kohlensäurezusatz wird die Verkehrsbezeichnung durch eine entsprechende Angabe ergänzt.

10. Brausen ohne Kohlensäurezusatz werden als Künstliches Kaltgetränk oder Künstliches Heißgetränk bezeichnet.

11. Für einen aus mehreren Zutaten zusammengesetzten Grundstoff zur Herstellung eines Erfrischungsgetränkes ist im Zutatenverzeichnis die Verkehrsbezeichnung Grundstoff üblich.

II. Besondere Beurteilungsmerkmale

A. Fruchtsaftgetränke

1. Fruchtsaftgetränke enthalten Fruchtsaft, Fruchtsaftkonzentrat, gegebenenfalls zusätzlich Fruchtmark, Fruchtmarkkonzentrat, auch haltbar gemacht, oder eine Mischung dieser Erzeugnisse [7].

2. Der Fruchtsaftanteil beträgt im Fruchtsaftgetränk aus
   - Kernobst oder Trauben mindestens 30 Gewichtshundertteile
   - Zitrusfrüchten oder Mischungen aus Zitrusfrüchten mindestens 6 Gewichtshundertteile
   - anderen Früchten oder Fruchtmischungen mindestens 10 Gewichtshundertteile

Der Fruchtsaftanteil besteht aus der angegebenen Frucht. Das Fruchtsaftgetränk weist den Geschmack der angegebenen Frucht auf. Zur Geschmacksabrundung können jedoch geringe Anteile artverwandter Fruchtsäfte sowie Zitronensaft zugesetzt werden; sie werden auf den Mindestfruchtsaftanteil angerechnet.

Fruchtsaftgetränke aus Zitrusfrüchten enthalten im Fruchtsaftanteil mehr als 50 Gewichtshundertteile der namengebenden Frucht.

3. Werden Mischungen aus mehreren Fruchtsaftarten verwendet, so entspricht die Menge der verwendeten einzelnen Fruchtsaftart anteilmäßig dem Mindestgehalt gemäß Nr. 2 Satz 1. Ein bestimmtes Mischungsverhältnis ist nicht erforderlich.

4. Bei Fruchtsaftgetränken werden auch folgende Zutaten verwendet:
   a) Aromaextrakte und/oder natürliche Aromastoffe [8] der verwendeten Früchte; zur Geschmacksabrundung auch andere Aromaextrakte und/oder natürliche Aromastoffe;
   b) Zitronensäure, Weinsäure bei Kernobstfruchtsaftgetränken,
   c) L-Ascorbinsäure oder deren Salze zum Schutz gegen Oxidation.

B. Limonaden

1. Limonaden enthalten Aromaextrakte und/oder natürliche Aromastoffe [8] sowie Zitronensäure, Weinsäure, Milchsäure und/oder Apfelsäure. Sie weisen einen Zuckergehalt von mindestens 7 Gewichtshundertteilen (s. Abschnitt I A Abs.2) auf.

2. Bei Limonaden werden auch folgende Zutaten verwendet:

a) Fruchtsaft, Fruchtsaftkonzentrat, Fruchtmark, Fruchtmarkkonzentrat, gegebenenfalls haltbar gemacht, oder eine Mischung dieser Erzeugnisse (6). Limonaden mit Fruchtsaftanteil enthalten mindestens die Hälfte der bei Fruchtsaftgetränken üblichen Fruchtsaftanteile,

b) Zuckerkulör bei koffeinhaltigen und den diesen in der Geschmacksrichtung entsprechenden koffeinfreien Limonaden sowie bei Limonaden mit Apfelgeschmack mit oder ohne Fruchtsaftanteil und klaren Kräuterlimonaden,

c) Koffein bei koffeinhaltigen Limonaden in einem Anteil von mindestens 65 mg/l und höchstens 250 mg/l,

d) Chinin bei chininhaltigen Limonaden in einem Anteil von höchstens 85 mg/l [8],

e) Molkenerzeugnissen (z.B. „Milchserum"),

f) β-Carotin sowie Riboflavin und färbende Lebensmittel außer bei klaren Limonaden mit Zitrusaroma,

g) Salze der Zitronensäure, Weinsäure, Milchsäure und Äpfelsäure als Säureregulatoren, ausgenommen die Kaliumsalze bei Limonaden mit Fruchtsaftanteil,

h) L-Ascorbinsäure oder deren Salze zum Schutz gegen Oxidation,

i) Johannisbrotkernmehl als Stabilisator bis höchstens 0,1 g/l sowie Gummi arabicum bei koffeinhaltigen und den diesen in der Geschmacksrichtung entsprechenden koffeinfreien Limonaden,

j) Orthophosphorsäure bei koffeinhaltigen Erfrischungsgetränken [9].

3. Koffeinhaltige, zitrussafthaltige Limonaden entsprechen den jeweiligen Anforderungen sowohl an koffeinhaltige als auch an zitrussafthaltige Limonaden.

C. Brausen

Brausen, künstliche Kaltgetränke und künstliche Heißgetränke enthalten im Unterschied zu Fruchtsaftgetränken und Limonaden entweder

- naturidentische und/oder künstliche Aromastoffe [8],

- und/oder Farbstoffe [10].

Textverweise:

[1] Erfrischungsgetränke auf der Basis zugesetzter Mineralstoffe, gegebenenfalls weitere Erfrischungsgetränke, werden später beschrieben.
[2] Trinkwasserverordnung vom 5. Dezember 1990 (BGBl. I S.2612) in der jeweils geltenden Fassung.
[3] Mineral- und Tafelwasser-Verordnung vom 1. August 1984 (BGBl. I S.1036) in der jeweils geltenden Fassung.
[4] Bei der Herstellung von diätetischen Erfrischungsgetränken können auch die in der Diätverordnung vom 25. August 1988 (BGBl. I S.1713) in der jeweiligen Fassung zugelassenen Stoffe, bei der Herstellung von Erfrischungsgetränken mit Vitaminzusatz die in der Verordnung über vitaminisierte Lebensmittel vom 1. September 1942 (RGBl. I S.538) in der jeweils geltenden Fassung zugelassenen Vitamine verwendet werden.
[5] § 4 der Lebensmittel-Kennzeichnungsverordnung in der Fassung vom 6. September 1984 (BGBl. I S.1221) in der jeweils geltenden Fassung.
[6] § 4 Abs.8 der Fruchtsaft-Verordnung in der Fassung vom 17.2.1982 (BGBl. I S.197) und § 4 Abs.8 der Verordnung über Fruchtnektar und Fruchtsirup in der Fassung vom 17. Februar 1982 (BGBl. I S.198) in den jeweils geltenden Fassungen.
[7] § 1 der Fruchtsaft-Verordnung und § 2 Abs. 1 Nr.2 und 3 der Verordnung über Fruchtnektar und Fruchtsirup in den jeweils geltenden Fassungen.
[8] Aromenverordnung vom 22. Dezember 1981 (BGBl. I S. 1625, 1677) in der jeweils geltenden Fassung.
[9] Vgl. Anlage 2 der Zusatzstoff-Zulassungsverordnung vom 22. Dezember 1981 (BGBl. I S. 1633) in der jeweils geltenden Fassung.
[10] Anlage 6 Liste B Nr.2 der Zusatzstoff-Zulassungsverordnung.

Lit.: Bundesanzeiger Jahrgang 46 Nr. 58 a vom 24.03.1994 Seite 5 und 6

Stichwortverzeichnis

Abfallbeseitigung 193, 209
Abfallwirtschaftskreislaufgesetz 209
Abfüllkontrolle 156, 162
Abfüllvorgang 151
Abfüllmaschine 151-156
Abfüllschwierigkeiten,
   Schäumen 83, 165
Abfülltechnik 151- 156
Absorptionskoeffizient 120
Abwasser 193- 208
Abwasserbeschaffenheit 193
   Kennzeichnungsangaben 194
   Anforderungen 199
Abwasserabgabe 195, 196
Abwassergebühren, Beiträge und
   Abgaben 201
Abwasserkennzahlen für die
   Erfrischungsgetränkeproduktion 196
Abwasserverringerung 203
Abwasservorbehandlung 204
   Störfallmanagement 208
ACE-Erfrischungsgetränke 20, 25
Acidität 98, 173
ADI-Wert 108
Aktivkohle 59, 64
Alkaliendosierung 187
Alkalische Mittel 184, 187
Alkalität 182, 187
Alkoholfrei 13, 26
Alkoholfreie Getränke 13
Allgemeine Verwaltungsvorschrift
   über die Anerkennung und
   Nutzungsgenehmigung von
   natürlichen Mineralwässern 12, 31, 234
Anforderungen an die
   Trinkwasserbeschaffenheit 37
Antioxidans 106
Äpfelsäure 98
Apfelschorle 22, 25
Aromastoffe 125, 129, 169, 170
Aromaverlust 56, 169, 170
Aromenverordnung 125
Aschegehalt 81, 82
Ascorbinsäure 106, 169, 170,
   - Verlust 171, 173
Aspartam 93, 95
Ätherische Öle 125,127

Ausbleichen 169, 170
Ausflockung 168, 174
Ausklaren 174
Ausmischanlagen .... 136 ff
Ausmischtechnik .... 136 ff
Ausschank von Getränken 160, 161

Ballaststoffe, Dickungsmittel 21, 22, 107
Baycovin siehe DMDC 102
Begriffsbestimmungen für Kurorte
   und Erholungsorte und Heilbrunnen
   .... 15, 34, 35, 212
Beispiele überregionaler
   Mineralwässer 33
Benzoesäure 105
Berichtsbögen 176
Betacarotin 106, 132
Betriebskontrolle 176
Betriebskläranlagen für Betriebs-
   abwässer 207, 208
Biochemischer Sauerstoffbedarf 188
Biologische Fehler 168, 174
Bittergetränke 19, 107
Bitterstoffe 107
Bodensatz 168, 169, 173
Bombage 168
Bottle-Inspector 183
Brausen 19, 283
Brennwertverminderte
   Erfrischungsgetränke 19, 96
Brunnen .... 48 ff

Chargenprinzip,
   Chargenmischung 136, 138
Chemische Konservierung 105
Chemische Reinigungsmittel 188
Chemischer Sauerstoffbedarf CSB .. 194
Chinin 107, 287
Chlordioxid-Entkeimung 63
Chlorüberschuss 62
Chlorung 61
Chlorzehrung 62
CIP, Cleaning in Place Reinigung 190
CO_2 .... 109 ff, 116
CO_2-Gehalt 119
Colibakterien 39, 218, 269
Coliforme Keime 39, 218, 269

Alkoholfreie Getränke

Cyclamat 19, 94, 96

Deklaration 23, 25, 217, 283
Desinfektion, Desinfizierung 60, 190
Destillate 127, 128
Dextrose 78
Dichte .... 85, 100, 133 ff
DIN 2000 37
DIN ISO 9000 ff. 179
Diätetische Getränke 19, 25, 96, 215
Dickungsmittel, Ballaststoffe 21, 22, 107
Direktsaft 18
Direkteinleiter Abwasser 200
Disaccharide 78
DMDC 102
Dosenabfüllung 154
Dosierpumpenanlagen .... 136 ff
Dosierung .... 129, 133, 136 ff
Dosiersysteme .... 136 ff
Druckfilter 57, 59
Druckfüller 151, 153
Druckbehälter-Verordnung 114
Druckmessdosen 138
Druck/Temperatur-Verhältnis 119
Durchflussdosiersysteme 139
Durchflussrefraktometer 163

EG-Kategorien Zucker 81
Einwegflaschen 183
Einwohnergleichwert 195
Elektronische Kontrolle 145, 156
Energydrinks 20
Enthärtung von Wasser .... 69 ff
Entlüftung .... 92, 117 ff
Entkarbonisierung .... 69 - 71
Enteisenung 58
E- Nummern der Zutaten 106, 108
Entkeimungsfiltration 67
Entkeimung ohne Zusatzstoffe 60, 67
Entkeimung mit Zusatzstoffen .... 61 ff
Entlüftung 117, 168
Entmanganung 58
Entsalzung 72, 77
Entwässerungssatzung 199
Erfrischungsgetränke,
  Definition der UNESDA 18
Essenzen 125, 214
Essenzenherstellung 127, 128
Essigbakterien 168

Etikettierung 159
Farbstoffe 106
Farbverlust 168, 174
Fertiggetränkekontrolle 156, 162, 163
Filter 58, 59, 67, 69
Filtermaterialien 57, 59, 67, 69
Filterspülung 57
Filtration 57, 59, 67, 69
Flaschenkontrolle 149, 150, 152, 166
Flaschen aus PET (Kunststoff) 146
Flaschenpasteurisation 154
Flaschenreinigung 149, 150, 181
Flaschenreinigungsmittel 184
Flaschentransportanlagen 149, 150
Flaschenverschlüsse 157, 158
Floc-Bildung 83
Flockung 83
Flüssige Kohlensäure .... 109 ff
Flüssige Zucker 89, 90
Fremdstoffinspektor
  (Sniffereinsatz) 149
Frisch bei Säften 18
Fruchtabbildungen 285
Fruchtsaftkonzentrate 17, 131, 132
Fruchtnektare 13, 17
Fruchtsäfte 16, 18, 131
Fruchtsaftgehalt (RSK) 17, 131
Fruchtsaftgetränke 14, 18, 133, 283
Fruchtsäure-Einsatz 99
Fruchtsäuren 98
Fruchtsäureneutralisation 100
Fruchtschorlen 22, 25
Fruchtzucker 78
Fructosehaltige Glucosesirupe 81, 90
Füllhöhenkontrollgerät 156, 162
Füllhöhen-Schablonen 162
Füllinhalt 156, 162
Füllmaschinen 151, 156
Füllmengenkontrolle 156, 162
Füllphasen 152
Füllsysteme .... 151 ff
Füllverfahren 151, 154

Gasdurchlässigkeit 146
Genusssäuren .... 98 ff
Geruchsfehler 168
Geruchs- und Geschmacksstoff-
  Eliminierung 59, 61

Geschmacksfehler .... 168 ff
Geschichte der
   Erfrischungsgetränkeindustrie 9
Gesetze und Vorschriften
   im Überblick 12
Gesetze und Vorschriften siehe
   Texte in Lebensmittelrechtliche
   Bestimmungen .... 213 ff
Getränkefehler, Ursachen
   und Abhilfe .... 168 ff
Getränkeunterschiede 13
Gewichtsbasis 136
Glucuronolacton 107
Glucosesirupe 90
Grad Brix 16, 132
Gravimetrische Ausmischanlage 136
Grossraumlöser 86
Grundstoffe für
   Fruchtsaftgetränke 131, 133
Grundstoffe für Cola-Getränke 131
Grundstoffe für Limonaden 125
Grundstoffherstellung 132

Haltbarkeit 24
Haltbarkeitsprobe 177
Haltbarmachung 102, 154
Härte des Wassers 56
Heidelberger-Mix 141
Heilwasser 15, 34
Heißabfüllung 154
Herstellungsübersicht der
   Erfrischungsgetränke 22
Hitzeschädigung der Getränke 155
HMF (Hydroxymethylfurfurol) bei
   der Erhitzung von Getränken 155
Hochdruckanlagen s. Kohlensäure
   und Imprägnierung 110, 116
Hochdruckreinigung 190
Höhenfüller 151
Hydroxymethylfurfurol (HMF) 155
Hygienische Anforderungen an
   Wasser 37, 39, 217, 245
Hyperfiltration 77
Hypochlorit-Entkeimung 61

ICUMSA-Einheiten 81
Impfventile zur Dosierung 139
Imprägniersysteme und
   Imprägnieranlagen 116, 120

Imprägniertechnik .... 120 ff
Imprägnierung .... 120 ff
Imprägnierung Einflussfaktoren 116
Indirekteinleiter Abwasser 199
Inosit 107
Inversion 80
Invertzucker 90
Invertzuckersirup 90
Ionenaustausch-Entkarbonisierung ... 71
Ionenaustausch-Entsalzung 72
Ionenaustauscher 71, 72
Iso-Glucosesirupe 90
Isotonische Getränke 21

Kalorienarme und diätetische
   Getränke 19, 25, 96, 215
Kaltaseptische Abfüllung 154
Karbonate 56, 69, 71, 100
Karbonathärte 56, 100
Karbonisieren von Getränken bzw.
   Imprägnieren siehe auch
   Imprägnieranlagen .... 120 ff
Keimarmes Arbeiten 188
Kennzeichnung der
   Erfrischungsgetränke 17, 18, 23,
   .... 26, 96, 215, 217, 283
Kennzeichnung natürlicher
   Mineralwässer 32, 217
Kerzenfilter 60, 68
Kesselspeisewasser 73
Kiesfilter 57
Kläranlagen für
   Betriebsabwasser .... 204, 207 ff
Koffein 107, 283
Kohlendioxid .... 109 ff
Kohlensäure, Gewinnung und
   Transport und Verarbeitung .... 109 ff
Kolbendosierpumpe 137
Konservierung 102, 104, 154
Konservierungsstoffe 104
   Kennzeichnung von 105
Kontrolle und Überwachung 162, 163
Konzentrate 18, 125, 131
Korngröße Zucker 84
Korngrößenbereiche Zucker 84
Kristalline Zucker 82
Kritischer Punkt bei CO_2 112
Kronenkorken 157
Kühlung 155

Alkoholfreie Getränke

Kulörzucker 82, 106
Kunststoffflaschen PET 146
Kurzzeiterhitzung 154

Lactoflavin 106
Lagertanks für Zucker 89
für CO_2 116
Laugenkonzentration 186, 187
Lebensmittelrecht .... 212 ff
Lebensmittelhygiene 177
Lebensmittelkennzeichnungs-
   Verordnung 215
Leitsätze für Erfrischungsgetränke .. 283
Leitsätze für Fruchtsäfte 16, 17
Limonaden 19, 125, 129, 283
Limonadensirup 130
Lösen von Zucker .... 86 ff
Lösevorgang 86
Lösewasservorlage 88
Löslichkeit von Gasen 119

Magnetische Wasseraufbereitung 76
Massendurchflussmesser 140
Mehrfruchtschorle 22, 25
Membranfilter 77
Maillard-Reaktion 83
Messblenden-Anlage 139, 142
Mikrobiologische Prüfungen 176, 177
Mikrobiologische Stabilität 175
Mikrobiologische Standards 176
Milchmischgetränke 22
Milchsäure 175
Mindesthaltbarkeit 24, 148
Mineralwasser 14, 28, 217
Mineralwasser mit
   Fruchtzusätzen 22, 25
Mineralstoffgetränke,
   Sportgetränke 20
Mischanlagen 136
Misch- und Ausgleichsbecken
   für Abwässer .... 205 ff
Mixomat 143
Monosaccharide 78

Naturrein 18
Natürliche Essenzen 125
Neutralisationsanlagen für
   Abwasser 205
Nektare 17

New Segment Getränke .... 20 ff
Nährwertkennzeichnung 25
Öko-Audit-Verordnung 209
Öldestillat 128
Ölringbildung 174
Oligodynamik bei der Entkeimung 64
Orangensaft 131
Organoleptik (Geschmack) 56, 169, 170
Ovalradzähler für die
   Mischanlagen 137, 138
Oxidationsschäden in den
   Getränken .... 168 ff
Ozonzusatz 64

Paramix Durchflußdosiersystem
.... 139, 142
Pasteurisation 154
Pauschalwerte für die
   Abwasserbelastung 197
Pektinasewirkung 174
Pektinesterase 174
PET-Flaschen 146
   deren Herstellung und Spülung
.... 149, 150
Phenol 61, 63
Phenolartiger Geschmack 63
Phosphorsäure 100, 287
pH-Wert 187
Physiologischer Brennwert 19, 96
Plattenapparat für die
   Pasteurisation 154
Polycyclische Kohlenwasserstoffe 40
Postmix 161
Premixanlage 139, 141
Produkthaftung 179
Produktionskontrolle, Qualitäts-
   sicherung, Maßnahmen 163, 176
Pro Kopfverbrauch 12
Qualitätskriterien für Zucker 80
Qualitätssicherung,
   Qualitätsmanagement 175, 179
Quellen für die Wasserversorgung 48
Quellwasser 14, 33, 217

Raffinade 80
Raschigringe 120, 122
Refraktometer 163
Refraktometrische Bestimmung 163
Reinigung 181, 190

Reinigung und Desinfektion, Verfahren 190
Reinigungsmittel, Auswahl u. Anwendung 188
Relative Süßkraft der Süßungsmittel 92
Resolver zur Geschmacksverbesserung 95, 133
Rezepturberechnungen . 129-131, 133 ff
Rezeptgestaltung, Rezeptplanung .... 129 – 131, 133 ff
Ringkanalfüller 151
Ringkolbenzähler 137
Rohstoffe und Zusatzstoffe und Hilfsstoffe für die Erfrischungsgetränke .... 37 ff
Rührwerke 86
Rundfüller 151
Richtlinien für die Herstellung und Kennzeichnung alkoholfreier Erfrischungsgetränke siehe Leitsätze für Erfrischungsgetränke 283
Richtwerte und Schwankungsbreite bestimmter Kennzahlen (RSK) 17, 133

Saccharin 92, 94
Saccharose 79
Saccharosegehalt 81
Saftbehandlung .... 131 ff
Saftgetränke 16, 17, 18, 131, 133
Saftgewinnung 17, 131
Saftkonzentrate 17, 132
Salze 32, 33, 222
Saponine 83
Sättigungsgrenze bei der Zuckerlösung 84
Sauerstoff .... 168 ff
Sauerstoffangereichertes Wasser 35, 36
Sauerstoffeinfluss 36, 56, 126, 128, 168
Sauerstoffempfindliche Aromastoffe 126, 128, 168
Sauerstoffgrenz- und richtwerte 170
Gegenmaßnahmen 171
Sauerstoffwerte im Getränk, Veränderungen 170
Sauerstoffmessgerät 171
Säureverlust 70, 100
Schadeinheiten bei der Abwasserbewertung 195

Schäumen bei der Getränkebereitung und Abfüllung ... 83, 165, 189
Schimmelpilze 98
Schnellentkarbonisierung 70
Schorlen 22, 25
Schraubverschlüsse 157
Schweflige Säure 105
Silberung für die Wasserentkeimung 64
Sirupraum 138
Sonstige Süßungsmittel 94
Sorbinsäure 105
Sportgetränke 20, 22
Starkverschmutzerzuschläge Abwasser 201, 202
Stärkeverzuckerungsprodukte 78, 90
Stahlflaschen für Kohlensäure 114
Steinbildung in der Flaschenreinigungsmaschine und nachteilige Folgen 184
Sterilfüllung 154
Störungen bei der Abfüllung 164
Süßkraft 92
Süßstoffe 92, 94, 96
Süßungsmittel-Richtlinie EG bzw. Zusatzstoff- Zulassungsverordnung 96
Süßungsgrad 92
Süßungsmittel .... 78 ff
Sweet Up 95

Tafelwässer 14, 33, 222
Tanks 89, 116
Taurin für Energy Drinks 107
Technische Hilfsstoffe 24, 102
Technologie der Getränkeherstellung .... 136 ff
Temperatureinfluß beim Lösen von Zucker 84
Terpene , Bestandteile der Aromastoffe 128, 169
Tetrapackungen, Blockpackungen .. 155
Trinkwasser-Verordnung 12, 38, 245
Trinkwasseraufbereitung .... 38, 45 ff
Trinkwasser aus Zapfgeräten 36
Terpentingeschmack 168
Trübung .... 173 ff

UNESDA, Europ. Vereinigung
der Getränkeindustrie 18
Umkehrosmose 77
Umlaufreinigung 190
Umrechnung Gewicht/Volumen 85
Umwelthaftungsgesetz 207
Umweltschutzhandbuch................... 207
Unterchlorige Säure.......................... 61
Unterscheidungsmerkmale der
Mineralwässer zu Trinkwässern 30
UV-Bestrahlung................................ 65

Vakuumfüller 151, 152, 170
Velcorin 102
Verbände und Interessen-
vertretungen 13
Verbrauchererwartung 26
Verordnung über natürliches
Mineralwasser, Quellwasser
und Tafelwasser 217
Verordnung über
Lebensmittelhygiene 177
Verschiede alkoholfreie Getränke... 13 ff
Verpackungsprüfung....................... 165
Verschließung von Flaschen .... 157 ff
Viskosität...................................... 84, 85
Vitamin C 107, 169, 171
Vitamin-C-Getränk 20, 24, 107
Vitaminhaltige sog. ACE-Getränke
 .... 20, 25, 107, 214
Vollautomatische Wägung 136, 138
Vollentsalzung von Wasser 72, 77
Volumenzählwerkanlagen........ 137, 139
Volumetrische Ausmischanlagen.. 137 ff
Vorabimprägnierung 118, 119, 120
Vorevakuierung..................... 117, 118

Wässer als Getränke 28
Wasser.. 37 ff
Wasser für die Erfrischungsgetränke,
Anforderungen 55-57
Wasseraufbereitung..................... 57 ff
Wasseraufbereitung für die
Flaschenreinigung 74
Wassergewinnungsanlagen............ 48 ff
Wasserhärte.................................... 56
Wasserinhaltsstoffe .... 38 ff
Wasserqualität .... 38 ff, 245
Wasserschutzgebiete 53

Wasserstoffperoxid 46
Wasserversorgung............................ 48
Wassergütesicherung,
Gefährdungspotenziale................... 54
Weinsäure... 98
Weißzucker....................................... 80
Wellnesgetränke und
Conveniencegetränke..................... 21

Zapfanlagen für
Getränkeausschank...................... 160
Zitronensäure............................... 98 ff
Zitronensäureverbrauch................ 92 ff
Zitronenschalen..................... 126, 127
Zitrusfrüchte 126, 127, 131
Zitrussaft-Konzentrate................... 132
Zitrusfrüchtesaft,
Zusammensetzung..................... 131 ff
Zucker 78
Zuckeralkohole................................ 95
Zuckerarten-Verordnung................... 80
Zuckeraustauschstoffe..................... 95
Zuckercouleur 82, 106
Zuckergewinnung............................. 79
Zuckerkonzentrationen 84, 85
Zuckerlösung................................ 86 ff
Zuckerrübe....................................... 79
Zuckerverarbeitung....................... 86 ff
Zugmessdosen.............................. 136
Zusatzstoff-Zulassungs-
verordnung 24, 96, 108, 212
Zusatzstoffe Zutaten .... 24, 96, 214 ff
Zutatenkennzeichnung. 23, 24, 108, 212

Literaturhinweise befinden sich jeweils
am Ende der betreffenden Kapitel.

Inserentenverzeichnis

Aspera 5

Blefa-Franke................................. 161

Haffmans...................................... 111

Heuft.................. 3. Umschlagseite

Krones... 147

Orbisphere .... 2. Umschlagseite

VERSUCHS- UND LEHRANSTALT
FÜR BRAUEREI IN BERLIN

Wassertechnische Abteilung

Versuchs- und Lehranstalt
für Brauerei in Berlin

- ◆ Wasser- und Abwasseranlagen
- ◆ Projektierung, Bau und Betreuung
- ◆ Inbetriebnahme, Abnahme und Optimierung
- ◆ Analytik und Forschung

Wasser- und Abwasserkompetenz aus Berlin

Leiter: Dr. Alfons Ahrens

Wassertechnische Abteilung der VLB Berlin
Seestraße 13, D-13353 Berlin
Tel.: (030) 45080-294   Fax: (030) 453 60 69
E-Mail: wta@vlb-berlin.org   Internet: www.vlb-berlin.org/wta/

Im Verlag der VLB Berlin sind außerdem die folgenden Fachbücher und Publikationen erhältlich:

Technologie Brauer und Mälzer
Von Dipl.-Ing. Wolfgang Kunze
8. neu bearbeitete Auflage 1998. 850 S., 600 Abb., fester Einband, lackiert.
ISBN 3-921690-37-4, EUR 86,-

Technology Brewing and Malting (International Edition)
Von Dipl.-Ing. Wolfgang Kunze
Englischsprachig. 2. überarbeitete Auflage von1999. 726 S., 550 Abb., fester Einband lackiert.
ISBN 3-921690-39-0, EUR 99,90

Технология солода и пива
Russische Übersetzung der 8. deutschsprachigen Ausgabe.
2001. 850 S., fester Einband.
Lizenzausgabe Professija Verlag, St. Petersburg/Russland, EUR 99,90

Cleaning Returnable Glass Bottles: A Practical Manual
Biebelrieder Kreis (Autorenteam)
1998, 128 S. Englischsprachig,
ISBN 3-921690-36-6, EUR 49,-

Planung von Anlagen für die Gärungs- und Getränkeindustrie
Von Dr. sc. techn. Hans-J. Manger
1999. 224 S., Paperback.
ISBN 3-921690-38-2, EUR 40,-

Enwicklung eines EDV-gestützten Verfolgungsystems für Faßbier
Von Josef Fontaine
2000. 236 S., Paperback.
ISBN 3-921690-40-4 EUR 40,-

Maschinen, Apparate und Anlagen für die Gärungs- und Getränkeindustrie Teil 1: Rohstoffbehandlung
Von Dr. sc. techn. Hans-J. Manger
November 2000. 128 S. Paperback,
ISBN 3-921690-41-2, EUR 25,-

Maschinen, Apparate und Anlagen für die Gärungs- und Getränkeindustrie Teil 2: Mälzerei
Von Dr. sc. techn. Hans-J. Manger
2001. 216 S. Paperback,
ISBN 3-921690-43-9, EUR 40,-

Druckluft in der Brauerei
Hartmut Evers, Hans-J. Manger
Praxishandbuch, ausgearbeitet in Zusammenarbeit mit dem Technisch-Wissenschaftlichen Ausschuss (TWA) der VLB Berlin. 2001. 54 S., zahlreiche Abbildungen, Paperback.
ISBN 3-921690-42-0, EUR 20,-

Kohlendioxid und CO_2-Gewinnungsanlagen
Hans-J. Manger, Hartmut Evers
Praxishandbuch, ausgearbeitet in Zusammenarbeit mit dem Technisch-Wissenschaftlichen Ausschuss (TWA) der VLB Berlin. 2002, 80 S. zahlreiche Abbildungen, Paperback
ISBN 3-921 690-45-5, EUR 20.-

VLB Jahrbücher 1995 bis 2001
Berichte über Tagungen, Institute, Abteilungen und Ausschüsse der
VLB Berlin.
300-400 Seiten, zahlreiche Abbildungen, DIN A5, fester Einband, lackiert.
ISSN 0409-1809, EUR 15,-

Brauerei-Forum
Fachzeitschrift für Brauereien, Mälzereien, Getränkeindustrie und deren Partner. Erscheint monatlich.
Jahresabonnement EUR 95,-

VLB Berlin, Verlagsabteilung, Seetrasse 13, 13353 Berlin
Tel.: (030) 45 080-245, Fax: -210
E-Mail: verlag@vlb-berlin.org, Internet: www.vlb-berlin.org